中国科学院科学出版基金资助出版

现代数学基础丛书·典藏版　110

Camassa-Holm 方程

郭柏灵　田立新　杨灵娥　殷朝阳　著

科学出版社
北　京

内 容 简 介

Camassa-Holm 方程是一类十分重要而又特别的新型浅水波方程，有广泛的应用背景. 该类方程存在一类尖峰孤立子，并且它是完全可积的，具有双哈密顿结构和Lax对. 本书给出该类方程的物理背景并阐述它的完全可积性. 对该类方程的行波解作分类，获得多种奇异孤立波解；给出该类方程的谱图理论和散射数据；利用反散射方法，给出该类方程的多孤立子解. 获得该类方程的整体强解的存在性及整体弱解的存在性；得到该类方程柯西问题的局部适定性；研究它们的 blow-up 问题以及尖峰孤立子解的轨道稳定性. 本书同时研究含尖峰孤立子的 Degasperis-Procesi 方程及 b 族方程，研究前一类方程激波的形成及动力学分析，给出 b 族方程的水波结构和非线性平衡关系，对 Degasperis-Procesi 方程的适定性给出具体证明.

本书适合数学、物理和力学专业的研究生、教师及相关领域的科研工作者阅读.

图书在版编目(CIP)数据

Camassa-Holm方程／郭柏灵等著. —北京：科学出版社，2008
(现代数学基础丛书·典藏版；110)
ISBN 978-7-03-021706-6

Ⅰ.C… Ⅱ.郭… Ⅲ.非线性偏微分方程 Ⅳ.O175.29

中国版本图书馆CIP数据核字(2008)第056300号

责任编辑：陈玉琢 房 阳／责任校对：钟 洋
责任印制：赵 博／封面设计：陈 敬

科学出版社出版
北京东黄城根北街16号
邮政编码：100717
http://www.sciencep.com
北京厚诚则铭印刷科技有限公司印刷
科学出版社发行 各地新华书店经销
*
2008年8月第 一 版 开本：B5(720×1000)
2025年1月 印 刷 印张：16 3/4
字数：311 000
定价：99.00元

《现代数学基础丛书》序

对于数学研究与培养青年数学人才而言，书籍与期刊起着特殊重要的作用．许多成就卓越的数学家在青年时代都曾钻研或参考过一些优秀书籍，从中汲取营养，获得教益．

20 世纪 70 年代后期，我国的数学研究与数学书刊的出版由于文化大革命的浩劫已经破坏与中断了十余年，而在这期间国际上数学研究却在迅猛地发展着．1978 年以后，我国青年学子重新获得了学习、钻研与深造的机会．当时他们的参考书籍大多还是 50 年代甚至更早期的著述．据此，科学出版社陆续推出了多套数学丛书，其中《纯粹数学与应用数学专著》丛书与《现代数学基础丛书》更为突出，前者出版约 40 卷，后者则逾 80 卷．它们质量甚高，影响颇大，对我国数学研究、交流与人才培养发挥了显著效用．

《现代数学基础丛书》的宗旨是面向大学数学专业的高年级学生、研究生以及青年学者，针对一些重要的数学领域与研究方向，作较系统的介绍．既注意该领域的基础知识，又反映其新发展，力求深入浅出，简明扼要，注重创新．

近年来，数学在各门科学、高新技术、经济、管理等方面取得了更加广泛与深入的应用，还形成了一些交叉学科．我们希望这套丛书的内容由基础数学拓展到应用数学、计算数学以及数学交叉学科的各个领域．

这套丛书得到了许多数学家长期的大力支持，编辑人员也为其付出了艰辛的劳动．它获得了广大读者的喜爱．我们诚挚地希望大家更加关心与支持它的发展，使它越办越好，为我国数学研究与教育水平的进一步提高作出贡献．

杨　乐

2003 年 8 月

前　言

众所周知，浅水波在长波、小振幅条件下可得到 KdV 方程. 实践观察、数值模拟和理论分析均证明了它属于完全可积系统，具有孤立子光滑解. 它的波形在相互作用中几乎不变. 从 1834 年英国力学家 Russell 第一次观察到它，虽历尽沧桑，对它的研究时起时落，但至今已成为孤立子理论的重要模型和支柱，对它的偏微分方程定性理论研究也已达到崭新的阶段. 1993 年，美国阿尔莫斯国家实验室的 Camassa 和 Holm 推导出了另一类浅水波波动方程

$$u_t + 2ku_x - u_{xxt} + 3uu_x = 2u_x u_{xx} + uu_{xxx}.$$

它现在被称为 Camassa-Holm 方程. Camassa 和 Holm 证明了当 k=0 时，该方程有形如

$$u = c\mathrm{e}^{-|x-ct|}$$

的孤立波解. 这种孤立波解在波峰处不光滑，即出现了尖点，又称孤立尖解. 他们指出这是另一类完全可积系统. A. Constantin 等研究了该方程尖孤立子的稳定性和相互碰撞问题，证实了这种孤立子和 KdV 方程的孤立子一样，具有碰撞后不改变其形状和速度等性质. 之后，相继找到了该系统的 Lax 对、无穷守恒律和散射及后演方法等. 从 1993 年 Camassa 和 Holm 找到这种连续但不光滑的新型孤立子后，十多年来已引起了许多数学家和物理学家的关注和兴趣，他们做了大量的理论研究工作，其中包括建立该方程的孤立子数学理论及 A. Constantin 等从偏微分方程定性研究建立有关该方程整体弱解、光滑解的存在唯一和它的渐近性质等一整套数学理论. 我国学者也在这些方面开展了研究，取得了一些可喜的成果.

1999 年，意大利的 Degasperis 和 Procesi 又从 Camassa-Holm 方程发现了另一类浅水波方程

$$u_t - u_{xxt} + 4uu_x = 3u_x u_{xx} + uu_{xxx}.$$

这类方程具有间断的孤立子，它也属于完全可积系统. 这引起数学家和物理学家的震动和关注，并正式开始做深入的研究.

由上可以看出，完全可积系统的内容是相当丰富和复杂的，而对它的认识还是比较肤浅的. 同时，也注意到从发现新的物理现象到不断研究数学问题，数学的研究充满着勃勃生机和活力.

本书的目的在于以简洁明了、通俗易懂的形式比较全面地介绍 Camassa-Holm 方程的物理背景、完全可积性、孤立子解的稳定性以及相应的偏微分方程理论，其中包括部分最新研究成果. 希望本书的出版能够有助于数学、物理和力学研究工作者，特别是有些年轻的研究人员，能从中对 camassa-Holm 方程有一个概貌性的了解.如果对这些有兴趣，可以查阅本书所列有关文献，开展新的研究工作.

由于作者水平有限，再加上当前国际国内尚未有 Camassa-Holm 方程的书，我们是从许多文献中整理而成的，难免有不少不足，甚至错误，敬请读者谅解并批评指正.

郭柏灵

2007 年 2 月 3 日

目　　录

第 1 章　Camassa-Holm 方程的物理背景及完全可积性*

1.1　Camassa-Holm 方程的物理背景

浅水波理论相当广泛地描述了弱非线性作用下的波动方程和方程组，在波长近似和振幅小且有限的假定下，它们均可归结为 Korteweg-de Vries(KdV)方程. 例如：

(1) 冷离子体的磁流体波的运动；

(2) 非谐晶格的振动；

(3) 等离子体的离子声波；

(4) 在弹性杆中的纵向色散波动；

(5) 在液气混合态的压力波运动；

(6) 在一个管底下部的流体的转动；

(7) 在低温下非线性晶格的声子波包的热激发射.

在浅水波理论中，不同程度的近似可以得到不同的完全可积的非线性偏微分方程. 这些方程具有孤立子解，即它们在空间的无穷远处趋于灵活确定的常数，相互碰撞后不见消失且波形和速度也没有或只有微弱的改变，并显示出类似粒子的散射行为. 本节使用哈密顿方法推导一类新型的浅水波方程，即 Camassa-Holm (CH)方程[1,19]

$$u_t - u_{xxt} + 2\omega u_x + 3uu_x = 2u_x u_{xx} + uu_{xxx}, \quad x \in \mathbf{R}, \quad t > 0, \tag{1.1.1}$$

其中，u 是 x 方向上的流体速度，或等价地是水平底部到水波自由表面的高度，ω 是一个与临界浅水波波速相关的常数，下标表示求偏导数. 该方程含有重力影响下在自由表面水波无向运动的不可压缩 Euler 方程的小振幅展开中的高阶项(右支)，去掉这些项就能导出 Benjamin-Bona-Mahoney(BBM)方程

$$u_t + 2\omega u_x + 3uu_x - u_{xxt} = 0$$

---

* 作者将当前该领域中发表的相关文章作为参考文献附在本章之后,供读者参阅.

或KdV方程，(1.1.1)是BBM方程的展开形式. 当$\omega \to 0$时，(1.1.1)的极限形式的孤立子解$c\exp(|x-ct|)$在波峰处一阶导数是不连续的，称之为尖峰孤立子解(peakon). 这些尖峰孤立子影响当$\omega=0$时方程(1.1.1)的初值问题的解. 变化过程中光滑初始条件演化成一系列尖峰孤立子的途径，是通过在每个具有负斜率的拐点变化为具有垂直切线，从而一阶导数不连续出现. 值得注意的是，在完全可积有限维哈密顿系统中简单的重叠单个尖峰孤立子解，计算它们振幅的变化和尖峰的位置，能得到多重孤立子解.

CH方程具有双哈密顿结构，它能够用两种不同的哈密顿形式表示. 它的两个相容的哈密顿算子的比是一个递归算子，因而产生无穷个守恒量. 双哈密顿属性被用来重写方程以作为线性等谱问题的相容性条件. 所以初值问题可以通过反散射变换(IST)解决.

无向模型 考虑非黏滞性不可压缩的具有相同密度的流体方程：Euler方程. u代表在x方向上的水平速度，w代表z轴(垂直方向)上的速度值. 该流体受重力g的影响运动，它在一个上自由表面$z=\zeta(x,t)$和平坦底部$z=-h_0$的水平无限域上运动. 将浅水波渐近形成的解[1] $u=u(x,t)$, $w=-(z+h_0)u_x$代入到Euler方程的守恒量(动力+位势)中，对z积分得到能量

$$H_{\mathrm{GN}}=\frac{1}{2}\int_{-\infty}^{+\infty}\left[\eta u^2+\frac{1}{3}\eta^3u_x^3+g(\eta-h_0)^2\right]\mathrm{d}x,$$

其中，$\eta=\zeta+h_0$是水波距离底部的高度. 将同样的解代入到Euler方程中，在垂直坐标上积分，得到Green-Naghdi(GN)方程[2]. GN方程关于能量H_{GN}守恒. 事实上，它们可以用哈密顿形式表示为[3]

$$\begin{pmatrix} m_t \\ \eta_t \end{pmatrix}=-\begin{pmatrix} \partial m+m\partial & \eta\partial \\ \partial\eta & 0 \end{pmatrix}\begin{pmatrix} \delta H_{\mathrm{GN}}/\delta m \\ \delta H_{\mathrm{GN}}/\delta\eta \end{pmatrix}, \tag{1.1.2}$$

其中，动量密度m定义为$m=\delta H_{\mathrm{GN}}/\delta u$. GN方程无法在深度与波长比出的小参数$\varepsilon$上作一个薄域展开. 在这样的展开中，$H_{\mathrm{GN}}$中垂直方向$(\sim\eta^3u_x^2)$上运动的动量为$O(\varepsilon^2)$. 浅水波理论作出更进一步的小振幅假设，形式为$\eta=h_0+O(\alpha),\alpha\ll 1$和平衡量$\alpha=O(\varepsilon^2)$. 与之相反，哈密顿量$H_{\mathrm{GN}}$保留了在这样的展开式中较高阶的非主要项(如$\zeta^3$). 由GN方程，作进一步的小振幅渐近性和限制到临界波速$c_0=\sqrt{gh_0}$附近的无向传播，这时产生KdV方程[4]

$$u_t+c_0u_x+\frac{3}{2}uu_x+\frac{1}{6}c_0h_0^2u_{xxx}=0,$$

或者在小区域展开中取相同阶数，成为BBM方程[5]

$$u_t + c_0 u_x + \frac{3}{2} u u_x - \frac{1}{6} h_0^2 u_{xxt} = 0 .$$

与对运动方程作渐近展开不同，在(1.1.1)的推导过程中，在 GN 系统中作与 m 及 η 相关的无向近似，并且保留它的哈密顿结构(1.1.2)的动量部分. 为了这个目的，设 $\eta = h_0 \sqrt{m/(h_0 c_0)}$. 由于当 $|x| \to \infty$ 时 $\eta \to h_0$，所以 m 上的边界条件可以假设为当 $|x| \to \infty$ 时 $m \to h_0 c_0$，函数 $C = \int_{-\infty}^{+\infty} \sqrt{m} \mathrm{d}x$ 是哈密顿算子 $(m\partial + \partial m)$ 的开西米尔(Casimir)，所以称该不变流形为(1.1.2)的开西米尔流形. 接下来在哈密顿函数 H_{GN} 上换算 $u \to \alpha u$，寻找 m，使 $m = h_0 c_0 + \alpha m_1 + \alpha^2 m_2 + \alpha^3 m_3 + \cdots$，并因此展开 H_{GN}. 由该换算和展开，定义 m 为关于 u 的哈密顿函数的变分导数，平衡阶 $O(\alpha^2)$[6]则有 $m_1 = 2(h_0 u - h_0^3 u_{xx}/3)$. 因此哈密顿函数可以重新写为 $H_{\mathrm{GN}} = H_{1D} + O(\alpha^3)$，这里

$$H_{1D} = \frac{\alpha^2}{4} \int_{-\infty}^{+\infty} m_1 u \mathrm{d}x + \frac{\alpha}{2} \int_{-\infty}^{+\infty} m_1 c_0 \mathrm{d}x,$$

其中，因子 1/2 是由限制到子流形而产生的[7].

因此，在开西米尔流形上关于 m 的 $O(\alpha)$ 阶运动方程为

$$\begin{aligned} m_t &= \frac{-(m\partial + \partial m)\delta H_{1D}}{\delta m} \\ &= -\left(\frac{\alpha}{2}\right)(m\partial + \partial m)u - \left(\frac{c_0}{2}\right) m_x, \end{aligned}$$

或者关于 u 的方程为

$$u_t - \frac{1}{3} h_0^2 u_{xxt} + c_0 u_x + \frac{3}{2} \alpha u u_x - \frac{1}{6} h_0^2 c_0 u_{xxx} = \frac{1}{3} \alpha h_0^2 u_x u_{xx} + \frac{1}{6} \alpha h_0^2 u u_{xxx}. \qquad (1.1.3)$$

去掉这个方程的右边得到 BBM 方程或将模型中 u_{xxt} 换成 $-c_0 u_{xxx}$ [4]，成为 KdV 方程，则(1.1.3)可以看作是 BBM 方程关于小振幅参数 α 的渐近展开通过保留高阶项而得到. 限制在开西米尔流形等同于一般的由 Boussinesq 系统[4,8]导出 KdV 模型和 BBM 模型的通常导数中的 $O(\alpha)$ 阶无向假设 $\zeta = \sqrt{\frac{h_0}{g}} u + O(\alpha)$. 实际上，$\zeta = \sqrt{\frac{h_0}{g}} \left(u - h_0^2/6 u_{xx}\right) + O(\alpha)$ 且在小区域的逼近中，展开式中二阶导数项要求 ε^2 因子.

重新换算(1.1.3)，去掉 α，取 $\omega = \frac{c_0}{4}$ 时，产生标准形式(1.1.1). 注意到(1.1.1)和 BBM 类似，但不是伽利略(Galilean)不变的，如在 $u \to u + \omega, t \to t, x \to x + \omega t$ 下不是不变的. 因此，方程(1.1.1)被视为在伽利略坐标下速度 ω 决定的一族方程里的一员.

使用恒等式 $\left(1-\partial^2\right)\mathrm{e}^{-|x|}=2\delta(x)$，并令 $K[v]=\int_{-\infty}^{+\infty}\mathrm{d}y\exp\left(-|x-y|\right)v(y)$，将方程(1.1.1)表示成为一个非局部形式

$$u_t+uu_x+\omega K\left[u_y\right]=-K\left[uu_y+\frac{1}{2}u_yu_{yy}\right],$$

去掉方程右端的二次项，得到由 Fornberg 和 Whitham[9]研究的方程. Fornberg 和 Whitham 证明该截断方程的行波解有尖峰极限形式. 进一步地，具有两个拐点的不对称的初值也可以在有限时间内发展成垂直的斜率.

下面将研究 $\omega=0$ 时的极限情形. 方程(1.1.1)成为

$$u_t-u_{xxt}=-3uu_x+2u_xu_{xx}+uu_{xxx},\tag{1.1.4}$$

其中，u 在实数线上有界且使得哈密顿函数 $H_1=\frac{1}{2}\int_{-\infty}^{+\infty}\left(u^2+u_x^2\right)\mathrm{d}x$ 有界. 由(1.1.3)，通过 $m=u-u_{xx},m_t=-\left(m\partial+\partial m\right)\frac{\delta H_1}{\delta m}$，$H_1$ 产生流(1.1.4).

在拐点处陡化——考虑一个在 $x=\bar{x}$ 取最大值的具有拐点的初始条件，该点在最大值的右边且在该点的每边迅速衰减为零，这时 H_1 是有限的. 定义依赖时间 t 的在拐点处的斜率 $s(t)=u_x\left(\bar{x}(t),t\right)$. 因此，(1.1.4)的非局部形式和标准的 Sobolev 估计得到关于 s 的微分不等式 $\frac{\mathrm{d}s}{\mathrm{d}t}\leqslant-\frac{1}{2}s^2+H_1$. 因此，只要斜率在初始时完全小于 0，则斜率在有限时间里变为垂直. 若初始条件反对称，由于(1.1.4)的对称 $u(x,t)\to(-u,-x)$，则在 $u=0$ 时的拐点是不动点且 $\frac{\mathrm{d}\bar{x}}{\mathrm{d}t}=0$. 在这种情况下，不管 $|s(0)|$ 多小，在有限时间里，垂直现象都会产生. 因为拐点随时间不是稳定的，这个陡化性质说明，(1.1.4)的行波解不具有常见的钟形结构. 实际上，行波解由 $u(x,t)=c\exp\left(-|x-ct|\right)$ 给出. 该波按速度 c 运动，在高度取 c 时的波峰处有一个隅角(corner).

***N* 孤立子解**——受行波解形式的启发，拟设 N 个相互作用的尖峰解 $u(x,t)=\sum_{i=1}^{N}p_i(t)\exp\left[-\left|x-q_i(t)\right|\right]$，将它代入方程(1.1.4)产生关于 q_i 和 p_i 的发展方程，它们是哈密顿标准方程. 哈密顿量 H_A 通过将上述拟设代入 H_1 的积分中得到

$$H_A=\frac{1}{2}\sum_{i,j=1}^{N}p_ip_j\exp\left(-\left|q_i-q_j\right|\right).$$

这一形式的哈密顿量描述测地线运动. 尖峰位置 $q_i(t)$ 被具有逆度量张量

$g^{ij}(q)=\exp\left(-\left|q_i-q_j\right|\right), q\in\mathbf{R}^n$ 的 N 维表面上的质点的测地线运动控制. 当 $q_i=q_j$ 时，该度量张量奇异.

2 孤立子动态——考虑两个初始时完全分离的孤立子的散射，它们具有速度 c_1 和 c_2，这里 $c_1>c_2$，$c_1>0$ 且使它们发生碰撞. 控制这个碰撞的哈密顿系统拥有两个运动常数，$H_0=p_1+p_2=c_1+c_2$ 以及 $H_A=\dfrac{1}{2}\left(c_1^2+c_2^2\right)$. 注意到在碰撞时产生 $q_1-q_2=0$，在尖峰发生交叠时 p 出现分歧，否则，将会存在一个矛盾 $2H_A=c_1^2+c_2^2=\left(c_1+c_2\right)^2$.

当 N=2 时，相应于哈密顿量 H_A 的哈密顿标准方程的解由

$$q_1-q_2=-\ln\left|\frac{4\left(c_1-c_2\right)^2\gamma\mathrm{e}^{\left(c_1-c_2\right)t}}{\left(\gamma\mathrm{e}^{\left(c_1-c_2\right)t}+4c_1^2\right)\left(\gamma\mathrm{e}^{\left(c_1-c_2\right)t}+4c_2^2\right)}\right|, \tag{1.1.5}$$

$$p_1-p_2=\pm\left(c_1-c_2\right)\frac{\gamma\mathrm{e}^{-\left(c_1-c_2\right)t}-4c_1c_2}{\gamma\mathrm{e}^{\left(c_1-c_2\right)t}+4c_1c_2}$$

和 p_1+p_2 的守恒律给出，其中，γ 是一个确定尖峰初始分离的常数，c_1 和 c_2 是 $t\to\pm\infty$ 时波速或振幅的渐近值. 只有当 c_1 和 c_2 具有相反符号，方程(1.1.5)中关于孤立子交叠的 p_1 和 p_2 的发散性才会发生，即只有“正面”的碰撞才能够产生交叠的尖峰(图 1.1 中 $c_1=-c_2=c$ 时“孤立子–反孤立子”情形).

孤立子解(1.1.5)决定了“相移”，即当 $t\to\infty$ 时渐近位置的移动，相互作用后孤立子出现. 当 $t\to+\infty$ 时，孤立子未遭破坏，再度出现，速度快的(大的)孤立子在慢的(小的)前面. 定义快孤立子的相移 $\Delta q_f=q_2(+\infty)-q_1(-\infty)$，慢孤立子的相移为 $\Delta q_s\equiv q_1(+\infty)-q_2(-\infty)$，产生 $\Delta q_f=\ln\left[c_1^2/\left(c_1-c_2\right)^2\right]$ 和 $\Delta q_s=\ln\left[\left(c_1-c_2\right)^2/c_2^2\right]$. 这些公式说明当 $c_1/c_2>2$ 时，两个孤立子均出现一个向前的移动；当 $1<c_1/c_2<2$ 时，快的孤立子向前移动而慢的向后；当 $c_1/c_2=2$ 时，对较慢的孤立子而言没有移动出现.

双哈密顿结构——方程(1.1.4)也可以由一个与速度位势有关的运动原理出发得到. 这一运动原理导出新的守恒量 $H_2=\dfrac{1}{2}\displaystyle\int_{-\infty}^{+\infty}\left(u^3+uu_x^2\right)\mathrm{d}x$ 和另一个哈密顿算子 $\partial-\partial^3$. 方程(1.1.4)可以写成两种不同的哈密顿形式

$$m_t=-\left(\partial-\partial^3\right)\frac{\delta H_2}{\delta m}=-\left(m\partial+\partial m\right)\frac{\delta H_1}{\delta m}.$$

两个哈密顿算子 $B_1=\left(\partial-\partial^3\right)$ 和 $B_2=m\partial+\partial m$ 形成一个哈密顿函数对. 这时，它们的和仍然是一个哈密顿算子[10]. 因此，方程(1.1.4)是双哈密顿，并具有无穷

多个互相之间通过 $B_1\dfrac{\delta H_n}{\delta m}=B_2\dfrac{\delta H_{n-1}}{\delta m}\equiv -m_t^{(n+1)}, n=0,\pm1,\pm2,\cdots$ 递归的守恒量. 从 H_1 或 H_2 开始，这个关系式产生守恒量的一个无穷序列，如

$$H_0=\int_{-\infty}^{+\infty} m\mathrm{d}x,\quad H_{-1}=\int_{-\infty}^{+\infty}\sqrt{m}\mathrm{d}x,\quad H_{-2}=\frac{1}{2}\int_{-\infty}^{+\infty}\left[\frac{m_x^2}{4m^{5/2}}-\frac{2}{\sqrt{m}}\right]\mathrm{d}x.$$

相反地，递归算子 $\mathfrak{R}=B_2B_1^{-1}$ 产生一个交换流的谱系，定义为

$$m_t^{(n+1)}=K_{n+1}[m]=\mathfrak{R}K_n[m],\quad n=0,\pm1,\pm2,\cdots.$$

谱系中最初的几个流为

$$m_t^0=-\left(\partial-\partial^3\right)\left(2\sqrt{m}\right)^{-1},\quad m_t^{(1)}=0,\quad m_t^{(2)}=-m_x,\quad m_t^{(3)}=-\left(m\partial+\partial m\right)u.$$

最后的一个是方程(1.1.4)，第一个是可积 Dym 方程的延拓[11]. 在这谱系中的所有流都是等谱的，因此是完全可积的.

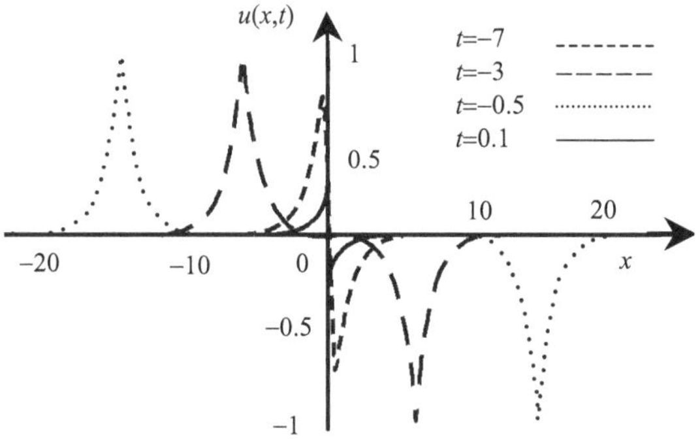

图1.1 重新建立方程(1.1.5)的孤立子-反孤立子解 u

$$u(x,t)=\frac{c\left(\exp\left[-\left|x-\frac{1}{2}q(t)\right|\right]-\exp\left[\left|x+\frac{1}{2}q(t)\right|\right]\right)}{\tanh(ct)}$$

这个解显示了书中讨论的陡化行为. 斜率变为垂直的，在交叠处解的振幅为零. 后来尖峰重新出现. 对称地，$(u,t)\to(-u,-t)$ 重新分开.

等谱问题 为了寻找方程的等谱问题，按照 Gel'fand 和 Dorfmann[12]考虑反对称谱问题的方法，$(\lambda B_1-B_2)\phi=0$. 这个问题的一类解由 $\phi=\psi^2$ 和二阶的对称谱问题的 ψ 相联系. 由等谱性，$\lambda_t=0$，方程(1.1.1)可由 $\psi(x,t)$ 系统的相容性条件 $\psi_{xxt}=\psi_{txx}$ 得到

$$\psi_{xx}=\left[\frac{1}{4}-\frac{m(x,t)+\omega}{2\lambda}\right]\psi, \tag{1.1.6}$$

$$\psi_t=-(\lambda+u)\psi_x+\frac{1}{2}u_x\psi.$$

这就是要寻找的等谱问题. 系统(1.1.6)提供了一种利用完全线性反散射变换技术来解决(1.1.1)的初值问题的思路[11]. 例如，若 m 的边界条件在 $x=\pm\infty$ (足够快)的时候趋于 0，则当 $\omega=0$ 时，由于当 $|x|\to\infty$ 时 $\psi(x)\to\exp(\pm x/2)$，(1.1.6)的谱问题有一个完全离散的谱. 这时，特征函数在无穷远处以指数次衰减. 例如，若初值条件 $u(x,0)$ 被选取，使得 $u(x,0)=A\left[(\pi/2)\mathrm{e}^x-2\sinh x\arctan(\mathrm{e}^x)-1\right]$ 且 $m(x,0)=A\operatorname{sec}h^2(x)$，对于任意常数 A，则容易得到(1.1.6)的特征值 λ 为 $\lambda_n=2\dfrac{A}{(2n+1)(2n+3)}, n=0,1,2,\cdots$ [13]. 这个公式表明了 $\lambda=0$ 是离散谱的聚点且当 $n\to\infty$ 时，特征值按 $1/n^2$，$n\to\infty$ 收敛到该聚点. 一般地，任意初值都在无穷远处按指数迅速衰减. 方程(1.1.6)还说明具有哈密顿函数 H_A 的 N 孤立子的力学系统是完全可积的[6]. 当 $\omega\neq0$ 时，如(1.1.1)中的一个方程，当 $|x|\to\infty$ 时 ψ 的极限行为变成 $\psi(x)\to\exp\left(\pm x\sqrt{\dfrac{1}{4}-\dfrac{\omega}{2\lambda}}\right)$；当 $|x|\to\infty$ 时，在区间 $0\leqslant\lambda\leqslant2\omega$ 产生了连续谱. 同样，当 $\omega\neq0$ 时，(1.1.1)的孤立子解是 C^∞，即波峰处不会产生导数不连续；在极限 $\omega\to0$ 时连续谱消失. 这一奇异特征可以发现是由于谱问题(1.1.6)中有常数 $1/4$，由它生成 B_1 中的一阶导数算子.

数值模拟证实这里的分析[14]，并且能说明尖峰孤立子解有鲁棒性. 这些模拟明确地说明了拐点机制，一个局部正定的初始条件爆破成为高阶的尖峰孤立子序列向右，最高的在最前面.

1.2 Camassa-Holm 方程的完全可积性

考察 Camassa-Holm 方程(1.1.1)，在 1.1 节得到方程的守恒量及相应的哈密顿算子如下：

$$H_1=\frac{1}{2}\int\left(u^2+u_x^2\right)\mathrm{d}x,\quad H_2=\frac{1}{2}\int\left(u^3+uu_x^2+ku^2\right)\mathrm{d}x,$$

$$B_2=\partial_x(m+\omega)+(m+\omega)\partial_x,\quad B_1=\partial_x-\partial_x^3,$$

$$m_t=B_2\frac{\delta H_1}{\delta m}=B_1\frac{\delta H_2}{\delta m}, \tag{1.2.1}$$

方程有 Lax 对

$$\psi_{xx}-\frac{1}{4}\psi_x-\lambda m\psi=0,\quad \psi_t=-(\lambda+u)\psi_x+\frac{1}{2}u_x\psi.$$

定义 1.2.1[15]　若哈密顿方程(1.2.1)存在无穷多个独立实值泛函 $W_0,W_1,W_2,\cdots$, 且它们是相互对合的守恒量，则称方程在 Liouville 意义下完全可积.

注 1.2.1　在定义 1.2.1 下，如果哈密顿方程(1.2.1)有 Lax 对、哈密顿结构和递归算子(等谱)，通常称(1.2.1)是完全可积的. 本节证明 Camassa-Holm 方程是完全可积的.

定理 1.2.1[16]　可积方程的一系列高阶局部对称可由递归算子或换位运算得出.

得到偏微分方程的对称约化的传统方法是利用李群法的无穷小变换，然而这种方法繁琐且不容易处理，符号法的引入避免了这样的计算. 符号法最早由 Gel'fand 和 Dikii 引入，而后进一步发展. 方法的基本思想是替换 u_i，i 是 ξ^i 的指数(在这里表示导数的阶数)，ξ 是一个符号. 导数的基本运算 u_i 到 u_{i+1} 现在只乘以 ξ 即可，方法类似于傅里叶变换理论. 对高阶多重项 $u's$，利用不同的符号来定义微分. 例如，不可交换的二项式 u_iu_j 可表示为 $\xi_1^i\xi_2^j$；对可交换的情形，u_iu_j 与 u_ju_i 有相同的符号表示. 在所有的可积发展方程中，方程的右边在适当的加权形式下是齐次微分多项式. 利用微分多项式的符号表示，把高阶齐次偏微分方程的分类简化成非常特殊的符号多项式的因式分解，这种方法可用数论方法得到证明.

假定有一个偏微分发展方程

$$u_t=F(u_n,\cdots,u_1,u_0),\quad n\geqslant 2,\tag{1.2.2}$$

其中，$u_0=u(x,t),u_1=u_x(x,t),u_2=u_{xx}(x,t),\cdots,u_n=\partial_x^n u(x,t)$. 方程(1.2.2)可以表示成两个相应的无穷维动力系统

$$u_{0x}=u_1,\quad u_{1x}=u_2,\quad \cdots,\quad u_{mx}=u_{m+1},\quad \cdots,$$

$$u_{0t}=F_0,\quad u_{1t}=F_1,\quad \cdots,\quad u_{mt}=F_m,\quad \cdots,$$

其中，$F_k(u_{n+k},\cdots,u_1,u_0)=\mathrm{D}^k(F(u_n,\cdots,u_1,u_0))$. 线性微分算子

$$\mathrm{D}=u_1\frac{\partial}{\partial u_0}+u_2\frac{\partial}{\partial u_1}+u_3\frac{\partial}{\partial u_2}+\cdots.$$

定义 1.2.2　形式序列 $\wedge=l_m\mathrm{D}^m+l_{m-1}\mathrm{D}^{m-1}+\cdots+l_0+l_{-1}\mathrm{D}^{-1}+l_{-2}\mathrm{D}^{-2}+\cdots$, $l_k\in\mathbb{F}(u,\mathrm{D})$ 称作方程(1.2.2)的形式递归算子，如果

$$\mathrm{D}_t(\wedge)=F_*\circ\wedge-\wedge\circ F_*. \tag{1.2.3}$$

形式递归算子也称作方程(1.2.2)的形式对称.

命题 1.2.1[17] 如果方程(1.2.2)有一个高阶对称的无穷谱，那么存在一个形式递归算子.

现研究如下非线性发展方程：

$$u_t-u_{txx}+\partial_x g[u]=vu_xu_{xx}+\gamma uu_{xxx}, \tag{1.2.4}$$

其中,

$$g[u]=ku+\alpha u^2+\beta u^3,\ \ \alpha,\beta,\gamma,k,v,\text{是常数}. \tag{1.2.5}$$

当$\alpha=\dfrac{3}{2}$，$\beta=0$，$v=2\gamma=2$时，方程(1.2.4)为 CH 方程(1.1.1).

接下来将证明方程(1.1.1)是完全可积的.

本节将利用文献[17~19]中可积性方法进行分析，考虑偏微分发展方程

$$u_t=F_1[u]+F_2[u]+F_3[u]+\cdots. \tag{1.2.6}$$

$F_k[u]$为齐次微分多项式，且是复数系数变量$u,u_x,u_{xx},\cdots,\partial_x^n u$组成的多项式，满足条件$F_k[\lambda u]=\lambda^k F_k[u],\lambda\in\mathbf{C}$，线性部分为$F_1[u]=L(u)$，$L$是二阶或高阶的线性微分算子.

下面引入符号表示简化方程的形式. 符号表示是对u_n的傅里叶形式定义和规则的简化.

令$\hat{u}(k,t)$定义为$u(x,t)$的傅里叶变换

$$u(x,t)=\int_{-\infty}^{+\infty}\hat{u}(k,t)\exp(\mathrm{i}kx)\mathrm{d}k,$$

那么有下述对应关系：$u_0\to\hat{u},u_1\to \mathrm{i}k\hat{u},\cdots,u_m\to(\mathrm{i}k)^m\hat{u},\cdots$. 单项式$u_mu_n$的傅里叶变换可以表示为

$$u_mu_n=\iiint\delta(k_1+k_2-k)(\mathrm{i}k_1)^n(\mathrm{i}k_2)^m\hat{u}(k_1,t)\hat{u}(k_2,t)\exp(\mathrm{i}kx)\mathrm{d}k_1\mathrm{d}k_2\mathrm{d}k.$$

因此

$$u_mu_n\to\delta(k_1+k_2-k)\frac{\left[(\mathrm{i}k_1)^n(\mathrm{i}k_2)^m+(\mathrm{i}k_2)^n(\mathrm{i}k_1)^m\right]}{2}\hat{u}(k_1,t)\hat{u}(k_2,t).$$

可以简化定义，用 ε_n 代替 $\mathrm{i}k_n$， $u_n u_m$ 代替 $\hat{u}(k_1,t)\hat{u}(k_2,t)$.

因此，可以把单项式 $u_m u_n$ 写为符号 $u^2 a(\varepsilon_1,\varepsilon_2)$，其中，

$$a(\varepsilon_1,\varepsilon_2)=\frac{\left[\varepsilon_1^n\varepsilon_2^m+\varepsilon_2^n\varepsilon_1^m\right]}{2}$$

是它的自变数的对称多项式. 用此规则可改写其他的微分单项式 $u_0^{n_0}u_1^{n_1}\cdots u_q^{n_q}$ 为下述形式：

$$u_0^{n_0}u_1^{n_1}\cdots u_q^{n_q}\to u^m\left\langle\varepsilon_1^0\cdots\varepsilon_{n_0}^0\varepsilon_{n_0+1}^1\cdots\varepsilon_{n_0+n_1}^1\varepsilon_{n_0+n_1+1}^2\varepsilon_{n_0+n_1+n_2}^2\cdots\varepsilon_m^q\right\rangle,$$

其中， $m=n_0+n_1+\cdots+n_q$，符号 $\langle\rangle$ 代表对所有自变数取对称化(如关于 ε_m 中元素 m 的排列族的对称化)

$$\left\langle f\left(\varepsilon_1,\varepsilon_2,\cdots,\varepsilon_m\right)\right\rangle=\frac{1}{m!}\sum_{\sigma\in\sum m}f\left(\sigma(\varepsilon_1),\sigma(\varepsilon_2),\cdots,\sigma(\varepsilon_m)\right).$$

例如，

$$u_n\to u\varepsilon_1^n,\quad u_3^2\to u^2\varepsilon_1^3\varepsilon_2^3,\quad u^3u_2\to u^4\frac{\varepsilon_1^2+\varepsilon_2^2+\varepsilon_3^2+\varepsilon_4^2}{4}.$$

利用上述变换，表达式(1.2.6)可以写成下面形式的符号算子：

$$u_t=u\omega(\varepsilon_1)+\frac{u^2}{2}a_1(\varepsilon_1,\varepsilon_2)+\frac{u^3}{3}a_2(\varepsilon_1,\varepsilon_2,\varepsilon_3)+\cdots=F.\tag{1.2.7}$$

$\omega(\varepsilon_1)$ 为二次或高次多项式，$a_k(\varepsilon_1,\varepsilon_2,\cdots,\varepsilon_{k+1})$ 为对称多项式.每一个多项式和相应的 $F_k[u]$ 的傅里叶像相关.

同样地，对任意函数 F，存在一个形式上的递归算子

$$\wedge=\eta+u\phi_1(\varepsilon_1,\eta)+u^2\phi_2(\varepsilon_1,\varepsilon_2,\eta)+\cdots.\tag{1.2.8}$$

因此可以决定递归的系数 $\phi_m(\varepsilon_1,\varepsilon_2,\cdots,\varepsilon_m,\eta)$，即

$$\phi_1=N^{\omega}(\varepsilon_1,\eta)\varepsilon_1 a_1(\varepsilon_1,\eta),$$

$$\phi_m(\varepsilon_1,\varepsilon_2,\cdots,\varepsilon_m,\eta)$$
$$=N^{\omega}(\varepsilon_1,\varepsilon_2,\cdots,\varepsilon_m,\eta)\Big\{(\varepsilon_1+\varepsilon_2+\cdots+\varepsilon_m)a_m(\varepsilon_1,\varepsilon_2,\cdots,\varepsilon_m,\eta)$$

$$+\sum_{n=1}^{m-1}\left\langle\frac{n}{m-n+1}\phi_n\left(\varepsilon_1,\varepsilon_2,\cdots,\varepsilon_{n-1},\varepsilon_1+\varepsilon_2+\cdots+\varepsilon_m,\eta\right)a_{m-n}\left(\varepsilon_n,\cdots,\varepsilon_m\right)\right.$$
$$+\phi_n\left(\varepsilon_1,\varepsilon_2,\cdots,\varepsilon_n,\eta+\varepsilon_{n+1}+\cdots+\varepsilon_m\right)a_{m-n}\left(\varepsilon_{n+1},\cdots,\varepsilon_m,\eta\right)$$
$$\left.-\phi_n\left(\varepsilon_1,\varepsilon_2,\cdots,\varepsilon_n\right)a_{m-n}\left(\varepsilon_{n+1},\cdots,\varepsilon_m,\eta+\varepsilon_1+\varepsilon_2+\cdots+\varepsilon_n\right)\right\rangle\Bigg\},\tag{1.2.9}$$

其中，$N^{\omega}\left(\varepsilon_1,\varepsilon_2,\cdots,\varepsilon_m\right)=\left(\omega\left(\sum_{n=1}^{m}\varepsilon_n\right)-\sum_{n=1}^{m}\omega\left(\varepsilon_n\right)\right)^{-1}$. 符号$\langle\ \rangle$代表关于$\varepsilon_1,\varepsilon_2,\cdots,\varepsilon_m$的对称化(符号$\eta$没有包括在对称化中). 在给出可积性判据之前引用下面的定义.

定义 1.2.3 函数$b_m\left(\varepsilon_1,\varepsilon_2,\cdots,\varepsilon_m,\eta\right),m\geqslant 1$称为是局部的，若所有的系数展开式

$$b_{mn}\left(\varepsilon_1,\varepsilon_2,\cdots,\varepsilon_m\right),\quad n=n_s,n_{s+1},\cdots,$$

当$\eta\to\infty$时,

$$b_m\left(\varepsilon_1,\varepsilon_2,\cdots,\varepsilon_m,\eta\right)=\sum_{n=n_s}^{\infty}b_{mn}\left(\varepsilon_1,\varepsilon_2,\cdots,\varepsilon_m\right)\eta^{-n}$$

是对称的多项式.

命题 1.2.2[17] 只要形式递归算子(1.2.8)的所有系数(1.2.9)是局部的，则存在一个无穷的局部对称律或无穷多个守恒量，这时方程(1.2.4)是完全可积的.

本节将证明方程(1.1.1)满足命题 1.2.2，从而是完全可积的.

定理 1.2.2 在方程(1.2.4)中，当$\alpha=3/2$，$v=2\gamma=2$时，只有 CH 方程是完全可积的.

令$u\to-(u+\delta),x\to x-\lambda t$，方程(1.2.4)可以写为(这里$\delta$和$\lambda$是任意常数)

$$u_t=\left(1-\partial_x^2\right)^{-1}\left(Ku_x+Bu_{xxx}+Cuu_x+Au^2u_x-vu_xu_{xx}-\gamma uu_{xxx}\right),\tag{1.2.10}$$

常数A, B, C和K由下面的关系式给出:

$$A=-3\beta,\quad B=\lambda-\gamma\delta,$$

$$C=2\alpha-6\beta\delta,\quad K=2\alpha\delta-2\omega-3\beta\delta^2-\lambda.$$

由于方程的线性部分必须包含二阶或高阶微分，因此要求$B\neq 0$，很容易实现$\lambda+\gamma\neq\psi\delta$. 算子$\left(1-\partial_x^2\right)^{-1}$的符号表达式为$\frac{1}{1-\eta^2}$，与$\left(1-\partial_x^2\right)^{-1}F_k[u]$相对应的符号

为 $\dfrac{u^k}{k}\dfrac{a_{k-1}\left(\varepsilon_1,\varepsilon_2,\cdots,\varepsilon_k\right)}{1-\left(\varepsilon_1+\varepsilon_2+\cdots+\varepsilon_k\right)^2}$，这里相应于 $F_k[u]$ 的符号为 $\dfrac{u^k}{k}a_{k-1}\left(\varepsilon_1,\varepsilon_2,\cdots,\varepsilon_k\right)$，详细的分析见文献[17].

方程(1.2.6)可以按下面的关系重新表达为

$$\omega\left(\varepsilon_1\right)=\frac{K\varepsilon_1+B\varepsilon_2}{1-\varepsilon_1^2}, \tag{1.2.11a}$$

$$a_1\left(\varepsilon_1,\varepsilon_2\right)=\frac{C\left(\varepsilon_1+\varepsilon_2\right)-\nu\varepsilon_1\varepsilon_2\left(\varepsilon_1+\varepsilon_2\right)-\gamma\left(\varepsilon_1^3+\varepsilon_2^3\right)}{1-\left(\varepsilon_1+\varepsilon_2\right)^2}, \tag{1.2.11b}$$

$$a_2\left(\varepsilon_1,\varepsilon_2\right)=\frac{A\left(\varepsilon_1+\varepsilon_2+\varepsilon_3\right)}{1-\left(\varepsilon_1+\varepsilon_2+\varepsilon_3\right)^2}=0, \tag{1.2.11c}$$

$$\phi_1\left(\varepsilon,\eta\right)=\frac{\left(1-\varepsilon_1^2\right)\left(1-\eta^2\right)\left(-C+\gamma\varepsilon_1^2+(\nu-\gamma)\varepsilon_1\eta+\gamma\eta^2\right)}{\left(B+K\right)\eta\left(-3+\varepsilon_1^2+\varepsilon_1\eta+\eta^2\right)}, \tag{1.2.12a}$$

$$\phi_2\left(\varepsilon_1,\varepsilon_2,\eta\right)=\phi_{21}\left(\varepsilon_1,\varepsilon_2\right)\eta+\phi_{20}\left(\varepsilon_1,\varepsilon_2\right)+\phi_{2,-1}\left(\varepsilon_1,\varepsilon_2\right)\eta^{-1}+\phi_{2,-2}\left(\varepsilon_1,\varepsilon_2\right)\eta^{-2}+\cdots. \tag{1.2.12b}$$

在关于 η 的展开式(1.2.12a)中的所有系数都是 ε_1 的多项式，因此(1.2.10)是可积的.

对于 $\phi_2\left(\varepsilon_1,\varepsilon_2,\eta\right)$，

$$\phi_{21}\left(\varepsilon_1,\varepsilon_2\right)=\gamma\frac{\left(1-\varepsilon_1^2\right)\left(1-\varepsilon_2^2\right)\left[-C+\left(\nu+\gamma\right)\varepsilon_1\varepsilon_2\right]}{\left(B+K\right)^2\left(1-\varepsilon_1\varepsilon_2\right)}. \tag{1.2.13}$$

$\phi_{21}\left(\varepsilon_1,\varepsilon_2\right)$ 为一多项式当且仅当 $C=\nu+\gamma$.

$$\phi_{2,-1}\left(\varepsilon_1,\varepsilon_2\right)=\frac{\left(1-\varepsilon_1^2\right)\left(1-\varepsilon_2^2\right)P_1\left(\varepsilon_1,\varepsilon_2\right)}{\left(B+K\right)^2\left(1-\varepsilon_1\varepsilon_2\right)}. \tag{1.2.14}$$

$$\begin{aligned}P_1\left(\varepsilon_1,\varepsilon_2\right)=&-A\left(B+K\right)+\left(-1+\varepsilon_1\varepsilon_2\right)\\&\times\left(\gamma^2\left(2\varepsilon_1+\varepsilon_2\right)\left(\varepsilon_1+2\varepsilon_2\right)+\gamma\nu\left(1+\varepsilon_1^2+\varepsilon_1\varepsilon_2+\varepsilon_2^2\right)-\nu^2\left(1+\left(\varepsilon_1+\varepsilon_2\right)^2\right)\right).\end{aligned}$$

$\phi_{2,-1}(\varepsilon_1,\varepsilon_2)$ 是一多项式当且仅当 $A=0$，从而得 $\beta=0,\alpha=\dfrac{\gamma+v}{2}$

$$\phi_{2,-3}(\varepsilon_1,\varepsilon_2)=\frac{P_2(\varepsilon_1,\varepsilon_2)}{(B+K)^2(1-\varepsilon_1\varepsilon_2)}, \tag{1.2.15}$$

其中，$P_2(\varepsilon_1,\varepsilon_2)$ 是一个对称的多项式，将 $P_2(\varepsilon_1,\varepsilon_2)$ 和 $1-\varepsilon_1\varepsilon_2$ 相除的多项式与因子 $6\gamma^2-5\gamma v+v^2$ 成比例(如这里取 ε_2 为常数，ε_1 为多项式变量). 因此，为了完全可积性必须

$$6\gamma^2-5\gamma v+v^2=0. \tag{1.2.16}$$

由上式的两个非零解：$v=2\psi,v=3\psi$，在这两种情况下与之对应，$\alpha=\dfrac{3}{2}\gamma,\alpha=2\gamma$. 要求 $B+K\neq 0$ (1.2.11a)或 $2\omega\neq v\delta$ 可以通过选定合适的 δ 实现，若当 $v\neq 0$ 时或 $v=0$，$\omega\neq 0$ 时或当 $\omega=v=0$ 时，相应于方程(1.1.1)中 uu_x,u_xu_{xx} 的系数为 0 的情况，该测验就不是确定的，尽管它认可哈密顿函数说明[20]这种情况不是可积的. 不失一般性，选 $\gamma=1$(如在重新测量 t 之后)，这时得到方程(1.1.1).

现在设 $\gamma=0,v\neq 0$，在这种情况下，

$$\phi_{20}(\varepsilon_1,\varepsilon_2)=v\frac{(1-\varepsilon_1^2)(1-\varepsilon_2^2)(\varepsilon_1+\varepsilon_2)(C-v\varepsilon_1\varepsilon_2)}{(B+K)^2(1-\varepsilon_1\varepsilon_2)},$$

当且仅当 $C=v$ 时，它是一个多项式，然后

$$\phi_{2,-1}(\varepsilon_1,\varepsilon_2)=v\frac{(1-\varepsilon_1^2)(1-\varepsilon_2^2)\left(-A(B+K)+v^2(1-\varepsilon_1\varepsilon_2)\left(1+(\varepsilon_1+\varepsilon_2)^2\right)\right)}{(B+K)^2(1-\varepsilon_1\varepsilon_2)},$$

当且仅当 $A=0$ 时，它是多项式，如 $\beta=0$. 若 $C=v$ 及 $\beta=0\left(\alpha=\dfrac{v}{2}\right)$，进一步计算给出

$$\phi_{2,-3}(\varepsilon_1,\varepsilon_2)=-v^2\frac{(1-\varepsilon_1^2)(1-\varepsilon_2^2)p_3(\varepsilon_1,\varepsilon_2)}{(B+K)^2(1-\varepsilon_1\varepsilon_2)},$$

其中，

$$\begin{aligned}p_3(\varepsilon_1,\varepsilon_2)=&3+7\varepsilon_1^2+7\varepsilon_2^2-\varepsilon_1^4-\varepsilon_1^4+12\varepsilon_1\varepsilon_2-29\varepsilon_1^2\varepsilon_2^2+8\varepsilon_1^3\varepsilon_2^3\\&+\varepsilon_1^5\varepsilon_2+\varepsilon_1\varepsilon_2^5+8\varepsilon_1^2\varepsilon_2^4+8\varepsilon_1^4\varepsilon_2^2-12\varepsilon_1^3\varepsilon_2-12\varepsilon_1\varepsilon_2^3.\end{aligned}$$

因此，当 $v\neq 0$ 时 $\phi_{2,-3}$ 不是一个多项式，限制条件 $B+K\neq 0$，再次由 $\delta\neq\frac{2\omega}{v}$ 保证.因此若 $\gamma=0,v\neq 0$，则不出现完全可积方程.

最后，取 $\gamma=v=0$．在这种情况下，

$$\phi_{2,-1}\left(\varepsilon_1,\varepsilon_2\right)=\frac{\left[A\left(B+K\right)-C^2\right]\left(1-\varepsilon_1^2\right)\left(1-\varepsilon_2^2\right)}{\left(B+K\right)^2\left(1-\varepsilon_1\varepsilon_2\right)},$$

当且仅当 $C^2=A\left(B+K\right)$ 时为一多项式. 但是，当

$$\phi_{2,-3}\left(\varepsilon_1,\varepsilon_2\right)=\frac{A\left(1-\varepsilon_1^2\right)\left(1-\varepsilon_2^2\right)\left(1-4\varepsilon_1\varepsilon_2\right)}{\left(B+K\right)\left(1-\varepsilon_1\varepsilon_2\right)},$$

$A\neq 0$ 时，它显然不是多项式，如 $\beta\neq 0$ (若 $\beta\neq 0$，通过选择合适的 δ，可以使 $B+K=2\alpha\delta-2\omega-3\beta\delta^2$ 非零). 因此，产生可积方程的唯一可能就是 $A=0$．当 $C\neq 0$ 时，显然不是多项式$\left(\text{在这种情况下}, B+K=C\delta-2\omega,\delta\neq\frac{2\omega}{C}\right)$. 所以可积性需要 $A=C=0$，但是这样方程就变成线性方程了.

因此，(1.2.4)中完全可积的方程当 $\alpha=\frac{3}{2}$，$v=2\gamma=2$ 时只能是方程(1.1.1). 定理 1.2.2 得证.

1.3　孤立子的实验观察及应用

孤立子的客观存在性早为 Russell 对水波的观察所证实，除了数值计算得出的孤立子形象外，还在实验中不断地观察到. 例如，在 20 世纪 70 年代初，Ikezi,Taylor 和 Baker 等就在水箱实验中亲眼看到浅水波的 KdV 型孤立子的传播，并和电子计算机的计算结果一致. 在激光打靶中，人们也观察到由于坍塌出现的涡旋性孤立子的传播以及激光光束在非线性介质中自聚焦时产生的孤立子. 最近美国新泽西州荷尔姆代贝尔电话实验室的 L.F.Mollenauer，R.H.Stolen 和 J.P.Gordon 在石英芯光纤材料中观察到了光脉冲型孤立子的传播，这个结果与 J.Satsuma，N.Yajima 的数值计算结果相吻合.

另外，超导的 Josephson 效应是当代物理学和电子技术中极为注意的课题之一. 在构成 Josephson 结的两块超导材料中，超导电子对波函数的位相差 φ 满足 Sine-Gordon 方程，采用带有 Josephson 隧道结分路的超导传输线证实了孤立子解

的存在性.

利用孤立子的理论，已经成功地解释了在激光打靶中多年来用经典理论未能解释的密度坑以及红外线外移问题. 最近，美国贝尔实验室已研究使用孤立波来改进信号传输系统，提高其传输率，即在传输中使之具有不损失波形、不改变速度、保真度高、保密性好等优点. 他们宣称在其光纤维的孤立波传输实验中已取得了可喜进展，这些实践工作无疑会推动孤立子理论研究工作的开展，并使得具有更为坚实的基础.

参 考 文 献

[1] Camassa R, Holm D D. Dispersive barotropic equations for stratified mesoscale ocean dynamics, Physica D, 1992, 60, 1~15

[2] Green A E, Naghdi P M. Derivation of equations for wave propagation in water of variable depth, J. Fluid Mech, 1976, 78, 237~246

[3] Holm D D. Hamiltonian structure for two-dimensional hydrodynamics with nonlinear dispersion, Phys. Fluids, 1988, 31, 2371~2373

[4] Whitham G B. Linear and Nonlinear Waves (Wiley, New York), 1974

[5] Benjamin T B, Bona J L, Mahoney J J. Model equations for long waves in nonlinear dispersive systems Philos. Trans. R. Soc. London A. 1972, 227, 47~78

[6] Robert Camassa and Darryl D. Holm, An integrable shallow water equation with peaked solitions, Phys. Rev. Lett, 1993, 71, 1661~1664

[7] Olver P J. Unidirectionalization of Hamiltonian waves, Phys. Lett. A. 1988, 126, 501~506

[8] Olver P J. Hamiltonian Perturbation theory and water waves, Contemp. Math, 1984, 28, 231~249

[9] Fornberg B, Whitham G B. A numerical and theoretical study of certain nonlinear wave 1984, 28, 231~249

[10] Olver P J. Application of Lie groups to Differential Equations, Springer, New York, 1986

[11] Ablowitz M J, Segur H. Solitons and inverse Scattering transform, SIAM, Philadelphia, 1981

[12] Gel'fand I M, Dorfman I Ya R. Hamiltonian operators and related algebraic structures, Funct. Anal. Appl. 1979, 13, 248~262

[13] Camassa R, Wu T Y. Stability of forced steady solitary waves Phys. Trans. R. Soc. London A, 1991, 337, 429~466

[14] Beals R, Sattinger D H and Szmigielski J. Calogero-Francoise flows and periodic peakons. Theoretical and Mathematical Physics, 2002, 133: 1631~1646

[15] 陈登远. 孤子引论. 北京：科学出版社, 2006. 200~213

[16] Olver P, Jing Ping Wang, Classification of integrable one-component systems on associative algebras. Proc. London Math. Soc, 1999, 81(3): 566~586

[17] Mikhailov A V, Novikov V S. Perturbative Symmetry Approach. J. Phys A, 2002, 35: 4775~4790

[18] Rossen and Ivanov. On the Integrability of a class of Nonlinear Dispersive Wave Equations. J. Nonli. Math. Phy, 2005, V12(4): 462~468

[19] Clarkon P A, Mansfield E L and Priestley T J. Symmetries of a class of Nonlinear Third Order Partial Differential Equations. Math. Comput. Modelling, 1997, 272: 195~212

[20] Degasperis A, Holm D D and Hone A N W. A New Integrable Equation with Peakon Solution. Theor. Math. Phys, 2002, 133: 1463~1474

[21] Camassa R, Holm D D. An integrable shallow water equation with peaked solitons. Physical Review Letters, 1993, 71(11): 1661~1664

[22] Fuchssteiner B, Fokas A S. Symplectic structures, their Backlund transformations and hereditary symmetries.

Physica D, 1981, 4: 47~66

[23] Johnson R S. On solutions of the Camassa-Holm equation. Proc. R. Soc. A, 2003, 459: 1687~1708

[24] Fokas A S. On a class of physically important integrable equations. Physica D, 1995, 87: 145~150

[25] Dai H H. Model equations for nonlinear dispersive waves in a compressible Mooney-Rivlin rod. Acta Mech, 1998, 127: 193~207

[26] Dai H H. Exact travelling-wave solutions of an integrable equation arising in hyperelastic rods. Wave Motion, 1998, 28: 367~381

[27] Camassa R, Holm D D. An integrable shallow water equation with peaked solitions. Phys. Rev. Lett, 1993, 71: 1661~1664

[28] Constaintin A. On the scattering problem for the Camassa-Holm equation. Proc. R. Soc. A, 2001, 457: 953~970

[29] J. Lenells. The scattering approach for the Camassa-Holm equation, J. Nonlinear. Math. Phys, 2002, 9(4), 389~393

[30] Constaintin A, Lennells T. On the inverse scattering approach for the Camassa-Holm Equation. J. Nonlinear. Math. Phys, 2003, 10(3): 253~255

[31] Beals R, Sattinger D H, Szmigielski J. Multipeakons and the classical moment problem. Advances in Mathematics, 2000, 154: 229~257

[32] Lixin Tian, Xiuying Song. New peaked solitary wave solutions of the generalized Camassa-Holm equation. Chaos, Solitons and Fractals, 2004, 19(3): 621~637

[33] Lixin Tian, Jiuli Yin. New compacton solutions and solitary solutions of fully nonlinear generalized Camassa-Holm equation. Chaos, Solitons and Fractals, 2004, 20(4): 289~299

[34] Constaintin A, Molinet L. Orbitial stability of solitary waves for a shallow water equation. Phy. D, 2001, 157: 75~89

[35] Constaintin A. Strauss W S. Stability of the Camassa-Holm Solitons. J. Ncnli. Sci, 2002, 12: 415~422

[36] Constaintin A. Strauss W A. Stability of a class of solitary waves in compressible elastic rods, Phy. Lett. A, 2000, 270: 140~148

[37] Constaintin A, Strauss W A. Stability of peakons. Comm. Pure. Appl. Math, 2000, 53: 603~610

[38] Chen S, Foias C and Holm D D. The Camassa-Holm equations as a closure modle for turbulent channel and pipe flow. Phys. Rev. Lett, 1998, 81: 5338~5341

[39] Chen S, Foias C, Holm D D et al. A connection between Camassa-Holm equations and turbulence. Phys. Fluids, 1999, 11: 2343~2553

[40] Foias, Holm D D and Titi E S, The three dimensional viscous Camassa-Holm equations and their relation to the Navier-Stokes equations and turbulence theory. Journal of Dynamics and Differential Equations, 2002, 14: 1~36

[41] Vukadinovic. On the backwards behavior of the solution of the 2D periodic viscous Camassa-Holm equation. Journal of Dynamics and Differential Equations, 2002, 14: 37~62

[42] Kraewkel R A, Zenchk A. Two-dimensional integrable generalization of the Camassa-Holm equation. Phys. Lett. A, 1999, 260: 218~224

[43] Ming Chen, Siqi Liu and Youjin Zhang. A 2-component generalization of the Camassa-Holm equation and its solutions. Letters in Mathematical Physics, 2006, 75: 1~15

[44] Himonas A A, Misiołek G. Analyticity of the Cauchy problem for an integrable evolution equation. Mathematische Annalen, 2003, 327(3): 575~584

[45] Himonas A A, Misiotek G. Well-Posedness of the Cauchy Problem for a Shallow Water Equation on the Circle. Journal of Differential Equations, 2000, 161(2): 479~495

[46] Abdul-Majid Wazwaz. New solitary wave solutions to the modified forms of Degasperis–Procesi and Camassa–Holm equations. Applied Mathematics and Computation, 2007, 186: 130~141

[47] Abdul-Majid Wazwaz, Peakons, Kinks. Compactons and solitary patterns solutions for a family of Camassa–Holm equations by using new hyperbolic schemes. Applied Mathematics and Computation, 2006, 182(1): 412~424

[48] Abdul-Majid Wazwaz. Solitary wave solutions for modified forms of Degasperis–Procesi and Camassa–Holm

equations. Physics Letters A, 2006, 352(6): 500~504
[49] Abdul-Majid Wazwaz. The Camassa–Holm–KP equations with compact and noncompact travelling wave solutions. Applied Mathematics and Computation, 2005, 170(1): 347~360
[50] Abdul-Majid Wazwaz. A class of nonlinear fourth order variant of a generalized Camassa–Holm equation with compact and noncompact solutions. Applied Mathematics and Computation, 2005, 165(2): 485~501
[51] Abdul-Maj, Wazwaz. New compact and noncompact solutions for two variants of a modified Camassa–Holm equation. Applied Mathematics and Computation, 2005, 163(3): 1165~1179
[52] Constantin A, Strauss W A. Stability of the Camassa-Holm solitons. Journal of Nonlinear Science, 2002, 12(4): 415~422
[53] Comech A, Cuevas J, Kevrekidis P G. Discrete peakons. Physica D:Nonlinear Phenomena, 2005, 207(3~4): 137~160
[54] Constantin A. A lagrangian approximation to the water-wave problem. Applied Mathematics Letters, 2001, 14(7): 789~795
[55] Bressan A, Constantin A. Global Conservative Solutions of the Camassa–Holm Equation. Archive for Rational Mechanics and Analysis, 2007, 183: 215~239
[56] Alder M S. Camassa R. Holm D D, Marsden J E. The Complex Geometry of weak piecewise smooth solutions of integrable nonlinear PDE's of shallow water and Dym Type. Commun. Math. Phys, 2001, 221: 197~227
[57] Constantin A. On the Inverse Spectral Problem for the Camassa–Holm Equation. Journal of Functional Analysis, 1998, 155(2): 352~363
[58] Constantin A. On the Cauchy Problem for the Periodic Camassa–Holm Equation. Journal of Differential Equations, 1997, 141(2): 218~235
[59] Constantin A. On the Spectral Problem for the Periodic Camassa–Holm Equation. Journal of Mathematical Analysis and Applications, 1997, 210(1): 215~230
[60] Constantin A, Ivanov R. Poisson Structure and Action-Angle Variables for the Camassa–Holm Equation, Letters in Mathematical Physics, 2006, 76(1), 93~108
[61] Constantin A. Quasi-periodicity with respect to time of spatially periodic finite-gap solutions of the Camassa-Holm equation. Bulletin des Sciences Mathématiques, 1998, 122(7): 487~494
[62] Anne Boutet de Monvel, Shepelsky D. Riemann–Hilbert approach for the Camassa–Holm equation on the line. Comptes Rendus Mathematique, 2006, 343(10): 627~632
[63] Anne Boutet de Monvel, Shepelsky D. The Camassa–Holm equation on the half-line. Comptes Rendus Mathematique, 2005, 341(10): 611~616
[64] Badanin A, Klein M, Korot E. The Marchenko–Ostrovski mapping and the trace formula for the Camassa–Holm equation. Journal of Functional Analysis, 2003, 203(2): 494~518
[65] Szum A. Nonlinear bi-Hamiltonian dynamical systems:Current lie algebraic approach. Reports on Mathematical Physics, 2000, 46(1~2): 261~268
[66] Zenchuk A I. The spectral problem and particular solutions to the (2+1)-dimensional integrable generalization of the Camassa–Holm equation. Physica D: Nonlinear Phenomena, 2001, 152~153(15): 178~188
[67] Hone A N W. Reciprocal link for (2+1)-dimensional extensions of shallow water equations. Applied Mathematics Letters, 2000, 13(3): 37~42
[68] Artebrant, Robert. Numerical simulation of Camassa-Holm peakons by adaptive upwinding. Applied Numerical Mathematics, 2006, 56(5). 695~711
[69] Fuchssteiner B. Some tricks from the symmetry-toolbox for nonlinear equations: Generalizations of the Camassa-Holm equation. Physica D: Nonlinear Phenomena, 1996, 95(3~4): 229~243
[70] Lin Ju. On solution of the Dullin-Gottwald-Holm equation. International Journal of Nonlinear Science, 2006, 1(1): 43~48
[71] Beals R, Sattinger D H, Szmigielski J. Multi-peakons and a theorem of Stieltjes, Inverse Problems, 1999, 15(1):

L1~L4
[72] Khesin B, Misiolxlek G. Euler equations on homogeneous spaces and Virasoro orbits. Advances in Mathematics, 2003, 176(1): 116~144
[73] Boyd J P. Near-corner waves of the Camassa-Holm equation. Physics Letters A, 2005, 336: 342~348
[74] Bustamante M D, Hojman S A. Multi-Lagrangians, hereditary operators and Lax pairs for the Korteweg-de Vries positive and negative hierarchies. Journal of Mathematical Physics, 2003, 44(10): 4652~4671
[75] Busuioc V. On second grade fluids with vanishing viscosity. Comptes Rendus de l'Academie des Sciences, Serie I (Mathematique), 1999, 328(12): 1241~1246
[76] Casati P. On the local and nonlocal Camassa-Holm hierarchies. Journal of Mathematical Physics, 2005, 46(4): 42704-1~8
[77] Ming Chen, Si-Qi Liu, Youjin Zhang. A Two-component Generalization of the Camassa-Holm Equation and its Solutions. Letters in Mathematical Physics, 2006, 75(1): 1~15
[78] Li-Qun Chen. Peakons and periodic cusp wave solutions in a generalized Camassa-Holm equation. Chaos, Solitons and Fractals, 2006, 30(5): 1238~1249
[79] Chen S, Foias C, Holm D D Olson E, Titi, E. S and Wynne S. The Camassa-Holm equations and turbulence. Physica D, 1999, 133(1~4): 49~65
[80] Kai-Seng Chou, Changzheng Qu. Integrable equations arising from motions of plane curves. Physica D: Nonlinear Phenomena, 2000, 162(1~2): 9~33
[81] Foias C, Darryl D H, Edriss S T. The Three Dimensional Viscous Camassa–Holm Equations, and Their Relation to the Navier–Stokes Equations and Turbulence Theory. Journal of Dynamics and Differential Equations, 2002, 14(1): 1~35
[82] Foias C, Darryl D H, Edriss S T. The Navier–Stokes-alpha model of fluid turbulence. Physica D: Nonlinear Phenomena, 2001, 152~153(15): 505~519
[83] Constantin A. A Lagrangian approximation to the water-wave problem. Applied Mathematics Letters, 2001, 14(7): 789~795
[84] Constantin A. Finite propagation speed for the Camassa-Holm equation. Journal of Mathematical Physics, 2005, 46(2): 23506-1~4
[85] Constantin A. On the spectral problem for the periodic Camassa-Holm equation. Journal of Mathematical Analysis and Applications, 1997, 210(1): 215~230
[86] Cooper F. Solitons in the Camassa-Holm shallow water equation. Physics Letters A, 1997, 194(4): 246~250
[87] Danchin R. A note on well-posedness for Camassa-Holm equation. Journal of Differential Equations, 2003, 192(2): 429~444
[88] Darryl D H, Jerrold E. M, Tudor S R. The Euler–Poincaré Equations and Semidirect Products with Applications to Continuum. Theories. Advances in Mathematics, 1998, 137(1): 1~81
[89] Holm D D, Hone A N W. Nonintegrability of a Fifth-Order Equation with Integrable Two-Body Dynamics. Theoretical and Mathematical Physics, 2003, 137(1): 1459~1471
[90] Devchand C. The supersymmetric Camassa-Holm equation and geodesic flow on the superconformal group. Journal of Mathematical Physics, 2001, 42(1): 260~273
[91] Dullin H R, Camassa-Holm. Korteweg-de Vries-5 and other asymptotically equivalent equations for shallow water waves. Fluid Dynamics Research, 2003, 33(1~2): 73~95
[92] Parkes E J, Vakhnenko V O. Explicit solutions of the Camassa-Holm equation. Chaos, Solitons & Fractals, 2005, 26(5): 1309~1316
[93] Engui Fan. Uniformly constructing a series of explicit exact solutions to nonlinear equations in mathematical physics. Chaos, Solitons & Fractals, 2003, 16(5): 819~839
[94] Enrique G R. Geometric Integrability of the Camassa-Holm Equation. Letters in Mathematical Physics, 2002, 59(2): 117~131

[95] Wahlén E. A blow-up result for the periodic Camassa-Holm equation. Archiv der Mathematik, 2005, 84(4): 334~340

[96] Estevez P G. Solutions of a Camassa-Holm hierarchy in 2+1 dimensions. Theoretical and Mathematical Physics, 2005, 144(2): 1132~1137

[97] Estevez P G. Hodograph transformations for a Camassa-Holm hierarchy in 2+1 dimensions. Journal of Physics A, 2005, 38(6): 1287~1297

[98] Falqui G. On a Camassa-Holm type equation with two dependent variables. Journal of Physics A, 2006, 39(2): 327~342

[99] Engui Fan. Uniformly constructing a series of explicit exact solutions to nonlinear equations in mathematical physics. Chaos, Solitons and Fractals, 2003, 16(5): 819~839

[100] Ferreira M C. Soliton-cuspon interaction for the Camassa-Holm equation. Journal of Physics A, 1999, 32(49): 8665~8670

[101] Cooper F. Harvey Shepard Solitons in the Camassa-Holm shallow water equation. Physics Letters A, 1994, 194: 246~250

[102] Yiping Fu, Boling Guo. Time periodic solution of the viscous Camassa–Holm equation. Journal of Mathematical Analysis and Applications, 2006, 313(1): 311~321

[103] Gerard M. A shallow water equation as a geodesic flow on the Bott-Virasoro group. Journal of Geometry and Physics, 1998, 24(3): 203~208

[104] Giulio D R, Maria C L, Marco S et al. Singularity tracking for Camassa–Holm and Prandtl's equations. Applied Numerical Mathematics, 2006, 56(8): 1108~1122

[105] Misiolxlek G, Classical solutions of the periodic Camassa-Holm equation. Geometric And Functional Analysis. 2002, 12(5): 1080~1104

[106] Gordoa P R. A note on the Painleve analysis of a (2+1)_ dimensional Camassa-Holm equation. Chaos, Solitons and Fractals, 2006. 28(5): 1281~1284

[107] Guillermo, Rodríguez-Blanco. On the Cauchy problem for the Camassa–Holm equation. Nonlinear Analysis, 2001, 46(3): 309~327

[108] Guha P. Diffeomorphism with Some Sobolev Metric, Geodesic Flow and Integrable Systems. Report: IHES/M/98/ 69: 1998, 14

[109] Kalisch H, Lenells J. Numerical study of traveling-wave solutions for the Camassa–Holm equation. Chaos, Solitons & Fractals, 2005, 25(2): 287~298

[110] Holden H, Raynaud X. Global conservative solutions of the generalized hyperelastic-rod wave equation. Journal of Differential Equations, 2007, 233(2): 448~484

[111] Bin He, Jibin Li, Yao Long et al. Bifurcations of travelling wave solutions for a variant of Camassa–Holm equation. Nonlinear Analysis: Real World Applications, 2008, 9(2): 222~232

[112] Holger R D, Georg A G, Holm D D. Camassa–Holm, Korteweg–de Vries-5 and other asymptotically equivalent equations for shallow water waves. Fluid Dynamics Research, 2003, 33(1~2): 73~95

[113] Hone A N W. Reciprocal link for 2 + 1-dimensional extensions of shallow water equations. Applied Mathematics Letters, 2000, 13(3): 37~42

[114] Hui-Hui Dai, Keng-Huat Kwek, Hong-Jun Gao and Chao-chun Qu:On the Cauchy Problem of the Camassa-Holm Equation. Frontiers of Mathematics in China, 2006, 1(1): 144~159

[115] Dullin H R, Gottwald G A, Holm D D. On asymptotically equivalent shallow water wave equations. Physica D: Nonlinear Phenomena, 2004, 190(1~2): 1~14

[116] Ivanov R Conformal properties and Backlund transform for the associated Camassa-Holm equation. Physics Letters A, 2005, 345(1~3): 18~112

[117] Gibbon J D. Holm D D. Length-scale estimates for the LANS-α equations in terms of the Reynolds number. Physica D: Nonlinear Phenomena, 2006, 22(1): 69~78

[118] Vukadinović J. On the Backwards Behavior of the Solutions of the 2D Periodic Viscous Camassa-Holm Equations. Journal of Dynamics and Differential Equations, 2002, 14(1): 37~62
[119] Schiff J. The Camassa-Holm equation: A loop group approach. Physica D: Nonlinear Phenomena, 1998, 121(1~2): 24~43
[120] John P B. Peakons and coshoidal waves: Traveling wave solutions of the Camassa-Holm equation. Applied Mathematics and Computation, 1997, 81(2~3): 173~187
[121] John K H, Yuxi Zheng. On a completely integrable nonlinear hyperbolic variational equation. Physica D: Nonlinear Phenomena, 1994, 79(2~4): 361~386
[122] Johnson R S. The Camassa-Holm equation for water waves moving over a shear flow. Fluid Dynamics Research, 2003, 33(1~2): 97~111
[123] Lenells J. Infinite propagation speed of the Camassa–Holm equation. Journal of Mathematical Analysis and Applications, 2007, 325(2): 1468~1478
[124] Lenells J. Traveling wave solutions of the Camassa–Holm equation. Journal of Differential Equations, 2005, 217(2): 393~430
[125] John P B. The cnoidal wave/corner wave/breaking wave scenario, A one-sided infinite-dimension bifurcation. Mathematics and Computers in Simulation, 2005, 69(3~4): 235~242
[126] John P B. Near-corner waves of the Camassa–Holm equation. Physics Letters A, 2005, 336(4~5): 342~348
[127] Kamdem J S, Zhijun Qiao, Decomposition method for the Camassa–Holm equation. Chaos, Solitons & Fractals, 2007, 31(2): 437~447
[128] Kalisch H. Convergence of a spectral projection of the Camassa-Holm equation. Numerical Methods for Partial Differential Equations, 22(5), 2006: 1197~1215
[129] Kamdem J S. Decomposition method for the Camassa-Holm equation. Chaos, Solitons and Fractals, 2007, 31(2): 437~447
[130] Kalisch, Henrik. Numerical study of traveling-wave solutions for the Camassa-Holm equation. Chaos, Solitons and Fractals, 2005, 25(2): 287~298
[131] Kai-Seng Chou, Changzheng Qu. Integrable equations arising from motions of plane curves. Physica D: Nonlinear Phenomena, 2002, 162(1~2): 9~33
[132] Keng-Huat Kwek. An initial boundary value problem of Camassa-Holm equation. Journal of Mathematical Physics, 2000, 1(2): 8279~8285
[133] Khuri S A. New ansatz for obtaining wave solutions of the generalized Camassa-Holm equation. Chaos, Solitons and Fractals, 2005, 25(3): 705~710
[134] Kouranbaeva S, Oliver M. Global well-posedness for the averaged Euler equations in two dimensions. Physica D: Nonlinear Phenomena, 2000, 138(3): 197~290
[135] Kraenkel R A. Lie symmetry analysis and reductions of a two-dimensional integrable generalization of the Camassa-Holm equation. Physics Letters A, 2000, 273(3): 183~193
[136] Kraenkel R A. On the integrable perturbations of the Camassa-Holm equation. Journal of Mathematical Physics, 2000, 41(5): 3160~3169
[137] Kraenkel R A. Camassa-Holm equation: transformation to deformed sinh- ordon equations, cuspon and soliton solutions, Journal of Physics A (Mathematical and General), 1999, 32(25): 4733~4747
[138] Kunze M. Estimates for the KdV-limit of the Camassa-Holm equation. Letters in Mathematical Physics, 2005, 72(1): 17~26
[139] Fontanelli L, Lorenzoni P, Pedroni M. A Three-component Extension of the Camassa–Holm Hierarchy. Letters in Mathematical Physics, 2006, 78(2): 125~137
[140] Lenells J. Conservation laws of the Camassa-Holm equation. Journal of Physics Mathematical and General, 2005, 38(4): 869~880
[141] Lenells J. Traveling wave solutions of the Camassa-Holm equation. Journal of Differential Equations, 2005, 217(2):

393~430

[142] Lijun Zhang, Li-Qun Chen, Xuwen Huo. Peakons and periodic cusp wave solutions in a generalized Camassa–Holm equation. Chaos, Solitons & Fractals, 2006, 30(5): 1238~1249

[143] Yishen Li. The multiple-soliton solution of the Camassa-Holm equation. Proceedings of the Royal Society of London, Series A (Mathematical, Physical and Engineering Sciences), 2004, 460(2049): 2617~2627

[144] Yongqin Liu. Global existence of solution to the Camassa-Holm equation. Nonlinear Analysis, Theory, Methods and Applications, 2005, 60(5): 945~953

[145] Yongqin Liu, Weike Wang. Global existence of solution to the Camassa–Holm equation. ARTICLE Nonlinear Analysis, 2005, 60(5): 945~953

[146] Zheng-rong Liu. Peaked wave solutions of Camassa-Holm equation. Chaos, Solitons and Fractals, 2004, 19(1): 77~92

[147] Zhengrong Liu. Periodic waves and their limits for the camassa-holm equation. International Journal of Bifurcation and Chaos, 2006, 16(8): 2261~2274

[148] Zhengrong Liu. Peakons and their bifurcation in a generalized Camassa-Holm equation. International Journal of Bifurcation and Chaos in Applied Sciences and Engineering, 2001, 11(3): 781~792

[149] Zhengrong Liu, Tifei Qian. Peakons of the Camassa–Holm equation. Applied Mathematical Modelling, 2002, 26(3): 473~480

[150] Zheng-rong Liu, Rui-qi Wang, Zhu-jun Jing. Peaked wave solutions of Camassa–Holm equation. Chaos, Solitons & Fractals, 2004, 19(1): 77~92

[151] Yongqin Liu. On the blow-up phenomena of Cauchy problem for the Camassa–Holm equation. Wuhan University Journal of Natural Sciences, 2006, 11(3): 451~455

[152] Matsuno Y. Parametric representation for the multisoliton solution of the Camassa-Holm equation. Journal of the Physical Society of Japan, 2005, 74(7): 7~1983

[153] Marchant T R. Undular bore solution of the Camassa-Holm equation. Physical Review E-Statistical, Nonlinear, and Soft Matter Physics, 2006, 73(5): 057602

[154] Lombardo M C, Sammartino M, Sciacca V. A Note on the analytic solutions of the Camassa–Holm equation. Comptes Rendus Mathematique, 2005, 341(11): 659~664

[155] Kunze M, Schneider G. Estimates for the KdV-Limit of the Camassa–Holm Equation. Letters in Mathematical Physics, 2005, 72(1): 17~26

[156] Stanislavova M, Stefanov A, On Global Finite Energy Solutions of the Camassa-Holm Equation. Journal of Fourier Analysis and Applications, 2005, 11(5): 511~531

[157] Fisher M, Schiff J. The Camassa Holm equation: conserved quantities and the initial value problem. Physics Letters A, 1999, 259(5): 371~376

[158] Minotti F O, Dasso S. Formulation of subgrid stresses for large-scale fluid equations. Physical Review E (Statistical, Nonlinear, and Soft Matter Physics), 2001, 63(3): 036306/1~7

[159] Velan M S, Lakshmanan M. Lie symmetries and invariant solutions of the shallow-water equation. International Journal of Non-Linear Mechanics, 1996, 31(3): 339~344

[160] Ragnisco O, Bruschi M. Peakons, r-matrix and Toda lattice. Physica A: Statistical and Theoretical Physics, 1996, 228(1~4): 126~149

[161] Mustafa O G. On the Cauchy problem for a generalized Camassa–Holm equation. Nonlinear Analysis, 2006, 64(6): 1382~1399

[162] Parker A. On the Camassa-Holm equation and a direct method of solution. II. Soliton solutions. Mathematical, Physical and Engineering Sciences, 2005, 461(8): 3611~3632

[163] Parker A. A factorization procedure for solving the Camassa-Holm equation. Inverse Problems, 2006, 22(2): 599~609

[164] Parkes E J. Explicit solutions of the Camassa-Holm equation. Chaos, Solitons and Fractals, 2005, 26(5):

1309~1316

[165] Parker A. On the Camassa-Holm equation and a direct method of solution. I. Bilinear form and solitary waves. Proceedings of the Royal Society of London, Series A (Mathematical, Physical and Engineering Sciences), 2004, 460(2050): 2929~2957

[166] Parker A. On the Camassa-Holm equation and a direct method of solution. III. N-soliton solutions. Proceedings of the Royal Society of London, Series A (Mathematical, Physical and Engineering Sciences), 2005, 461 (2064): 3893~3911

[167] Clarkson P A, Mansfield E L, Priestley T J. Symmetries of a class of nonlinear third-order partial differential equations. Mathematical and Computer Modelling, 1997, 25(8~9): 195~212

[168] Guha P. Antiplectic Structure, Diffeomorphism and Generalized KdV Family. Acta Applicandae Mathematicae. An International Survey Journal on Applying Mathematics and Mathematical Applications, 2006, 91(2): 97~118

[169] Estevez P G, Prada J. Solutions of a Camassa-Holm Hierarchy in 2+1 Dimensions. Theoretical and Mathematical Physics, 2005, 144(2): 1132~1137

[170] Penskoi A V. Canonically conjugate variables for the periodic Camassa-Holm equation. Nonlinearity, 2005, 18(1): 415~421

[171] Penskoi A V. Discrete Lagrangian systems on the Virasoro group and Camassa-Holm family. Nonlinearity, 2003, 16(2): 683~688

[172] Popowicz Z. A 2-component or N=2 supersymmetric Camassa-Holm equation, Physics Letters A, 2006, 354(1~2): 110~114

[173] Gordoa P R, Pickering A, Senthilvelan M. A note on the Painlevé analysis of a (2+1) dimensional Camassa–Holm equation. Chaos, Solitons & Fractals, 2006, 28(5): 1281~1284

[174] Bi Q. Bifurcations of traveling wave solutions from KdV equation to Camassa–Holm equation. Physics Letters A, 2005, 344(5): 361~368

[175] Tifei Qian, Minying Tang. Peakons and periodic cusp waves in a generalized Camassa–Holm equation. Chaos, Solitons & Fractals, 2001, 12(7): 1347~1360

[176] Zhijun Qiao. The Camassa-Holm Hierarchy, N-Dimensional Integrable Systems, and Algebro-Geometric Solution on a Symplectic Submanifold, Communications in Mathematical Physics., 2003, 239(1~2): 309~341

[177] Zhijun Qiao. Decomposition method for the Camassa-Holm equation. Chaos, Solitons and Fractals, 2007, 31(2): 437~447

[178] Kraenkel R A, Zenchuk A I, Modified Korteweg-de Vries hierarchy with hodograph transformation, Camassa–Holm and Harry–Dym hierarchies. Mathematics and Computers in Simulation, 2001, 55(4~6): 483~491

[179] Kraenkel R A, Senthilvelan M, Zenchuk A I. Lie symmetry analysis and reductions of a two-dimensional integrable generalization of the Ca massa–Holm equation. Physics Letters A, 2000, 273(3): 183~193

[180] Kraenkel R A, Zenchuk A. Two-dimensional integrable generalization of the Camassa–Holm equation. Physics Letters A, 1999, 260(3~4): 218~224

[181] Danchin R. A note on well-posedness for Camassa–Holm equation. Journal of Differential Equations, 2003, 192(2): 429~444

[182] Ragnisco O, Bruschi M. Peakons, r-matrix and Toda lattice. Physica A, 1996, 228(1~4): 150~159

[183] Beals R, Sattinger D H, Szmigielski J. Acoustic Scattering and the Extended Korteweg– de Vries Hierarchy. Advances in Mathematics, 1998, 140(2): 190~206

[184] Beals R, Sattinger D H, Szmigielski J. Calogero–FranÇoise Flows and Periodic Peakons. Theoretical and Mathematical Physics, 2002, 133(3): 1631~1646

[185] Chen R M. Some nonlinear dispersive waves arising in compressible hyperelastic plates. International Journal of Engineering Science 2006, 44(18~19): 1188~1204

[186] Artebrant R, Schroll H J. Numerical simulation of Camassa–Holm peakons by adaptive upwinding. Applied Numerical Mathematics, 2006, 56(5): 695~711

[187] Ivanov R, Conformal properties and Bäcklund transform for the associated Camassa–Holm equation. Physics Letters A, 2005, 345(1~3): 112~118

[188] Johnson R S. The Camassa–Holm equation for water waves moving over a shear flow. Fluid Dynamics Research, 2003, 33(1~2): 97~111

[189] Rocca G D. Singularity tracking for Camassa-Holm and Prandtl's equations. Applied Numerical Mathematics, 2006, 56(8): 1108~1122

[190] Khuri S A. New ansätz for obtaining wave solutions of the generalized Camassa–Holm equation. Chaos, Solitons & Fractals, 2005, 25(3): 705~710

[191] Hakkaev S. Stability of peakons for an integrable shallow water equation. Physics Letters A, 2006, 354 (1~2): 137~144

[192] Galiev S U. Strongly nonlinear two-speed wave equations for coastal waves and their application. Physica D: Nonlinear Phenomena, 2005, 208(3~4): 147~171

[193] Jianwei Shen, Wei Xu. Bifurcations of smooth and non-smooth travelling wave solutions in the generalized Camassa–Holm equation. Chaos, Solitons & Fractals, 2005, 26(4): 1149~1162

[194] Kouranbaeva S, Shkoller S. A variational approach to second-order multisymplectic field theory. Journal of Geometry and Physics, 2000, 35(4): 333~366

[195] Kouranbaeva S, Oliver M. Global well-posedness for the averaged Euler equations in two dimensions. Physica D: Nonlinear Phenomena, 2000, 138(3~4): 197~209

[196] Lixin Tian, Jiuli Yin. New peaked solitary wave solutions of the generalized Camassa-Holm equation. Chaos, Solitons and Fractals, 2004, 19(3): 621~637

[197] Lixin Tian, Gang Xu, Zeng-rong Liu. The concave or convex peaked and smooth soliton solutions of Camassa-Holm equation. Applied Mathematics and Mechanics, 2002 23(5): 557~567

[198] Lixin Tian, Guilong Gui, Yue Liu. On the scattering problem and scatterinr problem in the DGH equation. Comm. Math. Phy, 2005, 257(3): 257~261

[199] Lixin Tian, Lu Sun. Singular solitons of generalized Camassa–Holm models. Chaos, Solitons & Fractals, 2007, 32(2): 780~799

[200] Marikhin V G. Ntegrable systems with quadratic nonlinearity in Fourier space. Physics Letters A, 2003, 310(1): 60~66

[201] Busuioc V. On second grade fluids with vanishing viscosity, Comptes Rendus de l'Académie des. Sciences-Series I-Mathematics, 1999, 328(12): 1241~1246

[202] Adler V E, Shabat A B. Dressing chain for the acoustic spectral problem. Theoretical and Mathematical Physics, 2006, 149(1): 1324~1337

[203] Wazwaz A M. Peakons, kinks, compactons and solitary patterns solutions for a family of Camassa-Holm equations by using new hyperbolic schemes. Applied Mathematics and Computation (New York), 2006, 182(1): 412~424

[204] Wazwaz A M. Solitary wave solutions for modified forms of Degasperis- Procesiand Camassa-Holm equations. Physics Letters A, 2006, 352(6): 500~504

[205] Wazwaz A M. The Camassa-Holm-KP equations with compact and noncompact travelling wave solutions. Applied Mathematics and Computation, 2005, 170(1): 347~602

[206] Wazwaz A M. New compact and noncompact solutions for two variants of a modified Camassa-Holm equation. Applied Mathematics and Computation (New York), 2005, 163(3): 1165~1179

[207] Wazwaz A M. New compact and noncompact solutions for two variants of a modified Camassa-Holm equation. Applied Mathematics and Computation, 2006, 163(3): 1165~1179

[208] Wazwaz A M. The Camassa-Holm-KP equations with compact and noncompact travelling wave solutions. Applied Mathematics and Computation (New York), 2005, 170, (1): 347~360

[209] Wazwaz A M. A class of nonlinear fourth order variant of a generalized Camassa-Holm equation with compact and noncompact solutions. Applied Mathematics and Computation (New York), 2005, 165(2): 485~501

[210] Wazwaz A M. A class of nonlinear fourth order variant of a generalized Camassa-Holm equation with compact and noncompact solutions. Applied Mathematics and Computation, 2005, 165(2): 485~501

[211] Lim W K. Global well-posedness for the viscous Camassa–Holm equation. Journal of Mathematical Analysis and Applications, 2007, 326(1): 432~442

[212] Shuyin Wu. Blow-up, blow-up rate and decay of the solution of the weakly dissipative camassa-holm equation. Journal of Mathematical Physics, 2006, 47(1): 13504-1~12

[213] Wan Wu, Shi-Jun Liao. Solving solitary waves with discontinuity by means of the homotopy analysis method. Chaos, Solitons & Fractals, 2005, 26(1): 177~185

[214] Chao-Zhong Wu. On solutions of the two-component Camassa-Holm system. Journal of Mathematical Physics, 2006, 47(8): 83513-1~11

[215] Li Y A, Peter J. OlverWell-posedness and Blow-up Solutions for an Integrable Nonlinearly Dispersive Model Wave Equation. Journal of Differential Equations, 2000, 162(1): 27~63

[216] Zhaoyang Yin. On the Cauchy problem for the generalized Camassa-Holm equation. Nonlinear Analysis, Theory, Methods and Applications, 2007, 66(2): 460~471

[217] Yomba E. C onstruction of new solutions to the fully nonlinear generalized Camassa-Holm equations by an indirect F function method. Journal of Mathematical Physics, 2005, 46(12): 123504-1~12

[218] Yongjiang Yu, Kaitai Li. Gevrey class regularity for the viscous Camassa–Holm equations. Applied Mathematics Letters, 2005, 18(6): 713~719

[219] Matsuno Y. Cusp and loop soliton solutions of short-wave models for the Camassa–Holm and Degasperis–Procesi equations. Physics Letters A, 2006 359(5): 451~457

[220] Qiao Z. The Camassa-Holm hierarchy, N-dimensional integrable systems, and algebro-geometric solution on a symplectic submanifold. Communications in Mathematical Physic, 2003, 239(1~2): 309~341

[221] Yong Zhou. Blow-up phenomenon for the integrable Degasperis–Procesi equation. Physics Letters A, 2004, 328(2~3): 157~162

[222] Popowicz Z. A 2-component or N=2 supersymmetric Camassa–Holm equation. Physics Letters A, 2006, 354(1~2): 110~114

[223] Ping Zhang. Weak solutions to a nonlinear variational wave equation and some related problems. Applications of Mathematics, 2006, 51(4): 427~466

[224] 田立新, 许刚, 刘曾荣. Camassa-Holm 方程凹凸尖峰及光滑孤立子解. 应用数学和力学, 2002, 5: 557~567

[225] 丁丹平, 田立新, 耗散. Camassa-Holm 方程的吸引子. 应用数学学报, 2004, 3: 536~545

[226] 郭柏灵, 刘正荣. CH-γ 方程的尖波解. 中国科学 A 辑, 2003, 4: 325~337

[227] 郭柏灵, 刘正荣. CH-γ 方程的两类新有界波. 中国科学 A 辑, 2005, 6: 651~663

[228] Dubrovin B, Si-Qi Liu, Youjin Zhang. On Hamiltonian perturbations of hyperbolic systems of conservation laws I: Quasi-Triviality of bi-Hamiltonian perturbations. Comm. Pure Appl. Math, 2006, 59(4): 559~615

[229] Constantin A, Escher J. Well-posedness, global existence and blowup phenomena for a periodic quasi-linear hyperbolic equation. Comm. Pure Appl. Math, 1998, 51: 475~504

[230] Constantin A, McKean H A. Shallow Water Equation on the Circle. Comm. Pure Appl. Math, 1999., 52: 949~982

[231] Loubet E. Genesis of solitons arising from individual Flows of the Camassa-Holm hierarchy. Comm. Pure Appl. Math, 2006, 59(3): 408~465

[232] Xin Z, Zhang P. On the Weak Solutions to a Shallow Water Equation. Comm Pure Appl Math, 2000, 53:1411~1433

[233] Henry P. M, Breakdown of the Camassa-Holm equation. Comm. Pure Appl. Math, 2004, 57(3): 416~418

[234] Vaninsky K L. Equations of Camassa-Holm type and Jacobi ellipsoidal coordinates. Comm. Pure Appl. Math, 2005, 58(9): 1149~1187

[235] McKean H P. Fredholm determinants and the Camassa-Holm hierarchy. Comm. Pure Appl. Math, 2003, 56(5): 638~680

[236] McKean H P. The Liouville correspondence between the Korteweg-de Vries and the Camassa-Holm hierarchies.

Comm. Pure Appl. Math, 2003, 56(7): 998~1015

[237] Beals R, Sattinger D H, Szmigielski J. Peakons, strings, and the finite Toda lattice. Comm. Pure Appl. Math, 2001, 54(1): 91~106

[238] Vaninsky K L. Equations of Camassa–Holm type and Jacobi ellipsoidal coordinates. Comm. Pure Appl. Math, 2005, 58:1149–1187

[239] Kenig C E, Ponce G, Vega L. Well-posedness and scattering results for the generalized Korteweg-de Vries equation via contraction principle. Comm. Pure Appl. Math, 1993, 46:527~620

[240] Constantin A. On the scattering problem for the Camassa-Holm equation. Mathematical, Physical and Engineering Sciences, 2001, 457: 953~970

[241] Foias C. Holm D D, Titi E S. The three dimensional viscous Camassa–Holm equations and their relation to the Navier–Stokes equations and turbulence theory. J. Dyn. Diff. Eq, 2002, 14: 1~35

[242] Casey J. Pseudo-rigid continua: basic theory and a geometrical derivation of Lagrange's equations. Proc. R. Soc. A, 2004, 460: 2021~2049

[243] Fuchssteiner B. Some tricks from the symmetry-toolbox for nonlinear equations: generalisations of the Camassa–Holm equation. Physica D, 1996, 95: 229~243

[244] Schiff J. The Camassa–Holm equation: a loopgroup approach. Physica D, 1998, 121: 24~43

[245] Parker A. On the Camassa–Holm equation and a direct method of solutionII. Soliton solutions. Mathematical Physical and Engineering Sciences, 2005, 461(2063): 3611~3632

[246] Lixin Tian, Meijie Ni. Blow-up phenomena for the periodic Degasperis-Procesi equation with strong dispersive term. International Journal of Nonlinear Science, 2006, 2(3): 177~182

[247] Lixin Tian, Xiuming Li. On the well-posedeness problem for the generalized Degasperis-Procesi equation. International Journal of Nonlinear Science, 2006, 2(2): 67~76

[248] Hakkaev S, Kirchev K. On the well-posedness and stability of peakons for a generalized Camassa-Holm equation. International Journal of Nonlinear Science, 2006, 1(3): 139~148

[249] Dianchen Lu, Dejun Peng, Lixin Tian. On the well-posedeness problem for the generalized Dullin-Gottwald-Holm equation. International Journal of Nonlinear Science, 2006, 1(3): 178~186

[250] Suping Qian. Painleve analysis and symmetry reductions to the strong dispersive DGH equation. International Journal of Nonlinear Science, 2006, 1(2): 119~123

[251] Lixin Tian, Guochang Fang, Guilong Gui. Well-posedness and blowup for an integrable shallow water equation with strong dispersive term. International Journal of Nonlinear Science, 2006, 1(1): 3~13

[252] Danping Ding, Lixin Tian. The study of solution of dissipative Camassa-Holm equation on total space. International Journal of Nonlinear Science, 2006, 1(1): 37~42

[253] Galiev, Sh. U. Strongly nonlinear two-speed wave equations for coastal waves and their application, Pltysica D. 2005, 208(3-4), 147~171

第 2 章　Camassa-Holm 方程的行波解

2.1　引　　言

本节研究 Camassa-Holm 方程

$$u_t - u_{xxt} + 2\omega u_x + 3uu_x = 2u_x u_{xx} + uu_{xxx}, \quad x \in \mathbf{R}, \quad t > 0 \tag{2.1.1}$$

的行波解. 令 $u(x,t)=\varphi(x-ct), c\in\mathbf{R}$. 函数 $\varphi:\mathbf{R}\to\mathbf{R}$ ，除光滑解之外，Camassa-Holm 方程还存在一大类具有奇异性的行波解:尖峰孤立子(peakon)、尖角子(cuspon)、平坡子(stumpon)和复合波(composite wave)， 即方程(2.1.1)有尖峰孤立子，见图 2.1 的(c)，(d). 通过相图分析，发现还存在尖角子波，见图 2.1 的(e)和(f)[1~30].

对 Camassa-Holm 方程作一个自然的弱公式化，在某些意义下，将建立这些尖峰和尖角波解. 关于 Camassa-Holm 方程的弱解具有适当的框架结构[16,21]，但只考虑了尖峰孤立子的解析情况. 本文将给出(2.1.1)的弱公式化的所有行波解. 通过合并尖角、尖峰以及常数平稳态成为图 2.1 中(g)行波，发现存在非常多的新型奇异解. 特别地，一类有趣的波——因为它的形状，称之为平坡子(stumpon)——在适当的尖角波波峰常数对应的 φ 处插入区间而得到，见图 2.1 (h).

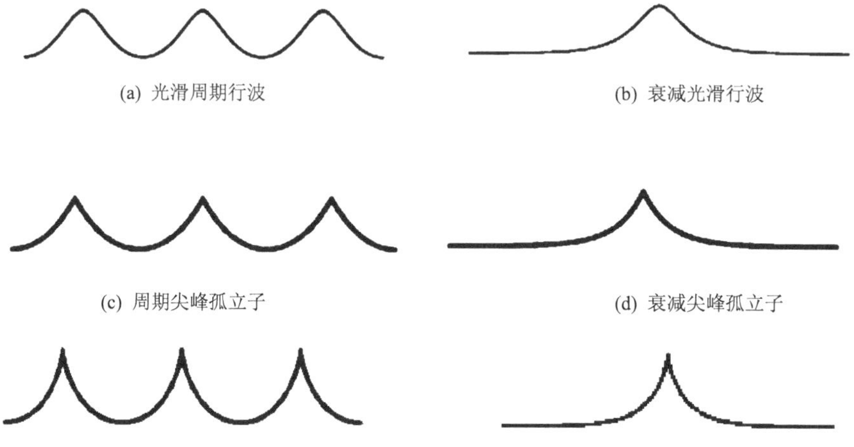

(a) 光滑周期行波　　(b) 衰减光滑行波

(c) 周期尖峰孤立子　　(d) 衰减尖峰孤立子

(e) 周期尖角孤立子　　(f) 衰减尖角孤立子

图2.1　方程(2.1.1)的行波解

(g) 复合波($a < c^2 + 4\omega c$)

(h) 复合波($a > c^2 + 4\omega c$)

(i) 平坡子($a = c^2 + 4\omega c$)

续图2.1

其中一些波的形式是不稳定的，因此很难用物理方法检测. 然而，光滑孤立波是轨道稳定的[24]，而且不管尖峰子是孤立波或周期波，也是轨道稳定的[22,23,42,43]. 尖峰子是孤立子，碰撞后恢复原来的形状和速度.

2.2 节和 2.3 节介绍一些定义和推导 Camassa-Holm 方程的弱公式化. 2.4 节陈述第一个定理，得到(2.1.1)的行波解，证明在 2.5 节. 2.6 节说明第二个定理：行波连续地依赖于所有包含的参数. 最后，2.7 节和 2.8 节确定行波的波长，并推导出尖峰解的显式公式.

2.2 符　号

设 $X \subset \mathbf{R}$ 为开集. 注意到对整数 n， $p \geqslant 1$，记 $W^{n,p}\left(X\right)$ 为所有这样的 f 的全体，使得 $f \in L^p(x)$，分布导数(distributional derivative) $\partial_x^i f \in L^p(x), i = 1, \cdots, n$. 若 $p = 2$，记 $H^n\left(X\right)$ 为 $W^{n,2}(X)$. Hilbert 空间 $H^n\left(X\right)$ 上的内积记为

$$\left\langle f, g\right\rangle_{H^n(X)} = \sum_{i=0}^{n} \int_X \left(\partial_x^i f\right)\left(x\right)\left(\partial_x^i g\right)\left(x\right) \mathrm{d}x.$$

记 $C_c^{\infty}(X)$ 为 X 中所有具有紧支集光滑函数的空间. $H_{\mathrm{loc}}^n(X)$ 为这样的 f 形成的 Hilbert 空间，对所有 $\varphi \in C_c^{\infty}(X)$，使得 $\varphi f \in H^n(X)$ 成立. 进一步，设 $D'(X)$ 为 X 上的分布空间，即 $C_c^{\infty}(X)$ 上的线性连续泛函全体. $C^n(X)$ 记为 X 中的 n 次连续可微函数形成的空间. 若 $\varphi \in D'(X)$，记 ϕ_x 为它的由下式定义的分布函数：

$$\langle \varphi_x, \psi \rangle = -\langle \varphi, \psi_x \rangle, \qquad \psi \in C_c^{\infty}(X),$$

其中，$\langle \cdot, \cdot \rangle$ 是 $D'(X)$ 到 $C_c^{\infty}(X)$ 的对偶(pairing).

函数 f 称作 X 上是绝对连续函数，若对每个紧集 $K \subset X$ 和 $\forall \varepsilon > 0$，存在 $\delta > 0$，对任意 n 及 K 中的任意不相交的区间族 $(\alpha_1, \beta_1), (\alpha_2, \beta_2), \cdots, (\alpha_n, \beta_n)$，其长度要求满足 $\sum_{i=1}^{n}(\beta_i - \alpha_i) < \delta$ 时，成立 $\sum_{i=1}^{n}\left|f(\beta_i) - f(\alpha_i)\right| < \varepsilon$.

注意到，一个函数 f 是 X 上绝对连续的充要条件是 $f \in W_{\mathrm{loc}}^{1,1}(X)$. 这时，$f$ 的通常偏导数几乎在每一点 $x \in X$ 都存在且等于 f 的分布导数.

记 μ 为 $\mathbf{R}$ 上的 Lebesgue 测度.

称连续函数 φ 在 x 处有一个尖峰(a peak)，若 φ 在 x 的两边是局部光滑的且满足

$$0 \neq \lim_{y \uparrow x} \varphi_x(y) = -\lim_{y \downarrow x} \varphi_x(y) \neq \pm\infty .$$

具有尖峰性质的波称为尖峰波(peaked wave)或尖峰孤立子(peakon).

类似地，一个连续函数 φ 在 x 处称为有一个尖角(a cusp)，若 φ 在 x 的两边局部光滑且满足

$$\lim_{y \uparrow x} \varphi_x(y) = -\lim_{y \downarrow x} \varphi_x(y) = \pm\infty .$$

称具有尖角的波为尖角波(cusp wave)或尖角子(cuspon).

若 φ 通过插入某区间得到且使得在一个尖角处 φ 为常数，则称 φ 有一个平坡(stump). 此外，存在一个区间 $[a,b]$，使 φ 在其上是常数，在 a 的左边和 b 的右边是局部光滑的，同时满足 $\lim_{x \uparrow a} \varphi_x(x) = -\lim_{x \downarrow b} \varphi_x(x) = \pm\infty$.具有平坡的波称为平坡子.

若 φ 具有波形的点，称有局部最大的点为峰(crest)，称局部极小点为谷(trough). 若存在常数 $\alpha \in \mathbf{R}$，使得 $\varphi - \alpha \in H^1(\mathbf{R})$，则称 φ 为衰退波.

2.3 弱 形 式

方程(2.1.1)的行波 $u(x,t) = \varphi(x - ct)$ 满足

$$-c\varphi_x+c\varphi_{xxx}+3\varphi\varphi_x+2\omega\varphi_x=2\varphi_x\varphi_{xx}+\varphi\varphi_{xxx},\tag{2.3.1}$$

积分一次，得到

$$-c\varphi+c\varphi_{xx}+\frac{3}{2}\varphi^2+2\omega\varphi=\varphi\varphi_{xx}+\frac{1}{2}\varphi^2+\frac{a}{2},\tag{2.3.2}$$

其中，常数$a\in\mathbf{R}$. 可以将上式重写为

$$\varphi_x^2+3\varphi^2+(4\omega-2c)\varphi=\left((\varphi-c)^2\right)_{xx}+a.\tag{2.3.3}$$

对(2.3.3)，要求$\varphi\in H_{\rm loc}^1(\mathbf{R})$.作如下定义:

定义 2.3.1 若φ满足(2.3.3)，则函数$\varphi\in H_{\rm loc}^1(\mathbf{R})$称为 Camassa-Holm 方程的行波解.

注 2.3.1 方程(2.1.1)通常写成如下弱形式[19]:

$$u_t+\left(\frac{1}{2}u^2+\left(1-\partial_x^2\right)^{-1}\left[u^2+\frac{1}{2}u_x^2+2\omega u\right]\right)_x=0.\tag{2.3.4}$$

取(2.3.3)作为弱行波解的定义来代替(2.3.4)的原因是，尽管(2.3.4)中当$u(x,t)$是周期或在无穷远处衰退时$(1-\partial_x^2)^{-1}$容易得到，但利用(2.3.3)作为定义可以解得更广泛的行波解. 对周期性波和无穷远处衰退的行波，两种定义是一致的.

事实上，设$u(x,t)=\varphi(x-ct)$是周期或在无穷远处衰退且满足(2.3.4)，则

$$\left(-c\varphi+\frac{1}{2}\varphi^2+\left(1-\partial_x^2\right)^{-1}\left[\varphi^2+\frac{1}{2}\varphi_x^2+2\omega u\right]\right)_x=0$$

在$D'(X)$上成立. 应用$(1-\partial_x^2)$到两边就得到(2.3.3). 反之，若φ属于(2.3.3)，则利用上述步骤就可以回到(2.3.4).

2.4 几类行波解

本节定理 2.4.1 研究(2.1.1)的有界行波$\varphi(x-ct)$，$\varphi\in H_{\rm loc}^1(\mathbf{R})$. 这时，对一个固定的$\omega\in\mathbf{R}$，行波由它们的极大值、极小值及速度这些参数的不同值给出.

定理 2.4.1 固定$\omega\in\mathbf{R}$，设$z=c-2\omega-M-m$.(2.1.1)的任意有界行波为下述类型之一:

(a) 光滑周期行波.若$z<m<M<c$，则存在(2.1.1)的光滑周期行波$\varphi(x-ct)$，其中，$M=\max\limits_{x\in\mathbf{R}}\varphi(x),m=\min\limits_{x\in\mathbf{R}}\varphi(x)$.

(b) 衰退光滑行波.若$z=m<M<c$，则存在(2.1.1)的光滑周期行波$\varphi(x-ct)$，

即 φ 指数从右侧趋于 m，其中，$M=\max\limits_{x\in\mathbf{R}}\varphi(x),\ m=\inf\limits_{x\in\mathbf{R}}\varphi(x)$ 且当 $x\to\pm\infty$ 时 $\varphi\downarrow m$.

(c) 周期尖峰孤立子.若 $z<m<M=c$，则存在(2.1.1)的周期尖峰子行波 $\varphi(x-ct)$，其中，$M=\max\limits_{x\in\mathbf{R}}\varphi(x),\ m=\min\limits_{x\in\mathbf{R}}\varphi(x)$.

(d) 衰减尖峰孤立子.若 $z=m<M=c$，则存在(2.1.1)的尖峰行波解 $\varphi(x-ct)$，且当 $x\to\pm\infty$ 时，φ 指数趋于 m，$\varphi\downarrow m$.

(e) 周期尖角孤立子.若 $z<m<c<M$，则存在(2.1.1)的周期尖角行波解 $\varphi(x-ct)$，其中，$m=\min\limits_{x\in\mathbf{R}}\varphi(x),\ c=\max\limits_{x\in\mathbf{R}}\varphi(x)$.

(f) 衰减尖角孤立子.若 $z=m<c<M$，则存在(2.1.1)的尖角行波 $\varphi(x-ct)$，当 $x\to\pm\infty$ 时，φ 指数趋于 m，$\varphi\downarrow m$，$m=\min\limits_{x\in\mathbf{R}}\varphi(x),\ c=\max\limits_{x\in\mathbf{R}}\varphi(x)$.

(a′) 光滑周期行波.若 $z>m>M>c$，则存在(2.1.1)的光滑周期行波 $\varphi(x-ct)$，其中,$M=\min\limits_{x\in\mathbf{R}}\varphi(x),m=\max\limits_{x\in\mathbf{R}}\varphi(x)$.

(b′) 衰退光滑行波.若 $z=m>M>c$，则存在(2.1.1)的光滑行波 $\varphi(x-ct)$，当 $x\to\pm\infty$ 时，φ 指数趋于 m，$\varphi\uparrow m$，其中,$M=\min\limits_{x\in\mathbf{R}}\varphi(x),\ m=\sup\limits_{x\in\mathbf{R}}\varphi(x)$.

(c′) 周期尖峰孤立子. 若 $z>m>M=c$，则存在(2.1.1)的周期尖峰行波 $\varphi(x-ct)$，其中，$M=\min\limits_{x\in\mathbf{R}}\varphi(x),\ m=\max\limits_{x\in\mathbf{R}}\varphi(x)$.

(d′) 衰减尖峰孤立子. 若 $z=m>M=c$，则存在(2.1.1)的尖峰行波解 $\varphi(x-ct)$，且当 $x\to\pm\infty$ 时，φ 指数趋于 m，$\varphi\downarrow m$，其中，$M=\inf\limits_{x\in\mathbf{R}}\varphi(x),\ m=\max\limits_{x\in\mathbf{R}}\varphi(x)$.

(e′) 周期尖角孤立子.若 $z>m>c>M$，则存在(2.1.1)的周期尖角子行波解 $\varphi(x-ct)$，其中,$c=\min\limits_{x\in\mathbf{R}}\varphi(x),\ m=\max\limits_{x\in\mathbf{R}}\varphi(x)$.

(f′) 衰减尖角孤立子.若 $z=m>c>M$，则存在(2.1.1)的尖角行波 $\varphi(x-ct)$，当 $x\to\pm\infty$ 时，φ 指数趋于 m，$\varphi\uparrow m$，其中，$c=\min\limits_{x\in\mathbf{R}}\varphi(x),\ m=\sup\limits_{x\in\mathbf{R}}\varphi(x)$.

(g) 复合波.对任一固定的 $c\in\mathbf{R}$ 且 $a>-\dfrac{(c-2\omega)^2}{3}$，方程

$$a=-Mm-(M+m)(c-2\omega-M-m) \tag{2.4.1}$$

描述了一个(m,M)平面上的一个椭圆，中心在$\left(\dfrac{c-2\omega}{3},\dfrac{c-2\omega}{3}\right)$，主轴在方向(1，−1)(图 2.2). 对任意$(m,M,c)\in\{z\leqslant m<c\leqslant M\}\cup\{z\geqslant m>c\geqslant M\}$，存在$(\mathrm{c})\sim(\mathrm{f})$和$(\mathrm{c}')\sim(\mathrm{f}')$下的尖角孤立子和尖峰孤立子. 同一椭圆上，相当于点(m,M,c)的一系列尖角孤立子和尖峰孤立子，连接它们的峰，形成一个复合波,见图 2.1(g). 若 Lebesgue 测度$\mu\left(\varphi^{-1}(c)\right)=0$，则$\varphi$是(2.1.1)的行波.

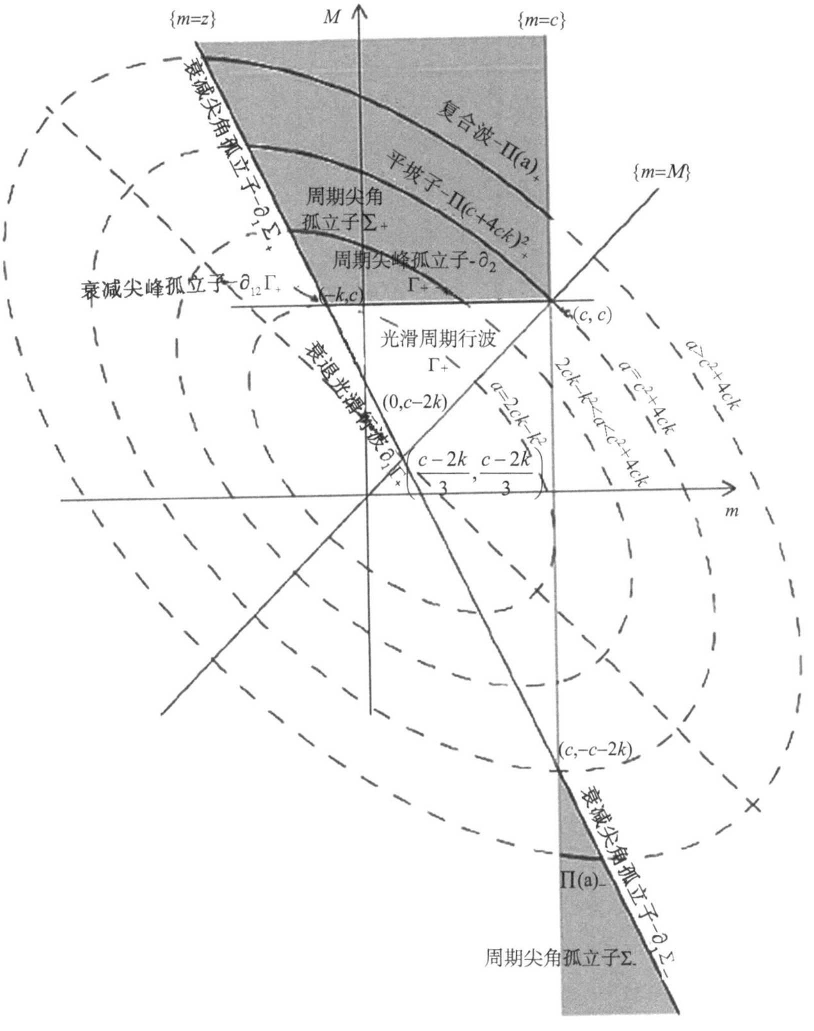

图2.2 对于固定的$c>-\omega$，不同类型的行波解所对应的(m,M)值

(h) 平坡孤立子．若 $a=c^2+4\omega c$，(2.4.1) 中椭圆含点 $(m,M)=(c,c)$ 和 $(m,M)=(c,-c,-2\omega)$．该椭圆仅对应尖角孤立子．设 φ 是由这样的一列尖角孤立子形成的复合波且尖角子的区间上 $\varphi\equiv c$．只要 $\mu\left(\varphi^{-1}(c)\right)>0$，则 φ 是(2.1.1)的行波，即图 2.1 中的(h).

下面给出定理 2.4.1 的几何解释.

分参数区间为子集，每个子集对应不同的波类型，设 $(m,M,c)\in\mathbf{R}^3$ 且设 $z=c-2\omega-M-m$，3 个平面 $\{z=m\}$，$\{m=M\}$，$\{M=c\}$ 分 $\mathbf{R}^3$ 成为 8 卦，棱角在 $(-\omega,-\omega,-\omega)$.记 Γ_+,Γ_- 为两个开子集

$$\Gamma_+=\{z<m<M<c\},\quad \Gamma_-=\{z>m>M>c\},$$

其中，$\{z<m<M<c\}$ 表示集合 $\{(m,M,c)\in\mathbf{R}^3:z<m<M<c\}$．注意到 $\Gamma=\Gamma_+\cup\Gamma_-$ 围绕棱角 $(-\omega,-\omega,-\omega)$ 对称．进一步，对每个 c，Γ 中所有点与第三坐标 c 的截面是三角形，见图 2.2．事实上，$\Gamma_+\subset\{c>-\omega\}$ 和 $\Gamma_-\subset\{c<-\omega\}$．定理 2.4.1 的情形 (a)，当 $(m,M,c)\in\Gamma_+$ 时确实成立．同样地，当 $(m,M,c)\in\Gamma_-$ 时，情形 (a′) 确实成立.

记 Γ 的 3 个三维边界分别为

$$\partial_1\Gamma=\partial\Gamma\cap\{z=m\},\quad \partial_2\Gamma=\partial\Gamma\cap\{M=c\},\quad \partial_3\Gamma=\partial\Gamma\cap\{m=M\},$$

其中，$\partial\Gamma$ 表示 Γ 的边界．设 $\partial_{12}\Gamma=\partial\Gamma\cap\{z=m\}\cap\{M=c\}$，则当 $(m,M,c)\in\partial_2\Gamma$ 时，有尖峰孤立子；当 $(m,M,c)\in\partial_1\Gamma$ 时，波衰减．在线 $\partial_{12}\Gamma$ 上，解是衰减尖峰的．注意到，对 $c=-\omega,\Gamma$ 退化为一点．因此，若 $c=-\omega$，则不存在尖峰孤立子及光滑行波,即仅有尖角孤立子存在.

注 2.4.1　若有 $\varphi(x)$ 为(2.1.1)的行波，则 $x\mapsto-\varphi(-x)$ 也是(2.1.1)的行波，这时 ω 换为 $-\omega$，c 换为 $-c$．特别地，替换

$$\left(\varphi(x),c,m,M,\omega\right)\to\left(-\varphi(-x),-c,-m,-M,-\omega\right). \tag{2.4.2}$$

将定理 2.4.1 的 (a)~(f) 相应于 $-\omega$ 的结论变换为 (a′)~(f′) 相应于 ω 的结论．在几何解释里，替换(2.4.2)相当于映 k 下的 Γ_- 和 Σ_- 到 $-\omega$ 下的 Γ_+ 和 Σ_+．因此为方便，可以假设 $c\geqslant-\omega$.

为几何描述尖角孤立子产生的原因，来看由 3 个平面 $\{z=n\},\{m=c\},\{c=M\}$ 分成的 8 卦．设它们中的两个是

$$\Sigma_+=\{z<m<c<M\},\quad \Sigma_-=\{z>m>c>M\}.$$

注意到 $\Sigma=\Sigma_+\cup\Sigma_-$ 和 Γ 与通常边界 $\partial_2\Gamma$ 均正交. 设 $\partial_1\Sigma=\partial\Sigma\cap\{z=m\}$，当 $(m,M,c)\in\Sigma$ 时，周期尖角孤立子产生. 有且仅有衰减尖角孤立子的充要条件是 $(m,M,c)\in\partial_1\Sigma\setminus\partial_{12}\Gamma$.

为描述复合波和平坡子(stumpon)，对 $a>2c\omega-\omega^2$ 定义曲面 $\Pi(a)=\Pi(a)_+\cup\Pi(a)_-$ 如下：

$$\Pi(a)_+=\{(m,M,c):a=-Mm-(M+m)(c-2\omega-M-m),z\leqslant m<c\leqslant M\},$$

$$\Pi(a)_-=\{(m,M,c):a=-Mm-(M+m)(c-2\omega-M-m),z\geqslant m>c\geqslant M\}.$$

定理 2.4.1 的(g)中复合波相应于 $a>2c\omega-\omega^2$ 时曲面 $\Pi(a)$. 平坡子存在于曲面 $\Pi(c^2+4\omega c)$,有

$$\begin{aligned}&-Mm-(M+m)(c-2\omega-M-m)\\&=\frac{3}{4}\left(\left(M-\frac{c-2\omega}{3}\right)+\left(m-\frac{c-2\omega}{3}\right)\right)^2+\frac{(M-m)^2}{4}-\frac{(c-2\omega)^2}{3}.\end{aligned}$$

因此，对于固定的 c，k 和 $a>-\dfrac{(c-2\omega)^2}{3}$，集合 (m,M) 满足

$$a=-Mm-(M+m)(c-2\omega-M-m).$$

它是 (m,M) 平面上的椭圆，中心在 $\left(\dfrac{c-2\omega}{3},\dfrac{c-2\omega}{3}\right)$，主轴在方向(1，–1)上.

为看到能连接成为复合波的波段，作如下观察. 在替换(2.4.2)下，仅考虑 $c>-\omega$ 的情形.

(1) 每个椭圆确定一个斜体，使得

$$-\frac{(c-2\omega)^2}{3}<2c\omega-\omega^2<a<c^2+4c\omega$$

与 Σ_+ 相交，在集合 $\partial_2\Gamma_+$ 和 $\partial_1\Sigma_+$ 中恰好包含且仅含一点. 在 Σ_+ 中的椭圆部分在 (m,M) 平面上是一个严格的减函数曲线. 这个椭圆不与定理 2.4.1 中提到的其他任何集合相交. 因此，这些椭圆的复合波可以包含定理 2.4.1 中(c),(e)和(f)的波段.

(2) 当 $a=c^2+4c\omega$ 时，椭圆经过点 (c,c) 和 $(c,-c-2\omega)$. 它与 Σ_+ 相交，只包含 $\partial_1\Sigma_+$ 中的一点. 因此, 与这样一个椭圆相对应的平坡子, 不但包含定理 2.4.1 中

的(e)和(f)波段，还包含了波为常数时的区间. 在平坡子中不含有其他类型的波段.

(3) $a>c^2+4c\omega$ 时的每一椭圆与 Σ_+ 和 Σ_- 都相交. 在 Σ_+ 和 Σ_- 中的部分椭圆是严格减函数曲线. 每一个这样的椭圆在集合 $\partial_1\Sigma_+$ 和 $\partial_1\Sigma_-$ 中各包含一个点. 因此，$a>c^2+4c\omega$ 时的复合波可以包含定理 2.4.1 中(e),(f),(e′)和(f′)的波段.

注 2.4.2　注意到所有的尖峰孤立子、尖角孤立子和平坡子具有和它们高度相等的波速. 同样也注意到在方程(2.1.1)中的参数 k 的取值，除了影响解在无穷远处衰退的常数之外，没有起任何重要作用. 事实上，由(2.1.1)解出 $u(x,t)$，对常数 $\alpha\in\mathbf{R}$，$v(x,t)=u(x-\alpha t,t)+\alpha$，则 v 满足

$$v_t-v_{txx}+3vv_x+2(\omega-\alpha)v_x=2v_xv_{xx}+vv_{xxx},\quad x\in\mathbf{R},\quad t>0.$$

因此，取 $\alpha=\omega,\omega$ 就消去.

例 2.4.1(Cantor 波)　定理 2.4.1 中关于(g)的椭圆具有下面的属性：对于每一个椭圆，存在一个常数 α，使得当 $p>\alpha$ 时，有一个与椭圆上的点对应的周期是 p 的尖角孤立子. 除此之外，对 $\alpha\geqslant c^2+4c\omega$ 时的椭圆有 $\alpha=0$. 因此，$\alpha\geqslant c^2+4c\omega$ 时椭圆的复合波能够包含任意小长度的波段.

令 $C\subset\mathbf{R}$ 为任意闭集. 因此，当 $\alpha\geqslant c^2+4c\omega$ 时，总是可以建立满足 $C=\varphi^{-1}(c)$ 的一个复合波. 事实上，C 的余集包含可数个开区间 $\{E_i\}_{i=1}^{\infty}$. 在每个区间 E_i 上定义 φ 为周期 $p=|E_i|$ 的尖角孤立子，其中，$|E_i|$ 说明 E_i 的长度. 将这些波段放在一起产生 $C=\varphi^{-1}(c)$ 的一个组合波.

由于任意可数个波段都可以放在一起，得到了外形非常奇怪的行波. 例如，在图 2.3 中给出构造一个复合波 φ，使得 $\{x:\varphi(x)=c\}$ 是 Cantor 集. 然而需要注意的是，若 $a>c^2+4c\omega$，当且仅当 $u(C)=0$ 时建立的波才是方程(2.1.1)的一个行波. 标准 Cantor 集有 Lebesgue 测度为 0，但存在类似 Cantor 集有测度 0，但都是严格正测度的集合[50]. 特别地，即使在 C 的内点为空的情况下，有 $u(C)=0$. 当 $a=c^2+4c\omega$ 时，所有建立的组合波都是(2.1.1)的行波.

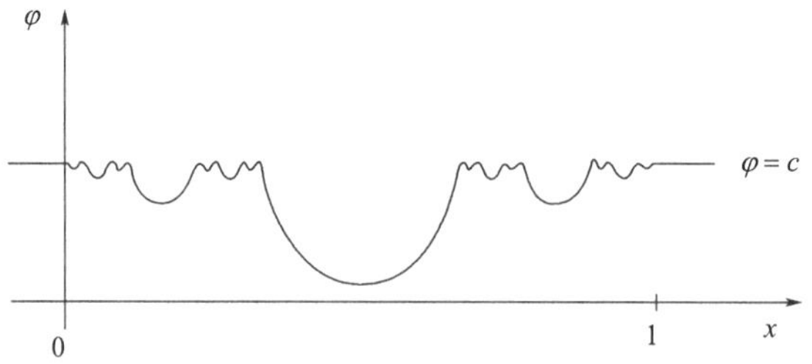

图2.3　CH方程的行波 $\varphi=c$ 组成的集合是一个Cantor集

注 2.4.3 (无界波) 定理 2.4.1 只处理(2.1.1)的有界行波的情况. 作这种限定的原因是有界解在物理上更容易被接受，此类解也更容易描述. 然而，由下面的过程，无界行波也容易得到. 在图 2.4 中给出一些无界波的例子.

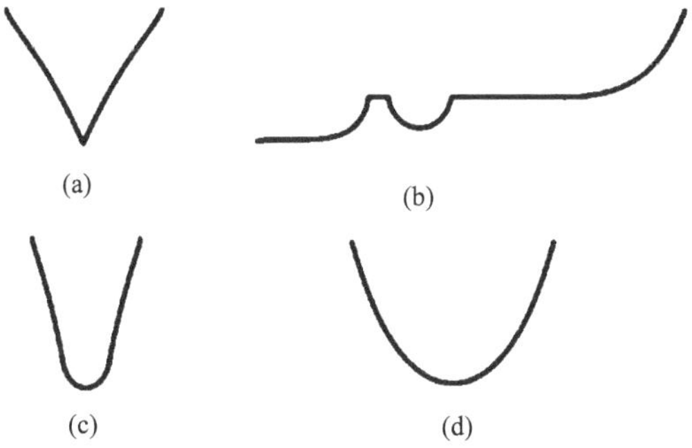

图2.4 CH方程的无界行波解

2.5 定理 2.4.1 的证明

引理 2.5.1 令 $p(v)$ 是一个具有实系数的多项式. 假设 $v\in H^1_{\text{loc}}(\mathbf{R})$，则

$$\left(v^2\right)_{xx}=v_x^2+p(v),\quad 在\ D'(\mathbf{R})\ 上, \tag{2.5.1}$$

$$v^k\in C^j(\mathbf{R}),\qquad 对\ k\geqslant 2^j. \tag{2.5.2}$$

证明 由(2.5.1)发现 $\left(v^2\right)_{xx}\in L^1_{\text{loc}}(\mathbf{R})$，因此 $\left(v^2\right)_x\in W^{1,1}_{\text{loc}}(\mathbf{R})$，且使得 $\left(v^2\right)_x$ 是绝对连续的，

$$v^2\in C^1(\mathbf{R}).$$

注意到 $v\in H^1_{\text{loc}}(\mathbf{R})\subset C(\mathbf{R})$，进一步有

$$\begin{aligned}\left(v^k\right)_{xx}&=\left(\left(v^k\right)_x\right)_x=\frac{k}{2}\left(v^{k-2}\left(v^2\right)_x\right)_x=\frac{k}{2}\left(\left(v^{k-2}\right)_x\left(v^2\right)_x+v^{k-2}\left(v^2\right)_{xx}\right)\\&=k(k-2)v^{k-2}v_x^2+\frac{k}{2}v^{k-2}\left(v^2\right)_{xx}.\end{aligned}$$

由(2.5.1)得到

$$\left(v^k\right)_{xx}=k\left(k-\frac{3}{2}\right)v^{k-2}v_x^2+\frac{k}{2}v^{k-2}p\left(v\right). \tag{2.5.3}$$

当 $k=3$ 时，(2.5.3)的右边在 $L_{\text{loc}}^1(\mathbf{R})$ 上，得到 $v^3\in C^1\left(\mathbf{R}\right)$，因此由(2.5.3)有

$$\left(v^k\right)_{xx}=\frac{k}{4}\left(k-\frac{3}{2}\right)v^{k-4}\left(\left(v^2\right)_x\right)^2+\frac{k}{2}v^{k-2}p\left(v\right),\quad k\geqslant 4. \tag{2.5.4}$$

由于 $v^2\in C^1(\mathbf{R})$，得到

$$v^k\in C^2(\mathbf{R}),\quad k\geqslant 4. \tag{2.5.5}$$

现在令 $k\geqslant 8$. 根据(2.5.5)有 $v^{k-2}p(v)\in C^2(\mathbf{R})$，进一步，因为 $v^k,v^{k-4}\in C^2(\mathbf{R})$，有

$$v^{k-2}v_x^2=\frac{1}{4}\left(v^4\right)_x\frac{1}{k-4}\left(v^{k-4}\right)_x\in C^1\left(\mathbf{R}\right).$$

由(2.5.3)得到结论

$$v^k\in C^3\left(\mathbf{R}\right),\quad k\geqslant 8.$$

上述证明扩展到较大的 k 的值，就得(2.5.2).

引理 2.5.2　令 $f:\mathbf{R}\to\mathbf{R}$ 是一个绝对连续函数, 则 $f_x=0$ 在 $f^{-1}\left(c\right)$ 上对任意的 $c\in\mathbf{R}$ 几乎处处成立.

证明　因为 f 连续，所以 $C=f^{-1}\left(c\right)$ 是一个闭集. 由拓扑学的 Cantor-Bendixson 定理，存在一个完备集 P 和一个可数集 M，使得 $C=P\cup M$. 令 $x\in P$. 因为 P 是一个完备集，存在点 $x_i\in P,i\geqslant 1$，使得 $x_i\to x$ (当 $i\to\infty$ 时). 因此，对任意 i，$f\left(x_i\right)=c$.发现若 f 在 x 处可微，则 $f_x\left(x\right)=0$. 因为 f 是绝对连续的，所以 f 在 P 中几乎所有点可微. 这说明 $f_x\left(x\right)=0$ 在 P 上几乎处处成立. 集合 M 可数，因此有零测度，所以得到 $f_x\left(x\right)=0$ 在 C 上几乎处处成立.

引理 2.5.3　令 $f\in W_{\text{loc}}^{2,1}\left(\mathbf{R}\right)$，则对任意 $c\in\mathbf{R}$，$f_{xx}=0$ 在 $f^{-1}\left(c\right)$ 上几乎处处成立.

证明　由引理 2.5.2 的证明，将 $C=f^{-1}\left(c\right)$ 作为完备集 P 和可数集 M 的并. 令 $x\in P$，因为 P 是完备集，存在点 $x_i\in P,i\geqslant 1$，使得 $x_i\to x$ (当 $i\to\infty$ 时). 因为 $f\in W_{\text{loc}}^{2,1}\left(\mathbf{R}\right)\subset C^1\left(\mathbf{R}\right)$. 所以 f 在所有点可微. 对所有的 i，有 $f\left(x_i\right)=c$. 因此 $f_x\left(x\right)=0$. 推出在 P 上 $f_x=0$. 更多地，因为 $f\in W_{\text{loc}}^{1,1}\left(\mathbf{R}\right)$，所以 f_x 是一个绝对连续函数. 由于 $P\subset f_x^{-1}\left(0\right)$，引理 2.5.2 说明在 P 上 $f_{xx}=0$ 几乎处处成立. 这说明 $f_{xx}=0$ 在 C 上几乎处处成立. 证毕.

由行波解的定义 2.3.1，设函数 $\varphi \in H_{\text{loc}}^1$ 是(2.1.1)的一个速度 c 的行波，则

$$\varphi_x^2 + 3\varphi^2 + (4\omega - 2c)\varphi = \left((\varphi - c)^2\right)_{xx} + a, \quad \text{在 } D'(\mathbf{R}) \text{ 上.} \tag{2.5.6}$$

对一些 $a \in \mathbf{R}$ 成立，进一步，用 μ 来证明标准的 Lebesgue 测度.

引理 2.5.4 令 $\omega \in \mathbf{R}$，函数 $\varphi \in H_{\text{loc}}^1$ 是(2.1.1)速度为 c 的行波. 当且仅当下面 3 条成立：

(1) 存在不相交的开区间 $E_i, i \geqslant 1$ 以及一个闭集 C，使得

$$\mathbf{R} \setminus C = \bigcup_{i=1}^{\infty} E_i, \tag{2.5.7}$$

$$\text{对 } i \geqslant 1, \quad \varphi \in C^\infty(E_i),$$

$$\text{对 } x \in \bigcup_{i=1}^{\infty} E_i, \quad \varphi(x) \neq c,$$

$$\text{对 } x \in C, \quad \varphi(x) = c.$$

(2) 存在 $a \in \mathbf{R}$，使得

(i) 对每一个 $i \geqslant 1$，存在 $b_i \in \mathbf{R}$，使得对 $x \in E_i$，$\varphi_x^2 = F(\varphi)$ 成立，在 E_i 的任意有限端点 $\varphi \to c$，其中,

$$F(\varphi) = \frac{\varphi^2(c - 2\omega - \varphi) + a\varphi + b_i}{c - \varphi}, \tag{2.5.8}$$

(ii) 若 $\mu(C) > 0$，则 $a = c^2 + 4c\omega$.

(3) $(\varphi - c)^2 \in W_{\text{loc}}^{2,1}(\mathbf{R})$.

证明 假设 $\varphi \in H_{\text{loc}}^1(\mathbf{R})$ 是(2.1.1)的速度为 c 的行波. 在 $v = \varphi - c$ 以及 $P(v) = 3\varphi^2 + (4\omega - 2c)\varphi - a$ 时应用定理 2.4.1，得到

$$(\varphi - c)^k \in C^j(\mathbf{R}), \qquad \text{对 } k \geqslant 2^j.$$

可以得到，除了在集合 $\varphi^{-1}(c)$ 的某些边界点上外，φ 均是光滑的. 因为 φ 是连续的，所以 $\varphi^{-1}(c)$ 是一个闭集. 令 $C = \varphi^{-1}(c)$. 每一个开集都是不相交开区间的可数并集. 因而存在不相交开区间 $E_i, i \geqslant 1$，使得 $\mathbf{R} \setminus C = \bigcup_{i=1}^{\infty} E_i$. 通过构造，可以推断(1)是成立的.

为了证明(2)，令 E_i 是这些开区间之一. 因为 φ 在 E_i 上光滑，得出结论(2.5.6)在 E_i 上逐点成立. 因此乘上 φ_x 得到

$$\varphi_x^3+3\varphi^2\varphi_x+(4\omega-2c)\varphi\varphi_x=\left((\varphi-c)^2\right)_{xx}\varphi_x+a\varphi_x,\quad x\in E_i,$$

积分后给出

$$\varphi_x^2(c-\varphi)=\varphi^2(c-2\omega-\varphi)+a\varphi+b_i,\quad x\in E_i.$$

它关于积分常数 b_i，除以 $(c-\varphi)$ 得到(2.5.7). $\varphi\to c$ 在 E_i 的有限端点处，由 φ 的连续性和(1)保证. 这证明了(i).

(2.5.6)的左边在 $L^1_{\text{loc}}(\mathbf{R})$ 中成立，因此 $\left((\varphi-c)^2\right)_{xx}\in L^1_{\text{loc}}(\mathbf{R})$，即证明了(3).

为了证明(ii)，假设 $\mu(C)>0$. 因为 $\varphi\in L^1_{\text{loc}}(\mathbf{R})$，$\varphi(\varphi-c)^2\in W^{2,1}_{\text{loc}}(\mathbf{R})$，由引理 2.5.2，引理 2.5.3 有

$$\varphi_x=0 \text{ 以及 } \varphi\left((\varphi-c)^2\right)_{xx}(x)=0,\quad \text{在 } C \text{ 上几乎处处成立.}\tag{2.5.9}$$

注意到一个事实 $(\varphi-c)^2\in W^{2,1}_{\text{loc}}(\mathbf{R})$，发现(2.5.6)在 $\mathbf{R}$ 上几乎处处成立, 即

$$\varphi_x^2+3\varphi^2+(4\omega-2c)\varphi=\left((\varphi-c)^2\right)_{xx}+a,\quad \text{在 } \mathbf{R} \text{ 上几乎处处成立.}$$

特别地，该方程在 C 上几乎处处成立，因为由(2.5.6)，有

$$3\varphi^2+(4\omega-2c)\varphi=a,\quad \text{在 } C \text{ 上几乎处处成立.}\tag{2.5.10}$$

因为 $\mu(C)>0$ 以及在 C 上 $\varphi\equiv c$，得到 $a=c^2+4\omega c$. 这说明 Camassa - Holm 方程的所有行波满足(1)～(3).

为了证明，设 φ 满足(1)～(3)，下面将证明 φ 是(2.1.1)的一个行波.

令 C 和 $E_i, i\geqslant 1$ 和(1)中的一致，a 和(2)一样. 注意到(2.5.7)的微分产生

$$\varphi_x^2+3\varphi^2+(4\omega-2c)\varphi=\left((\varphi-c)^2\right)_{xx}+a,\quad \text{在 } \bigcup_{i=1}^{\infty}E_i \text{ 上.}\tag{2.5.11}$$

若 $\mu(C)>0$，则(2.5.11)表明

$$\varphi_x^2+3\varphi^2+(4\omega-2c)\varphi=\left((\varphi-c)^2\right)_{xx}+a,\quad \text{在 } \mathbf{R} \text{ 上几乎处处成立.}\tag{2.5.12}$$

由(3)，$((\varphi-c)^2)_{xx}\in L^1_{\text{loc}}(R)$，(2.5.12)推出(2.5.6)，所以 φ 是(2.1.1)的一个行波解.

它还说明当 $\mu(C)>0$ 时，(2.5.12)仍然成立. 假设 $\mu(C)>0$. 因为 $\varphi\in L^1_{\text{loc}}(\mathbf{R})$ 以及 $(\varphi-c)^2\in W^{2,1}_{\text{loc}}(\mathbf{R})$，分别由引理 2.5.2，引理 2.5.3，得到(2.5.9)成立. 由(2)中的(ii)，有 $a=c^2+4\omega c$. 因此，因为在 C 上 $\varphi\equiv c$，得到

$$\varphi_x^2+3\varphi^2+(4\omega-2c)\varphi=\left((\varphi-c)^2\right)_{xx}+a,\quad \text{在 } C \text{ 上几乎处处成立.}\tag{2.5.13}$$

它与(2.5.11)一起给出(2.5.12), 所以 φ 是(2.1.1)的一个行波解. 证毕.

将说明满足(1)～(3)的有界函数集只包含定理 2.4.1 中说明的波. 考虑引理 2.5.4 来证明定理 2.4.1.

假设 φ 满足(1)～(3). 由(1)，φ 包含由一个闭集 C 划分的可数个光滑的波段. 由(2)，每一个这样的波段解有

$$\varphi_x^2 = F(\varphi), \quad 对 x \in E, \tag{2.5.14}$$

$F(\varphi)=\dfrac{\varphi^2(c-2\omega-\varphi)+a\varphi+b}{c-\varphi}$， $\varphi \to c$ 在 E 的任意有穷端点对任意区间 E 和常数 a, b.

假设对于不同的区间 E 和 a, b 的值，可以找到(2.5.14)的所有解, 则可以将定义在对任一测度为 0 的闭集 C 的并集为 $\mathbf{R}\setminus C$ 的区间上的解结合. 容易发现得到的定义在 $\mathbf{R}$ 上的函数满足(1)和(2)，当且仅当具有相同 a 的所有波段都满足(2.5.14). 进一步，当 $a=c^2+4\omega c$ 时，若允许 $\mu(c)>0$，这个步骤将给出所有满足(1)和(2)的函数. 将说明这些函数属于 $H^1_{\mathrm{loc}}(R)$，它们满足(3)以及它们就是定理 2.4.1 中说明的波. 就证明了定理 2.4.1.

为了研究(2.5.14)，首先考虑具有下面形式的广义方程:

$$\varphi_x^2 = F(\varphi),$$

其中, $F:\mathbf{R}\to\mathbf{R}$ 是一个有理函数. 在 F 含有一个零点或极点的附近，下面将研究(2.5.14)的解的定性行为. 将它代入到(2.5.6)中的 F 中，将给出(2.5.13)的解.

1. 光滑解

首先研究(2.5.14)的光滑解的定性行为. 令

$$m_\varphi = \inf_{x\in\mathbf{R}} \varphi(x), \quad M_\varphi = \sup_{x\in\mathbf{R}} \varphi(x).$$

若 $\varphi:\mathbf{R}\to\mathbf{R}$ 是(2.5.14)的一个有界光滑解，当 $\varphi\to m_\varphi, \varphi\to M_\varphi$ 时，有 $\varphi_x \to 0$. 因此，(2.5.14)表明 $F(M_\varphi)=F(m_\varphi)=0$. 进一步，当 $m\leqslant\varphi\leqslant M$ 时， $F(\varphi)\geqslant 0$ 和当 $F(\varphi)>0$ 时，φ 在任意区间上严格单调. 因此，若在某些点 $\varphi_x<0$，φ 将严格递减直到它接近 F 的另一个零点处. 将该零点表示为 m，有 $\varphi \downarrow m$. 当它到达 m 时，解会发生什么样的情况？当零点是单值或二重时，φ 有不同的行为. 依次研究这两种情况.

(1) 假设 $F(\varphi)$ 在 m 处具有一个单值零点，使 $F'(m)>0$，则

$$\varphi_x^2 = (\varphi - m)F'(m) + O((\varphi - m)^2)\,,\quad \text{当}\ \varphi \downarrow m\ \text{时},$$

得到

$$\frac{\mathrm{d}x}{\mathrm{d}\varphi} = \frac{1}{\sqrt{(\varphi - m)F'(m) + O((\varphi - m)^2)}}\,.$$

因为

$$\sqrt{(\varphi - m)F'(m) + O((\varphi - m)^2)} = \sqrt{(\varphi - m)}\left(\sqrt{F'(m)} + O(\varphi - m)\right)$$

以及

$$\frac{1}{\sqrt{F'(m)} + O((\varphi - m))} = \frac{1}{\sqrt{F'(m)}} + O(\varphi - m)\,,$$

得到

$$\frac{\mathrm{d}x}{\mathrm{d}\varphi} = \frac{1}{\sqrt{(\varphi - m)F'(m)}} + O((\varphi - m)^{\frac{1}{2}})\,,$$

积分得到

$$\eta - x = \frac{2}{\sqrt{F'(m)}}\sqrt{(\varphi - m)} + O((\varphi - m)^{\frac{3}{2}})\,,$$

其中，η 满足 $\varphi(\eta) = m$．因此

$$(\eta - x)^2 = \frac{4}{F'(m)}(\varphi - m)\big(1 + O(\varphi - m)\big)^2.$$

利用 $(1 + O(\varphi - m))^2 = 1 + O(\varphi - m)$，有

$$(\eta - x)^2 = \frac{4}{F'(m)}(\varphi - m) + O(\varphi - m)^2.$$

该方程说明 $O\left((\eta - x)^4\right) = O\left((\varphi - m)^2\right)$，得到

$$\varphi(x) = m + \frac{1}{4}(x - \eta)^2 F'(m) + O((x - \eta)^4)\,,\quad \text{当}\ x \uparrow \eta\ \text{时}, \tag{2.5.15}$$

其中，$\varphi(\eta) = m$．要在 η 之继续该解 φ，即在 $x > \eta$ 时定义 $\varphi(x)$．注意到对所有 $x > m$，令 $\varphi(x) = m$，能够产生(2.5.14)的解．然而，这个解不光滑，因此暂时忽略它．注意到得到一个光滑解的唯一方法是在 $x = \eta$ 处，φ 迅速折回并再次上升．

在这种情况下，(2.5.15)对于所有接近的 x 都成立. 由(2.5.14)还发现，φ 关于 η 对称，即

$$\varphi(x)=\varphi(\eta-(x-\eta)).$$

(2) 若 $F(\varphi)$ 在 m 处有一个二重零点，此时 $F'(m)=0, F''(m)>0$，得到

$$\varphi_x^2=(\varphi-m)^2F''(m)+O((\varphi-m)^3)，\quad 当\ \varphi\downarrow m\ 时.$$

经过一个与(2.5.15)类似的简单计算，有

$$\varphi(x)-m\sim\alpha\exp(-x\sqrt{F''(m)})，\quad 当\ x\to\infty\ 时，\tag{2.5.16}$$

对任意常数 α. 因此当 $x\to\infty$ 时，$\varphi\downarrow m$ 指数地逼近.

综合上述的讨论，可以得出下面的结论:

(1) 当 F 有两个单值零点 Z_1,Z_2，对 $Z_1<\varphi<Z_2, F(\varphi)>0$ 时，存在(2.5.14)的一个周期解 φ，满足 $m_\varphi=Z_1$ 和 $M_\varphi=Z_2$.

(2) 当 F 有一个二重零点 Z_1, 一个单值零点 Z_2，$Z_1<\varphi<Z_2$ 且 $F(\varphi)>0$ 时，则存在一个解 φ，满足 $m=Z_1, M=Z_2$，当 $x\to\pm\infty$ 时，$\varphi\downarrow Z_1$. 所有的这些解在平移时都是唯一的.

(3) 当 F 有一个单值的零点 Z_1, 对 $Z_1<\varphi$, $F(\varphi)>0$ 时，则对 $\varphi>Z_1$ 不存在有界解 φ.

2. 具有奇异性的解

当扩展大范围来寻找(2.5.14)的解，包括所有的 $\varphi\in H^1_{\mathrm{loc}}(\mathbf{R})$ 时的解，将出现更多的可能解. 这时 m_φ 和 M_φ 是 $F(\varphi)$ 的零点就不一定成立，φ 的行为将会更加复杂. 由(2.5.14)假设，φ 是增加的, 则有 3 种可能性：

(i) 按照(2.5.14) φ 继续增加；

(ii) φ 突然停止并保持常数；

(iii) φ 突然改变方向，开始按照(2.5.14)折回下降.

在第一种情况下，和通常一样得到光滑解. 由(2.5.14)，发现情况(ii)只在使 $F(\varphi)=0$ 的点处出现. 还发现 φ 的突然停止在 φ_{xx} 上产生了一个跳跃. 考虑情况(iii), 注意到若方向的改变在 $F\neq 0$ 的点处发生, 则由于 $\varphi_x\neq 0$ 突然跳跃到 $-\varphi_x$，φ_x 将有一个跳跃. 这就是尖峰孤立子产生的原因.

考虑最后一种情况，在 φ 接近 F 的一个单极点时，即 $\dfrac{1}{F(\varphi)}$ 有一个单值零点. 假设在 F 有一个极点处，φ 在点 $\varphi=c$ 处下降, 则存在一个定义在 $\varphi=c$ 的邻域附近的光滑函数 $h(\varphi)$，使得

$$\frac{1}{\sqrt{F(\varphi)}}=h(\varphi)\sqrt{\varphi-c},\quad h(c)>0,\quad h(\varphi)=h(c)+O(\varphi-c).$$

考虑到(2.5.14)，得到

$$\frac{\mathrm{d}x}{\mathrm{d}\varphi}=\frac{1}{\sqrt{F(\varphi)}}=h(c)\sqrt{\varphi-c}+O((\varphi-c)^{\frac{3}{2}}),\tag{2.5.17}$$

积分得到

$$x-x_0=\frac{2h(c)}{3}(\varphi-c)^{\frac{3}{2}}+O((\varphi-c)^{\frac{5}{2}}),\tag{2.5.18}$$

其中，x_0 满足 $\varphi(x_0)=c$. 因此

$$(x-x_0)^{\frac{2}{3}}=\left(\frac{2h(c)}{3}\right)^{\frac{2}{3}}(\varphi-c)(1+O(\varphi-c))^{\frac{2}{3}}.\tag{2.5.19}$$

由于 $(1+O(\varphi-c))^{\frac{2}{3}}=1+O(\varphi-c)$，有

$$(x-x_0)^{\frac{2}{3}}=\left(\frac{2h(c)}{3}\right)^{\frac{2}{3}}(\varphi-c)+O((\varphi-c)^2).\tag{2.5.20}$$

由该方程得到 $O((\varphi-c)^2)=O((x-x_0)^{\frac{4}{3}})$，有

$$\varphi(x)-c=\alpha|x-x_0|^{\frac{2}{3}}+O((x-x_0)^{\frac{4}{3}}),\quad 当\ x\to x_0\ 时,\tag{2.5.21}$$

其中，$\alpha=\left(\frac{3}{2h(c)}\right)^{\frac{2}{3}}$. 对于 φ_x，有

$$\begin{aligned}\varphi(x)=\sqrt{F(\varphi)}&=\frac{1}{h(\varphi)\sqrt{\varphi-c}}\\&=\frac{1}{(h(c)+O(\varphi-c))\sqrt{\alpha(x-x_0)^{\frac{2}{3}}+O((x-x_0)^{\frac{4}{3}})}}.\end{aligned}\tag{2.5.22}$$

可以发现

$$\sqrt{\alpha(x-x_0)^{\frac{2}{3}}+O((x-x_0)^{\frac{4}{3}})}=\sqrt{\alpha}(x-x_0)^{\frac{1}{3}}+O(x-x_0),$$

得到

$$\varphi_x = \frac{1}{h(c)\sqrt{a}(x-x_0)^{\frac{1}{3}}\left(1+O(x-x_0)^{\frac{2}{3}}\right)}.$$

使用 $\frac{1}{1+O(x-x_0)^{\frac{2}{3}}}=1+O(x-x_0)^{\frac{2}{3}}$，推出

$$\varphi_x = \frac{1}{h(c)\sqrt{a}}(x-x_0)^{\frac{1}{3}}+\left(O(x-x_0)^{\frac{2}{3}}\right).$$

由于 $\frac{1}{h(c)\sqrt{\alpha}}=\frac{2}{3}\alpha$，发现

$$\varphi_x(x)=\begin{cases}\frac{2}{3}\alpha|x-x_0|^{\frac{1}{3}}+O\left((x-x_0)^{\frac{1}{3}}\right), & \text{当} x\downarrow x_0\text{时},\\ -\frac{2}{3}\alpha|x-x_0|^{-\frac{1}{3}}+O\left((x-x_0)^{\frac{1}{3}}\right), & \text{当} x\uparrow x_0\text{时}.\end{cases} \tag{2.5.23}$$

特别地，不管何时 F 有一个极点，解 φ 就有一个尖角子.

3. (2.5.14)的解

若将上面的讨论应用到特殊的情况

$$\varphi_x^2 = F(\varphi)=\frac{\varphi^2(c-2\omega-\varphi)+a\varphi+b}{c-\varphi}, \tag{2.5.24}$$

可以分类(2.5.14)的所有有界解. 证明基于 F 的所有零点和极点的可能分布的一个基本的检查(见图 2.5 有界解的分布).

因为 $\varphi^2(c-2\omega-\varphi)+a\varphi+b$ 是一个具有常系数的三阶多项式，按照相重性计数，它有一个或三个实零点.发现如果只有一个实数的零点，则没有办法得到有界解. 事实上，考虑不同情形，可以看到若仅有的零点是实数，则没有办法得到 $\varphi\neq c$ 时的光滑有界解. 因此假设存在 3 个实数零点, 用 m,M 和 Z 表示，所以

$$\varphi^2(c-2\omega-\varphi)+a\varphi+b=(M-\varphi)(\varphi-m)(\varphi-Z). \tag{2.5.25}$$

比较 φ^2 的系数，得到

$$Z=c-2\omega-M-m.$$

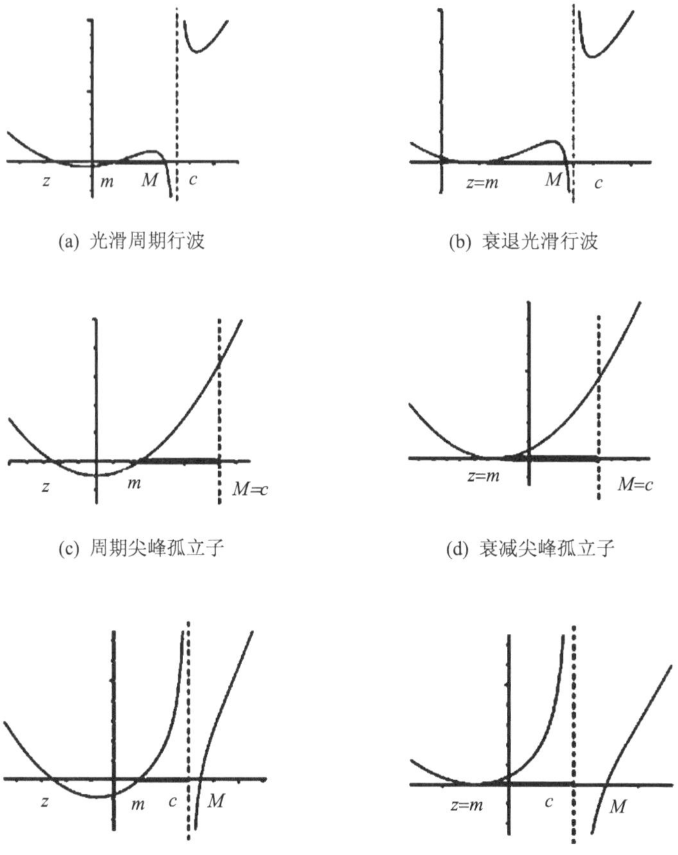

(a) 光滑周期行波　　(b) 衰退光滑行波

(c) 周期尖峰孤立子　　(d) 衰减尖峰孤立子

(e) 周期尖角孤立子　　(f) 衰减尖角孤立子

图2.5　(2.5.14)的对应定理2.4.1中(a)~(f)的行波解

不同的 z,m,M,c 所对应的有界 $F(\varphi)$，粗线表示解在此存在

可以推断，当且仅当 $z< m < M$ $M<c$ 或 $c < m < M < Z$,(2.5.14)存在光滑周期解. 在 $Z = m < M < C$ 的情况下，存在有界解 φ，使当 $x \to \pm\infty$ 时，有界解满足 $\varphi \downarrow m$. 在 $c< m < M = z$ 情况，当 $x \to \pm\infty$ 时，解 $\varphi \uparrow m$. 对各种不同情况的检查说明存在(2.5.14)的所有光滑有界解. 注意到这些解从未碰到 $\varphi = c$. 因此，(2.5.14)的区间 E 必须是一完整的实直线. 特别地，这些光滑解不能和其他波黏合在一起.

现在来讨论 $\varphi \to c$ 在 E 的有限端点时，(2.5.14)的有界解. 将其中的两个解黏合产生不光滑解波. 下面通过两个例子来看如何寻找(2.5.14)的解.

(1) 为了观察到周期尖峰子的产生，令 $z < m < M = c$. 在这种情况下，$F(\varphi)$ 是一个在 m 处具有一个单零点的二次多项式，$F(m) = F(c) > 0$，在 $F(\varphi) > 0$，$m < \varphi < M$ 时. 令 φ 是在这个区间上的一个解. 若 φ 是下降的，它会达到 m 并

立即折回上升. 注意到 φ 不会停止或在任何地方折回，因为这将会使 φ 在 $\varphi \neq c$ 的某点处产生奇异性. 然而，当 φ 增加并达到 $\varphi = c$ 处时，它在该点处产生了一个突然的转向，并因此产生了一个尖峰.

(2) 为了观察衰减的尖角孤立子的产生过程，令 $z = m < c < M$. 此时 $F(\varphi)$ 在 $Z = m$ 处有一个二重零点，在 c 处有一个单极点，对于 $m < \varphi < c$ ，$F(\varphi) > 0$. 由上面的讨论，若 φ 是在这个区间上的一个解，它将在无穷远处的指数衰减到 m . 在 φ 接近极点处产生一个尖角. 由于 φ 在集合 $\varphi = c$ 处产生的奇异性，这个尖角是可以存在的.

检查说明这些不同的可能性是定理 2.4.1 中 $(\mathrm{c}) \sim (\mathrm{f})$ 和 $(\mathrm{c}') \sim (\mathrm{f}')$ 的情况，加上解 $\varphi \equiv C$ (图 2.6). 这是(2.5.14)的所有有界解.

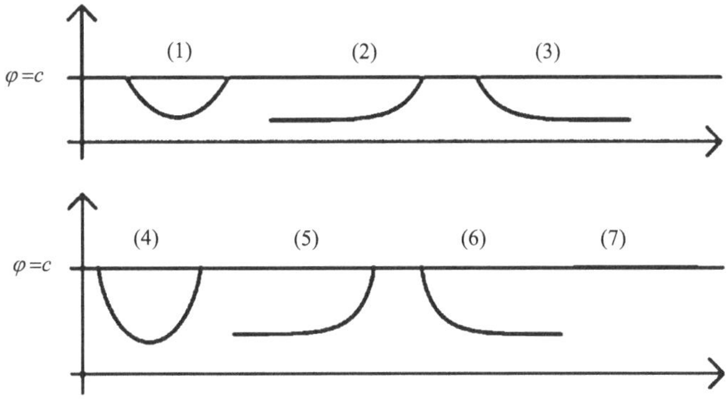

图2.6　(2.5.14)的不同类型的有界行波
(2), (3), (5), (6)定义在半无穷区间上，(1), (4)定义在长度等于周期的区间上，常数解(7)定义在任意区间上

注 2.5.1　在定理 2.4.1 中解被定义在整个的实直线上. 在周期波的情况下，取得到两个波峰之间的一段，在衰减波的情况下取波峰左边或右边的部分. 因此，在这些区域上限定解，区间 E 被定义为有限或半无限区间.

4. 黏合波

在本小节中，确定具有相同 a 的(2.5.14)的解，使得它们可以黏合成为一个满足(3)的函数.

通过识别(2.5.14)中 φ 的系数，可以找到(2.5.26)中与解 φ 相对应的 a. 作 $Z = c - 2\omega - m - M$ ，可以得到

$$\alpha = -Mm - (M+m)Z = -Mm - (M+m)(c - 2\omega - m - M). \qquad (2.5.26)$$

由 2.4 节知道，(2.5.26)描述一个在 (m, M) 平面上的椭圆. 因此，通过各种可

能的方法，黏合与该椭圆相对应的解，得到了所有满足引理 2.5.4 中(1)和(2)的有界函数. 因为用这种方式产生的波是定理 2.4.1 中所描述的类型，所以只需证明这些波属于 $H^1_{\text{loc}}(\mathbf{R})$ 并满足引理 2.5.4 中的(3)即可.

这里值得注意的一点是波 φ 可以含有可数个具有任意小长度的波段. 因此，尽管 $\varphi \to c$ 包括区间上所有端点，φ 仍无法确定是连续的. 这使得接下来的定理证明相当复杂.

引理 2.5.5　任意满足引理 2.5.4(1)和(2)的有界函数 φ 属于 $H^1_{\text{loc}}(\mathbf{R})$ 并满足(3).

在证明引理 2.5.5 之前，需要给出一些符号，函数 $f: I \to \mathbf{R}, I=[a,b]\subset \mathbf{R}$ 称为具有有界变差，若

$$\sup\sum_{i=1}^{N}\left|f(t_i)-f(t_{i-1})\right| < \infty,$$

其中, 上确界可以在所有的 N 和可选的 $\{t_i\}$ 上取值，使得

$$a=t_0 < t_1 < \cdots < t_N = b .$$

令 $BV(I)$ 代表在 I 上具有有界变分的函数集 $f: I \to \mathbf{R}$. $BV_{\text{loc}}(\mathbf{R})$ 记为这样的函数空间 $f:\mathbf{R}\to\mathbf{R}$，使得对于所有紧区间 $I\subset\mathbf{R}$，有 $f\in BV(I)$. 定义在某个集合 $X\subset\mathbf{R}$ 上的函数 $f: X\to\mathbf{R}$ 是一个 N 函数，若 f 将测度为 0 的集合映入到测度为 0 的集合中，即只要 N 是满足 $\mu(N)=0$ 的 X 的子集，$\mu(f(N))=0$.

关于绝对连续函数，还需要下面两个结论.

引理 2.5.6　令 $f: I\to\mathbf{R}, I=[a,b]\subset\mathbf{R}$ 是一个有界变分的连续函数, 则 f 绝对连续当且仅当 f 是一个 N 函数.

证明　见文献［51］或［34］中的例子.

引理 2.5.7　若 $f: I\to\mathbf{R}, I=[a,b]\subset\mathbf{R}$ 是连续的，并且 $|f|$ 是绝对连续的，则 f 是绝对连续的.

证明　直接使用绝对连续的定义即可.

引理 2.5.5 的证明　假设 φ 是一个满足(1)和(2)的有界函数. 令 E_i 和 C 满足引理 2.5.4 的(1).

首先来证明 φ 是一个 N 函数. 令 N 是一个测度为 0 的集合，则

$$\varphi(N)=\varphi(N\cap C)\cup\left(\bigcup_{i=0}^{\infty}\varphi(N\cap E_i)\right).$$

在每个区间 $\overline{E_i}$ 上，φ 光滑且是有界变差的. 由渐近公式(2.5.21)和(2.5.23)，推断对于所有的 $i,\varphi\in H^1\left(\overline{E_i}\right)$. 因此，引理 2.5.6 表明，对 $i\geqslant 1$ 的每一个 $\overline{E_i}$，φ_i 是一

个 N 函数. 因此，利用 $\varphi(N\cap C)=\{c\}$，

$$\mu(\varphi(N))=\mu(\{c\})+\sum_{i=0}^{\infty}(\mu(N\cap E_i))=0.$$

这就证明了 φ 是一个 N 函数.

令 $\{i_k\}_{k=1}^{\infty}$ 是这样的序列，使得

$$\sum_{k=1}^{\infty}|E_{ik}|<\infty,$$

其中，$|E_{ik}|$ 说明区间 E_{ik} 的长度. 下面将证明在每一个紧子区间上，φ 是有界变差

$$I\subset C\cup\left(\bigcup_{k=1}^{\infty}E_{ik}\right), \tag{2.5.27}$$

对任意这样的序列 E_{ik}. 这将证明 $\varphi\in BV_{\mathrm{loc}}^{1}(\mathbf{R})$.

为了简单起见，将序列 $\{i_k\}_{k=1}^{\infty}$ 用 $\{j\}_{j=1}^{\infty}$ 表示，并假设在 E_j 对所有的 $j,\varphi<c$. 考虑到(2.5.7)发现

$$|E_j|=2\int_{m_j}^{c}\frac{\sqrt{c-\varphi}}{\sqrt{|\varphi^2(c-2\omega-\varphi)+a\varphi+b_j|}}\mathrm{d}\varphi \tag{2.5.28}$$

由 2.5.3 小节知道多项式 $P_j(\varphi)=\varphi^2(c-2\omega-\varphi)+a\varphi+b_j$ 有 3 个零点 z_j,m_j和M_j. 而且对于所有的 $z_j\leqslant m_j<c\leqslant M$，$P_j(c)\geqslant 0$. P_j 的导数与 j 无关，以及 P_j 总是含有 3 个零点说明 b_j 形成一个有界集. 因此，有一致估计

$$0\leqslant P_j(\varphi)\leqslant D(c-m_j),\quad m_j\leqslant\varphi\leqslant c, j\geqslant 1, \tag{2.5.29}$$

这里以及接下来 D (与 j 独立)说明一个在计算中可以改变的生成常数.

将(2.5.28)和(2.5.29)合并，得到

$$|E_j|\geqslant\frac{D}{\sqrt{c-m_j}}\int_{m_j}^{c}\sqrt{c-\varphi}\mathrm{d}\varphi\geqslant D(c-m_j),\quad j\geqslant 1. \tag{2.5.30}$$

由 φ 在 I 上的整个变差是有界

$$2\sum_{j=1}^{\infty}\left(c-\min_{x\in E_j}\varphi(x)\right)=2\sum_{j=1}^{\infty}(c-m_j),$$

利用(2.5.28)，可以发现

$$2\sum_{j=1}^{\infty}\left(c-m_j\right)\leqslant 2D\sum_{j=1}^{\infty}\left|E_j\right|<\infty .$$

因此φ在I上是有界变差，所以$\varphi\in BV_{\mathrm{loc}}(R)$.

由(2.5.28)，还发现φ在I上连续. 事实上，除了$\varphi(x)=c$之外，在所有点上都连续. 若$x_0\in\mathbf{R},\varphi(x)=c$，划分两种情况. 若存在一个半开区间$(y,x_0]$，使得$(y,x_0]\cap\varphi^{-1}(c)=x_0$，则$x_0$是区间$E_j$的右端点. 因为$\varphi\to c$在$E_j$的有限穷端点上，得到$\lim\limits_{x\uparrow x_0}\varphi(x)=c=\varphi(x_0)$. 另外一种情况是若每一个半开区间$(y,x_0]$，$y<x_0$，都包含一个$\varphi^{-1}(c)$的无穷子集. 在这种情况下(2.5.28)给出在任意$E_j\subset(y,x_0]$上关于φ的变差估计. 这证明了φ在x_0左连续. 类似地证明右连续. 因此，得到φ对每一个满足(2.5.29)的I都连续. 因此φ在$\mathbf{R}$上连续.

由于证明了φ是关于有界变差的一个N函数，根据引理 2.5.6，这就证明了φ是绝对连续.

因此，φ的分布导数在$L_{\mathrm{loc}}^1(\mathbf{R})$上，在经典意义下，$\varphi$几乎在所有点可微，这两个导数重合. 为了证明$\varphi\in H_{\mathrm{loc}}^1(\mathbf{R})$，需要先证明$\varphi_x\in L_{\mathrm{loc}}^2(\mathbf{R})$.

由(2.5.7)得到

$$\int_{E_j}\varphi_x^2\mathrm{d}x=2\int_{m_j}^{c}\frac{\sqrt{P_j(\varphi)}}{\sqrt{c-\varphi}}\mathrm{d}\varphi,\quad j\geqslant 1 .$$

使用(2.5.21)有

$$\int_{E_j}\varphi_x^2\mathrm{d}x\leqslant D\sqrt{c-m_j}\int_{m_j}^{c}\frac{1}{\sqrt{c-\varphi}}\mathrm{d}\varphi\leqslant D\left(c-m_j\right),\quad j\geqslant 1 .$$

因此，考虑到(2.5.28)得到

$$\int_{E_j}\varphi_x^2\mathrm{d}x\leqslant D\left|E_j\right|,\quad j\geqslant 1 .$$

因此，有

$$\int_{\bigcup_{j=1}^{\infty}E_j}\varphi_x^2\mathrm{d}x\leqslant D\sum_{j=1}^{\infty}\left|E_j\right|<\infty , \tag{2.5.31}$$

其中，$\sum_{j=1}^{\infty}\left|E_j\right|<\infty$. 因为在 C 上 $\varphi\equiv c$，引理 2.5.2 给出 $\varphi_x=0$ 在 C 上几乎处处成立，所以

$$\int_C \varphi_x^2 \mathrm{d}x=0,$$

与(2.5.30)一起，得到 $\varphi\in H_{\mathrm{loc}}^1(\mathbf{R})$.

最后一步是证明 $(\varphi-c)^2\in\omega_{\mathrm{loc}}^{2,1}(\mathbf{R})$. 和上面一样，令 $\left\{E_j\right\}$ 为一个子序列使得 $\sum_{j=1}^{\infty}\left|E_j\right|<\infty$. 考虑(2.5.7)有

$$\left|(\varphi-c)\varphi_x\right|=\sqrt{P_j(\varphi)}\sqrt{c-\varphi},\quad x\in E_j, j\geqslant 1. \tag{2.5.32}$$

知道 $\varphi_x\in L_{\mathrm{loc}}^2(\mathbf{R})$，且 $\varphi_x=0$ 在 C 上几乎处处成立. 因此 $(\varphi-c)\varphi_x=0$ 在 C 上几乎处处成立. 由(2.5.32)推出 $\left|(\varphi-c)\varphi_x\right|$ 在任意区间 E_j 上光滑，$\left|(\varphi-c)\varphi_x\right|\to 0$ 在 E_i 的任意有限端点. 实际上，在每个 E_j 上，$\left|(\varphi-c)\varphi_x\right|$ 包含两个驼峰并且关于 E_i 的中心点对称.

下面将证明 $\left|(\varphi-c)\varphi_x\right|$ 是有界变差，连续并且是一个 N 函数. 使用(2.5.29)和(2.5.30)得到

$$\begin{aligned}\sup_{x\in E_j}\left|(\varphi(x)-c)\varphi_x(x)\right|&=\sup_{x\in E_j}\sqrt{P_i(\varphi)}\sup_{x\in E_j}\sqrt{c-\varphi}\\&=D\sqrt{c-m_j}\sqrt{c-m_j}\leqslant D\left|E_j\right|,\end{aligned} \tag{2.5.33}$$

因此，$\left|(\varphi-c)\varphi_x\right|$ 的总变差在 $C\cup\left(\bigcup_{j=1}^{\infty}E_j\right)$ 的紧子空间上是有界的. 事实上，

$$4\sum_{j=1}^{\infty}\sup_{x\in E_j}\left|(\varphi(x)-c)\varphi_x(x)\right|\leqslant D\sum_{j=1}^{\infty}\left|E_j\right|<\infty,$$

这就由(2.5.33)证明 $\left|(\varphi-c)\varphi_x\right|\in BV_{\mathrm{loc}}(\mathbf{R})$，还得到 $\left|(\varphi-c)\varphi_x\right|$ 是连续的.

令 N 是一个测度为 0 的集合，则

$$\left|(\varphi-c)\varphi_x\right|(N)=\left|(\varphi-c)\varphi_x\right|(N\cap C)\cup\left(\bigcup_{i=1}^{\infty}\left|(\varphi-c)\varphi_x\right|(N\cap E_i)\right),$$

在每个区间 $\overline{E_i}$ 上，$|(\varphi-c)\varphi_x|$ 是光滑的，椭圆公式(2.5.21)和(2.5.23)证明了 $|(\varphi-c)\varphi_x|$ 在 $\overline{E_i}$ 上是绝对连续的. 因此，引理 2.5.6 证明了 $|(\varphi-c)\varphi_x|$ 在 $\overline{E_i}$ 上是一个 N 函数, 并且因为 $|(\varphi-c)\varphi_x|$ 连续，$|(\varphi-c)\varphi_x|\to 0$ 在区间 E_i 的有限端点上，得到 $|(\varphi-c)\varphi_x|=0$ 以及集合 $\bigcup_{i=1}^{\infty}|E_i|$ 的边界. 但因为一个集合的边界与它余集的边界一样. 因此在 C 的边界上 $|(\varphi-c)\varphi_x|=0$. 在 C 的内点，显然有 $|(\varphi-c)\varphi_x|=0$. 因此在 C 上，$|(\varphi-c)\varphi_x|\equiv 0$，则有

$$\mu\big(|(\varphi-c)\varphi_x|(N)\big)=\mu\big(\{0\}\big)+\sum_{i=1}^{\infty}\mu\big(|(\varphi-c)\varphi_x|(N\cap E_i)\big)=0.$$

这证明了 $|(\varphi-c)\varphi_x|$ 是一个 N 函数.

现在应用引理 2.5.6 来得到 $|(\varphi-c)\varphi_x|$ 是绝对连续的. 若可以说明 $(\varphi-c)\varphi_x$ 连续，引理 2.5.7 将说明 $(\varphi-c)\varphi_x$ 是绝对连续的.

因为只要 $x\neq c$，$(\varphi-c)\varphi_x$ 就是光滑的，这足以说明在 C 上点均连续. 但有

$$(\varphi(x)-c)\varphi_x(x)=|(\varphi-c)\varphi_x|(x)=0,\quad 当\ x\in C\ 时.$$

因此，若 $|(\varphi-c)\varphi_x|$ 连续. $(\varphi-c)\varphi_x$ 在点 x 处连续性由 $|(\varphi-c)\varphi_x|$ 连续得到. 所以，得到 $(\varphi-c)\varphi_x$ 是绝对连续的.

函数 $(\varphi-c)^2$ 绝对连续，因此它的分布导数和通常导数一致, 有

$$((\varphi-c)^2)_x=2(\varphi-c)\varphi_x.$$

因为 $(\varphi-c)\varphi_x$ 绝对连续，这说明 $((\varphi-c)^2)_x\in W^{1,1}_{\text{loc}}(\mathbf{R})$，所以 $(\varphi-c)^2\in W^{2,1}_{\text{loc}}(\mathbf{R})$. 完成引理 2.5.5 的证明.

2.6　参数的相关性

现在来证明行波解连续依赖于参数 m, M, c 和 k.

定理 2.6.1　根据定理 2.4.1 中(a)~(f)方程(2.1.1)的各类行波解对应的参数,设 $(m_i,M_i,c_i,\omega_i),i\geqslant 1$ 和 (m,M,c,ω). 令 φ_i，$i=1,2,3,\cdots$ 和 φ 是这些行波的平移，使它们在 x=0 处有波峰. 若 $(m_i,M_i,c_i,\omega_i)\to(m,M,c,\omega)$，则在 $H^1_{\text{loc}}(\mathbf{R})$ 上 $\varphi_i\to\varphi$. 特别地，有在紧集上是一致收敛的.

注 2.6.1　注意到在定理 2.6.1 中的波 φ_i，$i>0$ 和 φ 可以有不同的类型. 例如，可以有周期尖角孤立子收敛到衰减尖峰孤立子. 自然地，对于定理 2.4.1 中 $(a')\sim(f')$ 的波，定理 2.6.1 同样也成立.

定理 2.6.1 的证明　令 $(m_i,M_i,c_i,\omega_i),i\geqslant 1$ 和 (m,M,c,ω) 为定理 2.6.1 中所描述

的序列. 令φ_i和φ为在零点处有波峰的相应的行波. 令p_i和p分别是φ_i和φ的周期.首先证明

$$\int_K (\varphi_{ix}-\varphi_x)^2 \mathrm{d}x \to 0\text{，}\quad \text{当} i\to\infty \text{时,} \tag{2.6.1}$$

对任意紧子集$K\subset\mathbf{R}$.

由(2.5.7), (2.5,8), 发现φ_i，$i>0$和φ由下面的式子隐式地给出:

$$x=\begin{cases} x_0+\displaystyle\int_{\varphi_0}^{\varphi}\frac{\mathrm{d}y}{\sqrt{F(y)}}, & \varphi_x>0, \\ x_0-\displaystyle\int_{\varphi_0}^{\varphi}\frac{\mathrm{d}y}{\sqrt{F(y)}}, & \varphi_x<0, \end{cases} \tag{2.6.2}$$

其中，$\varphi(x_0)=\varphi_0$. 特别地，可以选$x_0=0$. 因此$\varphi_0=\max\limits_{x\in\mathbf{R}}\varphi(x)=\min\{M,c\}$，得到

$$x=-\int_{\min\{M,c\}}^{\varphi}\frac{\mathrm{d}y}{\sqrt{F(y)}},\quad 0<x<\frac{p}{2}, \tag{2.6.3}$$

其中，φ的周期p可由下式给出:

$$p=2\int_m^{\min\{M,c\}}\frac{\mathrm{d}y}{\sqrt{F(y)}}=\int_m^{\min\{M,c\}}\frac{\sqrt{c-y}}{\sqrt{(M-y)(y-m)(y-z)}}\mathrm{d}y. \tag{2.6.4}$$

和前面一样，$z=c-2\omega-m-M$. 注意到, 允许$p=\infty$. 事实上任意衰减波都会发生这种情况.

由(2.6.4)和 Lebesgue 控制收敛定理推出周期是(m,M,c,ω)的一个连续函数，使得当$i\to\infty$时，$p_i\to p$. 因此，若φ_i在点s_i有一个波峰，则s_i将会收敛到φ有一个波峰的点s处. 进一步，在波峰处，有

$$|\varphi_{ix}|\leqslant Cx^{-\frac{1}{3}}+D,\quad i>0,\quad |x-S_i|<\frac{r}{2}, \tag{2.6.5}$$

对与i无关的常数C,D和r. 事实上，对尖峰和光滑波，(2.6.5)是显然的. 对尖角渐近公式(2.5.23)给出

$$\varphi_{ix}(x)=\begin{cases} -\dfrac{2}{3}\alpha_i|x-x_0|^{-\frac{1}{3}}+O\left((x-x_0)^{\frac{1}{3}}\right), & \text{当} x\downarrow x_0 \text{时,} \\ \dfrac{2}{3}\alpha_i|x-x_0|^{-\frac{1}{3}}+O\left((x-x_0)^{\frac{1}{3}}\right), & \text{当} x\uparrow x_0 \text{时,} \end{cases}$$

其中,

$$\alpha_i=\left(\frac{3}{2h_i(c)}\right)^{\frac{2}{3}},\quad \frac{1}{\sqrt{F(\varphi)}}=\sqrt{c-\varphi}h_i(\varphi).$$

发现当$i\to\infty$时，φ的系数α_i收敛到α. 特别地，序列$\{\alpha_i\}$是有界解. 因此，得到了关于(2.6.5)的导数的一致估计.

因为K是紧的，则φ在K上只有有限个尖峰或尖角. 设$H_r\subset K$是这样的集合，它是将K中除去一些半径为$r>0$的开球得到，这些开球包含φ的波峰渐近点，半径为r的开球. 考虑到(2.6.5)，可以推断，给定$\varepsilon>0$，存在$N>0$和$r>0$，使得

$$\int_{K\setminus H_r}\varphi_{ix}^2\mathrm{d}x<\varepsilon,\quad i>N \tag{2.6.6}$$

和$\varphi_i, i>N$的所有波峰和凹点都在$K\setminus H_{r/2}$. 也可以假设

$$\int_{K\setminus H_r}\varphi_x^2\mathrm{d}x<\varepsilon, \tag{2.6.7}$$

则有

$$\begin{aligned}\int_K(\varphi_{ix}-\varphi_x)^2\mathrm{d}x&=\|\varphi_{ix}-\varphi_x\|_{L^2(K\setminus H_r)}^2+\int_{H_r}(\varphi_{ix}-\varphi_x)^2\mathrm{d}x\\&\leqslant\left(\|\varphi_{ix}\|_{L^2(K\setminus H_r)}+\|\varphi_i\|_{L^2(K\setminus H_r)}\right)^2+\int_{H_r}(\varphi_{ix}-\varphi_x)^2\mathrm{d}x.\end{aligned} \tag{2.6.8}$$

假设可以证明$\varphi_{ix}\to\varphi_x$在H_r上一致, 则因为H_r有有限测度，可以存在N使得

$$\int_{H_r}(\varphi_{ix}-\varphi_x)^2\mathrm{d}x<\varepsilon,\quad i>N_0. \tag{2.6.9}$$

联合(2.6.6)，(2.6.7)和(2.6.9)，有

$$\left(\|\varphi_{ix}\|_{L^2(K\setminus H_r)}+\|\varphi_i\|_{L^2(K\setminus H_r)}\right)^2+\int_{H_r}(\varphi_{ix}-\varphi_x)^2\mathrm{d}x\leqslant 5\varepsilon,\quad i>N, \tag{2.6.10}$$

对一些N成立. 因此(2.6.8)给出$\varphi_{ix}\to\varphi_x$, 在$L_{\mathrm{loc}}^2(R)$上. φ_i对$i>0$一致有界. 进一步，对$i>0$，因为φ_i是一致有界，推得

$$\|\varphi_i-\varphi\|_{K\setminus H_r}^2\leqslant\varepsilon,\quad i>0. \tag{2.6.11}$$

因此，如果可以证明在H_r上$\varphi_i\to\varphi$一致成立，那么可以得到

$$\int_K(\varphi_i-\varphi)^2\mathrm{d}x=\|\varphi_i-\varphi\|_{K\setminus Hr}^2+\int_{Hr}(\varphi_i-\varphi)^2\mathrm{d}x\leqslant 2\varepsilon,\quad i>N, \tag{2.6.12}$$

对一些N成立. 因为$K\subset\mathbf{R}$和$\varepsilon>0$是任意的，(2.6.12)和(2.6.10)证明$\varphi_i\to\varphi$在$H_{\mathrm{loc}}^1(\mathbf{R})$上.

接下来证明$\varphi_i \to \varphi$和$\varphi_{ix} \to \varphi_x$在$H_r$上一致成立. 令$r>0$，和上面的一样假设，$i>N$时，所有$\varphi_i$的波峰和凹点在$K \setminus H_{r/2}$上. 容易证明，若$\varphi$在$x=0$处有一个波峰，在$|s_i|<\dfrac{r}{2}$的$s_i$处有波峰，极限$\lim\limits_{i\to\infty} s_i = 0$，则在$(r,x^*)$上，$\varphi_i \to \varphi$一致成立，其中，当$\varphi$是周期时，$x^* = \dfrac{p}{2} - r$；在其他情况下，$x^*$是任意有限数. φ_i的逆由下面的表达式给出:

$$x_i(\varphi) = s_i - \int_{\min\{M_i,c_i\}}^{\varphi} \frac{\sqrt{c_i - y}}{\sqrt{(M_i - y)(y - M_i)(y - z_i)}} \mathrm{d}y, \quad m_i \leqslant \varphi \leqslant M_i,\ i \geqslant 1. \tag{2.6.13}$$

令$\delta>0$，使得

$$x(\min\{M,c\} - \delta) < r \text{ 以及 } x(m+\delta) > x^*.$$

因为当$i\to\infty$时，$M_i \to M, m_i \to m$，则存在一个N，使得对于任意$i>N$, x_i在$[m+\delta, \min\{M,c\}-\delta]$上定义. 更多地，由于$\lim\limits_{i\to\infty} s_i = 0$，

$$x(\varphi) = -\int_{\min\{M,c\}}^{\varphi} \frac{\sqrt{c-y}}{\sqrt{(M-y)(y-m)(y-z)}} \mathrm{d}y .$$

与(2.6.13)相比，发现N能被选择为

$$|x_i(\varphi) - x(\varphi)| < \frac{\varepsilon}{c}, \quad \varphi \in [m+\delta, \min\{M,c\}-\delta], i>N. \tag{2.6.14}$$

特别地，如果必要，取一个大一些的N值，有

$$x_i(\min\{M,c\}-\delta) < r, \quad x_i(m+\delta) > x^*, i>N.$$

但这意味着

$$m+\delta \leqslant \varphi_i(x) \leqslant \min\{M,c\} - \delta, \quad r \leqslant x \leqslant x^*, i>N. \tag{2.6.15}$$

进一步，存在一个常数C使得

$$|\varphi_{ix}(x)| < C, \quad r<x<x^*, i>N.$$

与(2.6.14)和(2.6.15)一起给出

$$\begin{aligned} |\varphi_i(x) - \varphi(x)| &= |\varphi_i(x(\varphi)) - \varphi_i(x_i(\varphi))| \\ &\leqslant |x_i(\varphi) - x(\varphi)| \sup_{r<x<x^*} |\varphi_{ix}(x)| < \varepsilon \quad r \leqslant x \leqslant x^*, i>N. \end{aligned} \tag{2.6.16}$$

这证明了 φ_i 一致连续.

为了证明 $\{\varphi_{ix}\}_{i=1}^{\infty}$ 也一致收敛，可以看到

$$\varphi_{ix}^2 = F_i(\varphi_i) = \frac{(M_i-\varphi_i)(\varphi_i-m_i)(\varphi_i-z_i)}{c_i-\varphi_i}. \tag{2.6 .17}$$

映射

$$(m,M,c,z,\varphi) \mapsto F(\varphi) = \frac{(M-\varphi)(\varphi-m)(\varphi-z)}{c-\varphi}$$

在任意边界远离 $\varphi=c$ 的点处的有界紧集上一致连续. 因此，(2.6.15)与 $\varphi_i \to \varphi$ 在 $[r,x_*]$ 上一致收敛一起证明了存在 N，使得

$$\left|\varphi_{ix}^2-\varphi_x^2\right| = \left|F_i(\varphi_i(x)) - F(\varphi(x))\right| \leqslant \varepsilon,\quad x\in[r,x_*],\quad i>N. \tag{2.6.18}$$

这得到 φ_{ix} 到 φ_x 的一致收敛，定理 2.6.1 证毕.

2.7 波　　长

本小节研究对依赖于参数 m,M 和 c 的行波的波长.描述具有相同波长的水平集，见图 2.7，并说明存在具有任意小波长的尖孤立子和尖角孤立子. 这给了像图 2.3 中 Cantor 波外形的波.

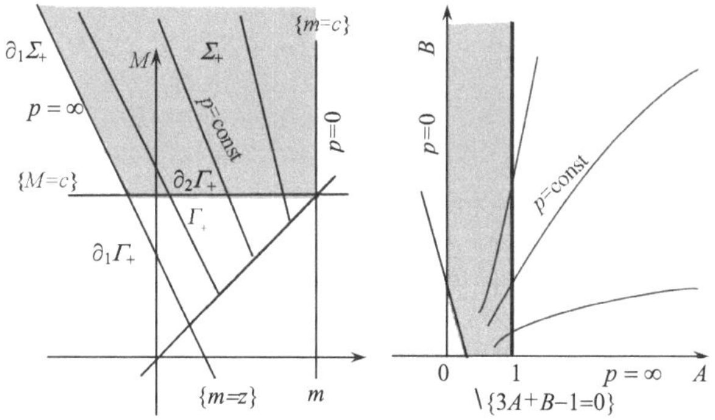

图2.7　映射 $(m,M)\to(A,B)$ 把 Γ_c 和 Σ_c 分别映到孤立于 c 与 ω 的集合
如图所示常周期波的水平集的定性结构

令 φ 是一个与定理 2.4.1 中 (a) ~ (f) 相应的波，由(2.6.2)得到隐式公式

$$\left|x-x_0\right|=\int_{\varphi_0}^{\varphi}\frac{\sqrt{c-y}}{\sqrt{(M-y)(y-m)(y-z)}}\mathrm{d}y. \tag{2.7.1}$$

作变量代换

$$\varphi=m+\left(M-m\right)\sin^2\theta,$$

将(2.7.1)转化为

$$\left|x-x_0\right|=\int_{\theta_0}^{\theta}\frac{\sqrt{A-\sin^2 t}}{\sqrt{B+\sin^2 t}}\mathrm{d}t, \tag{2.7.2}$$

其中,

$$A=\frac{c-m}{M-m},\quad B=\frac{m-z}{M-m}. \tag{2.7.3}$$

假设$c>-k$. 若$E\subset\mathbf{R}^3$，令E_c记为E中第 3 个坐标c处点的截面. 映射

$$\left(m,M\right)\to\left(A,B\right)=\left(\frac{c-m}{M-m},\frac{m-z}{M-m}\right) \tag{2.7.4}$$

是如下集合之间的双射:

$$\begin{cases}\varGamma_c\to\left\{A>1,B>0\right\},\quad \varSigma_c\to\left\{0<A<1,B>0,3A+B-1>0\right\},\\ \partial_1\varGamma_c\to\left\{A\geqslant 1,B=0\right\},\quad \partial_2\varSigma_c\to\left\{A=1,B\geqslant 0\right\},\\ \partial_{12}\varGamma_c\to\left\{A=1,B=0\right\},\quad \partial_1\varSigma_c\to\left\{\dfrac{1}{3}<A<1,B=0\right\}.\\ \left\{m=c,M>c\right\}\to\left\{A=0,B>1\right\},\end{cases} \tag{2.7.5}$$

它的逆如下给出:

$$\left(A,B\right)\to\left(m,M\right)=\left(\frac{A\left(c-2\omega\right)+c\left(B-1\right)}{3A+B-1},\frac{A\left(c-2\omega\right)+c\left(B-1\right)+2\left(c+\omega\right)}{3A+B-1}\right). \tag{2.7.6}$$

不用$\left(m,M\right)$，而用$\left(A,B\right)$作为参数的优势在于，$\left(A,B\right)$可以改变化的定义域与c和ω无关.

φ的周期为

$$2\int_m^{\min\{M,c\}} \frac{\sqrt{c-y}}{\sqrt{(M-y)(y-m)(y-z)}}\mathrm{d}y = 4\int_0^{\theta_{\max}} \frac{\sqrt{A-\sin^2 t}}{\sqrt{B+\sin^2 t}}\mathrm{d}t, \tag{2.7.7}$$

其中, $\min\{M,c\} = m + (M-m)\sin^2\theta_{\max}$. 注意到当 $c < M$ 时 ,$\sin^2\theta_{\max} = A$ ；若 $c > M$ 时，$\theta_{\max} = \dfrac{\pi}{2}$. 若 (A,B) 属于(2.7.5)中的任意集合，令 $P(A,B)$ 代表 φ 的周期. 尽管在 $A=1$ 处 $\theta_{\max}$ 有一个隅角，可以发现 $P \in C^1$ 且

$$\frac{\partial P}{\partial A}(A,B) > 0, \quad \frac{\partial P}{\partial B}(A,B) < 0.$$

显然，当 $B \to \infty$ 时，$P(A,B) \to 0$. 因为 $B=0$ 对应衰减波，所以知道当 $B \to 0$ 时，$P(A,B) \to \infty$. 因此，若在某些点 (A_0,B_0)，有 $P(A_0,B_0) = p$ ，则在每一个 A_0 的邻域 A 上，存在唯一的 $B = B(A)$，使得 $P(A,B(A)) = p$. 进一步，这些曲线对所有的 $A > \dfrac{1}{3}$ 定义，由隐函数定理，在它的定义区域上，映射 $A \to B(A)$ 是 C^1 . 由于

$$\begin{aligned} P(1,B) &= 4\int_0^{\pi/2} \frac{\cos t}{\sqrt{B+\sin^2 t}}\mathrm{d}t = 4\int_0^1 \frac{1}{\sqrt{B+s^2}}\mathrm{d}s \\ &= 4\ln\left(s+\sqrt{B+s^2}\right)\Big|_0^1, \end{aligned} \tag{2.7.8}$$

得到 $B(1)$ 满足

$$p = 4\ln\left(\frac{1+\sqrt{B(1)+1}}{\sqrt{B(1)}}\right). \tag{2.7.9}$$

解出 $B(1)$，得到

$$B(1) = \frac{1}{\sinh^2(p/4)}.$$

因此得到对给定的周期 p 和速度 $c > -k$ ，具有周期 p 的波的集合对应一个曲线 $A \to (A,B(A))$，它在点 $\left(1, \dfrac{1}{\sinh^2(p/4)}\right)$ 处与线 A=1 相交，接着衰退到无穷远. 对

映射$(A,B)\to(m,M)$使用式(2.7.6)，解计算相对应$(A,B)=\left(1,\ \frac{1}{\sinh^2(p/4)}\right)$时对应的点$(m_0,c)\in\partial_2\Gamma_c$，得到

$$m_0=\frac{c-2k+c\left(\frac{1}{\sinh^2(p/4)}-1\right)}{\alpha+\frac{1}{\sinh^2(p/4)}}.$$

使用等式$\cosh(p/2)=1+2\sinh^2(p/4)$化简，发现

$$m_0=\frac{c+\omega}{\cosh(p/2)}-\omega.$$

因此，在(m,M)平面上，周期 p 的波的集合对于应Σ_c上的一条曲线，从无穷远处开始，在下面的点经过$\partial_2\Gamma_c$，

$$(m,M)=\left(\frac{c+\omega}{\cosh(p/2)}-\omega,c\right)\in\partial_2\Gamma_+,\tag{2.7.10}$$

且接近直线$\{m=M\}$.

进一步，对确定的A，垂直线$\{(A,B):B\geqslant 0\}$经过$(m,M)=(c,c)$被映入到直线$M=\frac{c+(A-1)m}{A}$. 因此，由$\frac{\partial P}{\partial B}(A,B)<0$证明了 p 在$\Gamma_+\cup\Sigma_+$内经过点(c,c)沿着任意直线增加，此时(m,M)远离(c,c).还发现当$A\to 0$时，$P(A,B)\to 0$. 这意味着，周期沿着Σ_c的边界线$\{m=c,M>c\}$接近零点. 特别地，对于每一个$c\neq -k$和$p\in(0,\infty]$，存在唯一的周期为 p，波速为c的 Camassa-Holm 方程的周期尖峰行波.

2.8 尖峰孤立子的显式公式

本节推导尖峰行波的显式公式.

由定理 2.4.1 的(c)，若φ是一个周期尖峰孤立子解，则$c>-\omega,A=1,B>0$. 因此, (2.7.2)给出

$$|x-x_0| = 2\int_{\theta_0}^{\theta} \frac{\cos t}{\sqrt{B+\sin^2 t}} \mathrm{d}t = 2\ln\left(\sin\theta + \sqrt{B+\sin^2\theta}\right)\Big|_{\theta_0}^{\theta}. \tag{2.8.1}$$

选择 x_0 使得 $\varphi(x_0)=m$，得到 $\theta_0 = 0$. 因为 $M=c$，有 $\sin\theta = \sqrt{\dfrac{\varphi-m}{c-m}}$，得到

$$\begin{aligned} |x-x_0| &= 2\ln\left(\frac{\sqrt{\dfrac{\varphi-m}{c-m}}+\sqrt{B+\dfrac{\varphi-m}{c-m}}}{\sqrt{B}}\right) \\ &= 2\ln\left(\frac{\sqrt{\varphi-m}+\sqrt{B(c-m)+\varphi-m}}{\sqrt{B(c-m)}}\right). \end{aligned} \tag{2.8.2}$$

因为 $B=\dfrac{2\omega+M+2m-c}{M-m}=\dfrac{2\omega+2m}{c-m}$，推出

$$\sqrt{2\omega+2m}\mathrm{e}^{|x-x_0|/2} = \sqrt{\varphi-m}+\sqrt{2\omega+2m+\varphi-m}. \tag{2.8.3}$$

通过解(2.8.3)得到周期尖峰孤立子的显式表达式, 得到

$$\varphi(x) = (m+\omega)\cosh|x-x_0| - \omega, \quad |x-x_0| \leqslant \frac{p}{2},$$

其中，$p = 4\ln\left(\dfrac{\sqrt{M-m}+\sqrt{2\omega+M+m}}{\sqrt{2\omega+2m}}\right)$是由(2.7.9)得到的 φ 的周期. φ 被周期地延拓到实直线.

还可以将 c 和 p 作为参数. 由(2.7.10)，对尖峰孤立子有 $(m,M)=\left(\dfrac{c+\omega}{\cosh(p/2)}-k, c\right)$，得到

$$\varphi(x) = \frac{c+\omega}{\cosh(p/2)}\cosh|x-x_0| - \omega, \quad |x-x_0| \leqslant \frac{p}{2}.$$

若 p 与定理 2.4.1 中(d)类似，是一个衰减的尖峰孤立子，有 $A=1, B=0$. (2.7.2)产生

$$|x-x_0| = 2\int_{\theta_0}^{\theta} \frac{\cos t}{\sin t} \mathrm{d}t = 2\ln(\sin\theta)\Big|_{\theta_0}^{\theta}.$$

在尖峰处选取 x_0，使得 $\varphi(x_0)=c$，得到 $\sin\theta_0=\sin\theta_{\max}=1$. 进一步，因为 $M=c$，有 $\sin\theta=\sqrt{\dfrac{\varphi-m}{c-m}}$. 因此

$$|x-x_0|=2\ln\left(\sqrt{\frac{\varphi-m}{c-m}}\right),$$

所以

$$(c-m)\mathrm{e}^{|x-x_0|}=\varphi-m,$$

得到显式表示为

$$\varphi(x)=m+(c-m)\mathrm{e}^{-|x-x_0|},\quad x\in\mathbf{R}.$$

参 考 文 献

[1] Alber M, Camassa R, Holm D. et al. The geometry of peaked solitons and billiard solutions of a class of integrable PDE's. Lett Math Phys, 1994, 32: 137~151

[2] Arnold V. Sur la géometrie différentielle des groupes de Lie de dimension infinie et ses application à l'hydrodynamique des fluides parfaits. Ann Inst Fourier (Grenoble), 1966, 16: 319~361

[3] Beals R, Sattinger D, Szmigielski J. Acoustic scattering and the extended Korteweg-de Vries hierarchy. Adv Math 1998, 40: 190~206

[4] Beals R, Sattinger D, Szmigielski J. Multi-peakons and a theorem of Stieltjes. Inverse Problems, 1999, 15: L1~L4

[5] Camassa R. Holm D. An integrable shallow water equation with peaked solitons. Phys Rev Lett, 1993, 71: 1661~1664

[6] Camassa R, Holm D, Hyman J. A new integrable shallow water equation. Adv Appl Mech, 1994, 31: 1~33

[7] Constantin A. On the Cauchy problem for the periodic Camassa-Holm equation. J Differential Equations, 1997, 141: 218~235

[8] Constantin A. On the inverse spectral problem for the Camassa-Holm equation. J Funct Anal, 1998, 155: 352~363

[9] Constantin A. Existence of permanent and breaking waves for a shallow water equation: a geometric approach. Ann Inst Fourier (Grenoble), 2000, 50: 321~362

[10] Constantin A. On the blow-up of solutions of a periodic shallow water equation. J Nonlinear Sci, 2000, 10: 391~399

[11] Constantin A. On the scattering problem for the Camassa-Holm equation. Proc Roy Soc London, 2001, 457: 953~970

[12] Constantin A, Escher J. Wave breaking for nonlinear nonlocal shallow water equations. Acta Math, 1998, 181: 229~243

[13] Constantin A, Escher J. Global existence and blow-up for a shallow water equation. Ann Sci Norm Sup Pisa, 1998, 26: 303~328

[14] Constantin A, Escher J. Well-posedness, global existence, and blowup phenomena for a periodic quasi-linear hyperbolic equation. Comm Pure Appl Math, 1998, 51: 475~504

[15] Constantin A, Escher J. On the blow-up rate and the blow-up set of breaking waves for a shallow water equation.

Math Z, 2000, 233: 75~91
[16] Constantin A, Escher J. Global weak solutions for a shallow water equation. Indiana Univ Math J, 1998, 47: 1527~1545
[17] Constantin A, Kolev B. On the geometric approach to the motion of inertial mechanical systems. J Phys, 2002, A 35, R51~R79
[18] Constantin A, Kolev B. Geodesic flow on the diffeomorphism group of the circle. Comment Math Helv, 2003, 78: 787~804
[19] Constantin A, Lenells J. On the inverse scattering approach to the Camassa-Holm equation. J Nonlinear Math. Phys, 2003, 10: 252~255
[20] Constantin A, McKean H. A shallow water equation on the circle. Comm Pure Appl Math, 1999, 52: 949~982
[21] Constantin A, Molinet L. Global weak solutions for a shallow water equation. Comm Math Phys, 2000, 211: 45~61
[22] Constantin A, Molinet L. Orbital stability of solitary waves for a shallow water equation. Phys D, 2001, 157: 75~89
[23] Constantin A, Strauss W, Stability of peakons. Comm Pure Appl Math, 2000, 53: 603~610
[24] Constantin A, Strauss W, Stability of the Camassa-Holm solitons. J Nonlinear Sci, 2002, 12: 415~422
[25] Dai H. Model equations for nonlinear dispersive waves in a compressible Mooney-Rivlin rod. Acta Mech, 1998, 127: 193~207
[26] Danchin R. A few remarks on the Camassa-Holm equation. Differential Integral Equations, 2001, 14: 953~988
[27] Jonatan Lenells. Traveling wave solutions of the Camassa-Holm equation, Journal of Differential Equations. 217(2), 2005: 393~430
[28] Fokas A. On a class of physically important integrable equations. Physica D, 1995, 87: 145~150
[29] Fokas A, Olver P, Rosenau P. A plethora of integrable bi-Hamiltonian equations. Progr Nonlinear Differential Equations Appl, 1997, 26: 93~101
[30] Fuchssteiner B. Some tricks from the symmetry-toolbox for nonlinear equations: generalizations of the Camassa-Holm equation. Physica D, 1996, 95: 229~243
[31] Fuchssteiner B, Fokas A. Symplectic structures their backlund transformation and hereditary symmetries. Physica D, 1981, 4: 47~66
[32] Ferreira M, Kraenkel R, Zenchuk A. Soliton-cuspon interaction for the Camassa-Holm equation. J Phys A: Math. Gen, 1999, 65: 86~70
[33] Gesztesy F, Holden H. Algebro-geometric solutions of the Camassa-Holm hierarchy. Rev. Mat. Iberoamericana, 2003, 42
[34] Hewitt E, Stromberg K. Real and Abstract Analysis. Berlin: Springer. 1965
[35] Homander L. The Analysis of Linear Partial Differential Operators. I. Distribution Theory and Fourier Analysis. Berlin: Springer. 2003
[36] Johnson R. Camassa-Holm Korteweg-de Vries and related models for water waves. J Fluid Mech, 2002, 455: 63~82
[37] Johnson R. The Camassa-Holm equation for water waves moving over a shear flow. Fluid Dynam Res, 2003, 33: 97~111
[38] Johnson R, The classical problem of water waves: a reservoir of integrable and nearly-integrable equations. J Nonlinear Math Phys, 2003, 10(1): 72~92
[39] Johnson R. On solutions of the Camassa-Holm equation. Proc Roy Soc London A, 2003: 87~1708
[40] Kraenkel R, Zenchuk A. Camassa-Holm equation: transformation to deformed sinh-Gordon equations, cuspon and soliton solutions. J Phys A: Math. Gen, 1999, 32: 4733~4747
[41] Lenells J. The scattering approach for the Camassa-Holm equation. J Nonlinear Math Phys, 2002, 9: 389~393
[42] Lenells J. Stability of periodic peakons. Internat Math Res Notices, 2004, 10: 485~499
[43] Lenells J. A variational approach to the stability of periodic peakons. J Nonlinear Math Phys, 2004, 11(2): 51~163
[44] Li Y, Olver P. Convergence of solitary-wave solutions in a perturbed bi-Hamiltonian dynamical system. I. Compactons and peakons. Discrete Continus Dynamics Systems, 1997, 3: 419~432

[45] Li Y, Olver P. Well-posedness and blow-up solutions for an integrable nonlinearly dispersive model wave equation. J Differential Equations, 2000, 162: 27~63

[46] Misiolek G. A shallow water equation as a geodesic flow on the Bott-Virasoro group. J Geom Phys, 1998, 24: 203~208

[47] McKean H. Integrable systems and algebraic curves. Global Analysis Springer Lecture Notes in Mathematics, 1979, 755: 83~200

[48] McKean H. Breakdown of a shallow water equation. Asian J Math, 1998, 2: 867~874

[49] Phillips E. An Introduction to Analysis and Integration Theory. New York: Dover. 1984

[50] Rudin W. Real and Complex Analysis. Third ed. New York: McGraw-Hill, 1987

[51] Xin Z, Zhang P. On the weak solutions to a shallow water equation. Comm Pure Appl Math, 2000, 53: 1411~1433

[52] Yin Z. On the blow-up of solutions of the periodic Camassa-Holm equation. Dynamics of Continuous Discrete Impulsive System, 2008, 18: 259~266

第 3 章　Camassa-Holm 方程的散射及反散射

3.1　Camassa-Holm 方程的散射

Camassa-Holm 方程具有与其谱问题相伴的特征值所引起的一些运动常数，本节建立谱图理论，研究了 Camassa-Holm 方程的散射问题.

3.1.1　引言

Camassa-Holm 方程

$$\begin{cases} u_t - u_{txx} + 2\omega u_x + 3uu_x = 2u_x u_{xx} + uu_{xxx}, & t>0, x\in \mathbf{R}, \\ u(0,x)=u_0(x), & x\in\mathbf{R}. \end{cases} \tag{3.1.1}$$

当 $\omega=0$ 时，方程(3.1.1)可解释为由右不变的质量空间 H^1 所诱导的黎曼结构下直线上的微分同胚的群上的测地流，而当 $\omega\neq 0$ 时，方程又表现为 Bott-Virasoro 群上的测地线[1]. 这就类似于流体力学中欧拉方程可解释为不可压缩微分同胚群里的测地流[2, 3]，如果方程(3.1.1)以欧拉坐标表现方程的运动，那么在几何上就对应到拉格朗日坐标. 也就是说，可以以构形空间描绘运动，在对方程(3.1.1)的解作定性分析时考虑到黎曼坐标是非常有用的[4,5]，同时作为测地流方程也可将方程(3.1.1)推广至 n 维空间以及产生更高维数的 Camassa-Holm 方程的不可压缩的模拟[6]. 方程(3.1.1)的黏性三维生成可作为湍流闭包模型的基础[7]和可用来研究二阶流体理论[8].

本节将着重研究(3.1.1)的散射问题.

令位势 $m=u-u_{xx}$ (物理上也称为动量)，方程(3.1.1)可表示为以下两个方程的相容条件[9]：

$$\psi''=\frac{1}{4}\psi+\lambda m\psi+\lambda\omega\psi\,, \tag{3.1.2}$$

$$\partial_t\psi=\left(\frac{1}{2\lambda}-u\right)\psi'+\frac{1}{2}u'\psi\,, \tag{3.1.3}$$

即 $\partial_t(\psi'')=(\partial_t\psi)''$ 等同于方程(3.1.1)，方程(3.1.2)是与(3.1.1)相关的谱问题. (3.1.2)的所有的谱特征是 Camassa-Holm 流下的运动常数[9].

方程(3.1.1)可在空间周期函数类或无穷远处沿直线衰退的函数类下考虑相应的(3.1.2)的等谱问题就是一个周期加数的 Sturm-Liouville 问题或 $L^2(\mathbf{R})$ 中的加权谱问题.

Constantin 和 McKean[10]给出了周期问题的谱分析,也给出了有限间隙情形下的反散射理论以及有零点的光滑周期位势下的扩张(有限间隙迫使周期光滑位势从零点离开). 因此，方程(3.1.1)在周期内是可积的，给定初值 u_0，将产生无零点的位势. 有趣的是, (3.1.1)是完全可积的非线性偏微分方程中的 Painlevué 检验的反例[11].

本节中假设 $m\in H^1(\mathbf{R})$ 且满足 $\int_{\mathbf{R}}(1+|x|)|m(x)|\mathrm{d}x<\infty$，给出了 $L^2(\mathbf{R})$ 中(3.1.2)的谱的精确解释,在讨论完(3.1.1)的初值问题后,将研究在无界状态下与方程(3.1.1)初值相联系的散射数据下 Camassa-Holm 流的演化问题，同时，将解释在一类特殊的初始数据下的反散射问题.

3.1.2 谱图理论

下面将分别讨论 $\omega\neq 0$ 和 $\omega=0$ 的情形.

1. $\omega\neq 0$ 的情形

不失一般性, 假设 $\omega>0$,因为方程(3.1.2)在变换 $(\omega,\lambda,m)\mapsto(-\omega,-\lambda,-m)$ 下保持不变.

定理 3.1.1 令 $\omega>0$，则连续谱是 $\left(-\infty,-\dfrac{1}{4\omega}\right]$. 若 $m+\omega\geqslant 0$，则至多有有限个特征值且全在区间 $\left(-\dfrac{1}{4\omega},0\right)$ 内. 当 $m+\omega>0$，则有无穷多个收敛到无穷的正特征值，以及至多有限个大于 $-\dfrac{1}{4\omega}$ 的负特征值.

注 3.1.1 由于 $m\in L'(\mathbf{R})$，则 $\lim\limits_{|x|\to\infty}m(x)=0$ 且不会出现 $m+\omega\leqslant 0$ 的情况.

注 3.1.2 当 $m+\omega>0$ 且 $m\in H^3(\mathbf{R})$，Liouville 变换

$$\varphi(y)=(m(x)+\omega)^{\frac{1}{4}}\psi(x),\qquad 其中,\ y=\int_{-\infty}^{x}\sqrt{m(\xi)+\omega}\mathrm{d}\xi .$$

将(3.1.2)变到 $-\dfrac{\mathrm{d}^2\varphi}{\mathrm{d}y^2}+\left[\dfrac{1}{4(m(x)+\omega)}+\dfrac{m_{xx}(x)}{4(m(x)+\omega)^2}-\dfrac{5m_x^2(x)}{16(m(x)+\omega)^3}\right]\varphi=-\lambda\varphi$，定义

$$Q(y)=\frac{1}{4q(y)}+\frac{q_{yy}(y)}{4q(y)}-\frac{3q_y^2(y)}{16q^2(y)}-\frac{1}{4\omega},\quad q(y)=m(x)+\omega .$$

由于在无穷处 $m+\omega\approx\omega$，y 充满 $\mathbf{R}$，则得到直线上的 Sturm-Liouville 问题

$$-\varphi''+Q\varphi=\mu\varphi .$$

谱参数 $\mu=-\frac{1}{4\omega}-\lambda$. 定理 3.1.1 成立[12,13]. 但当 $m+\omega$ 在 $\mathbf{R}$ 上有零点时, Liouville 变换失效.

定理 3.1.1 的证明 类似于 Korteweg-de Vries 方程[14]的展开决定了连续谱的确定.

令 $k^2=-\frac{1}{4}-\lambda\omega$，由(3.1.2)可得当 $|x|\to\infty$ 时，$-\psi''\approx k^2\psi$.在渐近状态下引入复值解 $f_+(k,x)$，$f_-(k,x)$，其中,

$$\text{当 } x\to\infty \text{ 时，} f_+(k,x)\approx \mathrm{e}^{\mathrm{i}kx}\text{；}\quad \text{当 } x\to-\infty \text{ 时，} f_-(k,x)\approx \mathrm{e}^{-\mathrm{i}kx} . \tag{3.1.4}$$

令 $f_+(k,x)=\mathrm{e}^{\mathrm{i}kx}g_+(k,x)$，其中, $g_+(k,x)$ 是积分方程

$$g_+(k,x)=1+\lambda\int_x^\infty D_k(y-x)m(y)g_+(y,k)\mathrm{d}y$$

的解，且 $D_k(x):=\frac{\mathrm{e}^{2\mathrm{i}kx}-1}{2\mathrm{i}k},x\in\mathbf{R}$. 这个解可由

$$1+\sum_{n=1}^{\infty}\lambda^n\int_{x\leqslant x_1\leqslant\cdots\leqslant x_n}D_k(x-x_1)\cdots D_k(x_n-x_{n-1})m(x_1)\cdots m(x_n)\mathrm{d}x_1\cdots\mathrm{d}x_n$$

迭代得到.

由于当 $x\geqslant 0$，$\mathrm{Im}(k)>0$ 时，有 $|D_k(x)|\leqslant x$，所以 $g_+(k,x)$ 在上半平面 $\{k\in C:\mathrm{Im}(k)>0\}$ 解析且在 $\{k\in C:\mathrm{Im}(k)\geqslant 0\}$ 内连续，利用上述 $g_+(k,x)$ 的积分方程，可知当 $x\to\infty$ 时，$g_+(k,x)\approx 1$ 且 $g'_+(x,k)\approx 0$.

由此可推出

$$\text{当 } x\to\infty \text{ 时，}\quad f'_+(k,x)\approx \mathrm{i}k\mathrm{e}^{\mathrm{i}kx}. \tag{3.1.5}$$

类似地，有

$$\text{当 } x\to\infty \text{ 时，}\quad f'_-(k,x)\approx -\mathrm{i}k\mathrm{e}^{-\mathrm{i}kx} . \tag{3.1.6}$$

另外，由于方程(3.1.2)的任意 3 个解都是线性相关的，所以对于任意 $k\in\mathbf{R}^*$，

有

$$\begin{cases} f_-(k,x) = a_+(k)\overline{f_+(k,x)} + b_+(k) f_+(k,x), & x \in \mathbf{R}, \\ f_+(k,x) = a_-(k)\overline{f_-(k,x)} + b_-(k) f_-(k,x), & x \in \mathbf{R}. \end{cases} \tag{3.1.7}$$

对于(3.1.2)的任一对解，引进朗斯基反对称双线性函数$W(g,h) := gh' - g'h$，对$k \in \mathbf{R}^*$，利用(3.1.4)～(3.1.6)对每个表达式在无穷远处赋值，即有

$$\begin{cases} W(f_+(k),\overline{f_+(k)}) = -2\mathrm{i}k, \\ W(f_-(k),\overline{f_-(k)}) = 2\mathrm{i}k. \end{cases} \tag{3.1.8}$$

利用(3.1.7)中第一式，由式(3.1.8)可得$W\left(f_-(k), f_+(k)\right) = 2\mathrm{i}ka_+(k)$，$k \in \mathbf{R}^*$.

另一方面，由(3.1.7)中第二式再结合式(3.1.8)，可得

$$W\left(f_-(k), f_+(k)\right) = 2\mathrm{i}ka_-(k), \quad k \in \mathbf{R}^*.$$

上述两式表明，对于$k \in \mathbf{R}^*$，有$a_-(k) = a_+(k)$，现将它们记为$a(k)$，将$a(k)$在上半平面展开成解析函数，并定义

$$W\left(f_-(k), f_+(k)\right) = 2\mathrm{i}ka(k), \quad \mathrm{Im}(k) > 0. \tag{3.1.9}$$

假设在上半平面存在k，使$a(k) = 0$，则$W\left(f_-(k), f_+(k)\right) = 0$. 故$f_+(k,x)$与$f_-(k,x)$线性相关，不妨设$Cf_+(k,x) = f_-(k,x)$，$x \in \mathbf{R}$.

但由于$\mathrm{Im}(k) > 0$，因此式(3.1.4)和上式将使得当$|x| \to \infty$时$f_+(k,x)$为指数型衰减，因此$f_+(k,\cdot) \in L^2(\mathbf{R})$，考虑到式(3.1.2)，有

$$f_+''(k) = -k^2 f_+(k) + \lambda m f_+(k),$$

且$m \in H^1(k)$使得m在$\mathbf{R}$上一致有界，由此可得$f_+(k) \in H^2(\mathbf{R})$，在上述有关$f_+(k)$的微分方程两边同乘以$f_+(k)$的共轭，并分部积分，由此可得

$$\int_{\mathbf{R}} \left|f_+'(k)\right|^2 \mathrm{d}x = k^2 \int_{\mathbf{R}} \left|f_+(k)\right|^2 \mathrm{d}x + \frac{4k^2+1}{4\omega} \int_{\mathbf{R}} m\left|f_+(k)\right|^2 \mathrm{d}x.$$

另一方面，由$f_+(k)$得到的方程(3.1.2)两边取共轭后再乘以$f_+(k)$，可得

$$\int_{\mathbf{R}} \left|f_+'(k)\right|^2 \mathrm{d}x = \bar{k}^2 \int_{\mathbf{R}} \left|f_+(k)\right|^2 \mathrm{d}x + \frac{4\bar{k}^2+1}{4\omega} \int_{\mathrm{R}} m\left|f_+(k)\right|^2 \mathrm{d}x,$$

故

$$(k^2 - \bar{k}^2)\left[\int_{\mathbf{R}} \left|f_+(k)\right|^2 \mathrm{d}x + \frac{1}{\omega}\int_{\mathrm{R}} m\left|f_+(k)\right|^2 \mathrm{d}x\right] = 0.$$

若 $\int_{\mathbf{R}}\left|f_+(k)\right|^2\mathrm{d}x+\frac{1}{\omega}\int_{\mathbf{R}}m\left|f_+(k)\right|^2\mathrm{d}x=0$，则有

$$\int_{\mathbf{R}}\left|f_+'(k)\right|^2\mathrm{d}x=\frac{1}{4\omega}\int_{\mathbf{R}}m\left|f_+(k)\right|^2\mathrm{d}x=-\frac{1}{4}\int_{\mathbf{R}}\left|f_+(k)\right|^2\mathrm{d}x,$$

即 $f_+(k)\equiv 0$，但 $f_+(k)\neq 0$，故矛盾，即 $k^2=\bar{k}^2$，所以 k 位于上半平面且 $k=\mathrm{i}\eta$，其中，$\eta>0$.

这样论证了 $a(k)$ 的零点必位于上半平面的虚轴上，接下来将证明 a 的所有零点在上半平面都是单重零点.

设 $k=\mathrm{i}\eta$，$\eta>0$ 为 $a(k)$ 的零点，对式(3.1.9)关于 k 求微分，可得

$$\dot{a}(i\eta)=\frac{-1}{2\eta}\left[W\left(\dot{f}_-(k),f_+(k)\right)+W\left(f_-(k),\dot{f}_+(k)\right)\right],$$

将 $f_+(k)$ 代入式(3.1.2)得一等式，对此式关于 k 求微分，再两边同乘以 $f_+(k)$，然后减去在此式两边同乘以 $\dot{f}_+(k)$ 后所得等式，得

$$\left(\dot{f}_+(k)f_+'(k)-f_+(k)\dot{f}_+'(k)\right)'=2kf_+^{\,2}(k)+\frac{2k}{\omega}mf_+^{\,2}(k).$$

左边即为 $W\left(\dot{f}_+(k),f_+(k)\right)$ 关于 x 的微分.

当 $\mathrm{Im}(k)>0$ 时，因为 $x\to\infty$ 时，$f_+(k)\to 0$ 且 $x\to-\infty$ 时 $f_-(k)\to 0$，故两边在 $[x,\infty)$ 上积分，可得

$$W\left(\dot{f}_+(k),f_+(k)\right)=-2k\int_x^{\infty}f_+^{\,2}(k,r)\mathrm{d}r-\frac{2k}{\omega}\int_x^{\infty}m(r)f_+^{\,2}(k,r)\mathrm{d}r.$$

同理，对 $f_-(k)$ 有

$$W\left(\dot{f}_-(k),f_-(k)\right)=2k\int_{-\infty}^{x}f_-^{\,2}(k,r)\mathrm{d}r+\frac{2k}{\omega}\int_{-\infty}^{x}m(r)f_-^{\,2}(k,r)\mathrm{d}r.$$

当 $a(k)=0$ 时，有 $W(f_-(k),f_+(k))=0$，考虑到这两个函数的线性相关性，对所有的 $x\in\mathbf{R}$，有 $cf_+(k,x)=f_-(k,x)$，代入上述公式，可得

$$\dot{a}(\mathrm{i}\eta)=\frac{-1}{2\eta}\left(\frac{1}{c}W(\dot{f}_-(k),f_+(k))+cW\left(f_+(k),\dot{f}_+(k)\right)\right).$$

取上述两个朗斯基行列式的逻辑积消去 $f_-(k)$，得

$$\dot{a}(\mathrm{i}\eta)=-\mathrm{i}c\left(\int_{\mathbf{R}}f^2{}_+(k,x)\mathrm{d}x+\frac{1}{\omega}\int_{\mathbf{R}}m(x)f_+^{\,2}(k,x)\mathrm{d}x\right).$$

由于 k 为纯虚数，易知 $f_-(k)$ 和 $f_+(k)$ 为实函数，且上式可变为

$$\dot{a}(\mathrm{i}\eta)=-\mathrm{i}c\left(\int_{\mathbf{R}}\left|f_+(k,x)\right|^2\mathrm{d}x+\frac{1}{\omega}\int_{\mathbf{R}}m(x)\left|f_+(k,x)\right|^2\mathrm{d}x\right).$$

为了证明 $a(k)$ 的零点位于虚轴上，则需证上式括号内表达式不为零，这样即

得 $\dot{a}(\mathrm{i}\eta)\neq 0$，即可说明位于上半平面的 $a(k)$ 的零点都是单重零点.

对 $k\in\mathbf{R}^*$，记 $\overline{f_+(k)}=f_+(-k)$，$\overline{f_-(k)}=f_-(-k)$.

由式(3.1.7),可得对于 $k\in\mathbf{R}^*$,有 $\overline{a(k)}=a(-k)$,$\overline{b_-(k)}=b_-(-k)$,$\overline{b_+(k)}=b_+(-k)$,将式(3.1.7)代入(3.1.8)，再利用上式推断，可得

$$1=\left|a(k)\right|^2-\left|b_-(k)\right|^2,\quad k\in\mathbf{R}^*.$$

从而 $a(k)$ 在割破的实轴 $\mathbf{R}^*$ 上没有零点.

(3.1.2)的谱有两类:

(1) 有界情形. 令 $k=\mathrm{i}\eta$，$\eta>0$. 若 $\psi''=-k^2\psi+\lambda m\psi$，则在无穷远处有 $\psi''\approx -k^2\psi=\eta^2\psi$. 故当 $x\to-\infty$ 时,$\psi(x)\approx\alpha\mathrm{e}^{\eta x}$, 其中, α 为常数且当 $x\to-\infty$ 时使 ψ 有界. 上述解又可记为 $\psi(x)\approx\beta\mathrm{e}^{\eta x}+\gamma\mathrm{e}^{-\eta x}$. 当 $x\to\infty$ 时，其中, β, γ 为与 k, m 有关的常数，k 可取特殊值使 $\beta=0$ 来保证当 $x\to\infty$ 时 ψ 有界. 由这些值可得 $f_+(k)$ 和 $f_-(k)$ 为线性相关，即 $a(k)=0$.

(2) 无界情形. 如果 $k^2>0$, 则当 $|x|$ 无限增大时, (3.1.2)的所有非平凡解 ψ 都是正弦函数，因此有界. 假设对所有的 $k>0$ 存在广义本征函数 ψ，且 ψ 有界但非平方可积. $L^2(\mathbf{R})$ 空间中方程(3.1.2)的特征值 λ 对应于有界情形，由(1)可得 $\lambda>-\dfrac{1}{4\omega}$.

另一方面，由(2)连续谱是 $\left(-\infty,-\dfrac{1}{4\omega}\right)$, 如果谱是闭的，则 $\lambda=-\dfrac{1}{4\omega}$(对应于 $k=0$)不是特征值，这说明方程(3.1.2)的连续谱是 $\left(-\infty,-\dfrac{1}{4\omega}\right]$.

假设 $\lambda>-\dfrac{1}{4\omega}$ 对应有界情形下的 $\phi\in L^2(\mathbf{R})$，$\phi\not\equiv 0$，则 $\phi\in H^2(\mathbf{R})$ 满足 $\phi''=-\left(\dfrac{1}{4\omega}\right)m\phi$, 因此 $\phi'(x)=-\dfrac{1}{4\omega}\displaystyle\int_{-\infty}^{x}m(r)\phi(r)\mathrm{d}r$. 再积分一次，可得

$$\phi(x)=-\frac{1}{4\omega}\int_{-\infty}^{x}\int_{-\infty}^{r}m(s)\phi(s)\mathrm{d}s\mathrm{d}r=-\frac{1}{4\omega}\int_{-\infty}^{x}(x-r)m(r)\phi(r)\mathrm{d}r.$$

当 $x\leqslant 0$ 时，有 $\left|\phi(x)\right|\leqslant\dfrac{1}{4\omega}\displaystyle\int_{-\infty}^{x}(x-r)\left|m(r)\phi(r)\right|\mathrm{d}r\leqslant\dfrac{1}{4\omega}\int_{-\infty}^{x}|r|\left|m(r)\phi(r)\right|\mathrm{d}r$.

取 $x_0<0$ 且使 $\displaystyle\int_{-\infty}^{x_0}|r|\left|m(r)\right|\mathrm{d}r<4\omega$，则有

$$\sup_{x\leqslant x_0}|\phi(x)|\leqslant\frac{1}{4\omega}\left(\int_{-\infty}^{x}|r||m(r)|\mathrm{d}r\right)\sup_{x\leqslant x_0}|\phi(x)|.$$

由此可得当 $x\in(-\infty,x_0]$ 时 $\phi\equiv0$，故

$$|\phi(x)|\leqslant\frac{1}{4\omega}\int_{x_0}^{x}|rm(r)||\phi(r)|\mathrm{d}r,\quad x_0\leqslant x\leqslant0.$$

利用 Gronwall 不等式可得当 $x\in(-\infty,0]$ 时，有 $\phi\equiv0$. 用 $\phi(-x)$ 代替 $\phi(x)$，同理可得, 对于一切 $x\in\mathbf{R}$，有 $\phi\equiv0$，故矛盾, 即说明 $-\dfrac{1}{4\omega}$ 不是特征值.

下面进一步考虑谱问题

$$\psi''=\frac{1}{4}\psi+\lambda m\psi+\lambda\omega\psi-\varepsilon\psi,\tag{3.1.10}$$

其中 λm 是位势，$\dfrac{1}{4}+\lambda m-\varepsilon$ 是谱参数. 对于每一个 $\lambda\in\mathbf{R}$，(3.1.10)的连续谱是 $\left[\dfrac{1}{4}+\lambda\omega,\infty\right)$，而在 $\dfrac{1}{4}+\lambda\omega$ 左边最多有有限个特征值.

令 $k^2:=-\dfrac{1}{4}-\lambda\omega+\varepsilon$，则 k 位于上半平面，类似于上述 $\varepsilon=0$ 的特殊情形，可定义 $a(k)$. 同理可推出特征值对应于上半平面解析函数 $a(k)$ 的零点，进一步，上半平面内 $a(k)$ 的所有可能零点都是单重零点.

如果 $\varepsilon(\lambda)$ 是特征值，则相应地, k 为解析函数 $a(k)$ 的单根，由 Hurwitz 理论，对于 $\mathbf{R}$ 上不同的 λ，点 $(\lambda,\varepsilon(\lambda))$ 在 (ε,λ) 平面上描绘出一条光滑的曲线，且位于直线 $\varepsilon=\dfrac{1}{4}+\lambda\omega$ 之上.

若 $\lambda=0$，则不存在任何特征值. 事实上，假设 ε_0 为对应于特征函数 ψ_0 的(3.1.10)的特征值，则(3.1.10)两边同乘以 ψ_0 后，对 $x\in\mathbf{R}$ 积分，分部积分，得

$$-\int_{\mathbf{R}}[\psi_0'(x)]^2\mathrm{d}x-\frac{1}{4}\int_{\mathbf{R}}\psi_0^2(x)\mathrm{d}x=-\epsilon_0\int_{\mathbf{R}}\psi_0^2(x)\mathrm{d}x.$$

上式说明 $\varepsilon_0>\dfrac{1}{4}$，即 ε_0 不可能为特征值.

将特征函数 f 代入式(3.1.10)，对应于 $\varepsilon(\lambda)$，再关于 λ 求微分，得

$$-\dot{f}''+\left(\frac{1}{4}+\lambda\omega+\lambda\omega\right)\dot{f}+(m+\omega)f=\dot{\varepsilon}(\lambda)f+\varepsilon(\lambda)\dot{f},\tag{3.1.11}$$

分部积分,得

$$\left\langle -\dot{f}'' + \left(\frac{1}{4} + \lambda\omega + \lambda\omega\right)\dot{f}, f \right\rangle_{L^2(\mathbf{R})} = \left\langle -f'' + \left(\frac{1}{4} + \lambda\omega + \lambda\omega\right) f, \dot{f} \right\rangle_{L^2(\mathbf{R})}$$

$$= \varepsilon(\lambda)\langle f, \dot{f}\rangle_{L^2(\mathbf{R})}.$$

式(3.1.11)两边同乘以 f 再在 $L^2(\mathbf{R})$ 上积分，利用上述关系，得

$$\dot{\varepsilon}(\lambda)\int_{\mathbf{R}} f^2(x)\mathrm{d}x = \int_{\mathbf{R}} \big(m(x)+\omega\big) f^2(x)\mathrm{d}x .$$

另一方面，式(3.1.10)和 f 在 $L^2(\mathbf{R})$ 中作内积，分部积分后得

$$\int_{\mathbf{R}} [f'(x)]^2\,\mathrm{d}x + \frac{1}{4}\int_{\mathbf{R}} f^2(x)\mathrm{d}x + \lambda\int_{\mathbf{R}} \big(m(x)+\omega\big) f^2(x)\mathrm{d}x = \varepsilon(\lambda)\int_{\mathbf{R}} f^2(x)\mathrm{d}x .$$

利用上述等式，得

$$\dot{\varepsilon}(\lambda) = \frac{1}{\lambda}\left[\left(\left(\varepsilon(\lambda)-\frac{1}{4}\right)\int_{\mathbf{R}} f^2(x)\mathrm{d}x - \int_{\mathbf{R}} [f'(x)]^2\,\mathrm{d}x\right)\Big/\int_{\mathbf{R}} f^2(x)\mathrm{d}x\right]. \tag{3.1.12}$$

假设由映射 $\lambda \mapsto \varepsilon(\lambda)$ 确定的曲线在某个 λ_0 点穿过入轴，即 $\varepsilon(\lambda_0)=0$，若 $\lambda_0<0$，则由(3.1.12)可得 $\dot{\varepsilon}(\lambda_0)>0$，反之若 $\lambda_0>0$，则 $\dot{\varepsilon}(\lambda_0)<0$.

由此可得，每条曲线 $\lambda \mapsto \dot{\varepsilon}(\lambda)$ 位于上半平面或者下半平面(与 ε 轴有关，见图 3.1)，它穿过且只穿过 λ 轴一次.

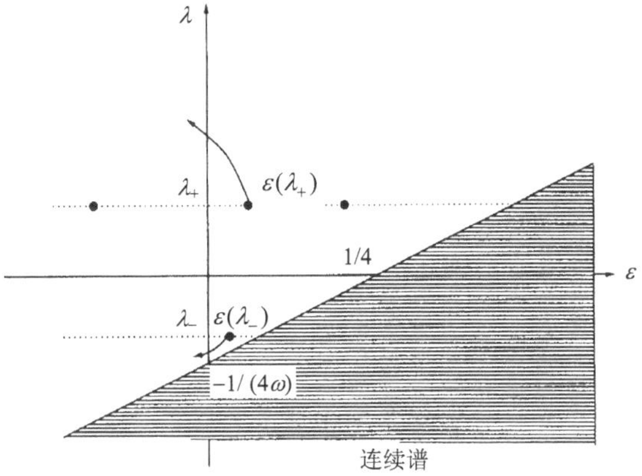

图3.1　连续谱

说明 1　(3.1.2)在 $\left(-\dfrac{1}{4\omega}, 0\right)$ 内至多有有限个特征值.

Sturm-Liouville 问题[15] $f'' + Qf = \mu f$ 的特征值个数的上界是 $1+\int_{\mathbf{R}} |x||Q(x)|\,\mathrm{d}x$.

因此，对于固定的$\lambda<0$，(3.1.10)有不少于$1+|\lambda|\int_{\mathbf{R}}|x||m(x)|\mathrm{d}x$的特征值，考虑到当$\lambda$从 0 到$-\dfrac{1}{4\omega}$时个数是有界的，作为(3.1.10)的特征值$\varepsilon(\lambda)$的变形，每条曲线在下半平面($(\varepsilon,\lambda)$坐标系)将只能从右到左的穿过$\lambda$轴，且至多有有限个交点，每个交点都对应着(3.1.2)的一个负特征值，反过来也一样.

说明 2　若$m+\omega\geqslant 0$，则(3.1.2)无正的特征值.

事实上，式(3.1.2)两边同乘以ψ，再分部积分，得

$$-\int_{\mathbf{R}}[\psi'(x)]^2\mathrm{d}x-\frac{1}{4}\int_{\mathbf{R}}\psi^2(x)\mathrm{d}x=\lambda\int_{\mathbf{R}}\big(m(x)+\omega\big)\psi^2(x)\mathrm{d}x. \tag{3.1.13}$$

说明 3　当$m+\omega$在$\mathbf{R}$上变号，则有无穷多个收敛到无穷的正特征值.

由前面讨论可知若$\lambda>0$为(3.1.2)的特征值，则$k=\mathrm{i}\sqrt{\dfrac{1}{4}+\lambda\omega}$且$\mathrm{Im}(k)>\dfrac{1}{2}$为上半平面解析函数的零点，由此推出若存在无数个正的特征值，则它们必收敛到无穷.

为了证明不可能只有有限个正特征值，记$\left(\dfrac{1}{4}-\partial_x^2\right)^{-1}$为$L^2(\mathbf{R})$上的一个算子，由与核$\mathrm{e}^{-\frac{1}{2}|x-y|}$所作的卷积给出，再记$K:L^2(k)\to L^2(\mathbf{R})$为它的正根，则$K^2$为$L^2(\mathbf{R})$与$H^2(\mathbf{R})$之间的一个同构. 令$\psi\in H^2(\mathbf{R})$为相应于特征值$\lambda$的方程(3.1.2)的特征函数，当且仅当$K(m+\omega)K\phi=-\dfrac{1}{\lambda}\phi$，其中，$\psi=K\phi$，有有限个正的特征值使得作用在$L^2(\mathbf{R})$上的有界算子$K(m+\omega)K$的负部有有限个秩，但是当$m+\omega$改变符号时这些负部, 即$K(m+\omega)-K$将没有有限秩.

结合说明 1~说明 3，定理 3.1.1 证明完毕.

注 3.1.3　若$m\leqslant 0$，则没有负的特征值. 事实上，假设ψ是相应于特征值$\lambda<0$的特征函数，则由(3.1.13)得

$$\int_{\mathbf{R}}[\psi'(x)]^2\mathrm{d}x+\left(\frac{1}{4}+\lambda\omega\right)\int_{\mathbf{R}}\psi^2(x)\mathrm{d}x=|\lambda|\int_{\mathbf{R}}m(x)\psi^2(x)\mathrm{d}x.$$

对于任一特征值，当$\dfrac{1}{4}+\lambda\omega>0$时，有$\psi\equiv 0$.

2. $\omega=0$ 的情形

当$\omega\downarrow 0$时，(3.1.2)连续谱的顶端将趋于$-\infty$，因此当$\omega=0$时将不存在连续谱.

定理 3.1.2[10]　(3.1.2)在$\omega=0$时，若$m\geqslant 0$则有一列严格负的收敛到负无穷的

特征值，$m \leqslant 0$ 相反. 若 m 在 $\mathbf{R}$ 上变号，则有两列非零分别收敛到正、负无穷的特征值.

3.1.3 散射问题

1. 初值问题

在 Constantin[4]与 Constantin 和 Escher[16]讨论 $\omega = 0$ 情形的方法基础上，将研究(3.1.1)解的存在性.

如果 $u_0 \in H^s(\mathbf{R}), s \geqslant 3$，则方程(3.1.1)在

$$u \in C\left([0,T]; H^s(\mathbf{R}) \cap C^1([0,T); H^{s-1}(\mathbf{R})\right)$$

内有唯一解，$T > 0$，下列泛函是与时间无关的：

$$\int_{\mathbf{R}} u(t,x)\mathrm{d}x\,, \qquad \int\left(u^2(t,x) + u_x^2(t,x)\right)\mathrm{d}x\,, \quad t \in [0,T)\,.$$

第二守恒律表明方程(3.1.1)的解在 $[0,T)$ 上一致有界，并且 $T < \infty$ 当且仅当

$$\liminf_{t \uparrow T}\{\min_{x \in \mathbf{R}} u_x(t,x)\} = -\infty,$$

即只有在波破裂的情形下存在奇点, 且在有限时间存在具有紧支集的初值产生破裂方波.

若 $m + \omega \geqslant 0$，则上述结论可由定理 3.1.1 及式(3.1.2)等谱问题推出，即仍在 $[0,T)$ 内成立，但是

$$u(t,x) = \frac{1}{2}\mathrm{e}^{-x}\int_{-\infty}^{x} \mathrm{e}^{y}[m(t,y) + \omega]\mathrm{d}y + \frac{1}{2}\mathrm{e}^{x}\int_{x}^{\infty} \mathrm{e}^{-y}[m(t,y) + \omega]\mathrm{d}y\,,$$

所以

$$u_x(t,x) = -\frac{1}{2}\mathrm{e}^{-x}\int_{-\infty}^{x} \mathrm{e}^{y}[m(t,y) + \omega]\mathrm{d}y + \frac{1}{2}\mathrm{e}^{x}\int_{x}^{\infty} \mathrm{e}^{-y}[m(t,y) + \omega]\mathrm{d}y$$

成立. 故

$$u_x(t,x) \geqslant -u(t,x) - \omega\,, \quad t \in [0,T), x \in \mathbf{R}\,.$$

又由于 u 是一致有界的，上述关系式将阻止波破裂. 因此，初始位势中的条件 $m + \omega \geqslant 0$ 将保证(3.1.1)的全局解的存在.

2. 散射数据

Camassa 等[17]在数值上的结论表明，经过一段时间, (3.1.1)的解将分解成一列在谱问题的有界状态下产生的孤立波和一列与(3.1.2)的连续谱相联系的色散波.

为了对解作一定性分析，下面将讨论上述偏微分方程的散射问题. 此时(3.1.1)中的时间 t 仅仅为一参数，(3.1.1)的初值u_0将给出(3.1.2)中的初始数据，以及 $t=0$ 时的散射数据，正散射问题将从 $t=0$ 时的散射数据出发去寻求 $t>0$ 时的散射数据，在$u(t,x)$和$m(t,x)$等势的条件下，使用散射数据可求出 $t>0$ 时的位势从而可解决(3.1.1)的初值问题.

下面将研究在给定一特定初始位势下的正散射问题.

固定$\omega\neq 0$，不妨设$\omega>0$，定义

$$M_{\omega}=\left\{m\in H^1(\mathbf{R}):\int_{\mathbf{R}}(1+|x|)|m(x)|\,\mathrm{d}x<\infty,-\omega\leqslant m(x)\leqslant 0,x\in\mathbf{R}\right\}.$$

若(3.1.1)的初值u_0导致的初始势$m_0\in M_{\omega}$，由定理 3.1.1 和注 3.1.3 可知，在任何时刻$t>0$，(3.1.2)只有一个连续谱，(见 3.1.3 小节第 1 部分，在此情况下，(3.1.1)的初值问题有一个唯一的全局解).

令$\psi(t,x)$是(3.1.2)固定时刻$t\geqslant 0$的连续谱λ相应的特征函数，$m(t,x)$是时刻 t 由(3.1.1)的解得到的势，将$\psi(t,x)$表示为$x=\infty$时反射波和透射波的叠加

$$\psi(t,x)\approx\begin{cases}\mathrm{e}^{-\mathrm{i}kx}+\mathcal{R}(t,k)\mathrm{e}^{\mathrm{i}kx}, & x\to\infty,\\ \mathfrak{T}(t,k)\mathrm{e}^{-\mathrm{i}kx} & x\to-\infty,\end{cases}\tag{3.1.14}$$

其中，$\mathcal{R}$为反射系数，$\mathfrak{T}$为穿透系数，$k\geqslant 0$且$k^2=-\dfrac{1}{4}-\lambda\omega\geqslant 0$，这样由$\mathcal{R}$和$\mathfrak{T}$就可唯一的定义$\psi$，将其作为散射数据.

已知$t=0$时的散射数据，下将由此确定以后的散射数据，假定此时$m(t,x)$按(3.1.1)演化.

由(3.1.3)，定义

$$F=\psi_t-\frac{1}{2}u_x\psi+\left(u-\frac{1}{2\lambda}\right)\psi_x.$$

由于ψ为(3.1.2)的解，故计算

$$\partial_x(\psi F_x-\psi_x F)=\lambda_t(m+\omega)\psi^2.$$

由 3.1.2 小节可知对所有$m(t,x)$在无界情形时$\lambda\leqslant-\dfrac{1}{4\omega}$，因此，可固定任一$\lambda$，使$\lambda_t=0$，则 $\partial_x(\psi F_x-\psi_x F)=0$.

上式表明，$\psi F_x-\psi_x F$ 仅为时间的函数，在$x=\infty$时它的值为 0，再由式(3.1.14)以及$u(t,\cdot)\in H^3(\mathbf{R})$ 和在无穷远处$u_x(t,\cdot)$趋于 0，得

$$\psi F_x-\psi_x F=0.$$

因此 $\psi^2\partial_x\left(\dfrac{F}{\psi}\right)=0$，即 $\dfrac{F}{\psi}$ 仅为时间的函数.

又

$$\frac{F}{\psi}=\left[\frac{\psi_t-\frac{1}{2}u_x\psi+\left(u-\frac{1}{2\lambda}\right)\psi_x}{\psi}\right]_{x=\infty}=\left[\frac{\mathcal{R}_t\mathrm{e}^{\mathrm{i}kx}-\left(\frac{\mathrm{i}k}{2\lambda}\right)\left(-\mathrm{e}^{-\mathrm{i}kx}+\mathcal{R}\mathrm{e}^{\mathrm{i}kx}\right)}{\mathrm{e}^{-\mathrm{i}kx}+\mathcal{R}\mathrm{e}^{\mathrm{i}kx}}\right]_{x=\infty}$$

$$=\left[\frac{(\mathcal{R}_t-\frac{\mathrm{i}k}{2\lambda}\mathcal{R})\mathrm{e}^{\mathrm{i}kx}+\frac{\mathrm{i}k}{2\lambda}\mathrm{e}^{-\mathrm{i}kx})}{\mathrm{e}^{-\mathrm{i}kx}+\mathcal{R}\mathrm{e}^{\mathrm{i}kx}}\right]_{x=\infty}$$

由于 $\mathrm{e}^{\pm\mathrm{i}kx}$ 的系数成比例，所以 $\dfrac{F}{\psi}=\dfrac{\mathrm{i}k}{2\lambda}$. 因此 $\mathcal{R}_t=\dfrac{\mathrm{i}k}{2\lambda}\mathcal{R}+\dfrac{\mathrm{i}k}{2\lambda}\mathcal{R}=\dfrac{\mathrm{i}k}{\lambda}\mathcal{R}$. 故

$$\mathcal{R}(t,k)=\mathcal{R}(0,k)\mathrm{e}^{\frac{\mathrm{i}k}{\lambda}t},\quad t\geqslant 0. \tag{3.1.15}$$

同理，

$$\frac{\mathrm{i}k}{2\lambda}=\frac{F}{\psi}=\left[\frac{\psi_t-\frac{1}{2}u_x\psi+\left(u-\frac{1}{2\lambda}\right)\psi_x}{\psi}\right]_{x=-\infty}$$

$$=\left[\frac{\mathfrak{I}_t\mathrm{e}^{-\mathrm{i}kx}+\frac{\mathrm{i}k}{2\lambda}\mathfrak{I}\mathrm{e}^{-\mathrm{i}kx}}{\mathfrak{I}\mathrm{e}^{-\mathrm{i}kx}}\right]_{x=-\infty}=\frac{\mathfrak{I}_t}{\mathfrak{I}}+\frac{\mathrm{i}k}{2\lambda},$$

故

$$\mathfrak{I}_t=0, \tag{3.1.16}$$

即 $\mathfrak{I}(t,k)=\mathfrak{I}(0,k)$, $t\geqslant 0$.

总之, 由当 $|x|\to\omega$ 时由 ψ 的渐近状态可得随时间演化的散射数据: 穿透系数 $\mathfrak{I}(t,k)$ 是运动常数,而反射系数 $\mathcal{R}(t,k)$ 将随(3.1.15)变化.

3. 反散射

下面将研究在给定初始数据后反散射问题的解.

不妨设 $\omega>0$,

$$\mathscr{L}=\left\{m\in H^3(\mathbf{R}):\int_{\mathbf{R}}(1+|x|)|m(x)|\mathrm{d}x<\infty,-\omega<m(x)\leqslant 0,x\in\mathbf{R}\right\}.$$

由注 3.1.2，用 Liouville 代换将(3.1.2)的谱问题变到

$$-\varphi''+Q\varphi=\mu\varphi\,, \tag{3.1.17}$$

其中，$\mu=-\dfrac{1}{4\omega}-\lambda$，则只有一个连续谱(见 3.1.3 小节第 2 部分). 在(3.1.17)的反散射问题已经解决的前提下[15]，下面将利用上述(3.1.2)的正散射问题的解去解决(3.1.2)的反散射问题，关键是表明如果 Liouville 代换能应用在初始点，那么它也能在 $t>0$ 的时刻应用在(3.1.1)的位势上.

根据 3.1.3 小节的第 1 部分的讨论，只需论证若 $m+\omega>0$，则它也满足 $t>0$ 的任何时刻，若 $u(t,\cdot)$ 是(3.1.1)满足初值 $u_0\in H^5(\mathbf{R})$，初始势 $m_0\in L$ 的全局解. 考虑方程

$$\begin{cases}\xi_t(t,x)=u\big(t,\xi(t,x)\big), & t>0,x\in\mathbf{R},\\ \xi(0,x)=x.\end{cases}$$

由 Constantin 的文献[4]，对每个 $t>0$，上述方程的解函数 $\xi(t,\cdot)$ 是 $H^3(\mathbf{R})$ 类中递增的 $\mathbf{R}$ 的微分同胚. 对时间的依赖是 C^1，m 按(3.1.1)演化，有

$$\partial_t\Big([m\big(t,\xi(t,x)\big)+\omega]\xi_x^2(t,x)\Big)=0\,.$$

由于 $\xi(0,x)=x,x\in\mathbf{R}$，从而

$$\Big[m\big(t,\xi(t,x)\big)+\omega\Big]\xi_x^2(t,x)=m_0(x)+\omega\,.$$

由于对于任一固定 $t>0$，函数 $\xi(t,\cdot)$ 是 $\mathbf{R}$ 的微分同胚，上述关系表明如果初始势满足 $m_0+\omega>0$，则在(3.1.1)下对于以后任一时刻上述不等式仍成立，即论证了若 Liouville 代换在初始点成立，则在以后任一时刻也成立.

考虑到(3.1.14)和 Liouville 代换有，对 $u\geqslant 0$ 连续谱问题(3.1.17)相应的特征函数可正规化以满足

$$\varphi(t,y)\approx\begin{cases}\mathrm{e}^{-\mathrm{i}\sqrt{\mu}y}+\mathscr{R}(t,k)\mathrm{e}^{\mathrm{i}\sqrt{\mu}y}, & y\to\infty,\\ \mathfrak{T}(t,k)\mathrm{e}^{-\mathrm{i}\sqrt{\mu}y}, & y\to-\infty,\end{cases} \tag{3.1.18}$$

其中，$k\geqslant 0$ 且 $k^2=-\dfrac{1}{4}-\lambda\omega$，$\mathscr{R}(t,k)$ 和 $\mathfrak{T}(t,k)$ 随时间的演化由(3.1.15)和(3.1.16)确定，已知(3.1.17)的散射数据，有[13]

$$Q(t,y)=-2\partial_x A(t,x,x)\,,$$

其中, A 是线性积分方程

$$A(t,x,y)+B(t,x+y)+\int_x^{\infty}A(t,x,z)B(t,y+z)\mathrm{d}z=0, \quad y>x$$

的唯一解，B 定义为 $B(t,z)=\frac{1}{2\pi}\int_{\mathbf{R}}\mathscr{R}(t,k)\mathrm{e}^{\frac{\mathrm{i}k}{\sqrt{\omega}}z}\mathrm{d}k$.

定义 $C(t,y)$ 是非线性常微分方程

$$C''=C\left(Q+\frac{1}{4\omega}\right)-\frac{1}{4C^3} \tag{3.1.19}$$

的正解且 $\lim\limits_{|y|\to\infty}C(t,y)=\omega^{\frac{1}{4}}$，则(3.1.19)可转化为一个线性常微分方程.

事实上，(3.1.19)的通解是 $\left(\psi_1^2(y)-\frac{1}{4}W^{-2}\psi_2^2(y)\right)^{\frac{1}{2}}$，其中，$\psi_1,\psi_2$ 是以下方程的两个线性无关的解：

$$\psi''-\left(Q(y)+\frac{1}{4\omega}\right)\psi=0,$$

而 $W=\psi_1\psi_2'-\psi_2\psi_1'$ 是二者的朗斯基非零常量.

令 $q(t,y)=C^4(t,y)$，$t\geqslant 0, y\in\mathbf{R}$，式(3.1.19)变为

$$Q(y)=\frac{1}{4q(y)}+\frac{q_{yy}(y)}{4q(y)}-\frac{3q_y^2(y)}{16q^2(y)}-\frac{1}{4\omega}.$$

考虑到注 3.1.3 有 $m=q-\omega$.

总之，(3.1.1)的初值问题将转化为求解一个线性积分方程和一个线性二阶常微分方程，这说明初始势在 $\mathscr{L}$ 中，(3.1.1)是可积系统且得到了(3.1.1)解的表示，而上述表示法可在更大的空间

$$\mathscr{L}^*=\left\{m\in H^3(\mathbf{R}):\int_{\mathbf{R}}(1+|x|)|m(x)|\mathrm{d}x<\infty,-\omega\leqslant m(x)\leqslant 0,x\in\mathbf{R}\right\}$$

中类似讨论.

事实上，令 $m\in\mathscr{L}^*$，选取区间 $[-n,n]$，使 $m(x)>-\omega+\varepsilon$ 在此之外，固定 $\varepsilon\in(0,\omega)$，规定一光滑函数 $f:\mathbf{R}\to[0,1]$ 且当 $0\leqslant x\leqslant n$ 时，$f(x)=0$，当 $x\geqslant n+1$ 时，$f(x)=1$.

定义

$$f_\varepsilon(x)=\begin{cases}1-\dfrac{\varepsilon}{\omega}, & 0\leqslant |x|\leqslant n,\\ \left(1-\dfrac{\varepsilon}{\omega}\right)+\dfrac{\varepsilon}{\omega}f(x), & n\leqslant |x|\leqslant n+1,\\ 1, & |x|\geqslant n+1.\end{cases}$$

考虑位势

$$m_\varepsilon(x)=m(x)f_\varepsilon(x),\quad \varepsilon\in(0,\omega).$$

易知 $m_\varepsilon\in\mathscr{L}$ 且当 $\varepsilon\to 0$ 时，在 $H^3(\mathbf{R})$ 中有 $m_\varepsilon\to m$.

由上述讨论，存在对应于 $m_\varepsilon\in\mathscr{L}$ 的初值的显式解，这样令 $\varepsilon\to 0$ 就可得到 $m\in\mathscr{L}^*$ 的解，Constantin 和 Escher[16]论证了 $H^3(\mathbf{R})$ 中 Camassa-Holm 方程的解对初值的连续性，有效地支持了上述结论.

在反散射问题中，给出了一类 Liouville 变换能使用的特殊初值，此外也得到了连续谱的界限，在这类初值下，问题将还原为一个标准的 Schrödinger 方程，反过来，若给定的是一个离散谱，情况又怎样呢？下面将简要的解决这一问题.

考虑与离散谱相对应的特征函数，若 λ 是(3.1.2)的特征值，3.1.2 小节第 1 部分中的讨论表明与 λ 相应的特征函数 $\psi(t,x)$ 可表示为

$$\psi(t,x)\approx\begin{cases}\mathrm{e}^{-\eta x} & x\to\infty,\\ \alpha(t,y)\mathrm{e}^{\eta x}, & x\to-\infty,\end{cases}\tag{3.1.20}$$

其中，$\alpha\in\mathbf{R}$，$\eta>0$ 且满足 $\eta^2=\dfrac{1}{4}+\lambda\omega$.

同 3.1.3 小节第 2 部分一样定义函数 F，可知 $\dfrac{F}{\psi}$ 仅为时间的函数，由于(3.1.2)的所有谱的特征为 Camassa-Holm 流下的运动常数，所以 $\lambda_t=0$，当 $x\to\infty$ 和 $x\to-\infty$ 时计算 $\dfrac{F}{\psi}$，可得

$$\alpha_t-\frac{\alpha}{2\lambda}\eta=\frac{\eta}{2\lambda}.$$

解之得

$$\alpha(t,\eta)=(\alpha_0+1)\mathrm{e}^{\frac{\eta}{2\lambda}t}-1.\tag{3.1.21}$$

由此给出(3.1.20)中参数与时间的演化关系式.

除了 α，另一个离散谱的标准化常数 $c(t,\lambda)=\int_{\mathbf{R}}\psi^2(t,x)\mathrm{d}x$ 也适于标准 Schrödinger 方程[15]. 相应地，考虑到当 $|x|\to\infty$ 时，$u(t,x)$ 与 $\psi(t,x)$ 均趋于 0，由(3.1.3)可得

$$\frac{\mathrm{d}}{\mathrm{d}t}c(t,\lambda)=2\int_{\mathbf{R}}\psi(t,x)\psi_t(t,x)\mathrm{d}x=2\int_{\mathbf{R}}u_x(t,x)\psi^2(t,x)\mathrm{d}x. \tag{3.1.22}$$

这将不符合经典的 Schrödinger 方程，在(3.1.22)的基础上，离散谱的反散射问题也包含了连续谱的情形. 最后将给出一个有趣的结论，如果用标准化常数

$$c^*(t,\lambda)=\int_{\mathbf{R}}\left(\psi^2(t,x)+4\psi_x^2(t,x)\right)\mathrm{d}x$$

代替 $c(t,\lambda)$，则

$$\frac{\mathrm{d}}{\mathrm{d}t}c^*(t,\lambda)=0. \tag{3.1.23}$$

事实上，由(3.1.3)，得

$$\psi_{tx}=-\frac{1}{2}u_x\psi_x+\frac{1}{2}u_{xx}\psi+\left(\frac{1}{2\lambda}-u\right)\psi_{xx},$$

分部积分，得

$$\frac{\mathrm{d}}{\mathrm{d}t}\int_{\mathbf{R}}\psi_x^2(t,x)\mathrm{d}x=2\int_{\mathbf{R}}\psi_{tx}(t,x)\psi_x(t,x)\mathrm{d}x=\int_{\mathbf{R}}u_{xx}(t,x)\psi(t,x)\psi_x(t,x)\mathrm{d}x.$$

利用式(3.1.2)表示 $u_{xx}\psi$，有

$$\frac{\mathrm{d}}{\mathrm{d}t}\int_{\mathbf{R}}\psi_x^2(t,x)\mathrm{d}x=\int_{\mathbf{R}}u(t,x)\psi(t,x)\psi_x(t,x)\mathrm{d}x=-\frac{1}{2}\int_{\mathbf{R}}u_x(t,x)\psi^2(t,x)\mathrm{d}x.$$

再结合(3.1.22)，即可得到(3.1.23).

3.2 Camassa-Holm 方程的解

本节应用反散射方法求解 Camassa-Holm 方程的解，首先用这种方法以一种简单的参数形式表示孤波解，然后得到此方程的 2 弧子解和 3 孤子解(后两个解需要数学软件，如 Mathematica 和 Maple 等的使用，以便完成解的作图). 在给出了一些特例后，同时研究了相移，交互作用，也讨论了孤子解的极限.

3.2.1 引言

CH 方程的求解过程是一个非常困难的过程，这里给出一种求解方法[18]，给出 $\omega\neq 0$ (对应于水波情形[19])的散射问题的求解法. 1998 年, Schiff 给出了近似法，

它表明了与 CH 方程的解有关的 Bäcklund 变换的自同构. 利用上述结论，本节将得到孤立波解的参数表达式以及 2 孤子解的形式.

在本节，为了求解将首先研究散射问题的凸特性[18]，利用这个问题给出一个新的求解方法，从而得到了孤波解，2 孤子解和 3 孤子解. 对于第一个解，由谱方法给出了解的参数形式，这种表示法在2孤子解的一个特殊情况中也有所涉及. 通过 Mathematica 和 Maple，得到了 2 孤子解以及 3 孤子解. 同时也给出了孤子解的几个特例，得到了相移的表达式以及讨论了尖峰孤立子解如何产生.

3.2.2　求解过程提要

利用 Constantin[18]的结论，可以构造出 CH 方程的解(所有与本文结论有关的背景及主要定理的证明可参阅文献[18]). 为此将给出几个重要的方程和结论，这与 Constantin[18]文章中的符号表达有一些小区别.

首先，将 CH 方程

$$u_t + 2\omega u_x - u_{xxt} + 3uu_x = 2u_x u_{xx} + uu_{xxx} \tag{3.2.1}$$

表示成另一形式

$$m_t + 2\omega u_x + um_x + 2mu_x = 0\text{，　其中，} m = u - u_{xx} \tag{3.2.2}$$

或

$$q_t + uq_x + 2qu_x = 0\text{，　其中，} q = m + \omega = u - u_{xx} + \omega. \tag{3.2.3}$$

这里m称为位势(物理中又称为动量). 给定q(或m)即得到$u(x,t)$，即为 CH 方程的解.

假设$\omega \neq 0$，不失一般性，不妨令$\omega > 0$，事实上方程(3.2.1)在变换$u(x,t) \to -u(-x,t)$下保持不变.

引入位势$Q(y;t)$，由经典的 Sturm-Liouville 方程

$$\frac{\mathrm{d}^2\psi}{\mathrm{d}y^2} - (Q-\mu)\psi = 0\text{，}\quad \psi = \psi(y,t) \tag{3.2.4}$$

给出，其中，μ 为谱参数且 t 固定(见文献[18]的注 2.3 和等式(3.4))，假设$Q(y;0)$给定，这样即可利用散射数据(见文献[18]的 § 3 和等式(3.1)~(3.3),(3.7),(3.8))，再由方程

$$Q(y;t) = -2\frac{\mathrm{d}}{\mathrm{d}y}K(y,y;t) \tag{3.2.5}$$

解出$Q(y;t)$，其中，$K(y,x;t)$是 Marchenko 方程

$$K(y,x;t)+F(y+x,t)+\int_y^{\infty}K(y,z;t)F(z+x,t)\mathrm{d}z=0 \tag{3.2.6}$$

的解. 如果不考虑反射情况，则有

$$F(X,t)=\sum_{n=1}^{N}\exp\left\{-\frac{k_n}{\sqrt{\omega}}X-\frac{k_n}{\lambda_n}t+\alpha_n\right\}, \tag{3.2.7}$$

其中，

$$\mu=-\left(\lambda+\frac{1}{4\omega}\right). \tag{3.2.8}$$

λ_n 为对应于 $\mu_n=-\dfrac{k_n^2}{\omega}$ 的特征值且 $k_n>0$，α_n 为任意常数(见文献[18]的等式(3.7),(3.8))，并且限制在 $q>0$ 时讨论解，这样至多有有限个特征值 $\lambda\in\left(-\dfrac{1}{4\omega},0\right)$(见文献[18]定理 2.1)，利用式(3.2.7)，即可得到 CH 方程的孤子解，当然这种反散射求解方法由于 $Q(y,t)$ 与 $u(x,t)$ 有关而变得非常困难.

为了得到 CH 方程的解，下面规定 Q 与 u 有关，y 与 x 有关. 利用 Liouville 变换(见文献[18]的注 2.3 和等式(3.6))有

$$Q+\frac{1}{4\omega}=\frac{1}{4q}\left\{\frac{\mathrm{d}^2q}{\mathrm{d}y^2}-\frac{3}{4}\frac{1}{q}\left(\frac{\mathrm{d}q}{\mathrm{d}y}\right)^2+1\right\}, \tag{3.2.9}$$

其中，

$$q(y,t)=m(x,t)+\omega,\quad \frac{\mathrm{d}y}{\mathrm{d}x}=\sqrt{q(y,t)}. \tag{3.2.10}$$

给定 Q，由式(3.2.10)即可求出 q，再通过积分可求出 $x=x(y;t)$；当然，上述求解过程都是在固定 t 的前提下进行的. 不过，这种求解过程显然非常困难：由 Q 去求解 q 必须要解一个非线性常微分方程，而且只有在 q 已知的前提下才可以得到 y 与 x 的关系. 不过这些公式也意味着方程的解可以以一种参数形式给出. 1950 年，Pinney[20]给出了在已知 Q 去求解 q 的方法(见文献[18]中等式(3.6)的上面)，此时 q 必满足

$$q=\left\{\phi_1^2-\frac{1}{4}\left(\frac{\phi_2}{W}\right)^2\right\}^2, \tag{3.2.11}$$

其中，$\phi_1(y,t),\phi_2(y,t)$ 是线性方程

$$\frac{\mathrm{d}^2\phi}{\mathrm{d}y^2}-\left\{Q(y,t)+\frac{1}{4W}\right\}\phi=0 \tag{3.2.12}$$

的两个线性无关的解，$W=\phi_1\phi_2'-\phi_2\phi_1'$ 为二者的朗斯基非零常量，然而上述求解公式在应用时并不方便，下面将以(3.2.11)为起点重新构造 q 的求解方法.

由(3.2.12)，有

$$\phi_1\left\{\phi_1''-\left(Q+\frac{1}{4\omega}\right)\phi_1\right\}-\frac{1}{4W^2}\phi_2\left\{\phi_2''-\left(Q+\frac{1}{4\omega}\right)\phi_2\right\}=0,$$

上述导数均为对 y 求导.

记

$$\phi=\phi_1^2-\frac{1}{4}\left(\frac{\phi_2}{W}\right)^2, \tag{3.2.13}$$

则有

$$\frac{1}{2}\phi''-\left(Q+\frac{1}{4\omega}\right)\phi-\left\{(\phi_1')^2-\frac{1}{4}\left(\frac{\phi_2'}{W}\right)^2\right\}=0. \tag{3.2.14}$$

另一方面，

$$\phi_1'\left\{\phi_1''-\left(Q+\frac{1}{4\omega}\right)\phi_1\right\}-\frac{1}{4W^2}\phi_2'\left\{\phi_2''-\left(Q+\frac{1}{4\omega}\right)\phi_2\right\}=0,$$

故

$$\left\{(\phi_1')^2-\frac{1}{4}\left(\frac{\phi_2'}{W}\right)^2\right\}'-\left(Q+\frac{1}{4\omega}\right)\phi'=0. \tag{3.2.15}$$

这样，由(3.2.14)与(3.2.15)，得

$$\phi'''-4\left(Q+\frac{1}{4\omega}\right)\phi'-2Q'\phi=0, \tag{3.2.16}$$

于是由(3.2.16)可解出 ϕ，从而 $q=\phi^2$.

但是由于(3.2.16)为三阶方程，求解仍然非常困难，故下面将对它继续变形. 式(3.2.16)两边同乘以 ϕ，得

$$\frac{\mathrm{d}}{\mathrm{d}y}\left\{\phi\phi''-\frac{1}{2}(\phi')^2-2\left(Q+\frac{1}{4\omega}\right)\phi^2\right\}=0.$$

又由(3.2.10)可知

$$\text{当}\, m\to 0\,\text{时}，\quad q\to\omega， \tag{3.2.17}$$

并且当 $m\to 0$ 时，有 $\phi',\phi'',Q\to 0$，故

$$\phi\phi''-\frac{1}{2}(\phi')^2-2\left(Q+\frac{1}{4\omega}\right)\phi^2=-\frac{1}{2}. \tag{3.2.18}$$

这样虽然 Q 的次数变为二次，但方程变成了二阶方程，易于求解. 事实上，当 Q 的表达式比较简单(如与 sech^2 成正比)时，使用式(3.2.16)求解比较方便，否则可使用(3.2.18)求解. 当然，如果没有 Pinney 的结论，也可由式(3.2.9)直接推出(3.2.16)和(3.2.18). 另外由式(3.2.18)，当 $|y|\to\infty$ 时有 $q\to\omega$(因此 Q'，Q'' 近似趋于零)，$Q\to 0$，故(3.2.18)符合存在孤立子的条件.

求解过程的最后一步就是从

$$u-u_{xx}=q-\omega \tag{3.2.19}$$

中解出 u. 事实上，用 y 表示上述等式更为方便，此时 $\dfrac{\mathrm{d}y}{\mathrm{d}x}=\sqrt{q}$. 于是有

$$qu_{yy}+\frac{1}{2}q_yu_y-u=\omega-q. \tag{3.2.20}$$

解此方程即得 $u=u(y,t)$. 再对方程

$$\frac{\mathrm{d}y}{\mathrm{d}x}=\sqrt{q(y,t)} \tag{3.2.21}$$

两边积分，即得 $y=y(x,t)$. 于是就得到了方程解的参数形式，此时 y 为参数. 上述求解过程均在固定 t 的条件下进行.

3.2.3 求解过程小结

利用上述提纲，下面可以小结一下 CH 方程的求解过程. 首先由式(3.2.7)选择 $F(X,t)$，然后解方程(3.2.6)得到 $K(y,x;t)$，再由方程(3.2.5)得到 $Q(y,t)$，将 $Q(y,t)$ 代入(3.2.16)(或(3.2.18))可解出 ϕ，于是得 $q=\phi^2$，最后再分别解方程(3.2.20)和

(3.2.21), 即得 $u(y,t)$ 和 $x=x(y,t)$.

上述求解表面上简单，实际非常困难，如求解 ϕ 和 u 的过程以及对 $\frac{1}{\sqrt{q}}$ 积分来解出 $x(y,t)$ 等. 这里要说明的是，计算中一些简单的过程是人工直接计算所得，一些复杂的计算则利用了 Mathematica 和 Maple 等数学软件.

3.2.4　孤波解

由(3.2.7)对应于孤波解的 F 为一指数形式，特殊地，可取

$$F(X,t)=\exp\left\{-\frac{k}{\sqrt{\omega}}X-\frac{k}{\lambda}t+2\alpha\right\}. \tag{3.2.22}$$

由(3.2.8)可知此时

$$k=\frac{1}{2}\sqrt{1+4\omega\lambda}\ . \tag{3.2.23}$$

为了计算的方便，记 $\lambda=-\frac{1}{2c}(c>2\omega>0)$. 于是由 Marchenko 方程 (3.2.6)可得

$$K(y,x;t)=\frac{-\exp\left\{-\frac{k}{\sqrt{\omega}}(x+y)-\frac{k}{\lambda}t+2\alpha\right\}}{1+\frac{\sqrt{\omega}}{2k}\exp\left\{-\frac{2k}{\sqrt{\omega}}y-\frac{k}{\lambda}t+2\alpha\right\}}.$$

故

$$Q=-2\frac{\mathrm{d}}{\mathrm{d}y}K(y,y;t)=-\frac{1}{2\omega}\left(1-\frac{2\omega}{c}\right)\operatorname{sech}^2\left\{\frac{1}{2\sqrt{\omega}}\sqrt{1-\frac{2\omega}{c}}\left(y-c\sqrt{\omega}t\right)-\alpha\right\}.$$

令

$$\theta=\frac{1}{2\sqrt{\omega}}\sqrt{1-\frac{2\omega}{c}}\left(y-c\sqrt{\omega}t\right)-\alpha\,, \tag{3.2.24}$$

则(3.2.16)变为

$$\frac{\mathrm{d}^3\phi}{\mathrm{d}\theta^3}+4\left(2\operatorname{sech}^2\theta-\frac{1}{1-\frac{2\omega}{c}}\right)\frac{\mathrm{d}\phi}{\mathrm{d}\theta}-8(\operatorname{sech}^2\theta\tanh\theta)\phi=0. \tag{3.2.25}$$

解之，得

$$\phi = A\left(\operatorname{sech}^2\theta + \frac{2\omega}{c}\tanh^2\theta\right),$$

其中, A 为任意常数且可由式(3.2.17)确定.

事实上，因为$|\theta| \to \infty$ 时，$\phi \to \sqrt{\omega}$，故有

$$q = \phi^2 = \frac{c^2}{4\omega}\left(\operatorname{sech}^2\theta + \frac{2\omega}{c}\tanh^2\theta\right)^2. \tag{3.2.26}$$

下面将求解方程(3.2.20). 为了计算的方便，将其改写成θ的形式

$$\frac{1}{4\omega}\left(1 - \frac{2\omega}{c}\right)\left\{q\frac{\mathrm{d}^2u}{\mathrm{d}\theta^2} + \frac{1}{2}\frac{\mathrm{d}q}{\mathrm{d}\theta}\frac{\mathrm{d}u}{\mathrm{d}\theta}\right\} - \mu = \omega - q,$$

其中，q 由式(3.2.26)给出.

不难发现，方程的解 $u = \dfrac{v(\theta)}{\sqrt{q}}$ 且 $v(\theta)$ 与 $\operatorname{sech}^2\theta$ 成比例. 经计算可知

$$v(\theta) = \frac{c}{2\sqrt{\omega}}(c - 2\omega)\operatorname{sech}^2\theta.$$

故

$$u = \frac{(c - 2\omega)\operatorname{sech}^2\theta}{\operatorname{sech}^2\theta + \dfrac{2\omega}{c}\tanh^2\theta}. \tag{3.2.27}$$

(此解也可表示成 $u = c\left(1 - \sqrt{\dfrac{\omega}{q}}\right)$ 的形式，特殊地，对于孤立波也可直接求解(3.2.20)得到解 $u = f(q)$，这个解与(3.2.27)等价).

最后为了给出解的参数形式，需要由方程(3.2.21)解出 x 与 y 的关系. 同理，此时的求解用θ表示更为简单. 将式(3.2.26)代入(3.2.21)，得

$$\int \frac{\mathrm{d}\theta}{\operatorname{sech}^2\theta + \dfrac{2\omega}{c}\tanh^2\theta} = \frac{c}{4\omega}\sqrt{1 - \frac{2\omega}{c}}\int \mathrm{d}x.$$

直接积分，得

$$x = \frac{y}{\sqrt{\omega}} + \ln\left\{\frac{\cosh(\theta - \theta_0)}{\cosh(\theta + \theta_0)}\right\} + \text{const}, \tag{3.2.28}$$

其中，$\theta_0 = \operatorname{arctanh}\left(\sqrt{1-\frac{2\omega}{c}}\right)$.

因为积分是在固定 t 的前提下进行的，故此时的积分常数应为时间 t 的函数(因此在上式中写成 y 或 θ 是不重要的). 然而由于(3.2.21)的积分过程是为了求出 $x = x(y,t)$，故希望在所有解的表达式中此常数都是一样的，即与 t 无关. 为此，令 $\theta =$ 常数，则 $u =$ 常数(由(3.2.27)可得)，这样

$$
\begin{aligned}
&\frac{1}{\sqrt{\omega}}\left(y - c\sqrt{\omega}t\right) + \ln\left\{\frac{\cos\mathrm{h}(\theta-\theta_0)}{\cosh(\theta+\theta_0)}\right\} + \mathrm{const}\,t\left(=\theta\text{的函数}(=\text{常数})\right)\\
&= x - ct = \mathrm{const}.
\end{aligned}
$$

于是给出孤立波的精确表达 $u = u(x-ct)$，其中，c (见式(3.2.23)上面)是当 CH 方程(3.2.1)的解为 $u = F(x-at)$ 形式时行波解的速度，a 为常数.

又[17]

$$
\left(\frac{G-\beta}{G+\beta}\right)^{\beta}\left(\frac{G+1}{G-1}\right) = \exp\left\{-(x-at)+x_0\right\}, \tag{3.2.29}
$$

其中，$\beta = \sqrt{\frac{a}{a-2\omega}}$，$a > 2\omega$，$G = \sqrt{\frac{a-F}{a-2\omega-F}}$，$x_0$ 为任意常数.

若 F 表示成由(3.2.27)确定的 θ 的函数，再代入(3.2.29)，得

$$
G = \sqrt{\frac{c}{c-2\omega}}\coth\theta,
$$

则

$$
x - at - x_0 = \sqrt{\frac{4c}{c-2\omega}}\theta + \ln\left\{\frac{\cosh(\theta-\theta_0)}{\cosh(\theta+\theta_0)}\right\} \text{只有在 } a = c \text{ 时成立,}
$$

即

$$
x - ct - x_0 = \sqrt{\frac{4c}{c-2\omega}}\theta + \ln\left\{\frac{\cosh(\theta-\theta_0)}{\cosh(\theta+\theta_0)}\right\}. \tag{3.2.30}
$$

这样，对于任意的 $\omega > 0$ 和 $c > 2\omega$，由式(3.2.27)和(3.2.30)(其中，θ 为参数)就给出了 CH 方程的解. 此外，也验证了这个解是由(3.2.29)给出的解的参数形式.

图 3.2 给出了由式(3.2.27)和(3.2.30)所得到的孤波解的几个特例的侧面图，其

中，$x-ct-x_0$ 为横轴，$\dfrac{u}{c}$ 为纵轴，$\dfrac{2\omega}{c}$ 取不同的值，当不断逼近 peakon 解$\left(\dfrac{\omega}{c}\to 0\right)$时，孤立波的性质在图中显而易见. 事实上，(3.2.27)可表示为

$$u=\frac{c\left(1-\dfrac{2\omega}{c}\right)}{1-\dfrac{2\omega}{c}+\dfrac{2\omega}{c}\cosh^2\theta},$$

这样对于 $\cosh^2\theta=O(1)$ （当 $\omega\to 0$ 时），有

$$u\sim c. \tag{3.2.31}$$

再由(3.2.30)有 $x-ct-x_0=O(\omega)$，即描述了 peakon 解的尖峰(位于 $x=ct+x_0$ 处).

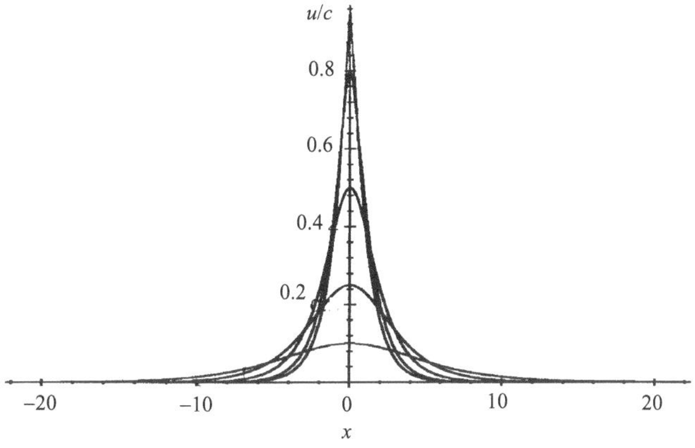

图3.2 孤波解侧面图

$x-ct-x_0$ 为横轴，$\dfrac{u}{c}$ 为纵轴，$\dfrac{2\omega}{c}=0.05, 0.2, 0.5, 0.75, 0.9$，其中，最低的对应 $\dfrac{2\omega}{c}=0.9$，最高的对应 $\dfrac{2\omega}{c}=0.05$，近似于 peakon 解

另一方面，由 $\cosh^2\theta=O(\omega^{-1})$（即 $\cosh^2\theta=\dfrac{\sigma^2}{\omega}$）有 $u\sim\dfrac{c}{1+2\sigma^2/c}$，再由(3.2.29)有 $x-ct-x_0\sim\pm\ln\left(1+\dfrac{2\sigma^2}{c}\right)$，$\omega\to 0$（其中，“+”号对应 $\theta>0$，“−”号对应 $\theta<0$）.

故当 $\omega\to 0$ 时，有

$$u \sim c\exp\left\{-\left|x-ct-x_0\right|\right\}, \tag{3.2.32}$$

(3.2.32)即为方程的 peakon 解且当 $\omega \to 0$ 时，此表达式对所有的 $x-ct-x_0$ 同样成立，当 $x-ct-x_0 \to 0$ 时，(3.2.32)即为式(3.2.31).

3.2.5 2 孤子解

在这种情形下，

$$F(X,t)=\exp\left\{-\frac{k_1}{\sqrt{\omega}}X-\frac{k_1}{\lambda_1}t+\alpha_1\right\}+\exp\left\{-\frac{k_2}{\sqrt{\omega}}x-\frac{k_2}{\lambda_2}t+\alpha_2\right\}, \tag{3.2.33}$$

其中，$\lambda_i=\dfrac{k_i^2-1/4}{\omega}$，$i=1,2$ 且 $k_i^2<\dfrac{1}{4}$.

此时, Marchenko 方程变为

$$\begin{aligned}&K(y,x;t)+\hat{E}_1(x+y,t)+\hat{E}_2(x+y,t)\\&+\int_y^{\infty}K(y,z;t)\left\{\hat{E}_1(z+x,t)+\hat{E}_2(z+x,t)\right\}\mathrm{d}z=0,\end{aligned}$$

其中，$\hat{E}_i(X,t)=\exp\left\{-\dfrac{k_i}{\sqrt{\omega}}X-\dfrac{k_i}{\lambda_i}t+\alpha_i\right\}$.

此方程有

$$K(y,x;t)=\hat{E}_1(x,t)L_1(y)+\hat{E}_2(x,t)L_2(y) \tag{3.2.34}$$

这种分离形式的解. 不难解得

$$K(y,y;t)=-\frac{\left\{\bar{E}_1+\bar{E}_2+\frac{1}{2}\sqrt{\omega}\left((k_1-k_2)^2/(k_1+k_2)k_1k_2\right)\bar{E}_1\bar{E}_2\right\}}{1+\frac{1}{2}\sqrt{\omega}\left(\bar{E}_1/k_1+\bar{E}_2/k_2\right)+\left(\omega/4k_1k_2\right)\left((k_1-k_2)/(k_1+k_2)\right)^2\bar{E}_1\bar{E}_2}, \tag{3.2.35}$$

其中，$\bar{E}_i=\hat{E}_i(2y,t)=\exp\left\{-\dfrac{2k_i}{\sqrt{\omega}}y-\dfrac{k_i}{\lambda_i}t+\alpha_i\right\}$. 于是得

$$Q=-\frac{2\mathrm{d}}{\mathrm{d}y}K(y,y;t)$$
$$=-2\frac{\left\{k_1^2E_1+k_2^2E_2+\frac{1}{2}\omega(k_1-k_2)^2E_1E_2+\frac{1}{16}\omega^2(k_1^2E_2+k_2^2E_1)E_1E_2\right\}}{\left\{1+\frac{1}{4}\omega E_1+\frac{1}{4}\omega E_2+\frac{1}{16}\omega^2\left((k_1-k_2)/(k_1+k_2)\right)^2E_1E_2\right\}^2},\tag{3.2.36}$$

其中，$E_i=\frac{2}{k_i\sqrt{\omega}}\overline{E}_i=\frac{2}{k_i\sqrt{\omega}}\exp\left\{-\frac{2k_i}{\sqrt{\omega}}y-\frac{k_i}{\lambda_i}t+\alpha_i\right\}$.

若令 $\omega=4$，则此时 Q 的形式正是 KdV 方程 2 孤子解的表达式，虽然二者的 E_i 的指数表达有些差异[13].

众所周知，KdV 方程(相同的讨论也可应用到其他方程上)的特解具有起点位置(即在某一时刻，并不一定是 $t=0$)，且与 sech^2 函数成比例. 事实上，KdV 方程的反散射理论是与引起 Legendre 方程的特殊的无反射位势相对应的. 下面将给点 CH 方程的一种模拟简化形式.当 $t=0$ 时，令 $k_2=2k_1$，$\frac{1}{4}\omega\exp\{\alpha_1\}=3\exp\{2\beta\}$，$\frac{1}{4}\omega\exp\{\alpha_2\}=3\exp\{4\beta\}$.这时，

$$Q=-24\frac{k_1^2}{\omega}\frac{E^2}{(1+E^2)^2},\quad E=\exp\left\{-\frac{k_1}{\sqrt{\omega}}y+\beta\right\}\text{或}\,Q=-6\frac{k_1^2}{\omega}\operatorname{sech}^2\left(\frac{k_1}{\sqrt{\omega}}y-\beta\right),$$

于是方程(3.2.16)变成

$$\frac{\mathrm{d}^3\phi}{\mathrm{d}\theta^3}+4\left(6\operatorname{sech}^2\theta-\mu\right)\frac{\mathrm{d}\phi}{\mathrm{d}\theta}-24(\operatorname{sech}^2\phi\tanh\theta)\phi=0,\tag{3.2.37}$$

其中，$\theta=\frac{k_1}{\sqrt{\omega}}y-\beta$，$\mu=\frac{1}{4k_1^2}$.

将方程与(3.2.25)相比较，不难发现这两个方程的位势都满足

$$Q\propto N(N+1)\operatorname{sech}^2\theta,\quad N=1,2\cdots.$$

这个结论在 KdV 方程理论中也被利用过. 现在同(3.2.25)一样，不难发现方程(3.2.37)的解

$$\phi\propto\operatorname{sech}^4\theta+\left(\frac{\mu-4}{\mu+3}\right)\left(\frac{1}{3}(1+2\mu)-\tanh^4\theta\right).$$

由此可得 $q=\phi^2$ 满足 $q\to\omega$，即

$$q=\frac{9}{4}\omega\left[\frac{\mu+2}{(\mu-4)(\mu-1)}\right]^2\left\{\operatorname{sech}^4\theta+\left(\frac{\mu-4}{\mu+2}\right)\left(\frac{1}{3}(1+2\mu)-\tanh^4\theta\right)\right\}^2. \tag{3.2.38}$$

但是这种简单的解的形式却是不正确的，原因是它只能描绘起点处的曲线. 而 CH 方程的解将随时间演化，故 Q 与 q 的形式并不如(3.2.38)所表示. 事实上，对于一般的 t，此问题的解与 k_1，k_2 的问题差异并不大. 下面将证明由这种形式将产生一般的 CH 方程的 2 孤子解.

首先，为了求 ϕ，用一个适当的代数软件将(3.2.18)取逻辑积，为了计算的方便，采取如下的变换：

$$\phi^2\to\omega\phi^2,\quad y\to\sqrt{\omega}y.$$

这样(3.2.18)变为

$$\phi\phi''-\frac{1}{2}(\phi')^2-2\left(\omega Q+\frac{1}{4}\right)\phi^2=-\frac{1}{2}. \tag{3.2.39}$$

变换 $E_i\to\left(2k_i/\sqrt{\omega}\right)E_i, k_i\to\frac{1}{2}k_i$ (以后都将使用 k_i 的这种形式)用以给出 ωQ 的表达式. 然后在(3.2.39)中令

$$\omega Q=-2\frac{A}{B},\quad \phi=\frac{C}{D}.$$

考虑到方程的结构，记 $D=B^n$，则有

$$\begin{aligned}&B^2\left(CC''-\frac{1}{2}(C')^2\right)-nBCB'C'+\left\{n\left(\frac{1}{2}n+1\right)(B')^2-nBB''\right\}C^2\\&+2\left(2A-\frac{1}{4}B^2\right)C^2+\frac{1}{2}B^{2+2n}=0.\end{aligned}$$

插入 A，B 的已知形式，且使用带有未知系数的一列 E_i，用来求 C，对于不同 n，使用 Mathematica 软件寻求解(最初 C 的形式将包含 $E_1^iE_2^{6-i}$，$i=1,2\cdots,6$). 于是当 $n=2$ 时可求得 ϕ 的精确解，即

$$\phi=\sqrt{\omega}\left\{1+2\left(\frac{1+k_1^2}{1-k_1^2}\right)E_1+2\left(\frac{1+k_2^2}{1-k_2^2}\right)E_2+E_1^2+E_2^2\right.$$

$$+4\frac{\left[(k_1^2+k_2^2)(1+k_1^2k_2^2)+(k_1^2-k_2^2)^2-4k_1^2k_2^2\right]}{(1-k_1^2)(1-k_2^2)(k_1+k_2)^2}E_1E_2$$

$$\left.+2\left(\frac{k_1-k_2}{k_1+k_2}\right)^2\left[\left(\frac{1+k_1^2}{1-k_1^2}\right)E_2+\left(\frac{1+k_2^2}{1-k_2^2}\right)E_1\right]E_1E_2+\left(\frac{k_1-k_2}{k_1+k_2}\right)^4E_1^2E_2^2\right\}$$

$$\times\left\{1+E_1+E_2+\left(\frac{k_1-k_2}{k_1+k_2}\right)^2E_1E_2\right\}^{-2}, \tag{3.2.40}$$

其中,

$$E_i=\exp\left\{-\frac{k_i}{\sqrt{\omega}}y-\frac{k_i}{2\lambda_i}t+\alpha_i\right\}, \tag{3.2.41}$$

$$\lambda_i=-\frac{1}{4\omega}\left(1-k_i^2\right),\ k_i^2<1,$$

每一个 α_i 都为一任意常数. 这样即可求解出 $q=\phi^2$，其中, ϕ 由式(3.2.40)给出. 下面只需从(3.2.20)中求出 u (CH 方程的解).

同前面一样，采取变换 $q\to\omega q$， $y\to\sqrt{\omega}y$，则解必为

$$u=\frac{\omega^{3/2}v}{\sqrt{q}}. \tag{3.2.42}$$

代入(3.2.20)，得

$$q^2v_{yy}-\frac{1}{2}qq_yv_y+\frac{1}{2}\left(q_y^2-qq_{yy}\right)v-qv=(1-q)q^{3/2}.$$

同上, 记 $\sqrt{q}=\frac{A}{B^2}$， $v=\frac{C}{B^n}$ (设 $n=2$). 由(3.2.40)，当 $n=2$ 时，有

$$C=\frac{8k_1^2}{(1-k_1^2)^2}E_1+\frac{8k_2^2}{(1-k_2^2)^2}E_2+16\frac{(k_1-k_2)^2(1-k_1^2k_2^2)}{(1-k_1^2)^2(1-k_2^2)^2}E_1E_2$$

$$+8\left(\frac{k_1-k_2}{k_1+k_2}\right)^2\left\{\frac{k_2^2}{(1-k_2^2)^2}E_1+\frac{k_1^2}{(1-k_1^2)^2}E_2\right\}E_1E_2,$$

于是即可得方程的解

$$
\begin{aligned}
u=\omega&\left\{\frac{8k_1^2}{(1-k_1^2)^2}E_1+\frac{8k_2^2}{(1-k_2^2)^2}E_2+\frac{16(k_1-k_2)^2(1-k_1^2k_2^2)}{(1-k_1^2)^2(1-k_2^2)^2}E_1E_2\right.\\
&\left.+\frac{8(k_1-k_2)^2}{(k_1+k_2)^2}\left[\frac{k_2^2}{(1-k_2^2)^2}E_1+\frac{k_1^2}{(1-k_1^2)^2}E_2\right]E_1E_2\right\}\\
&\times\left\{1+\frac{2(1+k_1^2)}{(1-k_1^2)}E_1+\frac{2(1+k_2^2)}{(1-k_2^2)}E_2+E_1^2+E_2^2\right.\\
&+4\frac{\left[(k_1^2+k_2^2)(1+k_1^2k_2^2)+(k_1^2-k_2^2)^2-4k_1^2k_2^2\right]}{(1-k_1^2)(1-k_2^2)(k_1+k_2)^2}E_1E_2\\
&\left.+\frac{2(k_1-k_2)^2}{(k_1+k_2)^2}\left[\frac{(1+k_2^2)}{(1-k_2^2)}E_1+\frac{(1+k_1^2)}{(1-k_1^2)}E_2\right]E_1E_2+\left(\frac{k_1-k_2}{k_1+k_2}\right)^4E_1^2E_2^2\right\}^{-1}.
\end{aligned}
\tag{3.2.43}
$$

这与 Schiff[21]推出的 2 孤子解的形式是等价的. 最后需要将 y 变成 x，对式(3.2.21)两边积分

$$
\int\frac{\mathrm{d}y}{\sqrt{q}}=\int\mathrm{d}x,
$$

其中，$\sqrt{q}=\phi$. 由式(3.2.40)给出，上式的积分过程虽然很复杂，但是可以积出，在 Maple 软件的帮助下，最初产生的结果为 4 项+log(40 项)–log(40 项)的形式，简化后，得

$$
x=y+\ln\left\{\frac{l(-k_1,-k_2)+l(k_1,-k_2)E_1+l(-k_1,k_2)E_2+l(k_1,k_2)A_{12}E_1E_2}{l(k_1,k_2)+l(-k_1,k_2)E_1+l(k_1,-k_2)E_2+l(-k_1,-k_2)A_{12}E_1E_2}\right\}+\text{const},
\tag{3.2.44}
$$

其中，$l(a,b)=(1+a)(1+b)$，$A_{12}=(k_1-k_2)^2/(k_1+k_2)^2$.

这里同前面的讨论一样，积分常数与 t 无关(所有积分均在固定 t 下完成)，下面将在讨论解的渐近行为时验证这一结论.

这样，由(3.2.43)和(3.2.44)，即给出了 CH 方程的 2 孤子解，其中，y 是参数，所有的指数形式 (E_i) 都包含时间 t.

3.2.6　2 孤子解的例子与性质

首先给出如图 3.3、图 3.4 和图 3.5 所示的三个解，根据(3.2.43)和(3.2.44)利用 Maple 软件，可画出它们的图，其中，y 为参数，图 3.3 中 $k_1=0.9,k_2=0.4$，图

3.4 中 $k_1=0.6, k_2=0.5$ (每一种情形都取 $\alpha_1=\alpha_2=0$)，在前一个特例中，对称解(发生在标准化时间 $T=2\omega t\approx 0.1$)包含一个 peakon 解，但是在这个时刻，它却与 $Q\propto \text{sech}^2$ 不对应. 此时从图像可知, 解的性质没有多大变化，第二个特例表明解在某一时刻存在一个对称的双 peakon，所有这些例子所反映出的典型结果在许多经典的孤子解中都可看到，特别是在 KdV 方程中，第一个特例同时也表明这种由非线性交互作用所产生的相移，通常可看成是孤子猛烈碰撞的特征. 这种现象在第三个例子(图 3.5)中表现得更为清楚. 图 3.5 是以时空作为坐标面画图的($k_1=0.9, k_2=0.8$ 且 $\alpha_1=\alpha_2=0$)，下面将通过分析当 $t\to\pm\infty$ 时解的渐近结构来更详细的研究解的性质，从而可以确定 2 孤子解的特征(即两个孤立波在无穷远处的位置)和相移的解释.

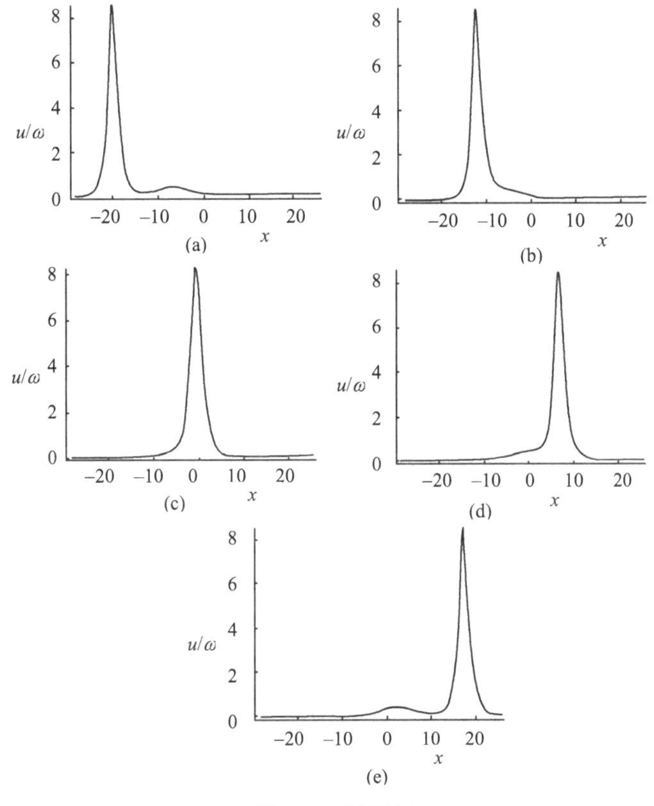

图3.3 2孤子解

其中，x 为横轴，$\frac{u}{\omega}$ 为纵轴，$k_1=0.9$，$k_2=0.4$，$\alpha_1=\alpha_2=0$，

时间 $T=2\omega t$：(a)−3.5,(b)−2,(c)0.1,(d)1.5,(e)3.5

为了得到一些特殊的结论，假设 $k_1>k_2>0$. 事实上，最后 $u(y,t)$ 和 $x(y,t)$ 的结论可以在 $k_i<0$ 时定义，但是这需要 Marchenko 方程满足当 x(或 z)趋于 $-\infty$ 时

解能不断衰退. 这是显然成立的. 例如，当$k_1>0$，$k_2<0$时，适合的解可由上述所求解经过变换

$$k_1=k_2,\quad k_1\to -k_2,\quad E_1\to\left(\frac{k_1+k_2}{k_1-k_2}\right)^2 E_1,\quad E_1\to E_2^{-1}$$

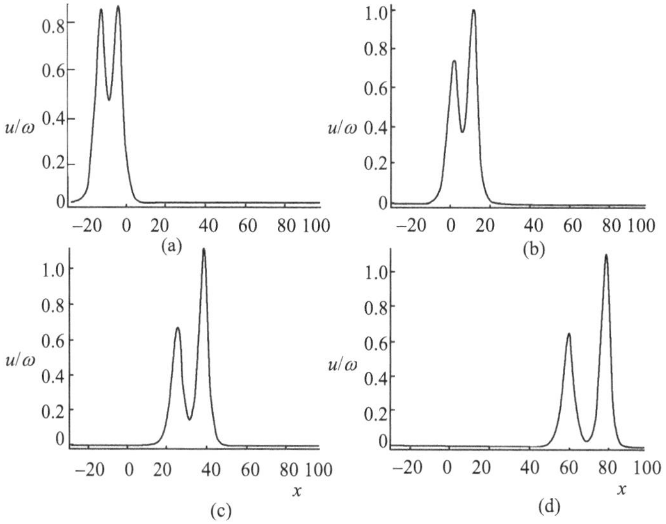

图3.4　2孤子解

x为横轴，$\frac{u}{\omega}$为纵轴，$k_1=0.6$，$k_2=0.5$，$\alpha_1=\alpha_2=0$，时间$T=2\omega t$：(a)−3，(b)7，(c)25，(d)50

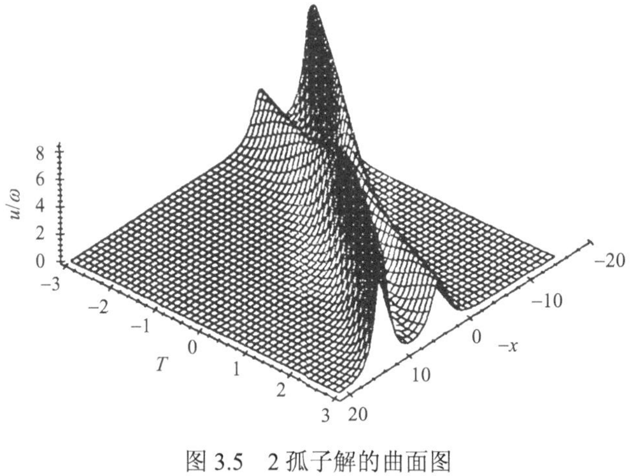

图 3.5　2 孤子解的曲面图

$\frac{u}{\omega}$为$T=2\omega t$和x的函数，$k_1=0.9$，$k_2=0.8$，$\alpha_1=\alpha_2=0$

所得. 首先，当$t\to\infty$时，固定$\theta_1=\dfrac{k_1\omega t}{1-k_1^2}-\dfrac{k_1 y}{2\sqrt{\omega}}$，则有

$$u\to\frac{(c_1-2\omega)\operatorname{sech}^2\theta_1}{\operatorname{sech}^2\theta_1+\dfrac{2\omega}{c_1}\tanh^2\theta_1},\quad k_1^2=1-\frac{2\omega}{c_1}. \tag{3.2.45}$$

相应地，有

$$x-c_1t\to-\theta_1+\ln\left(\frac{1-k_2}{1+k_2}\right)+\ln\left\{\frac{1+[(1+k_1)/(1-k_1)]E_1}{[(1+k_1)/(1-k_1)]+E_1}\right\}. \tag{3.2.46}$$

这就解释了式(3.2.44)中的积分常数，这是由于式(3.2.45)和式(3.2.46)给出了带局部孤立波波速的行波解$u=u(x-c_1t)$. 另外三种计算(当θ_1固定时，$t\to-\infty$；θ_2固定时$t\to\infty$和$t\to-\infty$)也能得到相似的结论，这就验证了对于$t\to\infty$和$t\to-\infty$，这个解都可看成是两个孤立波的叠加(局部)——除了相移外，在$+\infty$和$-\infty$都相同，通过比较不同的表达式，发现

$$\begin{cases}\text{当}t\to-\infty\text{时, 孤子集中在}x-c_1t=0,\\ \text{当}t\to\infty\text{时, 孤子集中在}x-c_1t=-\ln\left\{\left(\dfrac{1+k_2}{1-k_2}\right)^2\left(\dfrac{k_1-k_2}{k_1+k_2}\right)^{2/k_1}\right\}.\end{cases} \tag{3.2.47}$$

相应地，其他孤子集中在

$$x-c_2t=\ln\left\{\left(\frac{1+k_1}{1-k_1}\right)^2\left(\frac{k_1-k_2}{k_1+k_2}\right)^{2/k_2}\right\}. \tag{3.2.48}$$

在(k_1,k_2)空间，这些相移的性质为

(1) 一条曲线沿着相移为零的方向，相应地，另一条曲线则沿着其他相移，但是这两条曲线不会相交(虽然当$(k_1,k_2)\to(1,1)$时这两条曲线相遇).

(2) 一条曲线沿着相对相移为零的方向且它有两个分支，在(1,1)处两分支相遇(直线$k_1=k_2$是退化和等势的，且表示了从 2 孤子解中得到的孤波解). 当$k_i\to 1(i=1,2)$时，作为 2 孤子解的特殊情形存在 2-peakon 解，然后与$\omega\to 0$(即$k_i^2=1-\dfrac{2\omega}{c_i}$)的极限联系，此时解可无需表示成参数形式，因为(3.2.44)变成了

$$x=\ln\left\{\frac{2e_1/c_2+2e_2/c_1+\mathrm{e}^{-y}(1/c_1-1/c_2)^2e_1e_2}{4+\mathrm{e}^{-y}(2e_1/c_1+2e_2/c_2)}\right\},\quad\text{其中,}\quad e_i=\exp(c_it+\alpha_i).$$

这时可直接解出e^{-y}，代入(3.2.43)的极限形式即可，图 3.6 给出了从孤子解中得到

的 2-peakon 解的一个特解($k_1=0.99, k_2=0.98$).

peakon 解的出现需要 $k_i \to 1$ 产生一个问题：如果 k_1 固定而 $k_2 \to 1$，那么此时解的结果又是什么呢？事实上，令 $k_2 \to 1$，此时 peakon 产生且与 k_1 孤子相交，但是 peakon 的振幅与孤子的振幅之比将趋于无穷大且无法克服(更别说 $\omega \to 0$ 了). 在这种情况下，极限当然存在(如果 $k_2^2 = 1-\dfrac{2\omega}{c_2}$)，随着 c_2 的变化会产生一个单 peakon，但是孤子的振幅将不断的变为零. 然而，此时能得到一个孤子与第二个孤子相交，从侧面图看应该与预期的 peakon 非常接近.

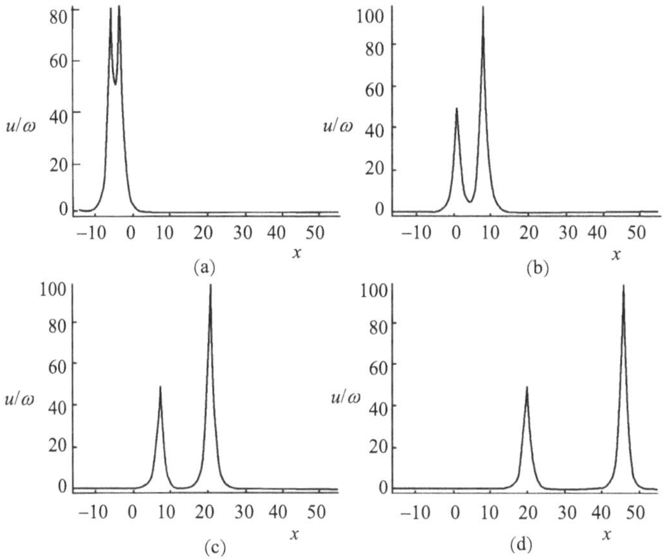

图3.6　一个近似的2-peakon解

x 为横轴，$\dfrac{u}{\omega}$ 为纵轴，$k_1=0.99$，$k_2=0.98$，$\alpha_1=\alpha_2=0$，时间 $T=2\omega t$：(a)0，(b)0.25，(c)0.5，(d)1

3.2.7　3 孤子解

令 F (参看(3.2.33))为三个指数项(由 $(k_i, c_i), i=1,2,3$ 决定)的和，利用 3.2.5 小节中的方法，再加上 Mathematic 和 Maple 等数学软件的帮助，最终得到 3 孤子解

$$u=\omega\left\{\sum_{\langle i=1\rangle}^{3}(B_iE_i+C_{ij}E_iE_j+B_iA_{ij}E_iE_j{}^2+B_jA_{ij}E_jE_i^2\right.$$

$$\left.+C_{ij}A_{ik}A_{jk}E_iE_jE_k^2+B_iA_{ij}A_{ik}A_{jk}^2E_iE_j{}^2E_k^2)+DE_1E_2E_3\right\}$$

$$\times\left\{1+\sum_{\langle i=1\rangle}^{3}(F_iE_i+E_i^2+G_{ij}E_iE_j+F_iA_{ij}E_iE_j{}^2+F_jA_{ij}E_jE_i^2\right.$$

$$+A_{ij}^2E_i^2E_j^2+G_{ij}A_{ik}A_{jk}E_iE_jE_k^2+F_iA_{ij}A_{ik}A_{jk}^2E_iE_j^2E_k^2)$$

$$+HE_1E_2E_3+A_{12}^2A_{23}^2A_{31}^2E_1^2E_2^2E_3^2)^{-1}, \tag{3.2.49}$$

其中，$A_{ij}=\left(\dfrac{k_i-k_j}{k_i+k_j}\right)^2$，$B_i=\dfrac{8k_i^2}{(1-k_i^2)^2}$，$C_{ij}=\dfrac{16(k_i-k_j)^2(1-k_i^2k_j^2)}{(1-k_i^2)(1-k_j^2)^2}$，

$$F_i=\frac{2(1+k_i^2)}{(1-k_i^2)},\quad G_{ij}=\frac{4\left[(k_i^2+k_j^2)(1+k_i^2k_j^2)+(k_i^2-k_j^2)^2-4k_i^2k_j^2\right]}{(1-k_i^2)(1-k_j^2)(k_i+k_j)^2},$$

$$D=\frac{\sum\limits_{\langle i=1\rangle}^{3}k_i^2k_j^2\left\{(k_i^2-k_j^2)^2(1-k_i^2k_j^2)+k_i^2k_k^2\left[(k_i^2-2)^2\left\{2+(k_j^2-k_k^2)^2\right\}-2(k_j^2-2)(k_k^2-2)\right]\right\}}{\prod\limits_{i=1}^{3}(1-k_i^2)^2\prod\limits_{\langle i=1\rangle}^{3}(k_i+k_j)^2},$$

$$H=2\sum_{\langle i=1\rangle}^{3}\frac{k_i^2k_j^2G_{ij}}{(1-k_k^2)(k_i+k_k)^2(k_j+k_k)^2}$$

$$+8\frac{\sum\limits_{\langle i=1\rangle}^{3}\left\{k_k^4(k_i^2+k_j^2-6)+2k_k^2(2-k_i^2k_j^2)+2(2k_i^2k_j^2-1)\right\}}{\prod\limits_{\langle i=1\rangle}^{3}(k_i+k_j)^2}\prod_{i=1}^{3}\frac{k_i^2}{(1-k_i^2)},$$

这里$\langle i=1\rangle$表示i取 1，2，3，而 j,k 也同样的循环取值.

最后，x 与 y 间的关系为

$$x=y+\ln\left\{\frac{l_-+\sum\limits_{\langle i=1\rangle}^{3}\left\{l(k_i,-k_j,-k_k)E_i+l(k_i,k_j,-k_k)A_{ij}E_iE_j+l_+\prod\limits_{\langle i=1\rangle}^{3}A_{ij}E_i\right.}{l+\sum\limits_{\langle i=1\rangle}^{3}\left\{l(-k_i,k_j,k_k)E_i+l(-k_i,-k_j,k_k)A_{ij}E_iE_j+l_-\prod\limits_{\langle i=1\rangle}^{3}A_{ij}E_i\right.}\right\}+C, \tag{3.2.50}$$

其中，$l(a,b,c)=(1+a)(1+b)(1+c)$ 且 $l_+=l(k_1,k_2,k_3)$，$l_-=l(-k_1,-k_2,-k_3)$，C 为积分常数，E_i 的定义同式(3.2.41).

图 3.7 和图 3.8 中，给出了由(3.2.49)和式(3.2.50)所得的 3 孤子解的两个特例，在这两个曲面图中可以清楚地看见 3 孤子解的相移.

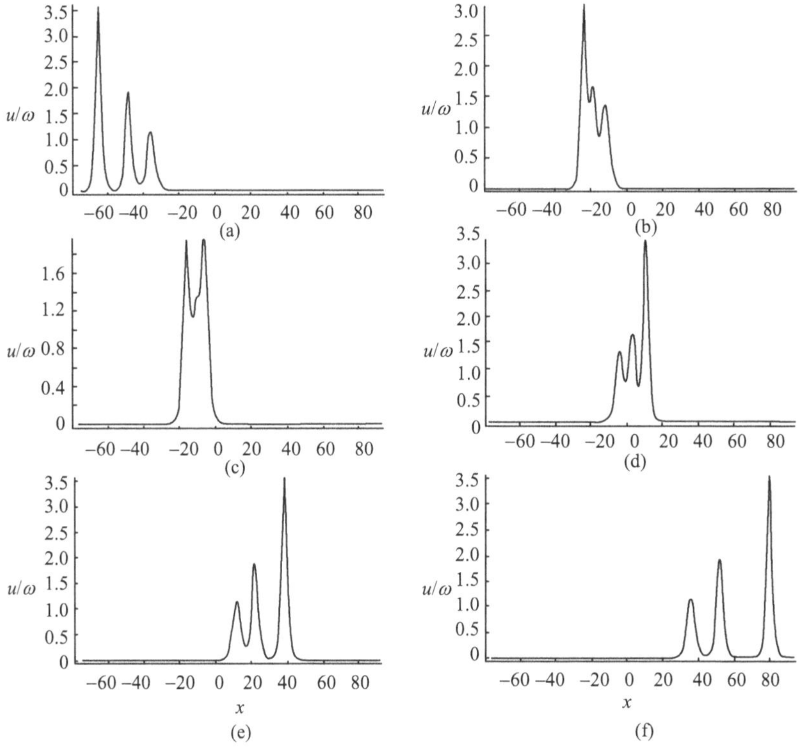

图3.7　3孤子解

x 为横轴，$\frac{u}{\omega}$ 为纵轴，$k_1=0.6$，$k_2=0.7$，$k_3=0.8$，$\alpha_1=\alpha_2=\alpha_3=0$，时间 $T=2\omega t$：(a)−20，(b)−5，(c)−1.5，(d)5，(e)15，(f)30

3.2.8　小结

利用文献[18]中的公式，可以得到 CH 方程的一种求解方法，当然在这过程中大量地使用了数学软件——这也是现代孤子理论中寻找精确解的一种必要手段，利用反散射方法，给出了 CH 方程孤波解的参数形式，也对 2 孤子解进行了完整描述，这些结论补充了由 Schiff[21]通过 Bäcklund 变换所得的结果，同时也求出了 3 孤子解，并给出了三种解的一些特例的图形.

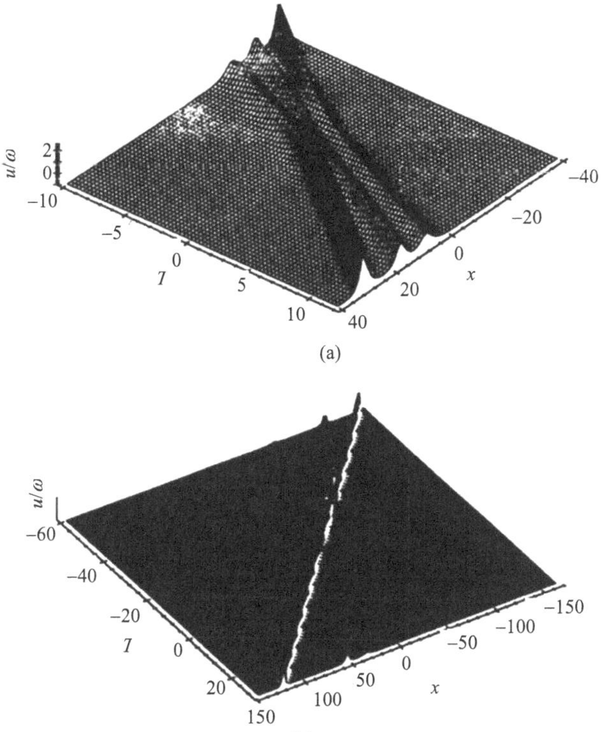

图3.8 3孤子解的两个曲面图

$\frac{u}{\omega}$ 为时间 $T=2\omega t$ 和 x 的函数

(a) $k_1=0.6, k_2=0.7, k_3=0.8, \alpha_1=\alpha_2=\alpha_3=0$

(b) $k_1=0.4, k_2=0.7, k_3=0.82, \alpha_1=2, \alpha_2=0, \alpha_3=25$

孤子解最明显的特征是系数的性质是与某些交互项联系在一起，现在还不能预测这是不是一条规律，特别地，在 2 孤子解的 u 函数中系数 E_1E_2 在分子分母都出现(见式(3.2.43))，同样的系数 D, H 在 3 孤子解中也出现(见式(3.2.49))，说明更多的孤子解的这种完全交互项(如 4 孤子问题中的 $E_1E_2E_3E_3$)将不断的包含新的更复杂的项，另外，虽然 (x, y) 的关系以一种更简单的形式给出(见(3.2.44)和(3.2.50))，但是这也增加了解的参数表达形式的难题. 总之，对于更一般的 N 孤子解几乎是不可能求得的，就是 4 孤子解也非常困难——除非 Mathematica 软件的功能加强.

经过交互作用孤子解表现出熟悉的相移，通过 2 孤子解也得到了它们的表达式，这比经典的孤子问题更加复杂，从图形中将表现为两个不同的相移；一个从 $u(y,t)$ ，另一个从 $x(y,t)$ ，也观察到选择特殊的 k_1 和 k_2 ，可使一个相移为零或使另一个相移为零，或者也可使它们的相对相移为零，在曲面图中这些相移都可得到论证.

当 $\omega=0$ 时，CH 方程的解为 peakon 解，解释了单 peakon 解，2-peakon 解，是如何得到的，即令 $k_i^2=1-\dfrac{2\omega}{c_i}$，$\omega\to 0$，且由 c_i 得到 peakon 解的振幅和速度. 然而在得到的解中，peakon 的极限只是简单的限制 $k_i\to 1$（为了方便记 $k_i>0$），因此当固定 k_1 和 ω，且限制 $k_2\to 1$ 时结论就变得非常有趣，此时得到的解非常特殊，它包含一个孤子与另一个从侧面看与 peakon 非常接近的的孤子的交互作用. 然而，当 $k_2\to 1$ 时，peakon 解的振幅将无限递增，这只能由 $\omega\to 0$ 来控制，于是在这个极限下剩下的孤子将不断消失. 说明这是一个由 $c_2=\dfrac{2\omega}{1-k_2^2}$ 决定的单 peakon. 这些解的结论需要不断完善，而且这些结论也是非常重要的. 因为

(1) 求解方法切实可行.

(2) 这些结论可用在其他相关问题中，如这些解在更复杂的问题(如深度变化的水波问题)中可作为验证函数.

参考文献

[1] Misiolek G. A shallow water equation as a geodesic flow on the Bott-Virasoro group. J Geom Phys, 1998, 24: 203~208

[2] Arnold V. Sur la geometrie fiffetentielle des groupes de Lie de dimension infinie et sets applications a I' hydrodynamique des fluids parfaits. Ann Inst Fourier (Grenoble), 1996, 16: 319~361

[3] Ebin D, Marsden J E. Groups of diffeomorphisms and the notion of an incompressible fluid. Ann, Math, 1970, 92: 102~163

[4] Constantin A, Strauss W. Stability of peakons. Commun Pure Appl Math, 2000, 53: 603~610

[5] McKean H P. Breakdown of a shallow water equation Asian. J Math, 1998, 2: 867~879

[6] Holm D, Marsden J, Ratiu T. The Euler-Poincare equations and semidirect products with applications to continuum theories. Adv Math, 1998, 137: 1~81

[7] Chen S, Foias, C, Olson E et al. A connection between the Camassa-Holm equations and turbulent flows in channels and pipes. Phys Fluids 1999, 11: 2343~2353

[8] Cioranescu D, Girault V. Solutions variationnelles et classiques d' une famille de fluids de grade deux. C R Acad Sci Paris, 1996, 322: 1163~1168

[9] Camassa R, Holm D. An integrable shallow water equation with peaked solitons Phys. Rev, Lett, 1993, 71: 1661~1664

[10] Constantin A, McKean H P. A shallow water equation on the circle. Commun. Pure Appl, Math, 1999, 52: 949~982

[11] Gilson C, Pickering A. Factorization and Painleve analysis of a class of nonlinear third-order partial differential equations. J phys A, 1995, 28: 2871~2888

[12] Drazin P G. Solitons. London Mathematical Society Leture Notes. Cambridge University Press, 1984

[13] Drazin P, Johnson R. Solitons: an introduction. Cambridge University Press, 1992

[14] Lax P. Outline of a theory of the KdV equation. In Mathematical methods in nonlinear wave propagation. Springer Lecture Notes in Mathematics, 1994, 1640: 70~102

[15] Deift P, Turbowitz E. Inverse Scattering on the line. Commun. Pure Appl Math, 1979, 32: 121~251

[16] Constantin A, Escher J. Global existence and blow-up for a shallow water equation. Annali Sc Norm Sup. Pisa 1998, 26: 303~328

[17] Camassa R, Holm D, Hyman J. A new integrable shallow water equation. Adv Appl Mech, 1994, 31: 1~33

[18] Constantin A. On the scattering problem for the Camassa-Holm equation. Proc R Soc Lond A, 2001, 457: 953~970

[19] Johnson R S. Camassa-Holm, Korteweg-de Vries and related models for water waves. J Fluid Mech, 2002, 455: 63~82

[20] Pinney E. The nonlinear differential equation $y'' + p(x)y + cy^{-3} = 0$. Proc Am Math Soc, 1950, 1: 681

[21] Schiff J. The Camassa-Holm equation: a loop group approach. Physica D, 1998, 121: 24~43

第 4 章　Camassa-Holm 方程的适定性问题

4.1　整体强解的存在性

考虑 Camassa-Holm 方程的 Cauchy 问题

$$\begin{cases} u_t - u_{xxt} + 3uu_x = 2u_x u_{xx} + uu_{xxx}, & t > 0, x \in \mathbf{R}, \\ u(0,x) = u_0(x), & x \in \mathbf{R} \end{cases} \tag{4.1.1}$$

的局部解、整体强解(即在 H^3 中)的存在性.

4.1.1　局部解的存在性

由于 Camassa-Holm 方程关于最高阶导数非线性，用 Kato 关于抽象拟线性演化方程理论证明问题(4.1.1)局部解的存在性.

为了方便起见，先给出 Kato 定理.

设 X, Y 为 Hilbert 空间，且 Y 连续、稠密地映射(inject)到 X. 考虑初值问题

$$\begin{cases} \dfrac{\mathrm{d}v}{\mathrm{d}t} + A(v)v = f(v), & t > 0, \\ v(0) = v_0. \end{cases} \tag{4.1.2}$$

Kato 定理　设

(1) 对任意 $y \in Y, A(y) \in L(Y,X)$ 是拟$-m$ 增生算子，且对任意 $y,z,w \in Y$, 存在常数 μ_A，使得

$$|(A(y) - A(z))w|_X \leqslant \mu_A |y-z|_X |w|_Y .$$

(2) $S: Y \to X$ 是一个拓扑同胚，满足 $SA(y)S^{-1} = A(y) + B(y)$, 其中，$B(y) \in L(X)$，在 Y 的有界集上一致有界，且对任意 $y,z \in Y, w \in X$, 存在常数 μ_B,使得

$$|(B(y) - B(z))w|_X \leqslant \mu_B |y-z|_Y |w|_X .$$

(3) $f: Y \to Y$ 在 Y 的有界集上一致有界，且可延拓为 X 到 X 中的函数，对于任意 $y,z \in Y$, 存在常数 μ_1，使得

$$|f(y) - f(z)|_Y \leqslant \mu_1 |y-z|_Y .$$

对于任意 $y, z \in X$ 存在常数 μ_2，使得

$$|f(y) - f(z)|_X \leqslant \mu_2 |y-z|_X ,$$

其中，μ_A,μ_B,μ_1 依赖于 $\max\left\{|y|_Y,|Z|_Y\right\},\mu_2$ 依赖于 $\max\left\{|y|_X,|Z|_X\right\}$，则对任意 $v_0\in Y$，存在最大常数 $T\left(|v_0|_Y\right)>0$ 及问题(4.1.2)的唯一解 v，使得

$$v=v(\cdot,v_0)\in C([0,T);Y)\cap C^1\left([0,T);X\right),$$

且 $v_0\to v(\cdot,v_0)$ 是 Y 到 $C\left([0,T);Y\right)\cap C^1\left([0,T);X\right)$ 的连续映射.

现用 Kato 定理证明问题(4.1.1)局部解的存在性. 为此，设 $X=L^2(\mathbf{R})$, $Y=H^1(\mathbf{R})$, $Q=(I-\partial_x^2)^{1/2}$, $y=u-u_{xx}$, $y_0=u_0-u_0''$, 则问题(4.1.1)改写为

$$\begin{cases}y_t+(Q^{-2}y)y_x+2y(Q^{-2}y)_x=0,\\ y(0)=y_0,\end{cases}\tag{4.1.3}$$

有

引理 4.1.1 设 $y_0\in H^1(\mathbf{R})$, 则存在 $T=T\left(|y_0|_Y\right)>0$, 使得问题(4.1.3)存在唯一解 y，满足

$$y=y(\cdot,y_0)\in C\left([0,T);H^1(R)\right)\cap C^1\left([0,T);L^2(R)\right),$$

且 $y_0\to y(\cdot,y_0)$ 是 $H^1(\mathbf{R})$ 到 $C\left((0,T);H^1(\mathbf{R})\right)\cap C^1\left((0,T);L^2(\mathbf{R})\right)$ 的连续映射.

对于给定的 $y\in H^1(\mathbf{R})$, 若令 $A(y)=(Q^{-2}y)D_x$, $f(y)=-2(Q^{-2}y)_x y$，则问题(4.1.3)可改写为

$$\begin{cases}y_t+A(y)y=f(y),\\ y(0)=y_0.\end{cases}\tag{4.1.4}$$

命题 4.1.1 $A(y)\in L(Y,X)$, 且对任意 $y,z,w\in Y$, 存在常数 μ_A, 使得

$$\left|((A(y)-A(z)w)\right|_X\leqslant\mu_A|y-z|_X|w|_Y.$$

证明 对于任意 $v\in Y$，由于 $Q^{-2}y\in H^3(\mathbf{R})\subset L^\infty$, 因此 $(Q^{-2}y)Dv=(Q^{-2}y)v_x\in L^2$，即 $A(y)\in L(Y,X)$ 且对 $\forall y,z,w\in Y$，

$$\begin{aligned}\left|(A(y)-A(z))w\right|_X&=\left|\left(Q^{-2}y-Q^{-2}z\right)D_xw\right|_X=\left|Q^{-2}(y-z)D_xw\right|_X\\&\leqslant\left|Q^{-2}(y-z)\right|_{L^\infty}|D_xw|_X\\&\leqslant\mu_A\|Y-z\|_X\|w\|_Y,\end{aligned}$$

其中，μ_A 与 $\left|Q^{-2}\right|_Y$ 及 Sobolev 嵌入常数有关.

对于 $m\in H^3(\mathbf{R})$，定义线性算子 D

$$Dv=(mv)_x-m_xv,\quad \mathrm{dom}(D)=\{V\in L^2,mv\in H^1(\mathbf{R})\}$$

由于 $H^1(\mathbf{R})\times H^{-1}(\mathbf{R})\to H^{-1}(\mathbf{R})$，可唯一连续地延拓到 $H^1(\mathbf{R})\times H^{-1}\to H^{-1}$. 于是对于 $v\in L^2$，在 H^{-1} 中成立

$$(mv)_x = m_x v + mv_x.$$

若 $v\in \mathrm{dom}(D)$, 则 $(mv)_x, m_x v\in L^2$. 因此

$$Dv=(mv)_x - m_x v\in L^2,$$

即对于 $y\in H^1(\mathbf{R}), m=\varphi^{-2}(y)\in H^3$,

$$A(y)v = mv_x = Dv\in L^2,$$

即 $A(y)$是 $\mathrm{dom}(D)$到 L^2 中的线性算子.

命题 4.1.2　D 是拟 $-m$ 增生算子.

证明　(1) 先证 $C^\infty(\mathbf{R})\cap L^2(\mathbf{R})$ 是算子 D 在 L^2 中的核, 即对 $\forall v\in\mathrm{dom}(D)$, 存在 $v_n\in C^\infty(\mathbf{R})\cap L^1(\mathbf{R})$, 使得

$$\lim_{n\to\infty} Dv_n = Dv \tag{4.1.5}$$

在 $L^2(\mathbf{R})$ 中成立.

设 $\rho\in C_0^\infty(\mathbf{R})$ 且 $\rho\geqslant 0, \int_{\mathbf{R}}\rho\mathrm{d}x=1$. 令 $\rho_n(x)=n\rho(nx), n\geqslant 1$,对于 $\forall v\in\mathrm{dom}(D)$，令 $V_n=\rho_n * v\in C_0^\infty(\mathbf{R})\cap L^2(\mathbf{R})$，则

$$\lim_{n\to\infty}\|v_n - v\|_{L^2}=0,\qquad \lim_{n\to\infty}\|\rho_n\times Dv - Dv\|_{L^2}=0.$$

下面证明(4.1.5)成立. 由于

$$\begin{aligned}Dv_n - Dv &= (m\rho_n * v)_x - m_x(\rho_n * v) - Dv\\ &= m(\rho_n * v)_x - Dv\\ &= m(\rho_n * v)_x - \rho_n * Dv + \rho_n * Dv - Dv.\end{aligned}$$

因此, 只需证明

$$\lim_{n\to\infty}\|m(\rho_n * v)_x - \rho_n * Dv\| = 0.$$

记 $P_n v = m(\rho_n * v)_x - \rho_n * (Dv)$，则对于 $\forall x\in\mathbf{R}$,

$$\begin{aligned}P_n v(x) &= n_2\int_{\mathbf{R}}\rho'(ny)(m(x)-m(x-y))v(x-y)\mathrm{d}y+\rho_n *(m_x v)(x)\\ &= n\int_{-\lambda}^{\lambda}\rho'(y)\left[m(x)-m\left(x-\frac{y}{n}\right)\right]v\left(x-\frac{y}{n}\right)\mathrm{d}y+\rho_n *(m_x v)(x),\end{aligned}$$

其中, $\sup(\rho)\subset[-\lambda,\lambda]$, 由 Schwarz 不等式和 Fubini 定理,

$$\|\rho_n v\|_{L^2}^2 \leqslant \sup_{x\in\mathbf{R}}|m_x|^2\int_{-\lambda}^{\lambda}|y\rho'(y)|^2\,\mathrm{d}y\int_{-\lambda}^{\lambda}\int_{\mathrm{R}}v^2(x-y)\mathrm{d}x\mathrm{d}y+\|m_x v\|_{L^2}^2$$

$$\leqslant 2\lambda\sup_{x\in\mathbf{R}}|m_x|^2\int_{-\lambda}^{\lambda}|y\rho'(y)|^2\,\mathrm{d}y\|v\|_{L^2}^2+\|m_x\|_{L^\infty}^2\|v\|_{L^2}^2$$

$$\leqslant\left(2\lambda\sup|m_x|^2\int_{-\lambda}^{\lambda}|y\rho'(y)|^2\mathrm{d}y+K\|m\|_{H^2}^2\right)\|v\|_{L^2}^2.$$

因此

$$\|\rho_n\|_{L(L^2(\mathbf{R}))}^2\leqslant 2\lambda C+K\|m\|_{H^2}^2,\quad n\geqslant 1,$$

即 ρ_n 是 $L^2(\mathbf{R})$ 到自身的一致有界算子. 而对于 $\forall v\in C_0^\infty(\mathbf{R})$,

$$\rho_n v=m(\rho_n * v)_x-\rho_n *(mv_x)$$
$$=m(\rho_n * v-v)_x+mv_x-\rho_n *(mv_x),$$

即 $\lim\limits_{n\to\infty}\rho_n v=0$ 在 $L^2(\mathbf{R})$ 中成立, 由 ρ_n 的一致有界性可得, 对 $\forall_V\in L^2(\mathbf{R})$, 有 $\lim\limits_{n\to\infty}\rho_n v=0$.

(2) 设 $D_0:=D+\frac{1}{2}m_x Id,\mathrm{dom}(D_0)=\mathrm{dom}(D)$, 则 D 是 $L^2(\mathbf{R})$ 中的斜伴随算子.

事实上, 对于 $w\in\mathrm{dom}(D_0^*)$,

$$F(\varphi)=(D_0\varphi,w)=\int_{\mathbf{R}}\left(m\varphi_x+\frac{1}{2}m_x\varphi\right)w\mathrm{d}x$$

$$=-\int_{\mathbf{R}}\left[((mw)_x+m_x w)+\frac{1}{2}m_x\right]\varphi\mathrm{d}x$$

$$=-(\varphi,D_0 w),\quad \varphi\in D(\mathbf{R}).$$

因此 $W\in\mathrm{dom}(D_0)$ 且 $D_0^*=-D_0$, 于是 $D_0^*\subset -D_0$.

另一方面, 取 $v\in\mathrm{dom}(D_0)$, 令 $v_n=\rho_n * v(n\geqslant 1)$, 则对于 $\forall Z\in\mathrm{dom}(D_0)$,

$$(D_0 z,v)=\lim_{n\to\infty}(D_0 z,v_n)$$

$$=\lim_{n\to\infty}\int_{\mathbf{R}}\left(mz_x+\frac{1}{2}m_x z\right)v_n\mathrm{d}x$$

$$=-\lim_{n\to\infty}\int_{\mathbf{R}}\left((mv_n)_x-m_x v_n+\frac{1}{2}m_x v_n\right)z\mathrm{d}x$$

$$=-\int_{\mathbf{R}}\left((mv)_x-m_x v+\frac{1}{2}m_x v\right)z\mathrm{d}x$$

$$=-(z,D_0 v),$$

即 $-D_0 \subset D_0^*$，于是 $D_0^* = -D$，即 D_0 是斜伴随算子.

由于 D_0 是 $L^2\mathbf{R}$ 中自伴随算子, 由 Stone 定理知, D_0 是 $L^2(\mathbf{R})$ 上强连续压缩半群的无穷小生成子. 同时, $D_0 - D$ 是 $L^2(\mathbf{R})$ 上的有界算子, 于是 D 生成强连续半群 $\{V(s)\}_{s\geqslant 0}$. 由文献[4]第 3 章定理知算子 D 是拟 $-m$ 增生算子, 即 $A(y)$ 是拟 $-m$ 增生算子.

命题 4.1.3 $B(y) = QA(y)Q^{-1} - A(y)$ 在 Y 的有界集上一致有界, 且对任意 $y, z \in Y, w \in X$, 存在 μ_B 使得

$$\left|\left(B(y) - B(z)\right)w\right|_X \leqslant \mu_B |y - z|_Y |w|_X .$$

证明 直接计算可得

$$B(y) = \left[Q, Q^{-2}y\right]\partial_x Q^{-1} - Q^{-2}y[\partial_x, Q]Q^{-1}.$$

若记 $\tilde{f}$ 为 f 的 Fourier 变换, 由于对任意 $f \in H^1$,

$$\widetilde{\left[\partial_x, Q\right]f} = \widetilde{\partial_x(Qf)} - \widetilde{Q(\partial_x f)} = -\mathrm{i}\xi\left(1+|\xi|^2\right)^{\frac{1}{2}}\tilde{f} - \left(1+|\xi|^2\right)^{\frac{1}{2}}(-\mathrm{i}\xi\tilde{f}) = 0.$$

因此

$Q^{-2}y \in H^3(\mathbf{R})$. 若 $[\partial_x, Q] = 0, B(y) = [Q, Q^{-2}y]\partial_x Q^{-1}$. 对于 $y \in Y = H^1(\mathbf{R})$, $f \in L^2(\mathbf{R})$，则 $Q^{-1}f \in H^1(\mathbf{R})$，$\partial_x Q^{-1} f \in L^2(\mathbf{R})$，且

$$\left\|\partial_x Q^{-1} f\right\|_{L^2} \leqslant \|f\|_{L^2},$$

于是

$$\left\|\partial_x Q^{-1}\right\|_{L(L^2)} \leqslant 1.$$

又由于 Q 是一阶拟微分算子, 根据 Stein 理论，可证：交换子 $\left[Q, Q^{-2}y\right]$ 可延拓为 $L^2(\mathbf{R})$ 上的线性有界算子, 且

$$\left\|\left[Q, Q^{-2}y\right]\right\|_{L\left(L^2(\mathbf{R})\right)} \leqslant K\left\|\partial_x(Q^{-2}y)\right\|_{L^\infty} \leqslant KK_1\left\|Q^{-2}y\right\|_{H^2} \leqslant KK_1\|y\|_{L^2},$$

即 $B(y) \in L(X)$，且在 $y \in Y$ 的有界集上一致有界. 对于 $\forall y, z \in Y, w \in X$,

$$\begin{aligned}\left|(B(y) - B(z)w)\right|_X &= \left|\left[Q, Q^{-2}(y-z)\right]\partial_x Q^{-1} w\right|_X \\ &\leqslant KK_1|y-z|_X\left|\partial_x Q^{-1} w\right|_X \\ &\leqslant KK_1|y-z|_X|w|_X .\end{aligned}$$

命题 4.1.4 $f: Y \to Y$ 可延拓为 $X \to X$，且存在常数 μ_1, μ_2，使得

$$|f(y)-f(z)|_Y \leqslant \mu_1 |y-z|_Y, \quad y,z\in Y,$$

$$|f(y)-f(z)|_X \leqslant \mu_2 |y-z|_X, \quad y,z\in X.$$

证明 由于 $f(y)=-2(Q^{-2}y)_x y$，若 $y\in L^2(\mathbf{R})$, 则

$$Q^{-2}y\in H^2(\mathbf{R}), \quad (Q^{-2}y)_x\in H^1(\mathbf{R})\mapsto L^\infty(\mathbf{R}),$$

故

$$f(y)=-2(Q^{-2}y)_x y\in L^2(\mathbf{R}),$$

即 $f(y)$ 是 $X\to X$ 中的算子, 且对于 $\forall y,z\in Y$,

$$\begin{aligned}
&|f(y)-f(z)|_Y\\
&=2\left|\left(Q^{-2}(y-z)\right)_x y+(Q^{-2}z)_x(y-z)\right|_Y\\
&=2\left|\left(\left(Q^{-2}(y-z)\right)_x y+(Q^{-2}z)_x(y-z)\right)_x\right|_X\\
&=2\left|\left(Q^{-2}(y-z)\right)_{xx} y+\left(Q^{-2}(y-z)\right)_x y_x+(Q^{-2}z)_{xx}(y-z)+(Q^{-2}z)_x(y-z)_x\right|_X\\
&\leqslant 2\Big[\left|\left(Q^{-2}(y-z)\right)_{xx}\right|_X \|y\|_{L^\infty}+\left\|\left(Q^{-2}(y-z)\right)_x\right\|_{L^\infty}|y|_Y\\
&\quad+\left|(Q^{-2}z)_{xx}\right|_X\|y-z\|_{L^\infty}+\left\|(Q^{-2}z)_x\right\|_{L^\infty}|y-z|_Y\Big]\\
&\leqslant \mu_1|y-z|_Y.
\end{aligned}$$

若 $y,z\in X$, 则

$$\begin{aligned}
|f(y)-f(z)|_X&=2\left|\left(Q^{-2}(y-z)\right)_x y+(Q^{-2}z)_x(y-z)\right|_X\\
&\leqslant 2\left(\left\|\left(Q^{-2}(y-z)\right)_x\right\|_{L^\infty}|y|_X+\left\|(Q^{-2}z)_x\right\|_{L^\infty}|y-z|_X\right)\\
&\leqslant \mu_2|y-z|_X,
\end{aligned}$$

其中，μ_1,μ_2 分别依赖于 $\max\left\{|y|_Y,|z|_Y\right\}$ 与 $\max\left\{|y|_X,|z|_X\right\}$.

由命题 4.1.1~命题 4.1.4 及 Kato 定理可得定理 4.1.1.

注 4.1.1 若 $y_0\in H^k(\mathbf{R})(k>1)$, 则类似可证

$$y(\cdot,y_0)\in C([0,T);H^k(\mathbf{R})\cap C^1([0,T);H^{k-1}(\mathbf{R})).$$

由 $u=Q^{-2}y$ 易得

定理 4.1.1(局部解的存在性) 设 $u_0\in H^3(\mathbf{R})$, 则存在 $T=T(u_0)>0$, 使得问题(4.1.1)存在唯一解 u,

$$u = u(\cdot, u_0) \in C\left([0,T); H^3(\mathbf{R})\right) \cap C^1\left([0,T); H^2(\mathbf{R})\right),$$

且 $u_0 \to u(\cdot, u_0)$ 是 $H^3 \to C\left([0,T); H^3(\mathbf{R})\right) \cap C^1\left([0,T); H^2(\mathbf{R})\right)$ 的连续映射，即解 u 连续地依赖于初值 u_0.

4.1.2　整体解的存在性

定理 4.1.2(守恒律)　设 $u_0 \in H^3(\mathbf{R}), y_0 = u_0 - u_{0xx}, y = u - u_{xx}$ 则问题(4.1.1)的解 $u \in C\left((0,T); H^3(\mathbf{R})\right) \cap C^1\left((0,T); H^2(\mathbf{R})\right)$ 对 $\forall 0 \leqslant t < T$ 成立:

$$\int_{\mathbf{R}} (u^2 + u_x^2) \mathrm{d}x = \int_{\mathbf{R}} (u_0^2 + u_{0x}^2) \mathrm{d}x, \tag{4.1.6}$$

$$\int_{\mathbf{R}} \sqrt{y_+} \mathrm{d}x = \int_{\mathbf{R}} \sqrt{(y_0)_+} \mathrm{d}x, \int_{\mathbf{R}} \sqrt{y_-} \mathrm{d}x = \int_{\mathbf{R}} \sqrt{(y_0)_-} \mathrm{d}x, \tag{4.1.7}$$

$$\int_{\mathbf{R}} (u^3 + u u_x^2) \mathrm{d}x = \int_{\mathbf{R}} (u_0^3 + u_0 u_{0x}^2) \mathrm{d}x, \tag{4.1.8}$$

$$\int_{\mathbf{R}} y(x,t) \mathrm{d}x = \int_{\mathbf{R}} y_0(x) \mathrm{d}x. \tag{4.1.9}$$

证明

$$\begin{aligned}
\frac{\mathrm{d}}{\mathrm{d}t} \int_{\mathbf{R}} (u^2 + u_x^2) \mathrm{d}x &= 2\int_{\mathbf{R}} (u u_t + u_x u_{xt}) \mathrm{d}x \\
&= 2\int_{\mathbf{R}} u(u_t - u_{xxt}) \mathrm{d}x \\
&= 2\int_{\mathbf{R}} (2u u_x u_{xx} + u^2 u_{xxx} - 3u^2 u_x) \mathrm{d}x \\
&= 2\int_{\mathbf{R}} (u^2 u_{xx} - u^3)_x \mathrm{d}x = 0.
\end{aligned}$$

因此式(4.1.6)成立.

由 Sobolev 空间理论知，对于任意 $\varepsilon > 0$, $\mathbf{R}^2$ 中的有界集 Ω，若 $v \in H^1(\Omega)$, 则 $\sqrt{\varepsilon + v_+}, \sqrt{\varepsilon + v_-} \in H^1(\Omega)$ 且

$$\nabla\sqrt{\varepsilon + v_+} = \frac{\nabla v}{2\sqrt{\varepsilon + v_+}} \chi_{(v>0)}, \quad \nabla\sqrt{\varepsilon + v_-} = \frac{\nabla v}{2\sqrt{\varepsilon + v_-}} \chi_{(v<0)},$$

其中，χ 表示特征函数. 由于 $y = u - u_{xx}$ 满足 $y_t = -u y_x - 2y u_x$，且对于固定的 $t_0 \in (0,T), y\big|_{[0,t_0]\times[-n,n]} \in H^1([0,t_0]\times[-n,n])$，于是对于 $\forall n \geqslant 1$,

$$\begin{aligned}
&\left|\frac{\mathrm{d}}{\mathrm{d}t}\int_{-n}^{n} \sqrt{\varepsilon + y_+} \mathrm{d}x\right| \\
=&\left|\frac{1}{2}\int_{-n}^{n} \frac{y_t}{\sqrt{\varepsilon + y_+}} \chi_{[y>0]} \mathrm{d}x\right|
\end{aligned}$$

$$=\left|-\int_{-n}^{n}\frac{y_+u_x}{\sqrt{\varepsilon+y_+}}\mathrm{d}x-\frac{1}{2}\int_{-n}^{n}\frac{y_x}{\sqrt{\varepsilon+y_+}}u\chi_{[y>0]}\mathrm{d}x\right|$$

$$=\left|-\int_{-n}^{n}u_x\sqrt{\varepsilon+y_+}\mathrm{d}x+\varepsilon\int_{-n}^{n}\frac{1}{\sqrt{\varepsilon+y_+}}u_x\mathrm{d}x-\int_{-n}^{n}u\left(\sqrt{\varepsilon+y_+}\right)_x\chi_{[y>0]}\mathrm{d}x\right|$$

$$=\left|-u\sqrt{\varepsilon+y_+}\,\chi_{[y>0]}\Big|_{-n}^{n}+\varepsilon\int_{-n}^{n}\frac{1}{\sqrt{\varepsilon+y_+}}u_x\mathrm{d}x\right|$$

$$\leqslant\left|u\sqrt{\varepsilon+y_+}\,\chi_{[y>0]}\Big|_{-n}^{n}\right|+\|u_0\|_{H^1}\sqrt{2\varepsilon n}.$$

对于固定的n，令$\varepsilon\to 0$, 得

$$\left|\frac{\mathrm{d}}{\mathrm{d}t}\int_{-n}^{n}\sqrt{\varepsilon+y_+}\mathrm{d}x\right|\leqslant\left|u\sqrt{y_+}\chi_{[y>0]}\right|_{-n}^{n}.$$

再令$n\to+\infty$, 则有

$$\left|\frac{\mathrm{d}}{\mathrm{d}t}\int_{\mathbf{R}}\sqrt{y_+}\mathrm{d}x\right|\leqslant 0,$$

即

$$\frac{\mathrm{d}}{\mathrm{d}t}\int_{\mathbf{R}}\sqrt{y_+}\mathrm{d}x=0.$$

因此

$$\int_{\mathbf{R}}\sqrt{y_+}\mathrm{d}x=\int_{\mathbf{R}}\sqrt{(y_0)_+}\mathrm{d}x.$$

类似可证

$$\int_{\mathbf{R}}\sqrt{y_-}\mathrm{d}x=\int_{\mathbf{R}}\sqrt{(y_0)_-}\mathrm{d}x.$$

而

$$\begin{aligned}\frac{\mathrm{d}}{\mathrm{d}t}\int_{\mathbf{R}}(u^3+uu_x^2)\mathrm{d}x&=\int_{\mathbf{R}}(3u^2u_t+u_x^2u_t+2uu_xu_{xt})\mathrm{d}x\\&=\int_{\mathbf{R}}(3u^2-u_x^2-2uu_{xx})u_t\mathrm{d}x\\&=\int_{\mathbf{R}}(3u^2-u_x^2-2uu_{xx})\left(u_{xt}-\frac{1}{2}\left(3u^2-2uu_{xx}-u_x^2\right)\right)_x\mathrm{d}x\\&=0,\end{aligned}$$

$$\frac{\mathrm{d}}{\mathrm{d}t}\int_{\mathbf{R}}y\mathrm{d}x=\int_{\mathbf{R}}(-uy_x-2u_xy)\mathrm{d}x$$

$$= -\int_{\mathbf{R}} \left(uy + \frac{u^2}{2} - \frac{u_x^2}{2} \right)_x \mathrm{d}x = 0,$$

即(4.1.8)和式(4.1.9)成立.

推论 4.1.1　若 y_0 不变号且 $\int |y_0| \mathrm{d}x < +\infty$, 则 $y(x,t), u(x,t)$ 不变号且 $y(x,t)$, $u(x,t)$ 与 y_0 同号.

证明　由(4.1.7) 可得 $y(x,t)$ 与 y_0 同号, 而

$$u(x,t) = \int_{\mathbf{R}} y(\xi,t) \mathrm{e}^{-|x-\xi|} \mathrm{d}\xi$$

表明 $u(x,t)$ 与 $y(x,t)$ 同号.

定理 4.1.3　设 $u_0 \in H^3(\mathbf{R}), y_0 = u_0 - u_{0xx} \in L^1(\mathbf{R})$ 且 y_0 不变号, 则问题(4.1.1)的解 $u(\cdot,u_0)$ 整体存在.

证明　由于[0, T]是问题(4.1.3)解的最大存在区间, 只需证明解 $y(\cdot,u_0)$ 的 H^1 范数有界即可. 由于

$$u(x,t) = \mathrm{e}^{-x} \int_{-\infty}^{x} y(\xi,t) \mathrm{e}^{\xi} \mathrm{d}\xi + \mathrm{e}^{x} \int_{x}^{-\infty} y(\xi,t) \mathrm{e}^{-\xi} \mathrm{d}\xi ,$$

$$u_x(x,t) = -\mathrm{e}^{-x} \int_{-\infty}^{x} y(\xi,t) \mathrm{e}^{\xi} \mathrm{d}\xi + \mathrm{e}^{x} \int_{x}^{+\infty} y(\xi,t) \mathrm{e}^{-\xi} \mathrm{d}\xi.$$

当 $y_0 \geqslant 0$ 时, 由推论 4.1.1 知 $y(x,t) \geqslant 0, u(x,t) \geqslant 0$, 因此

$$u + u_x = 2\mathrm{e}^{x} \int_{x}^{+\infty} y(\zeta,t) \mathrm{e}^{-\zeta} \mathrm{d}\xi \geqslant 0.$$

于是

$$-u_x(x,t) \leqslant u(x,t) \leqslant \|u_0\|_{H^1} .$$

类似地, 当 $y_0 \leqslant 0$ 时,

$$u(x,t) - u_x(x,t) = 2\mathrm{e}^{-x} \int_{x}^{+\infty} y(\zeta,t) \mathrm{e}^{-\zeta} \mathrm{d}\xi \leqslant 0 ,$$

因此

$$-u_x(x,t) \leqslant -u(x,t) \leqslant \|u_0\|_{H^1} .$$

于是

$$\frac{\mathrm{d}}{\mathrm{d}t}\|y\|_{L^2}^2 = 2\int_{\mathbf{R}} y y_t \mathrm{d}x = 2\int_{\mathbf{R}} y(-uy_x - 2u_x y) \mathrm{d}x$$

$$= 3\int_{\mathbf{R}} (-u_x) y^2 \mathrm{d}x \leqslant 3\|u_0\|_{H^1} \cdot \|y\|_{L^2}^2 .$$

因此

$$\|y\|_{L^2}^2 \leqslant \|y_0\|_{L^2}^2 \, \mathrm{e}^{3\|u_0\|_{H^1} t}. \tag{4.1.10}$$

下面估计$\|y_x\|_{L^2}^2$. 方法与(4.1.10) 类似, 但由于$y_x \in C\left([0,T);L^2(\mathbf{R})\right)$, 不能直接对$t$求导, 通过逼近的方法提高光滑性.

设$u_0^n = \rho_n * u_0 (n \geqslant 1)$, 则$u_0^n \in H^4(\mathbf{R})$, u_0^n与u_0有相同的符号, 且

$$\left\|u_0^n\right\|_{H^1} \leqslant \|\rho_n\|_{L^1} \|u_0\|_{H^1} = \|u_0\|_{H^1} .$$

令$y^n = y^n(\cdot, y_0^n)$为问题(4.1.3) 相应于初值$y_0^n = u_0^n - u_{0xx}^n$的解, 则由引理 4.1.1 的注记可知$y^n \in C\left([0,T);H^2(\mathbf{R})\right) \cap C^1\left([0,T_n);H^1(\mathbf{R})\right)(n \geqslant 1)$. 于是$t \to \left\|y_x^n(t)\right\|_{L^2(\mathbf{R})}^2$在$\left[0,T_n\right]$上是连续可微的, 且

$$\begin{aligned}\frac{\mathrm{d}}{\mathrm{d}t}\left\|y_x^n(t)\right\|_{L^2(\mathbf{R})}^2 &= 2\int_{\mathbf{R}} y_x^n y_{xt}^n \mathrm{d}x \\ &= 2\int_{\mathbf{R}} y_x^n \left(-3u_x^n y_x^n - u^n y_{xx}^n - 2yu_{xx}^n\right)\mathrm{d}x \\ &= -5\int_{\mathbf{R}} u_x^n (y_x^n)^2 \mathrm{d}x + 2\int_{\mathbf{R}} (y^n) u_x^n \mathrm{d}x,\end{aligned}$$

其中, $u^n = Q^{-2} y^n$满足$u^n - u_{xx}^n = y^n$. 因此

$$\begin{aligned}\frac{\mathrm{d}}{\mathrm{d}t}\left\|y^n(t)\right\|_{H^1}^2 &= -\int_{\mathbf{R}} u_x^n \left[5(y_x^n)^2 + (y^n)^2\right]\mathrm{d}x \\ &\leqslant 5\left\|u_0^n\right\|_{H^1} \left\|y^n\right\|_{H^1}^2 \\ &\leqslant 5\|u_0\|_{H^1} \left\|y^n\right\|_{H^1}^2,\end{aligned}$$

于是

$$\left\|y^n(t)\right\|_{H^1}^2 \leqslant \left\|y_0^n\right\|_{H^1}^2 \mathrm{e}^{5\|u_0\|_{H^1} t} \leqslant \sqrt{3}\|u_0\|_{H^3}^2 \mathrm{e}^{5\|u_0\|_{H^1} t}.$$

由解对初值的连续依赖性, 令$n \to \infty$, 根据 Lebesgue 控制收敛定理可得

$$\|y(t)\|_{H^1}^2 \leqslant \sqrt{3}\|u_0\|_{H^3}^2 \mathrm{e}^{5\|u_0\|_{H^1} t},$$

即对$\forall T > 0, \|y(t)\|_{H^1}^2$在$\left[0,T\right]$上有界. 因此$y(\cdot, y_0)$整体存在.相应地, $u = Q^{-2} y$整体存在. 定理 4.1.3 证毕.

注 4.1.2 定理 4.1.3 在证明y与y_0同号时, 用到条件$y_0 = u_0 - u_{0xx} \in L^1(\mathbf{R})$. 其实, 这个条件可以去掉.

设$u(x,t)$是问题(4.1.1)的解, 现考虑初值问题

$$\begin{cases} q_t = u(t,q), & t>0, x\in\mathbf{R}, \\ q(0,x) = x, & x\in\mathbf{R}. \end{cases} \tag{4.1.11}$$

由于$u(t,x)\in C^1\left([0,T];H^2(\mathbf{R})\right)$且$H^2(\mathbf{R})\subset H^1(\mathbf{R})\subset L^\infty(\mathbf{R})$，于是$u(t,x)$及$u_x(t,x)$有界且Lipschitz 连续，由常微分方程初值问题存在性理论知，初值问题(4.1.11)在整个区间$[0,T]$上存在唯一解.

$$q^x(t) = v(t,x)\in C^1\left([0,T]\times\mathbf{R},\mathbf{R}\right),$$

即有

$$\begin{cases} v_t = u(t,v), \\ v(0,x) = x. \end{cases}$$

对x求偏导，则有

$$\begin{cases} v_{xt} = u_x(t,v)v_x, \\ v_x(0,x) = 1. \end{cases}$$

于是

$$v_x(t,x) = \mathrm{e}^{\int_0^t u_x(\tau,v(\tau,x))\mathrm{d}\tau}, \quad t\in[0,T), x\in\mathbf{R}.$$

对于$\forall t\in[0,T)$，由于$u(t,\cdot)\in H^3(\mathbf{R})$，由 Sobolev 嵌入定理，$u_x(t,\cdot)\in L^\infty(\mathbf{R})$.于是存在常数$K(t)>0$，使得

$$\mathrm{e}^{-K(t)}\leqslant v_x(t,x)\leqslant \mathrm{e}^{K(t)}, \quad x\in\mathbf{R}. \tag{4.1.12}$$

因此$v(t,x)$关于x严格增，且

$$\lim_{x\to\pm\infty} v(t,x) = \pm\infty, \quad 对\ \forall t\in[0,T)\ 成立.$$

对于上述$q(t,x)$，考虑函数$h(t,x) = y(t,v(t,x))v_x^2(t,x)$, 则

$$h(0,x) = y(0,x)q_x^2(0,x) = y_0(x),$$

$$\begin{aligned} \frac{\partial h}{\partial t} &= (y_t + y_x v_t)v_x^2 + y(t,v(t,x))2v_x v_{xt} \\ &= (y_t + y_x u)v_x^2 + 2yv_x u_x v_x \\ &= (y_t + y_x u + 2yu_x)v_x^2 \\ &\equiv 0. \end{aligned}$$

因此，对于$\forall x\in\mathbf{R}$，

$$h(t,x) = h(0,x) = y_0(x),$$

即

$$y(t,v(t,x))v_x^2(t,x) = y_0(x). \tag{4.1.13}$$

因此 $y(t,v(t,x))$ 与 $y_0(x)$ 同号, 又由(4.1.12) 知对于 $\forall x\in\mathbf{R}, y(t,x)$ 与 $y_0(x)$ 同号, 即若 $y_0(x)$ 不变号, 则 $y(t,x)$ 不变号.

定理 4.1.4 设 $u_0\in H^3(\mathbf{R})$, $y_0=u_0-u_{0xx}$, 存在 x_0 使得当 $x\in(-\infty,x_0)$ 时 $y_0(x)\leqslant 0$, 当 $x\in[x_0,+\infty)$ 时 $y_0(x)\geqslant 0$, 则初值问题(4.1.1)的解 $u(t,x)$ 整体存在.

证明 由式(4.1.13)及(4.1.12) 知

$$\begin{cases} y(t,x)\leqslant 0, & x\leqslant v(t,x_0),\\ y(t,x)\geqslant 0, & x\geqslant v(t,x_0). \end{cases}$$

于是当 $x\geqslant v(t,x_0)$ 时,

$$\begin{aligned} -u_x(t,x)&=u(t,x)-\mathrm{e}^x\int_x^{\infty}\mathrm{e}^{-\xi}y(t,\xi)\mathrm{d}\zeta\\ &\leqslant -u(t,x)\leqslant\|u(t,x)\|_{L^\infty}\leqslant\|u(t,x)\|_{L^2}, \end{aligned}$$

当 $x\leqslant v(t,x_0)$ 时,

$$\begin{aligned} -u_x(t,x)&=-u(t,x)-\mathrm{e}^{-x}\int_{-\infty}^{x}\mathrm{e}^{\xi}y(t,\xi)\mathrm{d}\zeta\\ &\leqslant -u(t,x)\leqslant\|u(t,x)\|_{L^2}. \end{aligned}$$

类似于定理 4.1.3 证明的后半部分, 易得初值问题(4.1.1)的解整体存在.

实际上当 $x_0=-\infty$ 时, 即 $y_0(x)$ 非负, 当 $x_0=+\infty$ 时, 即 $y_0(x)$ 非正, 即定理 4.1.4 是定理 4.1.3 的推广.

注 4.1.3 Camassa-Holm 方程的整体存在性对初值的要求与其他的非线性发展方程不同, 不是要求初值较小, 而是对初值的性态有要求, 存在 H^1 范数充分小的初值, 使其解不是整体存在, 在有限时间内 blow-up(详见 4.5 节).

对于 Camassa-Holm 方程周期边值问题

$$\begin{cases} u_t-u_{xxt}+3uu_{xx}=2u_xu_{xx}+uu_{xxx}, & t>0,x\in\mathbf{R},\\ u(0,t)=u_0(x), & x\in\mathbf{R},\\ u(t,x+1)=u(t,x), & t\geqslant 0,x\in\mathbf{R}. \end{cases}\tag{4.1.14}$$

类似于 Cauchy 问题相关结论的证明, 有

定理 4.1.5 设 $u_0\in H^3_{\mathrm{per}}[0,1]$, 则存在 $T=T\left(\|u_0\|_{H^3}\right)>0$, 使得问题(4.1.14)存在唯一解 $u(t,x)$

$$u=u(\cdot,u_0)\in C([0,T);H^3_{\mathrm{per}}(0,1)]\cap C^1([0,T);H^2_{\mathrm{per}}(0,1))$$

且 $u_0\to u(\cdot,u_0)$ 是连续映射.

定理 4.1.6 设 $u_0\in H^3_{\mathrm{per}}[0,1], y_0=u_0-u_{0xx}, y=u-u_{xx}$, 则问题(4.1.14) 的解 $u(t,x)$ 成立

$$\int_0^1 (u^2+u_x^2)\mathrm{d}x=\int_0^1 (u_0^2+u_x^2)\mathrm{d}x, \tag{4.1.15}$$

$$\int_0^1 \sqrt{y_+}\mathrm{d}x=\int_0^1 \sqrt{y_{0+}}\mathrm{d}x, \qquad \int_0^1 \sqrt{y_-}\mathrm{d}x=\int_0^1 \sqrt{y_{0-}}\mathrm{d}x, \tag{4.1.16}$$

$$\int_0^1 (u^3+uu_x^2)\mathrm{d}x=\int_0^1 (u_0^3+u_0u_{0x}^2)\mathrm{d}x, \tag{4.1.17}$$

$$\int_0^1 u(t,x)\mathrm{d}x=\int_0^1 u_0(x)\mathrm{d}x, \qquad \int_0^1 y(t,x)\mathrm{d}x=\int_0^1 y_0(x)\mathrm{d}x. \tag{4.1.18}$$

定理 4.1.7　设 $u_0\in H_{\text{per}}^3(0,1), y_0=u_0-u_{0xx}$ 不变号，则问题(4.1.14) 的解 $u(t,x)$ 整体存在.

证明　由守恒律(2.1.16)知若 y_0 不变号，则 $y(t,x)$ 对任意 t 不变号且与 y_0 同号. 由于

$$u(t,x)=Q^{-1}y(t,x)=\int_0^1 G(x-\zeta)y(t,\zeta)\mathrm{d}\xi,$$

其中, Green 函数

$$G(x)=\frac{\cosh\left(x-[x]-1/2\right)}{2\sinh(1/2)}, \quad x\in\mathbf{R}.$$

于是当 $x\in[0,1]$ 时,

$$u(t,x)=\int_0^x \frac{\cosh\left(x-\varsigma-1/2\right)}{2\sinh\left(1/2\right)}y(t,\zeta)\mathrm{d}\varsigma+\int_x^1 \frac{\cosh\left(x-\xi+1/2\right)}{2\sinh\left(1/2\right)}y(t,\xi)\mathrm{d}\varsigma,$$

$$u_x(t,x)=\int_0^x \frac{\sinh(x-\xi-1/2)}{2\sinh\left(1/2\right)}y(t,\xi)\mathrm{d}\varsigma+\int_x^1 \frac{\sinh(x-\xi+1/2)}{2\sinh\left(1/2\right)}y(t,\xi)\mathrm{d}\varsigma,$$

即有

$$u(t,x)+u_x(t,x)=\int_0^x \frac{\mathrm{e}^{(x-\xi-1/2)}}{2\sinh\left(1/2\right)}y(t,\xi)\mathrm{d}\zeta+\int_x^1 \frac{\mathrm{e}^{(x-\xi+1/2)}}{2\sinh\left(1/2\right)}y(t,\xi)\mathrm{d}\varsigma, \tag{4.1.19}$$

$$u(t,x)-u_x(t,x)=\int_0^x \frac{\mathrm{e}^{-(x-\xi-1/2)}}{2\sinh\left(1/2\right)}y(t,\xi)\mathrm{d}\varsigma+\int_x^1 \frac{\mathrm{e}^{-(x-\xi+1/2)}}{2\sinh\left(1/2\right)}y(t,\xi)\mathrm{d}\varsigma. \tag{4.1.20}$$

若 $y_0\geqslant 0$，则 $y(t,x)\geqslant 0$.于是由(4.1.19) 推得

$$u(t,x)+u_x(t,x)\geqslant 0.$$

考虑到(4.1.15) 及 Sobolev 嵌入定理，则有

$$-u_x(t,x)\leqslant u(t,x)\leqslant \|u(t,x)\|_{L^\infty}\leqslant \|u(t,x)\|_{H^1}=\|u_0\|_{H^1}.$$

类似地，若 $y_0\leqslant 0$，则 $y(t,x)\leqslant 0$.于是由(4.1.20)得到

$$u(t,x)-u_x(t,x)\leqslant 0$$

且

$$-u_x(t,x)\leqslant -u(t,x)\leqslant \|u_0\|_{H^1}.$$

类似于定理 4.1.3 后半部分的证明, 易证问题(4.1.14)的解整体存在.

4.2 整体弱解的存在性

本节研究初值问题

$$\begin{cases}u_t-u_{xxt}+3uu_x=2u_xu_{xx}+uu_{xxx},\\ u(0,x)=u_0(x)\end{cases}\tag{4.2.1}$$

在 $u_0(x)\in H^1(\mathbf{R})$ 时整体弱解的存在性.

其方法是通过 H^3 中函数逼近 $u_0(x)$, 应用 4.1 节的结果及取极限得到弱解的整体存在性. 为使用方便起见, 现将 4.1 节的有关理论叙述如下:

引理 4.2.1 设 $u_0\in H^3(\mathbf{R}), y_0=u_0-u_{0xx}\geqslant 0$ 且 $y_0\in L^1(\mathbf{R})$, $u(t,x)$ 为问题(4.2.1)的解, 则

(1) $u(t)-u_{xx}(t)\geqslant 0$,

(2) $\|u(t)\|_{H^1(\mathbf{R})}=\|u_0\|_{H^1(\mathbf{R})}$,

(3) $\|u(t)\|_{L^1}=\|y(t)\|_{L^1}=\|y_0\|_{L^1}$,

(4) $\|u_x(t)\|_{L^\infty}\leqslant\|y_0\|_{L^1}$.

证明 (1) ~ (3)即(4.1.6), (4.1.7), (4.1.9), 由 Sobolev 嵌入定理知 $u,u_x\in C([0,T)\times\mathbf{R})$. 于是

$$0\leqslant\int_{-\infty}^{x}(u-u_{xx})\mathrm{d}x=\int_{-\infty}^{x}u\mathrm{d}x-u_x(t,x)\leqslant\|u\|_{L^1}-u_x(t,x)=\|y_0\|_{L^1}-u_x(t,x),$$

$$\|y_0\|_{L^1}=\int_{-\infty}^{+\infty}(u-u_{xx})\mathrm{d}x\geqslant\int_{-\infty}^{x}(u-u_{xx})\mathrm{d}x\geqslant -u_x(x,t),$$

所以

$$\|u_x(t)\|_{L^\infty}\leqslant\|y_0\|_{L^1},$$

即(4)成立.

为了定义问题(4.2.1)的弱解, 对(4.2.1)中的方程进行改写. 记 $p(x)=\exp\{-|x|\}$ 为 Poisson 核的 Fourier 变换, 则对 $\forall f\in L^2(\mathbf{R})$,

$$(I-\partial_x^2)^{-1}f=\frac{1}{2}p*f.$$

于是(4.2.1)中的方程可写为

$$u_t+\frac{1}{2}\partial_x\left[u^2+p*\left(u^2+\frac{u_x^2}{2}\right)\right]=0. \tag{4.2.2}$$

对 $\forall v\in H^1(\mathbf{R})$，若记

$$F(v)=\frac{1}{2}\left[v^2+p*\left(v^2+\frac{v_x^2}{2}\right)\right],$$

则问题(4.2.1)可写成如下守恒形式:

$$\begin{cases}u_t+F(u)_x=0,\\ u(0,x)=u_0(x).\end{cases}$$

弱解的定义 给定 $u_0\in H^1(\mathbf{R})$，函数 $u(t,x):(0,+\infty)\times\mathbf{R}\to\mathbf{R}$ 称为问题(4.2.1)的整体弱解，如果 $u\in L^\infty((0,+\infty);H^1(\mathbf{R}))$，且对 $\forall T>0$，

$$\int_0^T\int_{\mathbf{R}}(u\phi_t+F(u)\phi_x)\mathrm{d}x\mathrm{d}t+\int_{\mathbf{R}}u_0(x)\phi(0,x)\mathrm{d}x=0$$

在分布意义下对 $\forall\phi\in C_c^1([0,T)\times\mathbf{R})$ 成立.

关于弱解与强解，有如下结论:

命题 4.2.1 (1) 每个强解都是弱解;

(2) 如果弱解 $u\in C([0,+\infty);H^3)\cap C^1([0,+\infty);H^2)$，则 u 是强解.

由 Riesz 表示定理知，$C_0(\mathbf{R})$ 的对偶空间是所有具有界全变差的正则 Borel 可测函数全体构成的空间 $M(\mathbf{R})$，显然 $M(\mathbf{R})\subset D'(\mathbf{R})$ 且

$$L^1(\mathbf{R})\subset M(\mathbf{R}),\quad M_+(\mathbf{R})=\{f\mid f\geqslant 0, f\in M(\mathbf{R})\}.$$

本节的主要结论为

定理 4.2.1 设 $u_0\in H^1(\mathbf{R}), y_0=u_0-u_{0xx}\in M_+(\mathbf{R})$，则问题(4.2.1)存在上述意义下的整体弱解.

该定理的证明由如下步骤完成:

第 1 步 通过对初值逼近，得到光滑解序列 $u_n(x,t)$;

第 2 步 证明 $u_n(t)$ 在 $H^1(\mathbf{R})$ 中有界，从而存在收敛的子列收敛于 $u(t)\in H^1(\mathbf{R})$;

第 3 步 证明 $u_{nx}^2(t)$ 在 $L^2(\mathbf{R})$ 中弱收敛于函数 u_x^2.

引理 4.2.2 给定 $\mu\in M_+(\mathbf{R})$，存在序列 $f_n\in H^\infty(\mathbf{R})\cap L^1(\mathbf{R})$，使得

$$f_n\geqslant 0,\quad \|f_n\|_{L^1}\leqslant\|\mu\|_M \text{ 且在 } D'(\mathbf{R}) \text{ 中成立 } f_n\to\mu.$$

证明 取 $\rho\in C_0^\infty(\mathbf{R}), \mathrm{supp}(\rho)\subset[0,1], \rho\geqslant 0, \int\rho\mathrm{d}x=1$. 对于 $n\geqslant 1$，$x\in\mathbf{R}$ 定义 $\rho_n(x)=n\rho(nx)$. 令 $f_n(x)=\mu*\rho_n(n\geqslant 1)$，则有

$$f_n \in C^\infty(\mathbf{R}) \cap L^1(\mathbf{R}) \text{ 且在 } D'(\mathbf{R}) \text{ 中成立 } f_n \to \mu .$$

注意到对于 $\forall k \geqslant 1$，$f_n^{(k)} = \mu * \rho_n^{(k)} \in L^1(\mathbf{R})$，有 $f_n \in W^{k,1}(\mathbf{R})$，由 Sobolev 嵌入定理可得 $f_n \in H^\infty(\mathbf{R})$，而 $f_n \geqslant 0$ 是显然的.

设 $\langle \cdot,\cdot \rangle$ 表示 $D'(\mathbf{R}) \times D(\mathbf{R})$ 中的对偶对，则由 Fubini 定理，

$$\begin{aligned}\int_{\mathbf{R}} (\mu * \rho_n)(x)\mathrm{d}x &= \int_{\mathbf{R}} \langle \mu, \rho_n(x-\cdot) \rangle \mathrm{d}x = \int_{\mathbf{R}}\int_{\mathbf{R}} \rho_n(x-y)\mathrm{d}\mu_y \mathrm{d}x \\ &= \int_{\mathbf{R}} \left(\int_{\mathbf{R}} \rho_n(x-y)\mathrm{d}x \right) \mathrm{d}\mu_y = \int_{\mathbf{R}} \left(\int \rho \mathrm{d}x \right) \mathrm{d}\mu_y \\ &= \|\rho\|_{L^1} \int \mathrm{d}\mu \leqslant \|\rho\|_{L^1} \|\mu\|_M = \|\mu\|_M ,\end{aligned}$$

即 $\|f_n\|_{L^1} \leqslant \|\mu\|_M$ 成立.

引理4.2.3(Div-curt引理) 设 Ω 是 $\mathbf{R}^2$ 中开子集，$\{V_n\}_{n\geqslant1}, \{W_n\}_{n\geqslant1} \in (L^2(\Omega,\mathbf{R}^2))$，满足

(1) $\{\mathrm{div}V_n\}_{n\geqslant1}$，$\{\mathrm{curl}W_n\}_{n\geqslant1}$ 在 $H_{\mathrm{loc}}^{-1}(\Omega)$ 中相对紧;

(2) $\{V_n\}_{n\geqslant1}$，$\{W_n\}_{n\geqslant1}$ 在 $L_{\mathrm{loc}}^2(\Omega,\mathbf{R}^2)$ 中弱收敛于 V,W，

则 $\{V_n \cdot W_n\}_{n\geqslant1}$ 在分布意义下收敛于 $V \cdot W$.

引理 4.2.4 设 Ω 是 $\mathbf{R}^2$ 中开集，E_1 是 $H_{\mathrm{loc}}^{-1}(\Omega)$ 中紧子集，E_2 是 $\mu(\Omega)$ 中有界子集，E_3 是 $W_{\mathrm{loc}}^{-1,\infty}(\Omega)$ 中有界集，则 $(E_1+E_2) \cap E_3$ 在 $H_{\mathrm{loc}}^{-1}(\Omega)$ 中相对紧.

下面通过几个引理证明定理 4.2.1.

对于 $u_0 \in H^1(\mathbf{R})$，$y_0 = u_0 - u_{0xx} \in M_+(\mathbf{R})$，记 $\|y_0\|_M = m$，则由引理 4.2.2，存在 $y_{0,n} \in C^\infty(\mathbf{R}) \cap L^1(\mathbf{R})$，$y_{0,n} \geqslant 0$，使得

$$\|y_{0,n}\|_{L^1} \leqslant m, \quad y_{0,n} \to y_0, \text{ 在 } D'(\mathbf{R}) \text{ 中}. \tag{4.2.3}$$

若令 $u_{0,n} = \dfrac{1}{2} p * y_{0,n}$，则 $u_{0,n} \in C^\infty(\mathbf{R}), u_{0,n} \geqslant 0$ 且 $y_{0,n} = u_{0,n} - u_{0,n}''$，由 Young 不等式,

$$\|u_{0,n}\|_{L^2} \leqslant \frac{1}{2}\|p\|_{L^2} \|y_{0,n}\|_{L^1} \leqslant \frac{m}{2}\|p\|_{L^2} ,$$

$$\|u_{0,n}'\|_{L^2} \leqslant \frac{1}{2}\|p'\|_{L^2} \|y_{0,n}\|_{L^1} \leqslant \frac{m}{2}\|p'\|_{L^2} .$$

因此

$$\|u_{0,n}\|_{H^1} \leqslant \frac{m}{2}\|p\|_{H^1} . \tag{4.2.4}$$

引理 4.2.5　$u_{0,n}$ 在 H^1 中弱收敛于 u_0.

证明　由估计式(4.2.4)可知存在 $v\in H^1(\mathbf{R})$，使得 $u_{0,n}$ 在 $H^1(\mathbf{R})$ 中弱收敛于 v. 于是对于 $\forall f\in D(\mathbf{R})$，

$$\int_{\mathbf{R}} y_{0,n} f\mathrm{d}x=\int_{\mathbf{R}}(u_{0,n}-u_{0,n}'')f\mathrm{d}x=\int_{\mathbf{R}}(u_{0,n}f+u_{0,n}'f')\mathrm{d}x$$

$$\to\int_{\mathbf{R}}(vf+v'f')\mathrm{d}x=\langle v-v'',f\rangle.$$

另一方面，

$$\int_{\mathbf{R}} y_{0,n} f\mathrm{d}x\to\int_{\mathbf{R}} y_0 f\mathrm{d}x=\left\langle u_0-u_n'',f\right\rangle,$$

于是在 $H^{-1}(\mathbf{R})$ 中成立 $v-v''=u_0-u_0''$，因为 $I-\partial_x^2$ 是 H^1 到 H^{-1} 中的拓扑同胚，因此 $v=u_0$. 引理 4.2.5 证毕.

设 $u_n\in C([0,+\infty);H^3)\cap C^1([0,+\infty);H^2)$ 是问题(4.2.1)相应于初值 $u_{0,n}(x)$ 的解，并记 $y_n=u_n-u_{n,xx}$. 由于强解也是弱解，故对 $\forall T>0,\phi\in C_c^1([0,T)\times\mathbf{R})$ 成立

$$\int_0^T\int_{\mathbf{R}}(u_n\phi_t+F(u_n)\phi_x)\mathrm{d}x\mathrm{d}t+\int_{\mathbf{R}}u_{0,n}(x)\phi(0,x)\mathrm{d}x=0, \tag{4.2.5}$$

而由

$$\int_0^T\int_{\mathbf{R}}(u_n^2+u_{nx}^2)\mathrm{d}x\mathrm{d}t=T\int_{\mathbf{R}}(u_{0,n}^2+u_n^2)\mathrm{d}x\leqslant\frac{m^2T}{4}\|p\|_{H^1}^2$$

知，u_n 在 $L^2([0,T)\times\mathbf{R})$ 中弱收敛于 u，即

$$\lim_{n\to\infty}\left[\int_0^T\int_{\mathbf{R}}u_n\phi_t\mathrm{d}x\mathrm{d}t+\int_{\mathbf{R}}u_{0,n}(x)\phi(0,x)\mathrm{d}x\right]=\int_0^T\int_{\mathbf{R}}u\phi_t\mathrm{d}x\mathrm{d}t+\int_{\mathbf{R}}u_0(x)\phi(0,x)\mathrm{d}x. \tag{4.2.6}$$

下面证明存在 $\{u_n\}_{n\geqslant1}$ 的子列 $\{u_{n_k}\}_{k\geqslant1}$，使得

$$\lim_{k\to\infty}\int_0^T\int_{\mathbf{R}}F(u_{n_k})\phi_x\mathrm{d}x\mathrm{d}t=\int_0^T\int_{\mathbf{R}}F(u)\phi_x\mathrm{d}x\mathrm{d}t.$$

引理 4.2.6　存在 $\{u_n\}$ 的子列 $\{u_{n_k}\}$ 及 $u\in L^\infty((0,+\infty),H^1)$，使得

$$u_{n_k}\text{ 在 }L^\infty((0,+\infty);H^1)\text{ 弱收敛于 }u, \tag{4.2.7}$$

$$u_{n_k}\text{ 在 }L^2((0,T);H^1)\text{ 中弱收敛于 }u, \tag{4.2.8}$$

$$u_{n_k} \text{ 在 } (0,+\infty)\times\mathbf{R} \text{ 中几乎处处收敛于 } u, \tag{4.2.9}$$

$$u_{n_k} \text{ 在 } L^2_{\mathrm{loc}}((0,+\infty)\times\mathbf{R}) \text{ 中强收敛于 } u. \tag{4.2.10}$$

证明 由于

$$\|u_n\|_{H^1} = \|u_{0,n}\|_{H^1} \leqslant \frac{m}{2}\|p\|_{H^1},$$

$$\|u_n\|_{L^2([0,T),H^1)} \leqslant \frac{m\sqrt{T}}{2}\|p\|_{H^1}.$$

因此式(4.2.7)和(4.2.8)成立. 而对 $\forall t>0, n\geqslant 1$,

$$\begin{aligned}\|u_{n,t}\|_{L^2} &= \left\|u_n u_{n,x} + p_x * \left(u_n^2 + \frac{1}{2}u_{n,x}^2\right)\right\|_{L^2}\\ &\leqslant \|u_n\|_{L^2}\|u_{n,x}\|_{L^\infty} + \|p_x\|_{L^2}\left\|u_n^2 + \frac{1}{2}u_{n,x}^2\right\|_{L^1}\\ &\leqslant \|u_{0,n}\|_{H^1}\|y_{0,n}\|_{L^1} + \|p_x\|_{L^2}\|u_{0,n}\|_{H^1}^2\\ &\leqslant m^2\|p\|_{H^1} + m^2\|p\|_{H^1}^3 = m^2\|p\|_{H^1}\left(1+\|p\|_{H^1}^2\right),\end{aligned}$$

于是存在常数 $K>0$, 使得

$$\|u_n(t)-u_n(s)\|_{L^2} \leqslant K|t-s|.$$

由插值定理

$$\begin{aligned}\|u_n(t)-u_n(s)\|_{H^{2\theta-1}} &\leqslant C\|u_n(t)-u_n(s)\|_{H^{-1}}^{1-\theta}\|u_n(t)-u_n(s)\|_{H^1}^{\theta}\\ &\leqslant C\|u_n(t)-u_n(s)\|_{L^2}^{1-\theta}(2m\|p\|_{H^1})^{\theta}\\ &\leqslant K|t-s|^{1-\theta},\end{aligned}$$

对于 $\theta\in\left(\dfrac{3}{4},1\right]$, 有 Sobolev 嵌入 $H^{2\theta-1}(\mathbf{R})\mapsto BC^{(4\theta-3)/2}(\mathbf{R})$. 取 $\theta=\dfrac{5}{6}$, 则对 $\forall T>0$,

$$\|u_n\|_{BC^{\frac{1}{6}}([0,T)\times\mathbf{R})} \leqslant K.$$

于是对于任意有界集 $O\subset\mathbf{R}$, 嵌入 $BC^{\frac{1}{6}}([0,T)\times O)\mapsto L^2((0,T)\times O)$ 是紧的. 因此 u_{n_k} 在 $L^2((0,T)\times O)$ 中强收敛于 u, 即式(4.2.9)和(4.2.10)成立.

由于 $\mathrm{supp}(\phi)\subset[0,T)\times\mathbf{R}$ 紧, 由(4.2.10), 易得到

$$\lim_{k\to\infty}\int_0^T\int_{\mathbf{R}}(u_{n_k})^2\phi_x \mathrm{d}x\mathrm{d}t=\int_0^T\int_{\mathbf{R}}u^2\phi_x \mathrm{d}x\mathrm{d}t\,. \tag{4.2.11}$$

而由 Young 不等式知 $p*\phi_x\in L^1((0,T)\times\mathbf{R})$, Sobolev 嵌入定理及(4.2.4)给出

$$\|u_{n_k}\|_{L^\infty((0,T)\times\mathbf{R})}\leqslant\sup_{t\in[0,T]}\|u_{n_k}(t)\|_{H^1}=\|u_{0,n_k}\|_{H^1}\leqslant\frac{m}{2}\|p\|_{H^1}\,.$$

结合(4.2.9), 有

$$\begin{aligned}\lim_{k\to+\infty}\int_0^T\int_{\mathbf{R}}(p*(u_{n_k})^2)\phi_x \mathrm{d}x\mathrm{d}t&=\lim_{k\to+\infty}\int_0^T\int_{\mathbf{R}}(u_{n_k})^2(p*\phi_x)\mathrm{d}x\mathrm{d}t\\&=\int_0^T\int_{\mathbf{R}}u^2(p*\phi_x)\mathrm{d}x\mathrm{d}t\\&=\int_0^T\int_{\mathbf{R}}(p*u^2)\phi_x \mathrm{d}x\mathrm{d}t.\end{aligned} \tag{4.2.12}$$

为了证明

$$\lim_{k\to\infty}\int_0^T\int_{\mathbf{R}}(p*(u_{n_k,x})^2)\phi_x \mathrm{d}x\mathrm{d}t=\int_0^T\int_{\mathbf{R}}[p*(u_x)^2\phi_x \mathrm{d}x\mathrm{d}t, \tag{4.2.13}$$

考虑向量函数

$$\boldsymbol{V}_{n_k}=(u_{n_k}u_{n_k,x},u_{n_k,x}),\qquad \boldsymbol{W}_{n_k.}=(0,u_{n_k,x}).$$

由引理 4.2.6, 显然有

$$\boldsymbol{V}_{n_k}\text{ 在 }L^2_{\mathrm{loc}}((0,T)\times\mathbf{R})\text{ 中弱收敛于 }(uu_x,u_x)\,, \tag{4.2.14}$$

$$\boldsymbol{W}_{n_k}\text{ 在 }L^2_{\mathrm{loc}}((0,T)\times\mathbf{R})\text{ 中弱收敛于 }(0,u_x)\,. \tag{4.2.15}$$

由于

$$\begin{aligned}\mathrm{div}\boldsymbol{V}_{n_k}&=(u_{n_k,x})^2+u_{n_k}u_{n_k,xx}+u_{n_k,xt}\\&=-\frac{1}{2}\left[p*\left((u_{n_k})^2+\frac{1}{2}(u_{n_k,x})^2\right)\right]_{xx}\\&=(u_{n_k})^2+\frac{1}{2}(u_{n_k,x})^2-\frac{1}{2}p*\left[(u_{n_k})^2+\frac{1}{2}(u_{n_k,x})^2\right],\end{aligned}$$

$$\mathrm{curl}\boldsymbol{W}_{n_k}=(0,-u_{n_k,xx}),$$

$$\begin{aligned}\|\mathrm{div}\boldsymbol{V}_{n_k}\|_{L^1([0,T)\times\mathbf{R})}&\leqslant T\|u_{n_k}\|^2_{H^1(\mathbf{R})}+T\|p\|_{L^1}\|u_{n_k}\|_{H^1(\mathbf{R})}\\&\leqslant\left(1+\|p\|_{L^1}\right)Tm^2\|p\|^2_{H^1}\end{aligned}$$

$$\|\mathrm{curl}\boldsymbol{W}_{n_k}\|_{L^1((0,T)\times\mathbf{R})}=\|u_{n_k,xx}\|_{L^1((0,T)\times\mathbf{R})}$$

$$\leqslant \left\|u_{n_k}\right\|_{L^1((0,T)\times\mathbf{R})} + \left\|y_{n_R}\right\|_{L^1((0,T)\times\mathbf{R})}$$
$$= 2T\left\|y_{n_k,0}\right\|_{L^1(\mathbf{R})} = 2mT,$$

即 $\mathrm{div}\boldsymbol{V}_{n_k},\mathrm{curl}\boldsymbol{W}_{n_k}$ 在 $L^1((0,T)\times \boldsymbol{R})$ 中有界，而 $L_1 \mapsto M$，于是 $\mathrm{div}\boldsymbol{V}_{n_k},\mathrm{curl}\boldsymbol{W}_{n_k}$ 在 $M((0,T)\times\mathbf{R})$ 中有界. 对于 $\phi\in D((0,T)\times\mathbf{R})$, $\psi\in W^{1,1}(\mathbf{R}^2)$,

$$\left|\left\langle\phi\,\mathrm{div}\boldsymbol{V}_{n_k},\psi\right\rangle\right| = \left|\int_0^T\int_{\mathbf{R}}\phi\psi\,\mathrm{div}\boldsymbol{V}_{n_k}\,\mathrm{d}x\mathrm{d}t\right|$$
$$= \left|\frac{1}{2}\int_0^T\int_{\mathbf{R}}\phi\psi\left(p*\left((u_{n_k})^2+\frac{1}{2}(u_{n_k,x})^2\right)\right)_{xx}\mathrm{d}x\mathrm{d}t\right|$$
$$= \left|\frac{1}{2}\int_0^T\int_{\mathbf{R}}(\phi_x\psi+\phi\psi_x)\left(p_x*\left((u_{n_k})^2+\frac{1}{2}(u_{n_k,x})^2\right)\right)\mathrm{d}x\mathrm{d}t\right|$$
$$\leqslant \frac{1}{2}C_\phi\left\|\psi\right\|_{W^{1,1}(\mathbf{R}^2)}\left\|p_x*\left((u_{n_k})^2+\frac{1}{2}(u_{n_k,x})^2\right)\right\|_{L^\infty((0,T)\times\mathbf{R})}$$
$$\leqslant \frac{1}{2}C_\phi\left\|\psi\right\|_{W^{1,1}(\mathbf{R}^2)}\left\|p_x\right\|_{L^\infty(\mathbf{R})}\left\|u_{n_k}(t)\right\|_{H^1(\mathbf{R})}^2$$
$$\leqslant \frac{1}{2}C_\phi\left\|\psi\right\|_{W^{1,1}(\mathbf{R}^2)}\left\|p_x\right\|_{L^\infty(\mathbf{R})}\frac{m^2}{4}\left\|p\right\|_{H^1}^2,$$

$$\left|\left\langle\phi\,\mathrm{curl}\boldsymbol{W}_{n_k},\psi\right\rangle\right| = \left|\int_0^T\int_{\mathbf{R}}\phi\psi u_{n_k,xx}\mathrm{d}x\mathrm{d}t\right|$$
$$= \left|\int_0^T\int_{\mathbf{R}}(\phi_x\psi+\phi\psi_x)u_{n_k,x}\mathrm{d}x\mathrm{d}t\right|$$
$$\leqslant C_\phi\left\|\psi\right\|_{W^{1,1}(\mathbf{R}^2)}\left\|u_{n_k,x}\right\|_{L^\infty((0,T)\times\mathbf{R})}$$
$$\leqslant C_\phi m\left\|\psi\right\|_{W^{1,1}(\mathbf{R}^2)}.$$

即 $\mathrm{div}\boldsymbol{V}_{n_k},\mathrm{curl}\boldsymbol{W}_{n_k}$ 在 $W_{\mathrm{loc}}^{-1,\infty}((0,T)\times\mathbf{R})$ 中有界.

若令 $\Omega=(0,T)\times\mathbf{R}, E_2=\left\{\mathrm{div}\boldsymbol{V}_{n_k}:k=1,2,\cdots\right\}$, $E_2'=\left\{\mathrm{curl}\boldsymbol{W}_{n_k},k=1,2,\cdots\right\}$, 则

$$E_2,E_2' \text{是 } H_{\mathrm{loc}}^{-1}(\Omega) \text{ 中的相对紧集.} \tag{4.2.16}$$

由引理 4.2.3 知

$$\left\{\boldsymbol{V}_{n_k}\cdot\boldsymbol{W}_{n_k}\right\}_{k\geqslant1}=\left\{(u_{n_k,x})^2\right\}_{k\geqslant1},\quad \text{在分布意义下收敛于 } u_x^2. \tag{4.2.17}$$

另一方面, 对于任意的 $n_k(k\geqslant1)$,

$$\begin{aligned}\int_0^T\int_{\mathbf{R}}(u_{n_k,x})^4\mathrm{d}x\mathrm{d}t &\leqslant \sup_{0\leqslant t\leqslant T}\left\|u_{n_k,x}(t)\right\|_{L^\infty}^2\int_0^T\int_{\mathbf{R}}(u_{n_k,x})^2\mathrm{d}x\mathrm{d}t\\ &\leqslant \left\|y_{0,n_k}\right\|_{L^1}^2\int_0^T\left\|u_{0,n_k}\right\|_{H^1}^2\mathrm{d}t\\ &\leqslant m^3\left\|p\right\|_{H^1}^2 T.\end{aligned}$$

于是存在 $v\in L^2(\Omega)$ 使得

$$(u_{n_k,k})^2 \text{ 在 } L^2(\Omega) \text{ 中弱收敛于 } v, \tag{4.2.18}$$

由(4.2.17)和(4.2.18)可推得

$$(u_{n_k,x})^2 \text{ 在 } L^2(\Omega) \text{ 中弱收敛于 } u_x^2. \tag{4.2.19}$$

于是

$$\begin{aligned}\int_0^T\int_{\mathbf{R}}(p*(u_{n_k,x})^2\phi_x\mathrm{d}x\mathrm{d}t &= \int_0^T\int_{\mathbf{R}}(u_{n_k,x})^2(p*\phi_x)\mathrm{d}x\mathrm{d}t\\ &\to \int_0^T\int_{\mathbf{R}}u_x^2(p*\phi_x)\,\mathrm{d}x\mathrm{d}t\\ &= \int_0^T\int_{\mathbf{R}}(p*u_x^2)\,\phi_x\mathrm{d}x\mathrm{d}t.\end{aligned} \tag{4.2.20}$$

因此, 在(4.2.5)中取 n 为 n_k 并令 $k\to\infty$, 则由(4.2.6), (4.2.12) 和(4.2.20)可得

$$\int_0^T\int_{\mathbf{R}}(u\phi_t+F(u)\phi_x)\mathrm{d}x\mathrm{d}t+\int_{\mathbf{R}}u_0(x)\phi(0,x)\mathrm{d}x=0$$

对 $\forall T>0$ 成立, 即 u 是问题(4.2.1)的整体弱解. 定理 4.2.1 证毕.

注 4.2.1　定理 4.2.1 在 $u_0\in H^1(\mathbf{R}), y_0=u_0-u_{0xx}\in M_+(\mathbf{R})$ 的条件下, 证明了 Camassa-Holm 方程初值问题整体弱解的存在性, 而条件 $y_0\in M_+(\mathbf{R})$ 看起来是不自然的. Xin 和 Zhing[13]用黏性消去法证明了当 $u_0\in H^1(\mathbf{R})$ 时, 问题(4.2.1)整体弱解的存在性, 其主要结果为

定义 4.2.1　若连续函数 $u(t,x)$ 满足

(1) $u(t,x)\in C([0,+\infty)\times\mathbf{R}^1)\cap L^\infty((0,+\infty),H^1(\mathbf{R}))$ 且

$$\|u(t,\cdot)\|_{H^1(\mathbf{R})}\leqslant\|u_0(\cdot)\|_{H^1(\mathbf{R})},\quad \forall t>0, \tag{4.2.21}$$

(2) $u(t,x)$ 在分布意义下满足 Camassa-Holm 方程且点点满足初始条件, 则称 $u(t,x)$ 为初值问题(4.2.1)的弱解.

定理 4.2.2　设 $u_0\in H^1(\mathbf{R})$, 则 Cauchy 问题(4.2.1)存在定义 4.2.1 意义下的弱解, 并且有

(1) (单边超正态估计)　存在仅与 $\|u_0\|_{H^1(\mathbf{R})}$ 有关的常数 C, 使得对 $\forall t>0$, 有

$$u_x(t,x)\leqslant C+\frac{1}{t}. \tag{4.2.22}$$

(2) (时空估计) 对于 $\forall p<3, 0<R,T<+\infty$，存在常数 $C_1=C_1(R,T,p)$，使得

$$\int_0^T\int_{|x|\leqslant R}|u_x(t,x)|^p\,\mathrm{d}x\mathrm{d}t\leqslant C_1. \tag{4.2.23}$$

估计式(4.2.22)一方面刻画了 Camassa-Holm 方程的非线性效应, 相当于激波理论中, 弱解的 Oleinik 熵条件; 另一方面刻画了光滑解的奇性, 即光滑解 $u(t,x)$ 若在 $t=T^*$ 处失去正则性, 则当 $t\to T^*$ 时, $u_x(t,x)\to-\infty$. 而时空估计(4.2.23), 则是黏性解 $u_\varepsilon(t,x)$ 的时空估计取极限的结果, 而 $u_\varepsilon(t,x)$ 的时空估计, 则是研究与弱收敛序列 $\partial_x u_\varepsilon$ 相关联的 Young 测度结构的关键.

4.3 Camassa-Holm 方程的 Cauchy 问题在 $H^s\left(s>\frac{3}{2}\right)$ 中解的适定性

在 4.1 节中, 研究了 Camassa-Holm 方程 Cauchy 问题的解在 $H^3(\mathbf{R})$ 中的适定性. 本节将研究该方程在 $H^s\left(s>\frac{3}{2}\right)$ 中的适定性问题. 为此, 将问题(4.1.1)改写为(4.1.4)或者

$$\begin{cases}u_t=-uu_x-\partial_x(I-\partial_x^2)^{-1}\left(u^2+\frac{1}{2}u_x^2\right),\\ u(0,x)=u_0(x).\end{cases} \tag{4.3.1}$$

关于问题(4.3.1)的局部解有如下结论:

定理 4.3.1 设 $u_0\in H^s\left(s>\frac{3}{2}\right)$，则存在 $T=T\left(\|u_0\|_s\right)>0$ 及问题(4.3.1)的唯一解 $u\in C([0,T];H^s)\cap C^1([0,T],H^{1/2})$，且映射 $u_0\in H^s\to C([0,T];H^s)\cap C^1([0,T], H^{1/2})$ 是连续的.

将用 Kato 定理证明定理 4.3.1.

设 $X=H^{1/2}, Y=H^s, S=Q^{s-1/2}, A(u)=uD_x$,

$$f(u)=-\partial_x(I-\partial_x^2)^{-1}\left(u^2+\frac{1}{2}u_x^2\right),\quad W=\left\{\varphi\in H^s:\|\varphi\|_s\leqslant\mathbf{R}\right\}=\overline{B}(0,\mathbf{R}).$$

为了方便起见, 先给出 H^s 空间的一些性质[9]

引理 4.3.1 (1) 设 s,t 为实数且 $-s<t<s$，则存在常数 $C=C(s,t)$，使得

$$\|fg\|_t\leqslant C\|f\|_{s-1}\|g\|_t,\quad s>\frac{1}{2}, \tag{4.3.2}$$

$$\|fg\|_{s+t-\frac{m}{2}} \leqslant C\|f\|_s\|g\|_t,\quad s>\frac{1}{2}. \tag{4.3.3}$$

(2) 若 $f\in H^r\left(r>\frac{3}{2}\right)$, M_f 是 f 构成的乘积算子, 则对 $|\tilde{t}|,|\tilde{s}|\leqslant r-1$, 有 $Q^{-s}[Q^{\tilde{s}+\tilde{t}+1},M_f]Q^{-\tilde{t}}\in B(L^2(\mathbf{R}))$, 即对 $\forall w\in L^2(\mathbf{R})$ 成立

$$\left\|Q^{-\tilde{s}}[Q^{\tilde{s}+\tilde{t}+1},M_f]Q^{-\tilde{t}}w\right\|_{L^2}\leqslant C\|f'\|_{r-1}\|w\|_{L^2}, \tag{4.3.4}$$

(3) 若 $s>0, 1<p<+\infty$, 则对 $f,g\in L_s^p\cap L^\infty$, 有

$$\|fg\|_{s,p}\leqslant C\left(\|f\|_{L^\infty}\|g\|_{s,p}+\|f\|_{s,p}\|g\|_{L^\infty}\right), \tag{4.3.5}$$

$$\left\|[Q^s,f]g\right\|_{L^p}\leqslant C\left(\|\partial_x f\|_{L^\infty}\left\|Q^{s-1}g\right\|_{L^p}+\left\|Q^s f\right\|_{L^p}\|g\|_{L^\infty}\right). \tag{4.3.6}$$

引理 4.3.2　对于 $u\in H^s\left(s>\frac{3}{2}\right)$, $A(u)$ 是拟 $-m$ 增生算子, 即存在常数 $\beta>0$, 使得

(1) $\langle A\phi,\phi\rangle_X\geqslant-\beta\|\phi\|_X$, $\forall\phi\in D(A)$;

(2) 对 $\forall\lambda>\beta$, $(A+\lambda)$ 是在上的映射.

证明　对于 $\forall\phi\in X=H^{\frac{1}{2}}$,

$$\begin{aligned}
\left|\langle A\phi,\phi\rangle_X\right| &= \left|\left\langle Q^{\frac{1}{2}}(u\phi_x),Q^{\frac{1}{2}}\phi\right\rangle_0\right| \\
&= \left|\left\langle\left[Q^{\frac{1}{2}},u\right]\partial_x\phi+u\partial_x Q^{\frac{1}{2}}\phi,Q^{\frac{1}{2}}\phi\right\rangle_0\right| \\
&= \left|\left\langle\left[Q^{\frac{1}{2}},u\right]\partial_x\phi,Q^{\frac{1}{2}}\phi\right\rangle_0+\left\langle u\partial_x Q^{\frac{1}{2}}\phi,Q^{\frac{1}{2}}\phi\right\rangle_0\right| \\
&= \left|\left\langle\left[Q^{\frac{1}{2}},u\right]\partial_x\phi,Q^{\frac{1}{2}}\phi\right\rangle_0-\frac{1}{2}\left\langle\partial_x u,(Q^{\frac{1}{2}}\phi)^2\right\rangle_0\right| \\
&\leqslant \left\|\left[Q^{\frac{1}{2}},u\right]\partial_x\phi\right\|_0\left\|Q^{\frac{1}{2}}\phi\right\|_0+\frac{1}{2}\|\partial_x u\|_{L^\infty}\left\|Q^{\frac{1}{2}}\phi\right\|_0^2. \\
&\leqslant \left\|\left[Q^{\frac{1}{2}},u\right]\partial_x\phi\right\|_0\|\phi\|_{\frac{1}{2}}+\frac{1}{2}\|u\|_s\|\phi\|_{\frac{1}{2}}^2.
\end{aligned}$$

而由不等式(4.3.4),

$$\begin{aligned}\left\|\left[Q^{\frac{1}{2}},u\right]\partial_x\phi\right\|_0&=\left\|\left[Q^{-\frac{1}{2}+1},u\right]Q^{\frac{1}{2}}Q^{-\frac{1}{2}}\partial_x\phi\right\|_0\\&\leqslant C\|u'\|_{s-1}\left\|Q^{-\frac{1}{2}}\partial_x\phi\right\|_0\\&\leqslant C\|u\|_s\|\phi\|_{\frac{1}{2}}.\end{aligned}$$

于是

$$\left|\langle A\phi,\phi\rangle_X\right|\leqslant\left(C+\frac{1}{2}\right)\|u\|_s\|\phi\|_{\frac{1}{2}}^2.$$

若取 $\beta=\left(C+\frac{1}{2}\right)\|u\|_s$，则

$$\left|\langle A\phi,\phi\rangle_X\right|\geqslant-\beta\|\phi\|_X^2.$$

另一方面, 对于 $\lambda>\beta$，$A(u)$ 是闭算子且 $A(u)+\lambda$ 有闭图像. 若 $\psi\in H^{\frac{1}{2}}$ 使得对 $\forall\phi\in\mathrm{dom}(A(u))=\left\{\phi\in H^{\frac{1}{2}}\middle|u\partial_x\phi\in H^{\frac{1}{2}}\right\}$, 使得

$$\langle(A(u)+\lambda)\phi,\psi\rangle_{\frac{1}{2}}=0,$$

则 $\psi\in\mathrm{dom}(A(u)^*)$ 且满足

$$-Q^{-1}\partial_x(u\phi\psi)+\lambda\psi=0.$$

于是

$$\begin{aligned}0&=\left\langle-Q^{-1}\partial_x(u\phi\psi)+\lambda\psi,\psi\right\rangle_{\frac{1}{2}}\\&=\left\langle-Q^{\frac{1}{2}}\partial_x(u\phi\psi)+\lambda Q^{\frac{1}{2}}\psi,Q^{\frac{1}{2}}\psi\right\rangle_0\\&=\langle-\partial_x(u\phi\psi),\psi\rangle_{\frac{1}{2}}+\lambda\|\psi\|_{\frac{1}{2}}^2\\&=\langle u\phi\psi,\partial_x\psi\rangle_{\frac{1}{2}}+\lambda\|\psi\|_{\frac{1}{2}}^2\\&=\langle A(u)\psi,\psi\rangle_{\frac{1}{2}}+\lambda\|\psi\|_{\frac{1}{2}}^2\end{aligned}$$

$$\geqslant (\lambda-\beta)\|\psi\|_{\frac{1}{2}}^2 .$$

于是$\psi=0$，即$A(u)+\lambda$是在上的.

引理 4.3.3　设$u\in H^s\left(s>\dfrac{1}{2}\right)$，则

(1) $H^s\subset \mathrm{dom}(u\partial_x)=\left\{f\in H^{\frac{1}{2}}\ \middle|\ u\partial_x f\in H^{\frac{1}{2}}\right\}$,

(2) $A(u)=u\partial_x\in B(Y,X)$,

(3) $\|A(u)-A(v)\|_{B(Y,X)}\leqslant \mu\|u-v\|_{\frac{1}{2}}$.

证明　对于$\forall w\in H^s=Y$, 由(4.3.2)有

$$\|A(u)w\|_X=\|u\partial_x w\|_{\frac{1}{2}}\leqslant C\|u\|_{\frac{1}{2}}\|\partial_x w\|_{s-1}\leqslant C\|u\|_X\|w\|_s .$$

于是(1)(2)成立，且对$u,v\in Y, w\in W$，

$$\begin{aligned}\|(A(u)-A(v))w\|_X&=\|(u-v)\partial_x w\|_X\\&\leqslant C\|u-v\|_X\|w\|_s=C\|w\|_Y\|u-v\|_X\\&\leqslant CR\|u-v\|_X .\end{aligned}$$

引理 4.3.4　设$u\in H^s\left(s>\dfrac{3}{2}\right)$，则$B(u)=\left[Q^{s-\frac{1}{2}},u\partial_x\right]Q^{\frac{1}{2}-s}\in B\left(H^{\frac{1}{2}}\right)$且

$$\|B(u)-B(v)\|_X\leqslant \mu\|u-v\|_s$$

在W中成立.

证明　设$w\in X=H^{\frac{1}{2}}$,则

$$B(u)w=\left[Q^{s-\frac{1}{2}},u\partial_x\right]Q^{\frac{1}{2}-s}w=\left[Q^{s-\frac{1}{2}},u\right]Q^{\frac{1}{2}-s}\partial_x w ,$$

且由(4.3.4)有

$$\begin{aligned}\|B(u)w\|_X&=\left\|Q^{\frac{1}{2}}\left[\varphi^{s-\frac{1}{2}},u\right]Q^{\frac{1}{2}-s}\partial_x w\right\|_0\\&=\left\|Q^{\frac{1}{2}}\left[Q^{s-\frac{1}{2}},u\right]Q^{1-s}Q^{\frac{1}{2}}\partial_x w\right\|_0\end{aligned}$$

$$\leqslant C\|u\|_s\left\|Q^{-\frac{1}{2}}\partial_x w\right\|_0$$
$$\leqslant C\|u\|_s\|w\|_{\frac{1}{2}}.$$

类似地，有

$$\|B(u)-B(v)w\|_X\leqslant C\|u-v\|_s\|w\|_{\frac{1}{2}}.$$

引理 4.3.5 设 $u,v\in H^s\left(s>\frac{3}{2}\right)$，则

(1) $\|f(u)\|_s\leqslant C\|u\|_s^2$,

(2) $\|f(u)-f(v)\|_{\frac{1}{2}}\leqslant C_1\|u-v\|_{\frac{1}{2}}$,

(3) $\|f(u)-f(v)\|_s\leqslant C_2\|u-v\|_s$,

其中，C_1,C_2 与 $\|u\|_s,\|v\|_s$ 有关.

证明

(1) $\|f(u)\|_s=\left\|-\partial_x\left(Q^{-2}\left(u^2+\frac{1}{2}u_x^2\right)\right)\right\|_s\leqslant\left\|u^2+\frac{1}{2}u_x^2\right\|_{s-1}\leqslant\frac{3}{2}\|u\|_s^2.$

(2)
$$\|f(u)-f(v)\|_{\frac{1}{2}}\leqslant\left\|Q^{\frac{-1}{2}}(u^2-v^2)\right\|_0+\frac{1}{2}\left\|Q^{\frac{-1}{2}}(\partial_x(u+v)\partial_x(u-v))\right\|_0$$
$$\leqslant\|(u+v)(u-v)\|_0+\frac{1}{2}\|\partial_x(u+v)\partial_x(u-v)\|_{-\frac{1}{2}}$$
$$\leqslant C\|(u+v)\|_{L^\infty}\|u-v\|_0+C\|\partial_x(u+v)\|_{s-1}\|\partial_x(u-v)\|_{-\frac{1}{2}}$$
$$\leqslant C\left(\|u\|_s+\|v\|_s\right)\|u-v\|_{\frac{1}{2}}.$$

(3)
$$\|f(u)-f(v)\|_s=\left\|-\partial_x Q^{-2}((u+v)(u-v)+\frac{1}{2}(u_x+v_x)(u_x-v_x))\right\|_s$$
$$\leqslant\|(u+v)(u-v)\|_{s-1}+\frac{1}{2}\|(u_x+v_x)(u_x-v_x)\|_{s-1}$$
$$\leqslant\left(\|u\|_s+\|v\|_s\right)\|u-v\|_s+\frac{1}{2}\left(\|u\|_s+\|v\|_s\right)\|u-v\|_s$$
$$=\frac{3}{2}\left(\|u\|_s+\|v\|_s\right)\|u-v\|_s.$$

由 Kato 定理及引理 4.3.2~引理 4.3.5 可得定理 4.3.1.

类似于 Kato[8,9] 定理 1 的证明，有

定理 4.3.2　问题(4.3.1)的解的存在区间 T 在下列意义下，不依赖于 s 的取值：若 $u\in C([0,T];H^s)\cap C^1([0,T],H^{s-1})$ 是问题(4.3.1)具有初值 $u_0\in H^r\left(r>\dfrac{3}{2},r\neq s\right)$ 的解，则

$$u\in C([0,T];H^r)\cap C^1([0,T],H^{r-1}).$$

关于整体解的存在性，有如下的结论：

定理 4.3.3　设 $u_0\in H^s\cap L^1,s>\dfrac{3}{2}$ 且 $Q^2u_0=\left(I-\partial_x^2\right)u_0$ 不变号，则问题(4.3.1)在 H^s 中整体适定.

证明　类似于定理 4.1.2，问题(4.3.1)和(4.1.4)的解 u 和 y 有守恒律

$$\int_{\mathbf{R}}(u^2+u_x^2)\mathrm{d}x=\int_{\mathbf{R}}(u_0^2+u_{0,X}^2)\mathrm{d}x, \tag{4.3.7}$$

$$\int_{\mathbf{R}}(u^3+uu_x^2)\mathrm{d}x=\int_{\mathbf{R}}(u_0^2+u_0u_{0,x}^2)\mathrm{d}x,, \tag{4.3.8}$$

$$\int_{\mathbf{R}}y\mathrm{d}x=\int_{\mathbf{R}}u\mathrm{d}x=\int_{\mathbf{R}}u_0\mathrm{d}x=C. \tag{4.3.9}$$

先证存在常数 $K>0$，使得

$$\|u_x\|_{L^\infty}\leqslant K. \tag{4.3.10}$$

设 $u_0\in H^\infty$. 当 $\left(I-\partial_x^2\right)u_0\geqslant 0$ 时，$u\geqslant 0,y\geqslant 0$，

$$-u_x+\int_{-\infty}^x u\mathrm{d}\xi=\int_{-\infty}^x(u-u_{xx})\mathrm{d}\xi=\int_{-\infty}^x y\mathrm{d}\xi\leqslant\int_{\mathbf{R}}y\mathrm{d}\xi=C,$$

于是

$$-u_x\leqslant C.$$

当 $\left(I-\partial_x^2\right)u_0\leqslant 0$ 时，$u\leqslant 0,y\leqslant 0$. 于是

$$-u_x+\int_{-\infty}^x u\mathrm{d}\xi=\int_{-\infty}^x y\mathrm{d}\xi\leqslant 0,$$

即

$$-u_x\leqslant\int_{-\infty}^x(-u)\mathrm{d}\xi\leqslant-\int_{\mathbf{R}}u\mathrm{d}\xi=\int_{\mathbf{R}}(-u_0)\mathrm{d}\xi=C.$$

若考虑在 $(x,+\infty)$ 上积分，则类似地可得

$$u_x\leqslant|C|.$$

综上可得，存在常数 $K>0$，使得

$$\|u_x\|_{L^\infty}\leqslant K.$$

对于一般的 u_0，可通过 $u_0^\lambda=\mathrm{e}^{\lambda\partial_x^2}u_0$ 逼近，从而得到上述结果.

再证 $\|u\|_s$ 对任意 $T>0$，当 $0\leqslant t\leqslant T$ 时有界.

为方便起见，记 $f(u)=-\partial_x(I-\partial_x^2)^{-1}\left(u^2+\frac{1}{2}u_x^2\right)$. 于是

$$\frac{\mathrm{d}}{\mathrm{d}t}\|u(t)\|_s^2=-2(uu_x,u)_s+2(f(u),u)_s.$$

而

$$\begin{aligned}\left|\langle uu_x,u\rangle_s\right|&=\left|\left\langle Q^s(uu_x),Q^su\right\rangle_0\right|\\&=\left|\left\langle\left[Q^s,u\right]u_x,Q^su\right\rangle_0+\left\langle uQ^su_x,Q^su\right\rangle_0\right|\\&=\left|\left\langle\left[Q^s,u\right]u_x,Q^su\right\rangle_0-\frac{1}{2}\left\langle u_xQ^su,Q^su\right\rangle_0\right|\\&\leqslant\|u\|_s\left\|[Q^s,u]u_x\right\|_{L^2}+\frac{1}{2}\|u_x\|_{L^\infty}\|u\|_s^2\\&\leqslant C\|u_x\|_{L^\infty}\|u\|_s^2,\end{aligned}$$

$$\begin{aligned}\left|\langle f(u),u\rangle_s\right|&\leqslant\|u\|_s\left\|u^2+\frac{1}{2}u_x^2\right\|_{s-1}\\&\leqslant C\|u\|_s\left(\|u\|_{L^\infty}\|u\|_{s-1}+\|u_x\|_{L^\infty}\|u\|_s\right)\\&\leqslant C(\|u_0\|+\|u_x\|_{L^\infty})\|u\|_s^2.\end{aligned}$$

因此有

$$\begin{aligned}\frac{\mathrm{d}}{\mathrm{d}t}\|u(t)\|_s^2&\leqslant C(\|u_0\|_1+\|u_x\|_{L^\infty})\|u\|_s^2\\&\leqslant C(\|u_0\|_1+K)\|u\|_s^2,\quad s>\frac{3}{2},\end{aligned}$$

由 Gronwall 不等式可得

$$\|u(t)\|_s^2\leqslant\|u_0\|_s^2\,\mathrm{e}^{C(\|u_0\|_1+K)t}.$$

定理 4.3.3 证毕.

定理 4.3.4 初值问题(4.3.1)在 Sobolev 空间 $H^s\left(s>\frac{3}{2}\right)$ 中的适定性，在某种

意义下是最好的. Himonas 和 Misiolck 已举例说明当 $s<\frac{3}{2}$ 时. 初值问题的解是不适定的, 那么 $s=\frac{3}{2}$ 是否为 Camassa-Holm 方程初值问题局部适定性的临界值呢? R. Danchin 通过 Besov 空间 $B^s_{2,r}$ 证明了 $s=\frac{3}{2}$ 的某种临界性质.

定义 4.3.1 设 $s\in\mathbf{R}$, $r\in[1,+\infty]$, 记 $B^s_{2,r}=\left\{u\in\Phi' \mid \|u\|_{B^s_{2,r}}<+\infty\right\}$,

$$\|u\|_{B^s_{2,r}}=\left[\left(\int_{-1}^{1}(1+\xi^2)^s\left|\hat{u}(\xi)\right|^2\mathrm{d}\xi\right)^{r/2}+\sum_{q\in N}\left(\int_{2^q\leqslant|\xi|<2^{q+1}}(1+\xi^2)^s\left|\hat{u}(\xi)\right|^2 d\xi\right)^{r/2}\right]^{1/r}. \tag{4.3.11}$$

显然, $H^s=B^s_{2,2}$ 且若 $s'<\frac{3}{2}<s$, 则

$$H^3\mapsto B^{3/2}_{2,1}\mapsto H^{3/2}\mapsto B^{3/2}_{2,\infty}\mapsto H^{s'}. \tag{4.3.12}$$

$s=\frac{3}{2}$ 的临界性可由下述定理描述.

定理 4.3.5 Camassa-Holm 方程的初值问题在 $B^{3/2}_{2,1}$ 中是局部适定的, 而在 $B^{3/2}_{2,\infty}$ 中不是局部适定的.

事实上, 孤波解 $u_c(x,t)=c\mathrm{e}^{-|x-ct|}\in B^{3/2}_{2,\infty}$ 且当 $|c_1-c_2|$ 充分小时, $\|u_{c_1}(x,0)-u_{c_2}(x,0)\|^{\infty}_{B^{3/2}_{2,\infty}}$ 可以任意小. 而

$$\left\|u_{c_1}(x,t)-u_{c_2}(x,t)\right\|_{L^\infty\left(0,T;B^{3/2}_{2,+\infty}\right)}\geqslant 1,$$

对于介于空间 $B^{3/2}_{2,1}$, $B^{3/2}_{2,+\infty}$ 之间的空间 $B^{3/2}_{2,r}$ 及 $H^{3/2}$ 中的适定性问题仍是未知的.

4.4 Camassa-Holm 方程的 blow-up 问题

本节讨论 Camassa-Holm 方程的初值问题和周期边值问题解的 blow-up 问题.

定义 4.4.1 $u(x,t)$ 问题 (P) 在空间 S 中的解, 若存在 $T^*>0$ 使得

$$\lim_{t\to T^*}\|u(t,\cdot)\|_S=+\infty,$$

则称问题(P)在空间 S 中的解在有限时间内 blow-up.

定理 4.4.1 设 $u_0\in H^3, u_0'(0)<0$ 且 $u_0(x)$ 是奇函数, 则问题(4.1.1)的解在有限时间内 blow-up, 即存在 $T^*>0$ 使得

$$\lim_{t\to T^*}\|u(t,\cdot)\|_{H^3}=+\infty, \tag{4.4.1}$$

且 $T^*<\dfrac{-2}{u_0'(0)}$.

证明 设 $u(t,x)\in C([0,T^*);H^3(\mathbf{R}))\cap C^1([0,T^*);H^2(\mathbf{R}))$ 是问题(4.1.1)的解, 由 $u_0(x)$ 的奇性及解的唯一性易得 $u(t,x)$ 关于变量 x 是奇函数, 且对任意 $t\in[0,T^*)$,

$$u(t,0)=u_{xx}(t,0)=0.$$

令 $g(t)=u_x(t,0)$, 则 $g(t)\in C^1[0,T^*)$,

$$\begin{aligned}g'(t)=u_{xt}(t,0)&=-\left[-u_x^2-uu_{xx}-\frac{1}{2}\left(p*\left(u^2+\frac{u_x^2}{2}\right)\right)_{xx}\right]_{x=0}\\&=-\frac{1}{2}g^2(t)-\frac{1}{2}p*\left(u^2+\frac{u_x^2}{2}\right)\bigg|_{x=0}\\&\leqslant-\frac{1}{2}g^2(t).\end{aligned}$$

于是

$$\frac{1}{g(t)}\geqslant\frac{t}{2}+\frac{1}{g(0)},\quad t\in[0,T).$$

因此存在 $T^*>0$, 使得

$$\lim_{t\to T^*}u(t,0)=-\infty \tag{4.4.2}$$

且 $T^*\leqslant-\dfrac{2}{u_0'(0)}$. 由 Sobolev 嵌入定理可得式(4.4.1)成立.

一般地, 可以通过 $u_x(x,t)$ 的性态描述解的 blow-up 性质, 有

定理 4.4.2 设 $u_0\in H^3$, $u(t,x)\in C([0,T^*);H^3(\mathbf{R}))\cap C^1([0,T^*);H^2(\mathbf{R}))$ 是初值问题(4.1.1)的解, 则解在有限时间内 blow-up 的充要条件是存在 $T^*>0$, 使得

$$\lim_{t\to T^*}\inf m(t)=-\infty, \tag{4.4.3}$$

其中, $m(t)=\inf\limits_{x\in\mathbf{R}}\{u_x(t,x)\}$.

证明 设式(4.4.3)成立. 若解 $u(t,x)$ 整体存在, 则对任意 $T>0$, 存在 $M(T)>0$, 使得

$$\|u(t,\cdot)\|_{H^3}\leqslant M(T)$$

成立, 则由 Sobolev 嵌入定理可得

$$\|u_x(t,\cdot)\|_{L^\infty} \leqslant C\|u(t,\cdot)\|_{H^3} \leqslant CM(T),$$

这与(4.4.3)矛盾. 于是解 $u(t,x)$ 在有限时间内 blow-up.

反之, 设解 $u(t,x)$ 在有限时间内 blow-up, 则存在 $T^*>0$, 使得

$$\lim_{t\to T^*}\|u(t,\cdot)\|_{H^3} = +\infty. \tag{4.4.4}$$

若式(4.4.3)不成立, 则存在常数 $K>0$, 使得

$$u_t(t,x) \geqslant -K,\quad (t,x)\in[0,T^*)\times\mathbf{R} \tag{4.4.5}$$

成立, 则由 $\|u(t,\cdot)\|_{H^1}$ 的有界性及 Sobolev 嵌入定理知

$$\sup_{(t,x)\in[0,T^*)\times\mathbf{R}}|u(t,x)| < \infty.$$

若记 $y(t,x)=u(t,x)-u_{xx}(t,x)$, 则

$$\frac{\mathrm{d}}{\mathrm{d}t}\|y(t,\cdot)\|^2 = -3\int_{\mathbf{R}} u_x(t,x)y^2(t,x)\mathrm{d}x \leqslant 3K\|y(t,\cdot)\|^2.$$

于是

$$\|y(t,\cdot)\|^2 \leqslant \|y_0\|^2\,\mathrm{e}^{3KT^*},\quad 0\leqslant t<T^*. \tag{4.4.6}$$

由于光滑性不足, 采用逼近的方法估计 $\|y_x\|^2$. 设 $u_0^n(x)\in H^4(\mathbf{R})(n\geqslant 1)$ 且

$$\lim_{n\to\infty}\|u_0^n-u_0\|_{H^3}=0.$$

$u^n(t,x)$ 是问题(4.1.1)相应于初值 u_0^n 的解, 其最大存在区间为 $[0,T_n)$, $y^n(t,x)=u^n(t,x)-u_{xx}^n(t,x)(n\geqslant 1)$, 则

$$u^n(t,x)\in C([0,T_n);H^4(\mathbf{R}))\cap C^1([0,T_n);H^3(\mathbf{R}))$$

且

$$\frac{\mathrm{d}}{\mathrm{d}t}\|y^n(t,\cdot)\|_{H^1}^2 = -\int_{\mathbf{R}} u_x^n(t,x)\left[5\left(y_x^n(t,x)\right)^2+\left(y^n(t,x)\right)^2\right]\mathrm{d}x,\quad 0\leqslant t<T_n. \tag{4.4.7}$$

可以断言, 存在子列 $n_k\to\infty$, 使得

$$\inf_{t\in[0,T_{n_k})}\left[\inf_{x\in\mathbf{R}} u_x^{n_k}(t,x)\right] = -\infty. \tag{4.4.8}$$

否则, 对 n 充分大, 有

$$\inf_{t\in[0,T_{n_k})}\left[\inf_{x\in\mathbf{R}} u_x^{n_k}(t,x)\right] \geqslant -K_n,$$

则由(4.4.7)可推得

$$\frac{\mathrm{d}}{\mathrm{d}t}\left\|y^n(t,\cdot)\right\|_{H^1}^2 \leqslant 5K_n\left\|y^n(t,\cdot)\right\|_{H^1}^2, \quad 0\leqslant t<T_n,$$

即

$$\left\|y^n(t,\cdot)\right\|_{H^1}^2 \leqslant \mathrm{e}^{5K_n t}\left\|y_0^n(\cdot)\right\|_{H^1}^2.$$

这意味着 $y^n(t,x)$ 整体存在(当 n 充分大时), 根据解对初值的连续依赖性可得 $u(t,x)$ 整体存在, 这与 $u(t,x)$ 在有限时间内 blow-up 矛盾. 因此 (4.4.7)成立. 这意味着

$$\sup_{t\in[0,T_{n_k})}\left\|u^{n_k}(t,\cdot)\right\|_{H^2}=+\infty,$$

即

$$\sup_{t\in[0,T_{n_k})}\left\|y^{n_k}(t,\cdot)\right\|_{L^2}=+\infty.$$

这与(4.4.6)出现矛盾, 于是(4.4.3)成立.

比定理 4.4.1 更一般地, 有

定理 4.4.3 设 $u_0\in H^3(\mathbf{R})$, 且 $y_0=u_0-u_{0xx}$ 满足 $\begin{cases}y_0(x)\geqslant 0, & x\in(-\infty,x_0],\\ y_0(x)\leqslant 0, & x\in[x_0,+\infty),\end{cases}$ 且 $y_0(x)$ 变号, 则问题(4.1.1)相应于初值 $u_0(x)$ 的解 $u(t,x)$ 在有限时间内 blow-up.

证明 设 $v(t,x)$ 为问题(4.1.11)的解, 则由(4.1.13)知

$$\begin{cases}y(t,v(t,x))\geqslant 0, & x\in(-\infty,x_0],\\ y(t,v(t,x))\leqslant 0, & x\in[x_0,+\infty).\end{cases} \tag{4.4.9}$$

考虑 $g(t)=u_x(t,v(t,x_0))$, 则

$$\begin{aligned}g'(t)&=u_{xt}(t,v(t,x_0))+u_{xx}(t,v(t,x_0))v_t(t,x_0)\\&=\left[u^2-\frac{1}{2}u_x^2-p*\left(u^2+\frac{1}{2}u_x^2\right)\right]\Bigg|_{x=v(t,x_0)},\end{aligned}$$

$$\begin{aligned}p*\left(u^2+\frac{1}{2}u_x^2\right)&=\frac{1}{2}\mathrm{e}^{-x}\int_{-\infty}^{x_0}\left(u^2+\frac{1}{2}u_x^2\right)\mathrm{e}^{\eta}\mathrm{d}\eta+\frac{1}{2}\mathrm{e}^{x}\int_{x_0}^{+\infty}\left(u^2+\frac{1}{2}u_x^2\right)\mathrm{e}^{-\eta}\mathrm{d}\eta\\&\geqslant\frac{1}{4}\mathrm{e}^{-x}\int_{-\infty}^{x_0}u^2\mathrm{e}^{\eta}\mathrm{d}\eta+\frac{1}{4}\mathrm{e}^{x}\int_{x_0}^{+\infty}u^2\mathrm{e}^{-\eta}\mathrm{d}\eta\\&\quad+\frac{1}{2}\mathrm{e}^{-x}\int_{-\infty}^{x_0}uu_x\mathrm{e}^{\eta}\mathrm{d}\eta-\frac{1}{2}\mathrm{e}^{x}\int_{x_0}^{+\infty}uu_x\mathrm{e}^{-\eta}\mathrm{d}\eta\\&=\frac{1}{2}u^2(t,x).\end{aligned} \tag{4.4.10}$$

于是

$$g'(t) \leqslant \frac{1}{2}(u^2 - u_x^2)\Big|_{x=v(t,x_0)},$$

$$\begin{aligned} g'(0) &\leqslant \frac{1}{2}\left(u_0^2(x_0) - u_{0x}^2(x_0)\right) \\ &= \frac{1}{2}\left(u_0(x_0) - u_{0x}(x_0)\right)\left(u_0(x_0) + u_{0x}(x_0)\right) \\ &= 2\mathrm{e}^{x_0}\int_{-\infty}^{x_0} y_0(\eta)\mathrm{e}^{\eta}\mathrm{d}\eta \cdot \mathrm{e}^{-x_0}\int_{x_0}^{+\infty} y_0(\eta)\mathrm{e}^{-\eta}\mathrm{d}\eta < 0, \end{aligned}$$

$$\begin{aligned} &\frac{\mathrm{d}}{\mathrm{d}t}\frac{1}{2}(u^2 - u_x^2)\Big|_{x=v(t,x_0)} \\ &= \left[u(u_t + u_x v_t) - u_x(u_{xt} + u_{xx}v_t)\right]\Big|_{x=v(t,x_0)} \\ &= \left[u_x^3 - u\left(p*(u^2 + \frac{u_x^2}{2})\right)_x - u_x\left(u^2 + \frac{u_x^2}{2} - p*(u^2 + \frac{u_x^2}{2})\right)\right]\Bigg|_{x=v(t,x_0)} \\ &= \left[\frac{1}{2}u_x^3 - u^2u_x\right]\Big|_{x=v(t,x_0)} + (u + u_x)\Big|_{x=v(t,x_0)}\frac{1}{2}\mathrm{e}^{-v(t,x_0)}\int_{-\infty}^{x_0}\left(u^2 + \frac{u_x^2}{2}\right)\mathrm{e}^{\eta}\mathrm{d}\eta \\ &\quad + (u_x - u)\Big|_{x=v(t,x_0)}\frac{1}{2}\mathrm{e}^{v(t,x_0)}\int_{x_0}^{+\infty}\left(u^2 + \frac{u_x^2}{2}\right)\mathrm{e}^{-\eta}\mathrm{d}\eta \end{aligned}$$

由条件(4.4.9)知

$$(u + u_x)\Big|_{x=v(t,x_0)} = \mathrm{e}^{v(t,x_0)}\int_{v(t,x_0)}^{+\infty} y(t,\eta)\,\mathrm{e}^{-\eta}\mathrm{d}\eta < 0,$$

$$(u_x - u)\Big|_{x=v(t,x_0)} = -\mathrm{e}^{-v(t,x_0)}\int_{-\infty}^{v(t,x_0)} y(t,\eta)\,\mathrm{e}^{\eta}\mathrm{d}\eta < 0,$$

结合式(4.4.10)的推导过程可得

$$\begin{aligned} \frac{\mathrm{d}}{\mathrm{d}t}\frac{1}{2}(u^2 - u_x^2)\Big|_{x=v(t,x_0)} &\leqslant \left[\frac{u_x^3}{2} - u^2u_x + (u + u_x)\frac{u^2}{4} + (u_x - u)\frac{u^2}{4}\right]\Bigg|_{x=v(t,x_0)} \\ &= \left[\frac{u_x}{2}(u_x - u)(u + u_x)\right]\Bigg|_{x=v(t,x_0)}. \end{aligned}$$

由式(4.4.9)知

$$u_x\Big|_{x=v(t,x_0)} < 0,\quad (u_x - u)\Big|_{x=v(t,x_0)} < 0,\quad (u_x + u)\Big|_{x=v(t,x_0)} < 0\,.$$

于是

$$\frac{\mathrm{d}}{\mathrm{d}t}\frac{1}{2}(u^2-u_x^2)\Big|_{x=v(t,x_0)}<0,$$

即 $\frac{1}{2}(u^2-u_x^2)\Big|_{x=v(t,x_0)}$ 单调递减. 因此

$$g'(t)<g'(0)<0,$$
$$g(t)<g(0)+g'(0)t.$$

由于 $\|u(t,\cdot)\|_{H^1}^2=\|u_0(\cdot)\|_{H^1}^2$ 及 $\|u(t,\cdot)\|_{L^\infty}^2\leqslant\frac{1}{2}\|u(t,\cdot)\|_{H^1}^2$. 于是存在 $t_0>0$ 使得

$$g^2(t)>2\|u(t,\cdot)\|_{L^\infty}^2.$$

因此

$$g'(t)\leqslant\frac{1}{2}u^2(t,v(t,x_0))-\frac{1}{2}u_x^2(t,v(t,x_0))\leqslant-\frac{1}{4}g^2(t),\quad t\in(t_0,+\infty),$$

积分得

$$g(t)\leqslant\frac{1}{(1/g(t_0)-t_0/4)+t/4},\quad t\in(t_0,+\infty).$$

由于 $\frac{1}{g(t_0)}-\frac{t_0}{4}<0$，$g(t)$ 只可能在有限时间内存在, 即 $T<+\infty$.

定理 4.4.4 与定理 4.1.4 是相对应的.

关于周期边值问题(4.1.14)的解的 blow-up, 有如下结论.

定理 4.4.5 设 $u_0\in H_{\mathrm{per}}^3[0,1], y_0=u_0-u_{0xx}$ 且 $\int_0^1 y_0(x)\mathrm{d}x=0, u_0(x)$ 不恒为 0, 则相应于初值 $u_0(x)$ 的周期边值问题(4.1.14)的解在有限时间内 blow-up.

证明 设周期边值问题(4.1.14)的解的最大存在区间为 $T>0$, 考虑函数

$$g(t)=\int_0^1 u_x^3(t,x)\mathrm{d}x,\qquad 0<t<T,$$

则

$$\begin{aligned}g'(t)&=3\int_0^1 u_x^2(t,x)u_{xt}(t,x)\mathrm{d}x\\&=3\int_0^1 u_x^2\left(-u_x^2-uu_{xx}+u^2+\frac{u_x^2}{2}-G*\left(u^2+\frac{u_x^2}{2}\right)\right)\mathrm{d}x\\&=-\frac{1}{2}\int_0^1 u_x^4\mathrm{d}x+3\int_0^1 u_x^2u^2\mathrm{d}x-3\int_0^1 u_x^2G*\left(u^2+\frac{u_x^2}{2}\right)\mathrm{d}x.\end{aligned}\tag{4.4.11}$$

由于 $\int_0^1 u(t,x)\mathrm{d}x=\int_0^1 y(t,x)\mathrm{d}x=\int_0^1 y_0(x)\mathrm{d}x=0$，对于任意 $0\leqslant t<T$，存在 $\xi_t\in[0,1]$ 使得 $u(t,\xi_t)=0$，因此

$$u^2(t,x)=\left(\int_{\xi_t}^x u_\eta(t,\eta)\,\mathrm{d}\eta\right)^2\leqslant(x-\xi_t)\int_{\xi_t}^x u_\eta^2(t,\eta)\,\mathrm{d}\eta,\quad x\in\left[\xi_t,\xi_t+\frac{1}{2}\right],\tag{4.4.12}$$

$$\begin{aligned}u^2(t,x)&=\left(-\int_x^{\xi_t+1}u_\eta(t,\eta)\,\mathrm{d}\eta\right)^2\\&\leqslant(\xi_t+1-x)\int_x^{\xi_t+1}u_\eta^2(t,\eta)\,\mathrm{d}\eta,\quad x\in\left[\xi_t,\xi_t+\frac{1}{2}\right],\end{aligned}\tag{4.4.13}$$

积分得

$$\begin{aligned}\int_{\xi_t}^{\xi_t+\frac{1}{2}}u^2u_x^2\mathrm{d}x&\leqslant\int_{\xi_t}^{\xi_t+\frac{1}{2}}\left[(x-\xi_t)\int_{\xi_t}^x u_x^2(t,\eta)\,\mathrm{d}\eta\right]u_x^2\mathrm{d}x\\&=\int_{\xi_t}^{\xi_t+\frac{1}{2}}(x-\xi_t)\,\mathrm{d}\left[\frac{1}{2}\int_{\xi_t}^x u_x^2(t,\eta)\mathrm{d}\eta\right]^2\\&=\frac{1}{2}(x-\xi_t)\left[\int_{\xi_t}^x u_x^2(t,\eta)\mathrm{d}\eta\right]^2\Bigg|_{\xi_t}^{\xi_t+\frac{1}{2}}-\frac{1}{2}\int_{\xi_t}^{\xi_t+\frac{1}{2}}\left[\int_{\xi_t}^x u_x^2(t,\eta)\mathrm{d}\eta\right]^2\mathrm{d}x\\&\leqslant\frac{1}{4}\left(\int_{\xi_t}^{\xi_t+\frac{1}{2}}u_x^2(t,\eta)\mathrm{d}\eta\right)^2.\end{aligned}$$

类似地，有

$$\int_{\xi_t+\frac{1}{2}}^{\xi_t+1}u^2u_x^2\mathrm{d}x\leqslant\frac{1}{4}\left(\int_{\xi_t+\frac{1}{2}}^{\xi_t+1}u_x^2(t,\eta)\mathrm{d}\eta\right)^2.$$

由函数 $u(t,x)$ 关于变量 x 的周期性,

$$\int_0^1 u^2u_x^2\mathrm{d}x\leqslant\frac{1}{4}\left(\int_0^1 u_x^2(t,\eta)\mathrm{d}\eta\right)^2,\tag{4.4.14}$$

$$G(x)=\frac{\cosh(x-[x]-1/2)}{2\sinh(1/2)}\geqslant\frac{1}{2\sinh(1/2)},$$

$$\begin{aligned}\int_0^1 u_x^2G*\left(u^2+\frac{u_x^2}{2}\right)\mathrm{d}x&\geqslant\frac{1}{2\sinh(1/2)}\int_0^1\left(u^2+\frac{u_x^2}{2}\right)\mathrm{d}x\int_0^1 u_x^2\mathrm{d}x\\&=\frac{1}{2\sinh(1/2)}\int_0^1 u^2\mathrm{d}x\int_0^1 u_x^2\mathrm{d}x+\frac{1}{4\sinh(1/2)}\left(\int_0^1 u_x^2\mathrm{d}x\right)^2,\end{aligned}\tag{4.4.15}$$

因此

$$g'(t) \leqslant -\frac{1}{2}\int_0^1 u_x^4 \mathrm{d}x \frac{3}{2\sinh(1/2)}\int_0^1 u^2 \mathrm{d}x \int_0^1 u_x^2 \mathrm{d}x - \frac{3}{4\sinh(1/2)}\left(\int_0^1 u_x^2 \mathrm{d}x\right)^2 + 3\int_0^1 u^2 u_x^2 \mathrm{d}x. \tag{4.4.16}$$

由式(4.4.14)可得

$$2\int_0^1 u^2 u_x^2 \mathrm{d}x \leqslant \frac{1}{2}\left(\int_0^1 u_x^2(t,\eta)\mathrm{d}\eta\right)^2.$$

由 Hölder 不等式及(4.4.12)和(4.4.13)可得

$$\begin{aligned}\int_0^1 u^2 u_x^2 \mathrm{d}x &\leqslant \frac{\sinh\ (1/2)}{12}\int_0^1 u_x^4 \mathrm{d}x + \frac{3}{\sinh\ (1/2)}\int_0^1 u^4 \mathrm{d}x \\ &\leqslant \frac{\sinh\ (1/2)}{12}\int_0^1 u_x^4 \mathrm{d}x + \frac{3}{\sinh\ (1/2)}\int_0^1 u^2 \mathrm{d}x \cdot \frac{1}{2}\int_0^1 u_x^2 \mathrm{d}x.\end{aligned}$$

代入(4.4.16), 则有

$$g'(t) \leqslant -\left(\frac{1}{2} - \frac{\sinh\ (1/2)}{12}\right)\int_0^1 u_x^4 \mathrm{d}x - \left(\frac{3}{4\sinh\ (1/2)} - \frac{1}{2}\right)\left(\int_0^1 u_x^2 \mathrm{d}x\right)^2.$$

另一方面,

$$\begin{aligned}I_0 &= \int_0^1 \left(u_0^2 + u_{0x}^2\right)\mathrm{d}x = \int_0^1 \left(u^2 + u_x^2\right)\mathrm{d}x \\ &\leqslant \int_{\xi_t}^{\xi_t + \frac{1}{2}}\left[(x-\xi_t)\int_{\xi_t}^x u_x^2(t,\eta)\mathrm{d}\eta\right]\mathrm{d}x \\ &\quad + \int_{\xi_t+\frac{1}{2}}^{\xi_t+1}\left[(\xi_t + 1 - x)\int_x^{\xi_t+1} u_x^2(t,\eta)\mathrm{d}\eta\right]\mathrm{d}x + \int_0^1 u_x^2(t,\eta)\mathrm{d}\eta \\ &\leqslant \frac{9}{8}\int_0^1 u_x^2 \mathrm{d}x.\end{aligned}$$

于是

$$g'(t) \leqslant -\frac{1}{4}\int_0^1 u_x^4 \mathrm{d}x - \beta,$$

其中, $\beta = \left(\frac{8}{9}I_0\right)^2\left(\frac{3}{4\sinh\ (1/2)} - \frac{1}{2}\right) > 0$.而

$$g(t) = \int_0^1 u_x^3 \mathrm{d}x \leqslant \left(\int_0^1 u_x^4 \mathrm{d}x\right)^{\frac{3}{4}},$$

因此

$$g'(t) \leqslant -\frac{1}{4} g(t)^{\frac{4}{3}} - \beta,$$

$$g(t) \leqslant g(0) - \beta t.$$

于是存在 $t_0 > 0$，使得 $g(t) < 0, t \geqslant t_0$，再由 $g'(t) \leqslant -\frac{1}{4} g(t)^{\frac{4}{3}}$ 积分得

$$g(t)^{-\frac{1}{3}} \geqslant g(t_0)^{-\frac{1}{3}} + \frac{3}{4}(t - t_0).$$

若解 $u(t,x)$ 整体存在，则当 $t \to +\infty$ 时，不等式的右边趋于 $+\infty$，而左边小于 0，出现矛盾. 因此，解 $u(t,x)$ 在有限时间内 blow-up.

4.5　尖峰解的轨道稳定性

Camassa-Holm 方程

$$u_t - u_{xxt} + 3uu_x = 2u_x u_{xx} + uu_{xxx} \tag{4.5.1}$$

的守恒形式为

$$u_t + \frac{1}{2}\left(u^2 + G * \left(u^2 + \frac{1}{2}u_x^2\right)\right)_x = 0. \tag{4.5.2}$$

在方程(4.5.2)的意义下, Camassa-Holm 方程有孤立波(尖峰解)

$$u(x,t) = c\mathrm{e}^{-|x-ct|} = \varphi_c, \quad c \in \mathbf{R}. \tag{4.5.3}$$

该函数连续, 但其一阶偏导数在最高点处间断.

实验证明：尖峰解(4.5.3)是孤立子, 即波的大小和高度经碰撞后不变. 本节研究 Camassa-Holm 方程孤立波的稳定性. 一般来说, 稳定性可分为 3 类. 第 1 类是线性稳定性, 即通过解附近的小扰动得到线性化方程, 考虑其 Lyapunov 稳定性; 第 2 类稳定性, 即考察在某种泛函下解的稳定性, 如解是否达到该泛函的极小值等; 第 3 类是依轨道的稳定性.

定义 4.5.1　若对于任意 $\varepsilon > 0$，存在 $\delta > 0$，使得对于任意 $u_0(x) \in H^3(\mathbf{R})$，$\|u_0 - \varphi_c\|_{H^1(\mathbf{R})} < \delta$，$u(x,t)$ 为方程(4.5.1)具有初值 $u(0) = u_0$ 在 $[0, t_0]$ 上的解，则 $u(x,t)$ 能连续延拓到 $[0, +\infty)$，且

$$\sup_{t \geqslant 0} \inf_{r \in \mathbf{R}} \|u(t) - \varphi_c(\cdot - r)\|_{H^1(\mathbf{R})} < \varepsilon, \tag{4.5.4}$$

则称轨线 $\varphi_c = c\varphi(x - ct)$ 是轨道稳定的.

由于 Camassa-Holm 方程并不是对所有初值 $u_0 \in H^3(\mathbf{R})$ 都有整体解存在，而

当u_0满足$u_0 - u_{0xx} > (<) 0$时，初值问题的整体解是存在的. 因此，考虑 Camassa-Holm 方程孤立波的轨道稳定性时，在上述定义中要求初值u_0满足$u_0 - u_{0xx} > (<) 0$.

定理 4.5.1 Camassa-Holm 方程的尖峰解(4.5.3)是轨道稳定的.

当$c=1$时，记$\varphi_c = \varphi$. 对任意$u \in H^1(\mathbf{R})$，记

$$E(u) = \int_{\mathbf{R}} \left(u^2 + u_x^2\right) \mathrm{d}x, \quad F(u) = \int_{\mathbf{R}} \left(u^3 + u u_x^2\right) \mathrm{d}x,$$

则

$$E(\varphi) = 2, \quad F(\varphi) = \frac{4}{3}.$$

引理 4.5.1 设$u \in H^1(\mathbf{R})$，$M = \max\limits_{x \in \mathbf{R}} \{u(x)\}$，则

$$F(u) \leqslant M E(u) - \frac{2}{3} M^3. \tag{4.5.5}$$

证明 设最大值M在点ξ处取到，令

$$g(x) = \begin{cases} u(x) - u_x(x), & x \leqslant \xi, \\ u(x) + u_x(x), & x > \xi, \end{cases}$$

则

$$\int_{\mathbf{R}} g^2(x) \mathrm{d}x = E(u) - 2u^2(\xi) = E(u) - 2M^2,$$

$$\int_{\mathbf{R}} u(x) g^2(x) \mathrm{d}x = F(u) - \frac{4}{3} u^3(\xi) = F(u) - \frac{4}{3} M^3,$$

于是

$$F(u) - \frac{4}{3} M^3 = \int_{\mathbf{R}} u(x) g^2(x) \mathrm{d}x \leqslant M \int_{\mathbf{R}} g^2(x) \mathrm{d}x = M(E(u) - 2M^2),$$

即(4.5.5)成立.

由 Sobolev 嵌入定理有

$$u(x) \leqslant M \leqslant \sqrt{E(u)}.$$

引理 4.5.2 设$u(x,t)$是方程(2.5.1)满足初始条件$u(0) = u_0$的解，若对$\delta > 0$，u_0满足$\|u_0 - \varphi\| \leqslant \delta$，则

$$\left|E(u) - E(\varphi)\right| \leqslant \delta(\delta + 2\sqrt{2}), \tag{4.5.6}$$

$$\left|F(u) - F(\varphi)\right| \leqslant \delta\left(\frac{\delta^2}{\sqrt{2}} + 3\delta + 3\sqrt{2}\right), \tag{4.5.7}$$

$$\left|\max_{x \in \mathbf{R}} u(x,t) - 1\right| < \sqrt{17\delta}, \quad \text{当}\delta\text{充分小时} \tag{4.5.8}$$

证明　由定理 4.1.4 知解 $u(x,t)$ 整体存在，且满足

$$E(u)=E(u_0),\quad F(u)=F(u_0).$$

于是

$$\begin{aligned}|E(u)-E(\varphi)|&=|E(u_0)-E(\varphi)|\\&=\left|\|u_0\|_{H^1}-\|\varphi\|_{H^1}\right|\left|\|u_0\|_{H^1}+\|\varphi\|_{H^1}\right|\\&\leqslant\left|\|u_0\|_{H^1}-\|\varphi\|_{H^1}\right|\left(\|u_0-\varphi\|_{H^1}+2\|\varphi\|_{H^1}\right)\\&<\delta(2\sqrt{2}+\delta),\end{aligned}$$

$$\begin{aligned}|F(u)-F(\varphi)|&=|F(u_0)-F(\varphi)|\\&=\left|\int_{\mathbf{R}}(u_0-\varphi)\left(u_0^2+u_{0x}^2\right)\mathrm{d}x\right|\\&\quad+\left|\int_{\mathbf{R}}\varphi\left[(u_0-\varphi)^2+2\varphi\left(u_0-\varphi\right)+(u_{0x}-\varphi_x)^2+2\varphi_x(u_{0x}-\varphi_x)\right]\mathrm{d}x\right|\\&\leqslant\|u_0-\varphi\|_{L^\infty}E(u_0)+\|\varphi\|_{L^\infty}\left(\|u_0-\varphi\|_{H^1}^2+2\|\varphi\|_{H^1}\|u_0-\varphi\|_{H^1}\right)\\&\leqslant\frac{\delta}{\sqrt{2}}\left(2+\delta^2\right)+\left(\delta^2+2\sqrt{2}\delta\right)\\&=\delta\left(3\sqrt{2}+3\delta+\frac{\delta^2}{\sqrt{2}}\right).\end{aligned}$$

由式(4.5.5)，有

$$\begin{aligned}0&\geqslant M^3-\frac{3}{2}E(u)M+\frac{3}{2}F(u)\\&=M^3-3M+2-\frac{3}{2}\left(E(u)-E(\varphi)\right)M+\frac{3}{2}\left(F(u)-F(\varphi)\right)\\&=(M-1)^2(M+2)-\frac{3}{2}\left(E(u)-E(\varphi)\right)M+\frac{3}{2}\left(F(u)-F(\varphi)\right).\end{aligned}$$

于是

$$(M-1)^2\leqslant\frac{\frac{3}{2}|E(u)-E(\varphi)|M+\frac{3}{2}|F(u)-F(\varphi)|}{M+2}.$$

由 $F(\varphi)=\dfrac{4}{3}$ 及式(2.5.7)可得 $M>0$，且

$$\frac{4/3-\delta\left(3\sqrt{2}+3\delta+\delta^2/\sqrt{2}\right)}{2+\delta\left(2\sqrt{2}+\delta\right)}\leqslant\frac{F(u)}{E(u)}\leqslant M\leqslant\frac{\sqrt{E(u)}}{\sqrt{2}}\leqslant\frac{\delta+\sqrt{2}}{\sqrt{2}}=1+\frac{\delta}{\sqrt{2}}.$$

于是

$$(M-1)^2 \leqslant \frac{3/2\left(\delta\left(2\sqrt{2}+\delta\right)\right)\left(1+\delta/\sqrt{2}\right)+\frac{3}{2}\delta\left(3\sqrt{2}+3\delta+\delta^2/\sqrt{2}\right)}{\frac{4/3-\delta\left(3\sqrt{2}+3\delta+\delta^2/\sqrt{2}\right)}{2+\delta\left(2\sqrt{2}+\delta\right)}+2}$$

$$=\left(\frac{45}{4}\sqrt{2}+\frac{153}{8}\delta+o(\delta)\right)\delta.$$

定理 4.5.1 的证明 不失一般性, 可设$c=1$. 对于任意$\xi\in\mathbf{R}$, 有

$$\begin{aligned}\|u-\varphi(\cdot-\xi)\|_{H^1}^2 &= E(u)+E(\varphi)-4u(\xi)\\ &= E(u)-E(\varphi)-4\left(u(\xi)-1\right),\end{aligned}$$

取 ξ 为 $u(x,t)$ 在 $x\in\mathbf{R}$ 取到最大值的任一点, 对于任意 $\varepsilon>0$, 取 $\delta<\min\left\{\frac{1}{20},\left(\frac{\varepsilon}{5}\right)^4\right\}$, 则有

$$\begin{aligned}\|u-\varphi(\cdot-\xi)\|_{H^1} &\leqslant \sqrt{|E(u)-E(\varphi)|+4|u(\xi)-1|}\\ &\leqslant \sqrt{\delta(2\sqrt{2}+\delta)+4\sqrt{17\delta}}<\varepsilon.\end{aligned}$$

于是

$$\sup_{t\geqslant 0}\inf_{r\in\mathbf{R}}\|u(t)-\varphi_c(\cdot-r)\|_{H^1(\mathbf{R})}\leqslant \sup_{t\geqslant 0}\|u(t)-\varphi_c(\cdot-\xi)\|_{H^1(\mathbf{R})}<\varepsilon,$$

即 Camassa-Holm 方程的尖峰解(4.5.3)是轨道稳定的.

该结论也可用变分理论结合集中紧与补偿紧方法证明.

参 考 文 献

[1] Constantin A, Escher J. Global existence and blow-up for a shallow water equation. Annali Scuola Norm Sup Pisa, 1998, 26: 303~328

[2] Constantin A, Escher J. Global weak solutions for a shallow water equation. Indiana Univ Math J, 1998, 47: 1527~1545

[3] Xin Z, Zhang P. On the weak solutions to a shallow water equations. Commun Pure Appl Math, 2000, 53: 1411~1433

[4] Kato T. Quasi-linear equations of evolution, with applications to partial differential equations. *In*: Spetral theory and differential equations. Springer Lecture Notes in Mathematics, 1975, 448: 25~70

[5] Rodriguez-Blanco G. On the Cauchy problem for the Camassa-Holm equation. Nonlinear Anal Theory Methods Appl, 2001, 46: 309~327

[6] Kato T. On the Korteweg-de-Vries equation. Manuscripta Math, 1979, 28: 89~99

[7] Kato T. On the Cauchy problem for the (generalized) Korteweg-de-Vries equation, Studies in Applied Mathematics.

Adv. Math. Suppl. Stud. New York: Academic Press, 1983, 8: 93~128

[8] Kato T. Abstract evolution equations, linear and quasilinear, revisited. *In*: Functional analysis and Related Topics, 1991 Kyoto, Lecture Notes in Math, Springer, Berlin, 1993, 1540: 103~125

[9] Kato T, Ponce G. Commutator estimates and the Euler and Navier-Stokes equations. Comm Pure Appl Math, 1988, 41(7): 891~907

[10] Constantin A. On the Cauchy problem for the periodic Camassa-Holm equation. J Differential Equations, 1997, 141: 218~235

[11] Constantin A. Global existence of solutions and breaking waves for a shallow water equation: a geometric approach. Ann Inst Fourier(Grenoble), 2000, 50: 321~362

[12] Constantin A, Strauss W. Stability of peakons. Commun Pure Appl Math, 2000, 53: 603~610

[13] Danchin R. A note on well-posedness for Camassa-Holm equation. J Differential Equations, 2003, 192: 429~444

[14] Constantin A, Molinet L. Global weak solutions for a shallow water equation. Comm Math Phys, 2000, 211: 45~61

[15] Constantin A, Molinet L. Orbital stability of solitary waves for a shallow water equation. Physica D, 2001, 157: 75~89

[16] Molinet L. On well-posedness results for Camassa-Holm equation on the line:A survey. J Nonlinear Mathematical Physics, 2004, 11: 521~533

[17] Constantin A, Escher J. Well-posedness, global existence, and blowup phenomena for a periodic quasi-linear hyperbolic equation. Comm Pure Appl Math, 1998, 51: 475~504

[18] 杨灵娥，郭柏灵. 浅水波方程的初边值问题. 数学理论与应用，2003, 23: 1~10

[19] Yang Ling-e, Guo Boling. Existence of the classical solution and slmost periodic solution for the Camassa-Holm equations. Progress in Natural Science, 2004, 14(4): 303~308

[20] Yang Ling-e, Guo Boling. Global attrator for Camassa-Holm type equations with dissipative. 数学物理学报(英文版), 2005(25): 621~628

第5章 Degasperis-Procesi方程激波的形成及动力学分析

5.1 引 言

Degasperis-Procesi 非线性水波方程的解在有限时间内可能不连续. Coclite 和 Karlsen 研究出该方程有一个唯一确定的熵弱解, 它提供了经过一点的自然延长. 这里仔细研究了包括解的相互作用尖峰和反尖峰. 当尖峰遇到反尖峰得到一个跳跃不连续, 且这种情形下的熵弱解称为“激波”. 为了位置、动量和抗冲强度, 美国国家标准委员会把偏微分方程简化为常微分方程的一个体系.

5.1.1 尖峰

Degasperis-Procesi(DP)方程为

$$m_t + m_x u + 3mu_x = 0, \quad m = u - u_{xx}, \tag{5.1.1}$$

被 Degasperis 和 Procesi 从下面的 3 个方程族中独立出来

$$u_t - \alpha^2 u_{xxt} + \gamma u_{xxx} + c_0 u_x = (c_1 u^2 + c_2 u_x^2 + c_3 u u_{xx})_x. \tag{5.1.2}$$

该方程族满足三阶对称可积、完全可积的必要条件. 其他两个方程为 KdV 方程 $u_t + uu_x + u_{xxx} = 0$ 和 Camassa-Holm(CH)浅水波方程[5]

$$m_t + m_x u + 2mu_x = 0, \quad m = u - u_{xx}, \tag{5.1.3}$$

它们都是可积的. Degasperis 等[10]通过构造 Lax 对和双哈密顿结构, 研究出 DP 方程也是可积的. 尽管 DP 方程和 CH 方程在许多方面是很相似的, 它们之间也有重要的不同之处.

使得 CH 方程成名的一个特征就是它有一族弱解称为尖峰. 尖峰(尖的孤立子)是有 $u = m_0 G(x - x_0)$ 形式的水波, 其中,

$$G(x) = \mathrm{e}^{-|x|}. \tag{5.1.4}$$

水波的形状对应于动量 $m = u - u_{xx} = 2m_0\delta(x - x_0)$ 为离散测度(δ 为 Dirac delta 分布). 如果 m_0 为常数且 $x_0(t) = x_0(0) + m_0 t$, 那么尖峰就是一个行波解且若 $m_0 > 0$ 的话波向右移动. 当 $m_0 < 0$ 时尖峰向左移动称之为反尖峰. CH 方程的 n 尖峰是相互作用尖峰的重叠,

$$\begin{cases} u(x,t)=\sum_{i=1}^{n} m_i(t)G(x-x_i(t)), \\ m(x,t)=2\sum_{i=1}^{n} m_i(t)\delta(x-x_i(t)), \end{cases} \tag{5.1.5}$$

其中，位置 $x_1(t),\cdots,x_n(t)$ 和动量 $m_1(t),\cdots,m_n(t)$ 由下面的常微分方程系统控制:

$$\dot{x}_k=\sum_{i=1}^{n} m_i G(x_k-x_i),\quad \dot{m}_k=-\sum_{i=1}^{n} m_k m_i G'(x_k-x_i), \tag{5.1.6}$$

这是一个规范的哈密顿系统，其中，$H=\frac{1}{2}\sum_{i,j} m_i m_j G(x_i-x_j)$. 这里把数值零赋值为其他未定导数 $G'(0)$，因此

$$G'(x):=-\operatorname{sgn}(x)\mathrm{e}^{-|x|}=\begin{cases} \mathrm{e}^{x}, & x<0, \\ 0, & x=0, \\ -\mathrm{e}^{-x}, & x>0. \end{cases} \tag{5.1.7}$$

对我们来说这只是一个符号习惯，用来简化常微分方程(5.1.6)的尖峰形式且后来其他一些方程里也出现了. 然而，它也常常用来在偏微分方程(5.1.3)中为 mu_x 提供意义，否则函数 u_x 不能被准确地定义，其中，Dirac delta 对分布 m 是适合的. 查阅文献[2]来讨论为什么是适合的，接下来用另一种方法搞清楚弱解.

Degasperis 等[10]研究出 DP 方程也有尖峰解. 事实上，得到拟设(5.1.5)满足更一般的尖峰偏微分方程

$$m_t+m_x u+bmu_x=0,\quad m=u-u_{xx}. \tag{5.1.8}$$

在均匀的取样时刻研究了波的形状 $u(x,t)$. 两个尖峰都向右移动且没有碰撞发生($x_1=x_2$). 在相互作用前，左边尖峰比右边的尖峰(左边的实曲线)高而且速度快. 当尖峰靠近的时候，一些动量转移(虚曲线). 后来右边的尖峰更高速度更快(右边的实曲线). Degasperis-Procesi 方程的 2 尖峰解由图 3.6 给出，在纯尖峰情形有相同的定性行为.

由如图 5.1，当且仅当如果位移和动量满足如下常微分方程，可得到 2 尖峰解:

$$\dot{x}_k=u(x_k),\quad \dot{m}_k=-(b-1)m_k u_x(x_k), \tag{5.1.9}$$

其中，令 $x=x_k(t)$，将 $u(x_k(t),t)$ 速记为 $u(x_k)$，同样地对于 $u_x(x_k)$. 可积的 CH 方程和 DP 方程分别对应于 $b=2$ 和 $b=3$. 当 $b=2$ 时与(5.1.6)相符，而 $b=3$ 时给出了 DP 尖峰常微分方程

$$\dot{x}_k=\sum_{i=1}^{n} m_i G(x_k-x_i),\quad \dot{m}_k=-2\sum_{i=1}^{n} m_k m_i G'(x_k-x_i). \tag{5.1.10}$$

CH 方程和 DP 方程尖峰常微分方程(5.1.6)和(5.1.10)可以根据初始函数明确地

被解出来. $n=1$的情形很平凡, 在Camassa和Holm[5], Degasperis等[10]的原始文章中通过和与差分变量$x_1 \pm x_2$, $m_1 \pm m_2$的方法得到2尖峰解, 见图5.1. 对一般的n尖峰解通过反散射方法得到, CH方程的尖峰由 Beals等[2,3]得到, DP方程的尖峰由Lundmark和Szmigielski得到[18,19]. 下面的方程(5.3.2)和(5.3.6)为2尖峰公式, 以解的形式出现. 对于$n \geqslant 3$, 公式有相同的形式但是更加相关; 高效率地写下它们需要一系列的注, 在这省略掉.

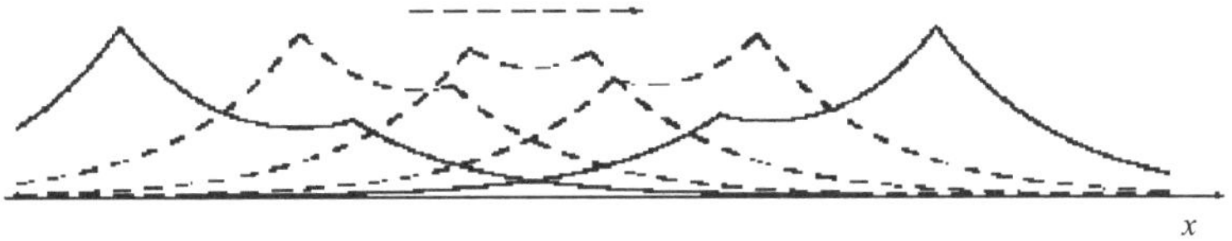

图5.1 Camassa-Holm方程的2尖峰解

由在纯尖峰情形解的精确公式(5.3.2)计算得来(m_1和m_2都为正的)

假设m_k总是非零的, 因此任何趋于零的m_k仍然为零且不为解. 不失一般性, 把注意力集中在满足下面条件的解:

$$x_1(t) < x_2(t) < \cdots < x_n(t). \tag{5.1.11}$$

当尖峰和反尖峰同时出现的时候, 在有限时间过后将会发生$x_k = x_{k+1}$, 这就是提到的碰撞. 它不是显然在碰撞发生时(或发生后)对偏微分方程解$u(x,t)$产生作用. 到目前为止CH方程已经被接受[2,4,12,22], 而DP方程式这篇文章主要研究对象. 在第3部分将继续讨论它.

在不影响可积性的情况下, 在CH方程(5.1.3)或DP方程(5.1.1)的左端加上一项αu_x, 那么得到光滑解且当$\alpha \to 0^+$时汇聚到尖峰. 对DP方程的情形最近由Matsuno研究得到[20,21].

在可积和不可积两种情况下, Holm和Staley讨论了尖峰偏微分方程(5.1.8)有大量可计算的解.

5.1.2 广义弱解

前面提到过的, 通过令$G'(0)=0$可以将尖峰特指为弱解, 一个更好地描述该方程的方法为

$$\begin{aligned}
0 &= m_t + m_x u + bmu_x \\
&= (u-u_{xx})_t + (b+1)uu_x - bu_x u_{xx} - uu_{xxx} \\
&= (1-\partial_x^2)\left[u_t + \left(\frac{1}{2}u^2\right)_x\right] + b\left(\frac{1}{2}u^2\right)_x + (3-b)\left(\frac{1}{2}u_x^2\right)_x,
\end{aligned} \tag{5.1.12}$$

再应用$1-\partial_x^2$的逆,

$$(1-\partial_x^2)^{-1}f=\frac{1}{2}G*f=\int_{\mathbf{R}}\frac{1}{2}e^{-|y|}f(x-y)dy.$$

这样得到

$$0=u_t+\partial_x\left[\frac{1}{2}u^2+\frac{1}{2}G*\left(\frac{b}{2}u^2+\frac{3-b}{2}u_x^2\right)\right], \tag{5.1.13}$$

所以 CH 方程$(b=2)$变为[9]

$$u_t+\partial_x\left[\frac{1}{2}u^2+\frac{1}{2}G*\left(u^2+\frac{1}{2}u_x^2\right)\right]=0, \tag{5.1.14}$$

DP 方程$(b=3)$变为[24]

$$u_t+\partial_x\left[\frac{1}{2}u^2+\frac{1}{2}G*\frac{3}{2}u^2\right]=0, \tag{5.1.15}$$

那么弱解(不仅仅是尖峰)在普通分布意义下被定义为满足守恒律(带有非局部通量)的函数.

对 CH 方程(5.1.14), 在关于x的弱解定义下, 由于方程中的u_x^2项自然地加至少H^1正则性. 光滑初值的破裂可能发生, 但仅仅是u_x变成奇异; 解u本身依然连续, 见 McKean[22]中的例. DP 方程(5.1.15)可以从相似的角度来研究, 如在初始条件$u_0\in H^s(\mathbf{R})$, $s>3/2$(因此u_{0x}连续)下殷研究了强解的存在性和适定性[24], 且当$u_0\in H^1(\mathbf{R})\cap L^3(\mathbf{R})$时的弱解[25]. 接下来 Liu 和 Yin[17]仔细研究了在$H^s\left(s>\frac{3}{2}\right)$下$u_x$的爆破.

然而, 尽管 DP 方程(5.1.15)不显含u_x, 最近 Coclite 和 Karlsen[7]考虑了不规则解, 证明了在不连续函数空间不同的存在性和唯一性结果. 把在分布$(x,t)\in\mathbf{R}\times[0,\infty)$意义下满足(5.1.15)的函数$u\in L^\infty(\mathbf{R}^+;L^2(\mathbf{R}))$称为弱解; 还把属于$L^\infty(0,T;BV(\mathbf{R}))$, $T>0$且在分布意义下满足下面的 Kruzkov 型熵条件的弱解称为熵弱解

$$\partial_t\eta(u)+\partial_x q(u)+\eta'(u)\partial_x\left[\frac{1}{2}G*\frac{3}{2}u^2\right]\leqslant 0. \tag{5.1.16}$$

对任意凸C^2熵$\eta:\mathbf{R}\to\mathbf{R}$对应于熵通量$q:\mathbf{R}\to\mathbf{R}$定义为$q'(u)=\eta'(u)u$. 接下来他们证明了 DP 方程对初始条件$u_0\in L^1(\mathbf{R})\cap BV(\mathbf{R})$存在唯一的熵弱解, 是光滑函数$u_\varepsilon$当$\varepsilon\to 0^+$的极限满足黏性规则

$$\partial_t u_\varepsilon + \partial_x \left[\frac{1}{2}u_\varepsilon^2 + \frac{1}{2}G * \frac{3}{2}u_\varepsilon^2\right] = \varepsilon\partial_x^2 u_\varepsilon . \tag{5.1.17}$$

在 Coclite 等[8]的文章中研究了几种 DP 方程这样的熵弱解的计算方法, 接下来 Coclite 和 Karlsen[6]研究了代替(5.1.16)满足 Oleinik 型熵条件的弱解.

本章的目的是在 Coclite 和 Karlsen 文献[7]的基础上为 DP 方程熵弱解提供具体的例子. 将考虑一系列解, 其中, $u(x,t)$在每个 t 时刻由有限个光滑片断组成, 每个都是 e^x 和 e^{-x} 的线性组合, 就像尖峰一样. 这些片断的新性质就是不需要连续函数的形式, 因此 u 可以有跳跃不连续. 将先列出广义"激波尖峰"和引起它的常微分方程组; 接着将研究 DP 方程当尖峰遇到反尖峰的时候解的形式, 且对比 CH 方程的情形; 最后研究激波尖峰常微分方程组几种特例的解.

5.2 DP 方程的激波尖峰解

令 $G(x)$ 和 $G'(x)$ 为前面(5.1.4)和(5.1.7)所定义; 特别注意到 $G'(0)=0$. 将寻找 DP 方程下面形式的解:

$$u(x,t) = \sum_{i=1}^{n} m_k(t)G(x - x_k(t)) + \sum_{i=1}^{n} s_k(t)G'(x - x_k(t)) , \tag{5.2.1}$$

也就是, n 激波尖峰的重叠, 每个形式为

$$mG(x) + sG'(x) = \begin{cases} (m+s)e^x, & x<0, \\ m, & x=0, \\ (m-s)e^{-x}, & x>0. \end{cases} \tag{5.2.2}$$

在 $x = x_k$ 处, 函数 $u(x,t)$ 就像尖峰一样在 u_x 有一个 $-2m_k$ 的跳跃, 但是函数 u 本身有一个 $-2s_k$ 的跳跃 (注: m 代表动量, s 代表抗冲强度), 见图 5.2 和图 5.3.

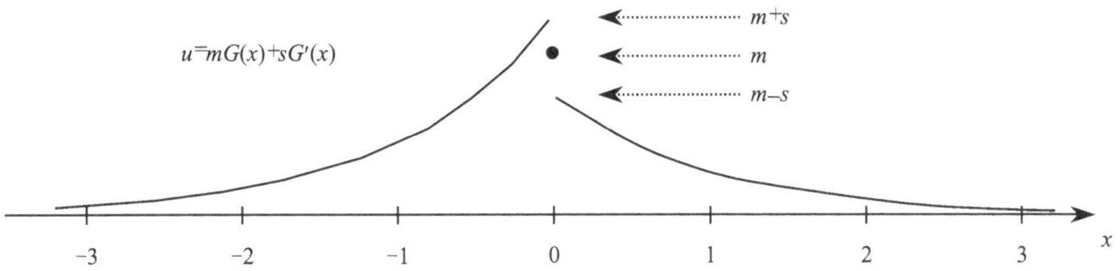

图5.2 动量 $m=1$, 抗冲强度 $s=\frac{1}{4}$ 的激波尖峰

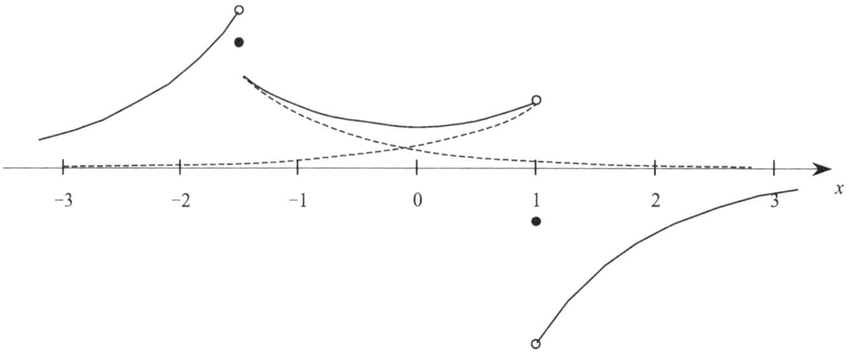

图5.3　两个激波尖峰(加点的曲线)的重叠(实曲线)

$$x_1=-\frac{3}{2},m_1=1,s_1=\frac{1}{4}\text{；}\quad x_2=1,m_2=-\frac{1}{2},s_2=1$$

如果要将(5.2.1)代替为 DP 方程的普通形式(5.1.1), 那么 $m=u-u_{xx}$ 将为分布 δ 与 δ' 的线性组合, 而 u_x 包含 δ, 因此方程 $m_t+m_xu+3mu_x=0$ 将包含无意义项的 Dirac delta 卷积. 通过 ad hoc 程序简单地忽略这样的项, 可以得到下面的(5.2.3), 当然需要严格地用适合的弱解公式(5.1.15)证明结果.

定理 5.2.1　激波尖峰拟设(5.2.1)满足 DP 方程弱形式(5.1.15)充要条件

$$\begin{cases}\dot{x}_k=u(x_k),\\ \dot{m}_k=2s_ku(x_k)-2m_k\{u_x(x_k)\},\\ \dot{s}_k=-s_k\{u_x(x_k)\},\end{cases}\tag{5.2.3}$$

其中, 波形括号表示非退化的部分, 也就是

$$u(x_k)=\sum_{i=1}^{n}m_iG(x_k-x_i)+\sum_{i=1}^{n}s_iG'(x_k-x_i)\tag{5.2.4}$$

且

$$\{u_x(x_k)\}:=\sum_{i=1}^{n}m_iG'(x_k-x_i)+\sum_{i=1}^{n}s_iG(x_k-x_i)\,.\tag{5.2.5}$$

证明　方程(5.1.15)可以写成 $u_t+\frac{1}{2}(u^2)_x+p_x=0$, 其中, $P=\frac{1}{2}G*\frac{3}{2}u^2$, $P=\frac{1}{2}G'*\frac{3}{2}u^2$. 这在分布空间 $D'(\mathbf{R}\times[0,\infty))$ 中满足, 意味着对任意的测试函数 $\phi(x,t)\in C_c^{\infty}(\mathbf{R}\times[0,\infty))$,

$$\int_0^{\infty}\int_{\mathbf{R}}\left(u\phi_t+\frac{1}{2}u^2\phi_x-P_x\phi\right)\mathrm{d}x\mathrm{d}t+\int_{\mathbf{R}}u_0(x)\phi(x,0)\mathrm{d}x=0.\tag{5.2.6}$$

就像在文献[7]注 3.3 的解释一样，可以在 L^1 下理解初始条件，当 $t\to 0^+$ 时 $\|u(\cdot,t)-u_0\|_{L^1}\to 0$，且通过控制测试函数的选择使得 $\phi(x,0)=0$ 来化简.

此外，将具有形式 $u(x,t)=f(x-x_0(t))$ 的函数，其中，$f(x)$ 任意 $x_0(t)$ 可微. 对这样的函数，分布对 t 的偏导数为

$$
\begin{aligned}
\langle u_t,\phi\rangle &= -\int_0^\infty\int_{\mathbf{R}} f(x-x_0(t))\phi_t(x,t)\mathrm{d}x\mathrm{d}t\\
&= -\int_0^\infty\int_{\mathbf{R}} f(x)\phi_t(x+x_0(t),t)\mathrm{d}x\mathrm{d}t\\
&= -\int_0^\infty\int_{\mathbf{R}} f(x)\left(\frac{\mathrm{d}}{\mathrm{d}t}\phi(x+x_0(t),t)-\dot{x}_0(t)\phi_x(x+x_0(t),t)\right)\mathrm{d}x\mathrm{d}t\\
&= \int_0^\infty\left(\dot{x}_0(t)\int_{\mathbf{R}} f(x-x_0(t))\phi_x(x,t)\mathrm{d}x\right)\mathrm{d}t.
\end{aligned}
$$

内积可以看作分布 $-f'(x-x_0(t))\in D'(\mathbf{R})$ 对仅依赖参数 t 的测试函数 $\phi(\cdot,t)\in C_c^\infty(\mathbf{R})$ 的作用. 显然 $f'(x)$ 为 $f(x)$ 在 $D'(\mathbf{R})$ 内的分布微分. 在这个理解下，函数成为对固定的 t 关于 x 的分布，把 u_t 与 $-\dot{x}_0(t)f'(x-x_0(t))$ 看作一个整体. 相似地，对形如 $u(x,t)=m_0(t)f(x-x_0(t))$ 的函数可以证明链式法则成立，所以 $u_t=\dot{m}_0f(x-x_0)-m_0\dot{x}_0f'(x-x_0)$.

这意味着可以通过把 $u_t+\frac{1}{2}(u^2)_x+P_x$ 看作分布关于变量 x 的微积分学链法则来简化计算过程，不包含测试函数和双重积分. 简写 $G(x-x_x(t))$ 作 G_k，拟设(5.2.1)为 $u=\sum_{k=1}^n(m_kG_k+s_kG_k')$，根据上面的说明立即得到

$$
u_t=\sum_{k=1}^n\left(\dot{m}_kG_k-m_k\dot{x}_kG_k'+\dot{s}_kG'-s_k\dot{x}_k(G_k-2\delta_k)\right),\tag{5.2.7}
$$

其中，$\delta_k=\delta(x-x_k(t))$，并且

$$
u^2=\sum_{k,l=1}^n\left(m_km_lG_kG_l+s_ks_lG_k'G_l'+m_ks_l'G_kG_l'+s_km_lG_k'G_l\right),\tag{5.2.8}
$$

因此

$$
\begin{aligned}
(u^2)_x=\sum_{k,l=1}^n&((m_km_l+s_ks_l)(G_kG_l'+G_k'G_l)+(m_ks_l'+s_km_l)(G_kG_l+G_k'G_l')\\
&-2[s_ks_l(G_k'\delta_l+G_l'\delta_k)+m_ks_lG_k\delta_l+m_ls_kG_l\delta_k]).
\end{aligned}\tag{5.2.9}
$$

还要计算 $G'*u^2$，这更加地复杂. 当处理 G_kG_l 这样的项的时候自然可以用两点 x_k 和 x_l 实线分为三段(或如果 $x_k=x_l$ 则为两段)，然后把该项写成各个区间断上函

数和的形式. 如果 $x\in I$, 令 $\chi_I(x)$ 为 1 否则为 0, 且令 $i\leqslant j$ 为使 $\min(x_k,x_l)=x_i$, $\max(x_k,x_l)=x_j$ 成立的唯一指数. 那么

$$\begin{cases} G_kG_l=a_{kl}+b_{kl}+c_{kl}, \\ G'_kG'_l=a_{kl}-b_{kl}+c_{kl}, \\ G_iG'_j=a_{kl}+b_{kl}-c_{kl}, \\ G'_iG_j=a_{kl}-b_{kl}-c_{kl}, \end{cases} \tag{5.2.10}$$

其中,

$$a_{kl}(x)=\frac{G_kG_l+G'_kG'_l+G_kG'_l+G'_kG_l}{4}=\mathrm{e}^{2x-x_k-x_l}\chi_{(-\infty,x_i)}(x),$$
$$b_{kl}(x)=\frac{G_kG_l-G'_kG'_l}{2}=\frac{G_iG'_j-G'_iG_j}{2}=\mathrm{e}^{-|x_k-x_l|}\chi_{(x_i,x_j)}(x),$$
$$c_{kl}(x)=\frac{G_kG_l+G'_kG'_l-G_kG'_l-G'_kG_l}{4}=\mathrm{e}^{-2x+x_k+x_l}\chi_{(x_j,\infty)}(x).$$

(这些等式在除了 x_k 和 x_l 外每一点都成立, 所以它们在分布的意义下成立.)现在,

$$(G'*a_{kl})(x)=\int_{\mathbf{R}}G'(x-y)\mathrm{e}^{2y-x_i-x_j}\chi_{(-\infty,x_i)}(y)\mathrm{d}y.$$

如果 $x<x_i$, 上式等于

$$\mathrm{e}^{-x_i-x_j}\left(\int_{-\infty}^{x}(-\mathrm{e}^{y-x})\mathrm{e}^{2y}\mathrm{d}y+\int_{x}^{x_i}\mathrm{e}^{x-y}\mathrm{e}^{2y}\mathrm{d}y\right),$$

且如果 $x_i<x$,

$$\mathrm{e}^{-x_i-x_j}\int_{-\infty}^{x_i}(-\mathrm{e}^{y-x})\mathrm{e}^{2y}\mathrm{d}y,$$

计算积分得到下面结果:

$$\begin{aligned}(G'*a_{kl})(x)&=\left(-\frac{4}{3}\mathrm{e}^{2x-x_i-x_j}+\mathrm{e}^{x-x_j}\right)\chi_{(-\infty,x_i)}(x)-\frac{1}{3}\mathrm{e}^{-x+2x_i-x_j}\chi_{(x_i,\infty)}(x)\\&=-\frac{4}{3}a_{kl}+\mathrm{e}^{x_i-x_j}\frac{G_i+G'_i}{2}-\frac{1}{3}\mathrm{e}^{x_i-x_j}\frac{G_i-G'_i}{2}.\end{aligned}$$

同样地计算 $G'*b_{kl}$ 和 $G'*c_{kl}$, 得到

$$\begin{cases} G'*a_{kl}=\dfrac{1}{3}\mathrm{e}^{-|x_k-x_l|}(G_i+2G'_i)-\dfrac{4}{3}a_{kl}, \\ G'*b_{kl}=\mathrm{e}^{-|x_k-x_l|}(G_i-G_j), \\ G'*c_{kl}=\dfrac{1}{3}\mathrm{e}^{-|x_k-x_l|}(-G_j+2G'_j)+\dfrac{4}{3}c_{kl}. \end{cases} \tag{5.2.11}$$

由(5.2.10)和(5.2.11)得到

$$G' * (G_k G_l) = \frac{2}{3}e^{-|x_k - x_l|}(2G_i - 2G_j + G_i' + G_j') - \frac{4}{3}(a_{kl} - c_{kl}),$$

$$G' * (G_k' G_l') = \frac{2}{3}e^{-|x_k - x_l|}(-G_i + G_j + G_i' + G_j') - \frac{4}{3}(a_{kl} - c_{kl}),$$

$$G' * (G_i G_j') = \frac{2}{3}e^{-|x_k - x_l|}(2G_i - G_j + G_i' - G_j') - \frac{4}{3}(a_{kl} + c_{kl}),$$

$$G' * (G_i' G_j) = \frac{2}{3}e^{-|x_k - x_l|}(-G_i + 2G_j + G_i' - G_j') - \frac{4}{3}(a_{kl} + c_{kl}),$$

因此

$$G' * (G_k G_l) = \frac{2}{3}e^{-|x_k - x_l|}(2\,\mathrm{sgn}(x_l - x_k)(G_k - G_l) + G_k' + G_l') - \frac{2}{3}(G_k G_l' + G_k' G_l),$$

$$G' * (G_k' G_l') = \frac{2}{3}e^{-|x_k - x_l|}(-\mathrm{sgn}(x_l - x_k)(G_k - G_l) + G_k' + G_l') - \frac{2}{3}(G_k G_l' + G_k' G_l),$$

$$G' * (G_k G_l') = \frac{2}{3}e^{-|x_k - x_l|}(2G_k - G_l + \mathrm{sgn}(x_l - x_k)(G_k' - G_l')) - \frac{2}{3}(G_k G_l + G_k' G_l'),$$

$$G' * (G_k' G_l) = \frac{2}{3}e^{-|x_k - x_l|}(-G_k + 2G_l + \mathrm{sgn}(x_l - x_k)(G_k' - G_l')) - \frac{2}{3}(G_k G_l + G_k' G_l').$$

代入(5.2.8), 有

$$\begin{aligned} 2P_x &= G' * \frac{2}{3}u^2 \\ &= \sum_{k,l=1}^{n}(-(m_k m_l + s_k s_l)(G_k G_l' + G_k' G_l) - (m_k s_l + s_k m_l)(G_k G_l + G_k' G_l')) \\ &\quad + \sum_{k,l=1}^{n} e^{-|x_k - x_l|}((m_k m_l + s_k s_l)(G_k' + G_l') + m_k s_l(2G_k - G_l) + s_k m_l(-G_k + 2G_l)) \\ &\quad + \sum_{k,l=1}^{n} \mathrm{sgn}(x_l - x_k)e^{-|x_k - x_l|}((2m_k m_l - s_k s_l)(G_k - G_l) + (m_k s_l + s_k m_l)(G_k{}' - G_l{}')). \end{aligned} \tag{5.2.12}$$

将(5.2.9)和(5.2.12)相加, 所有形如 GG , GG' 和 $G'G'$ 的项都可以相互抵消. 再加上(5.2.7), 为了收集与 x 相关的成分 $\delta_k(x)$, $G_k{}'(x)$ 和 $G_k(x)$, 交换某些项的下标 k 和 l.

$$\begin{aligned} &2u_t + (u^2)_x + 2P_x \\ &= 2\sum_{k=1}^{n}\left((\dot{m}_k - s_k \dot{x}_k)G_k + (\dot{s}_k - m_k \dot{x}_k)G_k{}' + 2s_k \dot{x}_k \delta_k\right) \end{aligned}$$

$$
\begin{aligned}
&-4\sum_{k=1}^{n}\left(\sum_{l=1}^{n}s_l G_l'(x_k)+\sum_{l=1}^{n}m_l G_l(x_k)\right)s_k\delta_k\\
&+\sum_{k=1}^{n}\left(2m_k\sum_{l=1}^{n}m_l\mathrm{e}^{-|x_k-x_l|}+2s_k\sum_{l=1}^{n}s_l\mathrm{e}^{-|x_k-x_l|}\right)G_k{}'\\
&+\sum_{k=1}^{n}\left(4m_k\sum_{l=1}^{n}s_l\mathrm{e}^{-|x_k-x_l|}-2s_k\sum_{l=1}^{n}m_l\mathrm{e}^{-|x_k-x_l|}\right)G_k\\
&+\sum_{k=1}^{n}\left(4m_k\sum_{l=1}^{n}m_l\,\mathrm{sgn}(x_l-x_k)\mathrm{e}^{-|x_k-x_l|}-2s_k\sum_{l=1}^{n}s_l\,\mathrm{sgn}(x_l-x_k)\mathrm{e}^{-|x_k-x_l|}\right)G_k\\
&+\sum_{k=1}^{n}\left(2m_k\sum_{l=1}^{n}s_l\,\mathrm{sgn}(x_l-x_k)\mathrm{e}^{-|x_k-x_l|}+2s_k\sum_{l=1}^{n}m_l\,\mathrm{sgn}(x_l-x_k)\mathrm{e}^{-|x_k-x_l|}\right)G_k'.
\end{aligned}
$$

DP 方程(5.1.15)要求上式为零, 这样

$$
\begin{aligned}
0=&4\sum_{k=1}^{n}s_k(\dot{x}_k-u(x_k))\delta_k\\
&+2\sum_{k=1}^{n}\big(\dot{m}_k+2m_k\{u_x(x_k)\}-2s_k u(x_k)-s_k(\dot{x}_k-u(x_k))\big)G_k\\
&+2\sum_{k=1}^{n}\big(\dot{s}_k+s_k\{u_x(x_k)\}-m_k(\dot{x}_k-u(x_k))\big)G_k',
\end{aligned}
$$

由于 $\{\delta_k,G_k,G_k'\}_{k=1}^{n}$ 是一个线性无关集, 这等价于(5.2.3).

注 5.2.1　条件 $s_k=0$ 被方程所允许. 如果有一些 $s_k=0$, 那么假设对应的 m_k 是非零的, 一样地对于 $m_k=s_k=0$. 当所有的 $s_k=0$ 时, 激波尖峰常微分方程组(5.2.3)降为正常的 DP 尖峰常微分方程组(5.1.10).

定理 5.2.2　定理 4.2.1 中描述的解满足熵条件(5.1.16)的充分必要条件为对所有的 k, $s_k\geqslant 0$. 换言之, 所有的激波必须满足 $u(x_k^-)\geqslant u(x_k^+)$.

这个结果由 Coclite 和 Karlsen[6]得到, 这里给出完全的证明.

证明　由于当 u 不连续时非局部项 $P=\dfrac{1}{2}G*\dfrac{3}{2}u^2$ 为二次可微偶函数, DP 方程 $u_t+\partial_x\left(\dfrac{1}{2}u^2+P\right)=0$ 与黏性 Burgers 方程 $u_t+\partial_x\left(\dfrac{1}{2}u^2\right)=0$ 跳跃条件相同. 更精确地, 令 u 为分段强解, 考虑沿曲线 $x=x_0(t)$ 孤立间断, 左右极限为 $u_l(t)$ 和 $u_r(t)$. 对测试函数 $\phi\geqslant 0$ 的支集包含在曲线上一点的小领域 D 内, 要求熵条件为

$$0\leqslant\iint_D(\eta(u)\phi_t+q(u)\phi_x-\eta'(u)P_x\phi)\mathrm{d}x\mathrm{d}t.$$

令 D_1 和 D_2 分别为曲线的左右部分. 在每个 D_i 上的积分为

$$\iint_{D_i}((\eta(u)\phi)_t+(q(u)\phi)_x)\mathrm{d}x\mathrm{d}t-\iint_{D_i}(\eta(u)_t+q(u)_x+\eta'(u)P_x)\phi\mathrm{d}x\mathrm{d}t$$
$$=\oint_{\partial D_i}(-\eta(u)\phi\mathrm{d}x+q(u)\phi\mathrm{d}t)-\iint_{D_i}(u_t+uu_x+P_x)\eta'(u)\phi\mathrm{d}x\mathrm{d}t,$$

其中, 第二项趋于零, 因此在每个 D_i 内 u 为一个强解. 仍然不包含 P, 由黏性 Burgers 方程熵弱解的标准讨论得到 $u_l \geqslant u_r$.

在(5.2.3)中令 n=1, 通过平凡方程组

$$\dot{x}_1=m_1,\quad \dot{m}_1=0,\quad \dot{s}_1=-s_1^2 \tag{5.2.13}$$

描述单个激波尖峰的动力学行为. 因此孤立激波尖峰以常数速度移动;特别地, 如果 $m_1=0$ 则一点也不移动. 对于抗冲强度, 对 s_1 方程等价于 $s_1\equiv 0$ 或 $\dfrac{\mathrm{d}}{\mathrm{d}t}(1/s_1)=1$, 因此

$$s_1(t)=\frac{s_1(t_0)}{1+(t-t_0)s_1(t_0)}. \tag{5.2.14}$$

当 $t\to+\infty$ 时, 抗冲强度像 $\dfrac{1}{t}$ 衰减, 假设熵条件满足 $s_1(t_0)>0$. 如果 $s_1(t_0)<0$, 那么 $s_1(t)$ 在有限时间内爆破, 但是在这种情况下, 不能通过拟设得到熵弱解(这时替代波变稀薄, 见注 5.3.6). 如在第 3 部分见到的一样, 激波尖峰自动地形成尖峰-反尖峰碰撞满足 $s_k>0$.

$$\begin{cases}\dot{x}_1=m_1+(m_2+s_2)R,\\ \dot{x}_2=m_2+(m_1-s_1)R,\\ \dot{m}_1=-2(m_1-s_1)(m_2+s_2)R,\\ \dot{m}_2=+2(m_1-s_1)(m_2+s_2)R,\\ \dot{s}_1=-s_1^2-s_1(m_2+s_2)R,\\ \dot{s}_2=-s_2^2+s_2(m_1-s_1)R.\end{cases} \tag{5.2.15}$$

显然 m_1+m_2 是守恒的, 但是找不到其他运动恒量. 因此在任何情况下, 激波尖峰常微分方程组(5.2.3)都是可积的. 第 4 部分研究减少 $0=x_1+x_2=m_1+m_2=s_1-s_2$. 结论说明如果激波尖峰常微分方程组是可积的, 运动恒量必须是比没激波情形(当它们是 $m_1,\cdots,m_n$ 的多项式系数依赖于 $\mathrm{e}^{x_1},\cdots,\mathrm{e}^{x_n}$)更复杂的形式.

5.3 尖峰, 反尖峰和激波的形成

前面提到过的, 反尖峰就是 $m_k<0$ 时的尖峰. 既然当 x_i, s 不相关时

$\dot{x}_k = \sum_i m_i \mathrm{e}^{-|x_k - x_i|} \approx m_k$，尖峰往右移动反尖峰往左移动.

纯尖峰解也就是 m_k 都为正(或都为负)，混合尖峰-反尖峰也就 m_k 正负都取，它们之间有着本质的区别. 通过考虑下面的函数可以看到这一点:

$$M_1 = \sum_{k=1}^{n} m_k , \quad M_n = \left(\prod_{k=1}^{n} m_k \right) \prod_{k=1}^{n-1} (1 - \mathrm{e}^{x_k - x_{k+1}})^{b-1} , \tag{5.3.1}$$

在一般的顺序假设下 $x_1 < \cdots < x_n$ (回忆一下 $b=2$ 时 CH 方程，$b=3$ 时 DP 方程).

纯尖峰情形对所有的 k 有 $0 < M_n / M_1^{n-1} < m_k < M_1$，并且 $x_k - x_{k+1}$ 不为零，否则的话与 $M_n > 0$ 相违背. 换言之，在序假设下对所有的 t 尖峰绝不会相撞.

尖峰-反尖峰情形在有限时间之后会发生碰撞. 唯一保持 $M_n > 0$ 的恒量的方法是如果对至少一个 m_i 趋于无穷大 $x_k - x_{k+1} \to 0$，且保持 M_1 为恒量需通过令其他一些 m_j 趋于负无穷. 事实上，将发生 $m_{k+1} \to +\infty$ 且 $m_k \to -\infty$ (这样形成了清楚的解公式). 既然常微分方程组发生爆破，那么在碰撞发生后，偏微分方程的解 $u(x,t)$ 能否连续，怎样连续都是个问题. 以下知道, DP 方程和 CH 方程在这方面完全不同.

CH 情形

下面的结果是非常有名的，写在这里以便与 DP 情况作个比较. CH 尖峰常微分方程(5.1.6)的一般解在 $n=2$ 时是

$$x_1(t) = \ln \frac{(\lambda_1 - \lambda_2)^2 b_1 b_2}{\lambda_1^2 b_1 + \lambda_2^2 b_2}, \quad x_2(t) = \ln(b_1 + b_2) ,$$

$$m_1(t) = \frac{\lambda_1^2 b_1 + \lambda_2^2 b_2}{\lambda_1 \lambda_2 (\lambda_1 b_1 + \lambda_2 b_2)}, \quad m_2(t) = \frac{b_1 + b_2}{\lambda_1 b_1 + \lambda_2 b_2}, \tag{5.3.2}$$

其中，$b_k = b_k(t) = b_k(0)\mathrm{e}^{t/\lambda_k}$，实、非零、不同的常数 λ_1，λ_2 和正常数 $b_1(0)$，$b_2(0)$ 决定于初值条件

$$1 - (m_1 + m_2) z + m_1 m_2 \left(1 - \frac{\mathrm{e}^{x_1}}{\mathrm{e}^{x_2}} \right) z^2 = \left(1 - \frac{z}{\lambda_1} \right) \left(1 - \frac{z}{\lambda_2} \right) \tag{5.3.3}$$

(暗示 λ_k 正\负的个数等于 m_k 正\负的个数)以及

$$b_1 + b_2 = \mathrm{e}^{x_2}, \quad \frac{b_1}{\lambda_1} + \frac{b_2}{\lambda_2} = m_1 \mathrm{e}^{x_1} + m_2 \mathrm{e}^{x_2} . \tag{5.3.4}$$

由(5.3.2)给出的解对所有的 t，自动满足 $x_1(t) \leqslant x_2(t)$. 因为

$$\mathrm{e}^{x_2} - \mathrm{e}^{x_1} = \frac{(\lambda_1 b_1 + \lambda_2 b_2)^2}{\lambda_1^2 b_1 + \lambda_2^2 b_2} \geqslant 0.$$

当m_1，m_2中的分母$\lambda_1 b_1+\lambda_2 b_2$消失的时候，等式$x_1(t)=x_2(t)$成立. 这只在尖峰-反尖峰情形$\lambda_1\lambda_2<0$发生，因此对$t=t_0$成立. 当$t\to t_0^{\pm}$时，动量$m_1$和$m_2$以微分$u_x(x,t)$在缩小的区间$x_1(t)<x<x_2(t)$趋于$\pm\infty$的形式发生爆破，但同时$u(x_1(t),t)-u(x_2(t),t)\to 0$，使得尖峰相遇，波形$u(x,t)=m_1\mathrm{e}^{-|x-x_1|}+m_2\mathrm{e}^{-|x-x_2|}$一致收敛到

$$u(x,t_0)=\left(\frac{1}{\lambda_1}+\frac{1}{\lambda_2}\right)\mathrm{e}^{-|x-x_1(t_0)|}, \tag{5.3.5}$$

如图 5.4. 对$t\neq t_0$，由(5.1.5)和(5.3.2) 以及对$t=t_0$，由(5.3.5)定义的$u(x,t)$提供了 CH 方程的一个整体解，碰撞后u的连续性并不是唯一的，可以由整个能量$\int_{\mathbf{R}}(u^2+u_x^2)\mathrm{d}x$除去碰撞时刻的所有$t$是守恒的特性来分辨出，而差异可以由一个无形的 Dirac delta 分布的项u_x^2来得出. 文献[4],[12]中有详细的讨论.

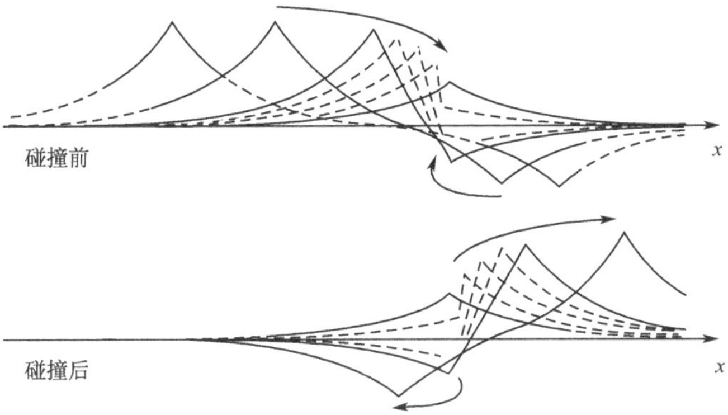

图5.4 由精确解公式(5.3.2)

渐近速度$0<-\lambda_2^{-1}<\lambda_1^{-1}$, Camassa-Holm 尖峰-反尖峰相互作用, 其中, 尖峰比反尖峰要强. 实曲线表示$u(x,t)$(在均匀的取样时间), 注意到斜率在尖峰之间变陡. 箭头粗略的表示尖峰的运动, 这些尖峰在碰撞时立刻接合, 然后重新出现. 在对称情形$\lambda_1+\lambda_2=0$(这里没有标出), 尖峰和反尖峰抵消使得在碰撞时立刻有$u=0$

对于一般的n，解依赖于$2n$个参数$\{\lambda_k,b_k\}_{k=1}^{n}$，它们作为特征值和离散谱的 Weyl 函数残数出现，一个与 CH Lax 对有关的谱问题. 特征值λ_k是实的，非零，不同的常数，编号使得$\lambda_n^{-1}<\cdots<\lambda_1^{-1}$来进行定义. 正\负特征值的个数等于尖峰\反尖峰的个数. 残数b_k是正的且有$b_k(t)=b_k(0)\mathrm{e}^{t/\lambda_k}$，当$t\to\pm\infty$时，尖峰的行为像有着不同速度：当$t\to-\infty$时，$\dot{x}_k\sim m_k\sim\lambda_k^{-1}$，当$t\to+\infty$时，$\dot{x}_k\sim m_k\sim\lambda_{n+1-k}^{-1}$的自由粒子一样，精确解公式对所有$t$定义$x_k(t)$，$m_k(t)$，除对有限个当碰撞发生时的$t$，$m_k(t)$没有定义(经常在不同的尖峰\反尖峰对，而不是三个碰撞). 除去碰撞时间，

$x_1(t)<\cdots<x_n(t)$ 成立. 在碰撞时尖峰和反尖峰行为与 $n=2$ 的情况类似;特别地, 相应的项 $m_k\mathrm{e}^{-|x-x_k|}+m_{k+1}\mathrm{e}^{-|x-x_{k+1}|}$ 在碰撞时立刻趋于一个定义好的极限 $\lim\limits_{t\to t_0}\left[m_k(t)+m_{k+1}(t)\right]\mathrm{e}^{-|x-x_k(t_0)|}$, 使得 $u(x,t_0)$ 被定义即使 $m_k(t_0)$ 和 $m_{k+1}(t_0)$ 没有定义. 解形式的导数和分析运用与经典运动问题, 如 Stieltjes 连续小数和正交多项式理论[1,2].

注 5.3.1　参考文献[2]利用与特征值 λ_k 相反的符号规定, 以及 CH 方程一个不同的正规化, 产生了解公式中 2 的另外一些因子. 这里的记号被选择使得与 DP 的情况类似[19].

注 5.3.2　对 Hunter-Saxton 方程线形解 $(u_t+uu_x)_{xx}=u_xu_{xx}$ 来说, 一个与 u_x 爆破但 u 保持连续类似的现象发生, 它被 Holm 称为零延伸激波[15]. Hunter-Saxton 方程可由 CH 方程 $(u-u_{xx})_t+3uu_x=uu_{xxx}+2u_xu_{xx}$ 通过替换 $(x,t)\mapsto(\varepsilon x,\varepsilon t)$, 令 $\varepsilon\to 0$. 应用于 DP 方程的高频率极限产生了微分 Burgers 方程 $(u_t+uu_x)_{xx}=0$. 这在文献[10]的预印本脚本中第一次提出, 但在出版时被删掉. 它在别处也被指出, 如文献[14]. 因为非黏滞性 Burgers 方程 $u_t+uu_x=0$ 是研究激波形成的原始方程, 这提供了为什么在 DP 方程中会有激波的直觉. 像 Hunter-Saxton 方程一样, 它有线性解 $u(x,t)=\sum\limits_{k=1}^{n}m_k(t)\left|x-x_k(t)\right|$, 该解可用反散射方法得到[16]. 这些解不满足原始 Burgers 方程 $u_t+uu_x=0$ 除非 $\sum m_k=0$, 所以 x 的微分不会有所不同. 微分 Burgers 方程属于一个可积谱, 这被 Qiao 和 Li 所描述[23].

DP 情形

DP 方程的解可在有限时间内变为不连续, 用精确解公式将在下面给出.

除去 $\lambda_1+\lambda_2=0$ 的情况, DP 方程的一般 2 尖峰解在下面给出:

$$\begin{cases} x_1(t)=\ln\dfrac{\dfrac{(\lambda_1-\lambda_2)^2}{(\lambda_1+\lambda_2)}b_1b_2}{\lambda_1b_1+\lambda_2b_2},\quad x_2(t)=\ln(b_1+b_2), \\ m_1(t)=\dfrac{(\lambda_1b_1+\lambda_2b_2)^2}{\lambda_1\lambda_2\left(\lambda_1b_1^2+\lambda_2b_2^2+\dfrac{4\lambda_1\lambda_2}{\lambda_1+\lambda_2}b_1b_2\right)}, \\ m_2(t)=\dfrac{(b_1+b_2)^2}{\lambda_1b_1^2+\lambda_2b_2^2+\dfrac{4\lambda_1\lambda_2}{\lambda_1+\lambda_2}b_1b_2}, \end{cases} \tag{5.3.6}$$

其中, $b_k(t)=b_k(0)\mathrm{e}^{t/\lambda_k}$, 这里对常数 λ_1, λ_2 进行编号使得 $\lambda_2^{-1}<\lambda_1^{-1}$ 是不变多项式

$$1-(m_1+m_2)z+m_1m_2\left(1-\frac{e^{x_1}}{e^{x_2}}\right)^2 z^2=\left(1-\frac{z}{\lambda_1}\right)\left(1-\frac{z}{\lambda_2}\right) \tag{5.3.7}$$

的实、非零、不同零点, 其中, b_1, b_2 由(5.3.4)给出.

在纯尖峰情况下, n 尖峰常微分方程被全面地了解, 所有的 m_k 是正数. 那么, 一般解在离散立方串的特征值和 Weyl 函数残数 $\{\lambda_k,b_k\}_{k=1}^n$ 方面给出, 与 DP 方程 Lax 对三阶非自共轭谱问题. 特征根 λ_k 是正的、不同的,残数是正的, 尖峰的行为就像当 $t\to\pm\infty$ 时, 具有不同速度 $\lambda_n^{-1}<\cdots<\lambda_1^{-1}$ 的自由粒子, 没有碰撞发生.

在一般情况 $n>2$:尖波和反尖波并存情况下确定的并不多, 尽管可作出合理的猜测, 问题的关键是特征值 m_k 是不是正的且为不同, 正(负)的特征根个数与正(负)的值相同, 与 CH 方程情形一样. 对于 $n=2$ 是成立的, 可从(5.3.7)直接得到, 但是 $n>2$ 的情况没有被证明. 与 CH 方程不一样的是:残数 b_k 不需要总是正的(见定理 5.3.2 证明). 对使得特征值是实的和不同的初始值, 使得没有 $\lambda_i+\lambda_j$ 等于 0, $x_k(t)$ 和 $m_k(t)$ 的(5.3.2)提供了局部有效但是可能在有限时间后有奇点. 知道对 $n=2$, 在不考虑激波形成时, 延伸这些解越过奇点是不太可能的.

留下一般情形的完备分析作为一个以后研究的开问题, 在这里集中讨论 $n=2$ 的情形. 以完全对称尖峰-反尖峰情形 $m_1+m_2=0$ 开始讨论, 由(4.3.7), 它是(4.3.6)没有提到的额外情形 $\lambda_1+\lambda_2=0$. 因为解不是全局定义的, 主要考虑初值问题. 由移动 x 轴可以假设 $x_1(0)+x_2(0)=0$ (不失一般性), 见图 5.5 对结果的一个描述.

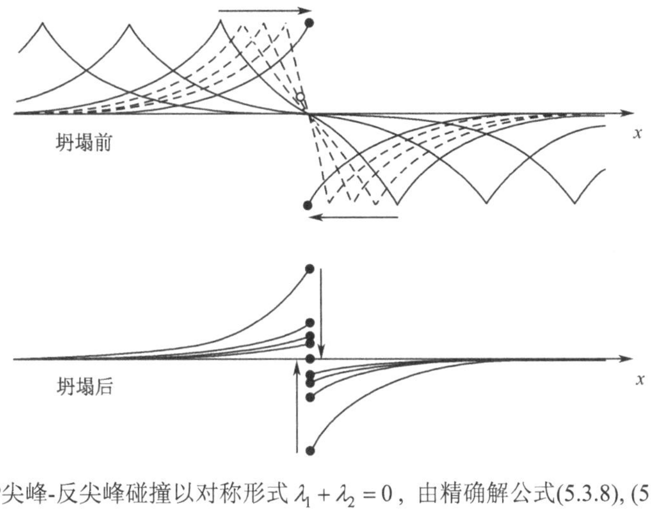

图5.5 DP尖峰-反尖峰碰撞以对称形式 $\lambda_1+\lambda_2=0$, 由精确解公式(5.3.8), (5.3.9)计算出
实曲线表示 $u(x,t)$ (在均匀的取样时间), 虚曲线表示靠近碰撞时其他样点. 如箭头所示, 尖峰以常速度和高度接近彼此, 形成一个静止激波尖峰, 其激波长度当 $t\to+\infty$ 时像 $\frac{1}{t}$ 一样衰减

定理 5.3.1　$n=2$ DP 尖峰常微分方程(5.1.10)的解(在对称尖峰-反尖峰情形 $m_1+m_2=0$), 其中, $-x_1(0)=x_2(0)>0$ 由下式给出:

$$\begin{cases}-x_1(t)=x_2(t)=x_2(0)-\dfrac{t}{\lambda},\\ m_1(t)=-m_2(t)=\dfrac{1}{\lambda(1-\mathrm{e}^{-2x_2(t)})},\end{cases} \tag{5.3.8}$$

其中, $\lambda=(m_1(0)(1-\mathrm{e}^{-2x_2(0)}))^{-1}$.

若 $m_1(0)<0<m_2(0)$, 则 $\lambda<0$ 且(5.3.8)的解对 $t>t_{\min}$ 是有效的, 其中, $t_{\min}=\lambda_{x_2(0)}<0$. 特别地, $u=\sum\limits_{k=1}^{2}m_k\mathrm{e}^{-|x-x_k|}$ 提供了初值问题的一个解, 在所有 $t\geqslant 0$ 时有效; 若 $m_1(0)>0>m_2(0)$, 则 $\lambda>0$ 且碰撞对于 $t=t_0=\lambda x_2(0)>0$ 在 $x=0$ 时发生. 函数 $u=\sum\limits_{k=1}^{2}m_k\mathrm{e}^{-|x-x_k|}$ 对于 $t<t_0$ 只满足 DP 方程(5.1.15). $u(x,t)$ 唯一连续地映到熵弱解, 由以下静止衰退激波表出:

$$u(x,t)=\frac{-\operatorname{sgn}(x)\mathrm{e}^{-|x|}}{\lambda+(t-t_0)},\quad t\geqslant t_0. \tag{5.3.9}$$

证明　直接替换表明(5.3.8)满足尖峰常微分方程, 而且

$$u(x_1(t),t)=-u(x_2(t),t)=\frac{1}{\lambda}, \tag{5.3.10}$$

与 t 无关. 因此, 与 CH 方程 u 一致趋于 0 情形不同, 尖峰和反尖峰在碰撞中不会抵消. 当 $t\to t_0^-$ 时, 代替 $u(x,t)$ 收敛到不连续函数

$$u(x,t_0)=-\frac{1}{\lambda}\operatorname{sgn}(x)\mathrm{e}^{-|x|}=\frac{1}{\lambda}G'(x) \tag{5.3.11}$$

(在不包含 $x=0$ 的任意区间收敛). 换句话说, 一个激波在碰撞时形成. 在 $t=t_0$ 时, 以(5.3.11)作为初值的唯一熵弱解由 $n=1$ 尖峰常微分方程(5.2.13)给出, 其中, $x_1(t_0)=m_1(t_0)=0$, $s_1(t_0)=\dfrac{1}{\lambda}$.(5.3.9)证毕.

注 5.3.3　Degasperis, Holm 和 Hone 给出了公式

$$u(x,t)=\frac{c}{1-\mathrm{e}^{-2c|t|}}\left[\mathrm{e}^{-|x+c|t||}-\mathrm{e}^{-|x-c|t||}\right]. \tag{5.3.12}$$

该公式在区间 $t<0$ 满足 DP 方程, 在 $t>0$ 不满足, 因为公式是关于 t 的偶函数,使得不正确的尖峰和反尖峰对 $t>0$ 将向后运动. 这可将(5.3.12)乘以 $-\operatorname{sgn}(t)$ 来得以修正. 这给出了作者脑中的解. 尽管如此, 解遇到了波形突然由 $u(x,0^-)=$

$c\,\mathrm{sgn}(x)\mathrm{e}^{-|x|}$ 翻转为 $u(x,0^+)=c\,\mathrm{sgn}(x)\mathrm{e}^{-|x|}$ 的困难，所以这能否成为一个有效的整体解是可疑的，尽管分别在 $t<0$，$t>0$ 两个区间是很好的(它与(5.3.8)相符).

类似地，Holm 和 Staley 在文献[14] Sect. 5.4 中讨论了对 2 尖峰常微分方程利用精确解公式，陈述了以下对“b 族”方程中的任意一个方程中的对称尖峰-反尖峰碰撞，CH 和 DP 方程是这族中的成员，$b=2$ 和 $b=3$：

当 $q\to 0$，正和负尖峰“反弹”，因此颠倒极性，此后它们朝相反的方向运动. 这可从 PDE 的整体性方面提出质疑. 若 $b<3$，则在碰撞时 $u(x,t)\to 0$，这从公式 $u(x_1)=-u(x_2)=$ 常数 $\times(1-\mathrm{e}^{x_1-x_2})^{(3-b)/2}$. 在这种情况下，上面的陈述是正确的(相同事物的等价描述是尖峰和反尖峰穿过彼此). 但对 DP 方程来说，碰撞后给出了一个正确的熵弱解代替了定理 5.3.3 的激波方案，且对 $b>3$，碰撞时 $u(x_1)=-u(x_2)\to+\infty$. 因此在这种情况下，想要在碰撞后继续 PDE 的解是不合理的. 这些不同与(5.1.13)中的项 $\dfrac{3-b}{2}u_x^2$ 的符号有关 (这个符号的重要性可在“变陡尖峰引理”中看到[14, Prop. 6.1]，作者加了 $b\leqslant 3$ 这个条件).

下面描述对于一般情形 $m_1+m_2\neq 0$，DP 方程初值问题的解. 图 5.6 描述了定理的第 3 种情况.

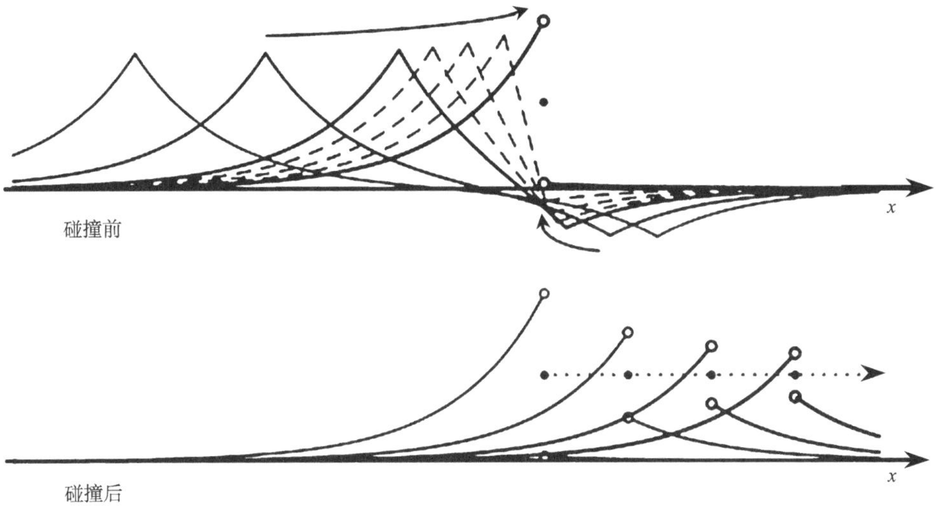

图5.6

定理 5.3.2 $n=2$ DP 尖峰常微分方程(5.1.10)且 $x_1(0)<x_2(0)$, $m_1+m_2\neq 0$ 的解由(5.3.6)给出，其中，$\lambda_k,b_k(0)$ 由初值条件决定.

若 $m_1(0)$ 和 $m_2(0)$ 有相同的符号，则 $u=\sum\limits_{k=1}^{2}m_k\mathrm{e}^{-|x-x_k|}$ 与(5.3.6)决定了 DP 方程

(5.1.15)的一个整体解. 特别地, 作为初值问题的一个解它对所有 $t \geqslant 0$ 有效; 若 $m_1(0) < 0 < m_2(0)$, 则在 $t > t_{\min}$ 时, (5.3.6)给出了 DP 方程的一个有效解.

图 5.6 在 $0 < -\lambda_2^{-1} < \lambda_1^{-1}$ 情况下, 由精确解公式(5.3.6)和(5.3.15)计算出非对称 Degasperis-Procesi 尖峰-反尖峰碰撞. 在这种情况下, 尖峰比反尖峰更强, 因此激波尖峰向右移动, 实曲线在均匀取样时间表示出 $u(x,t)$, 虚曲线表示靠近碰撞的特殊取样点. 当 $t \to +\infty$ 时, 激波长度像 $\frac{1}{t}$ 衰减.

$$t_{\min} = \frac{-1}{\lambda_1^{-1} - \lambda_2^{-1}} \ln\left(\frac{1-k}{k(1+k)} \frac{b_1(0)}{b_2(0)}\right) < 0, \quad k = \sqrt{-\frac{\lambda_2}{\lambda_1}}. \tag{5.3.13}$$

特别地, 作为初值问题的一个解, 它对所有的 $t > 0$ 有效; 若 $m_1(0) > 0 > m_2(0)$, 则在 $t < t_0$ 时, (5.3.6)给出了 DP 方程的一个有效解, 其碰撞时间 t_0 为

$$t_0 = \frac{-1}{\lambda_1^{-1} - \lambda_2^{-1}} \ln\left(\frac{k(1-k)}{1+k} \frac{b_1(0)}{b_2(0)}\right) > 0, \quad k = \sqrt{-\frac{\lambda_2}{\lambda_1}}. \tag{5.3.14}$$

对 $t > t_0$, $u(x,t)$ 映到初值问题的熵弱解的连续性由下面的运动激波尖峰给出

$$u(x,t) = (\tilde{m}_1 - \operatorname{sgn}(x - \tilde{x}_1(t)\tilde{s}_1(t)))\mathrm{e}^{-|x-\tilde{x}_1(t)|}, \tag{5.3.15}$$

其中, $\tilde{m}_1 = m_1 + m_2 = \lambda_1^{-1} + \lambda_2^{-1}$ 是常数, $\tilde{x}_1(t) = (t - t_0)\tilde{m}_1 + \tilde{x}_1(t_0)$, $\tilde{x}_1(t_0) = x_1(t_0) = x_2(t_0)$ 为碰撞点, $\tilde{s}_1(t) = (t - t_0 + \tilde{s}_1(t_0)^{-1})^{-1}$, $\tilde{s}_1(t_0) = \sqrt{-\lambda_1^{-1}\lambda_2^{-1}} > 0$.

证明 由替换可知, 对任意值 $\lambda_1, \lambda_2, b_1(0), b_2(0), t$, (5.3.6)满足(5.1.10), 使得所有的表达有意义且有 $x_1(t) < x_2(t)$ (在避免讨论 ODE(5.1.10)的绝对值符号时需要这个限制). 这些公式的微分见文献[19].

以下, 将利用缩写 $R = \mathrm{e}^{x_1 - x_2} \in (0,1)$, $Q = 1 - R \in (0,1)$. 由(5.3.7), 特征值 λ_k 由下式给出:

$$\lambda_{1,2}^{-1} = \frac{1}{2}\left(m_1 + m_2 \pm \sqrt{(m_1 + m_2)^2 - 4m_1 m_2 Q^2}\right). \tag{5.3.16}$$

由约定, $\lambda_2^{-1} < \lambda_1^{-1}$, 加号对应的是 λ_1^{-1}. 这暗示若 m_1 和 m_2 为正, 则 $0 < \lambda_2^{-1} < \lambda_1^{-1}$, 若 m_1 和 m_2 为负, 则 $\lambda_2^{-1} < 0 < \lambda_1^{-1}$, 解(5.3.4)的残数 b_k, 则有

$$b_{1,2} = \frac{1}{2}\mathrm{e}^{x_2}\left(1 \mp \operatorname{sgn}(m_1) f\left(\frac{m_2}{m_1}\right)\right), \tag{5.3.17}$$

其中, 减号对应的是 b_1,

$$f(s) = \frac{-1 + 2Q - s}{\sqrt{(1+s)^2 - 4sQ^2}}. \tag{5.3.18}$$

简单的计算表明 f 由它在 $s=-\infty$ 时的极限 1 增加到 $f(-1-2Q)=\sqrt{2/(1+Q)}\in(1,\sqrt{2})$，然后减少到它在 $s=+\infty$ 时的极限，并过 $f(-1)=1$ 和 $f(-1+2Q)=0$ 两点. 因此对 $s<-1$ 时 $f(s)>1$，所以由(5.3.17)若 $-1<\dfrac{m_2}{m_1}<0$ 或 $0<\dfrac{m_2}{m_1}$ 时 b_1 和 b_2 都是正的，若 $\dfrac{m_2}{m_1}<-1$ 时，b_1 和 b_2 有相反的符号. $\dfrac{m_2}{m_1}=-1$ 的情形，此时其中的一个 b_k 为 0，将在这里排除掉，因为它是一个完全对称的尖峰-反尖峰情形 $\lambda_1+\lambda_2=0$，已经在定理 5.3.1 讨论过. 由(5.3.6)，有

$$e^{x_2}-e^{x_1}=\frac{W}{\lambda_1 b_1+\lambda_2 b_2}, \tag{5.3.19}$$

其中，

$$W=\lambda_1 b_1^2+\lambda_2 b_2^2+\frac{4\lambda_1\lambda_2}{\lambda_1+\lambda_2}b_1 b_2 \tag{5.3.20}$$

出现在分母 m_1 和 m_2 上. 由 $b_k(t)=b_k(0)e^{t/\lambda_k}$，因此 $b_k(t)$ 不改变符号. 若 $m_1(0)m_2(0)>0$，则有 $\lambda_1\lambda_2>0$，而 $b_1(0)$ 和 $b_2(0)$ 为正. 因此 W 不改变符号，(5.3.6)的其他表达式也不改变符号. 因此，在这种情况下，对所有的 t，$e^{x_2}-e^{x_1}>0$，解是整体有效的.

在尖峰-反尖峰情形 $m_1(0)m_2(0)<0$，情况很复杂，因为与表达式 $U=b_1+b_2$ 和 $V=\lambda_1 b_1+\lambda_2 b_2$ 一样，W 在某些 $t\neq 0$ 处可能为 0，导致(5.3.6)的解发生爆破. 为了分析，定义

$$v_1=\lambda_1^{-1}>0,\quad v_2=-\lambda_2^{-1}>0 \tag{5.3.21}$$

和

$$\beta=\frac{b_2}{b_1},\quad k=\sqrt{\frac{-\lambda_2}{\lambda_1}}=\sqrt{\frac{v_1}{v_2}}\neq 1. \tag{5.3.22}$$

β 随时间变化方程为

$$\beta(t)=\frac{b_2(0)e^{t/\lambda_2}}{b_1(0)e^{t/\lambda_1}}=\beta(0)e^{-(v_1+v_2)t}.$$

因此 $|\beta|$ 指数衰减到 0. 注意到若 $\beta=-1$，U 变为 0，而若 $\beta=1/k^2$，V 变为 0. 此外 $W=\lambda_2 b_1^2 P(\beta)$，其中，

$$P(\beta)=\beta^2+\frac{4\beta}{1-k^2}-\frac{1}{k^2}=\left(\beta-\frac{1-k}{k(1+k)}\right)\left(\beta+\frac{1+k}{k(1-k)}\right). \tag{5.3.23}$$

因此对于β的一个正值和一个负值来说，W消失. 由$m_1<0<m_2$或$m_1>0>m_2$，以及$m_1+m_2=v_1-v_2$是为正($k>1$)还是为负($0<k<1$)，给出$m_1<0<m_2$，$k>1$时的详细情形，它在左边有一个尖峰，右边有一个反尖峰，见图 5.6. 在$-1<m_2(0)/m_1(0)<0$情况下，有$b_1(0)>0$，$b_2(0)>0$. 因此下面的表描述了U,V,W作为函数β:

β		-1		$-\dfrac{k-1}{k(1+k)}$	0	$\dfrac{1}{k^2}$		$\dfrac{1+k}{k(k-1)}$	
U	$-$	0	$+$		$+$		$+$		$+$
V	$+$		$+$		$+$	0	$-$		$-$
W	$-$		$-$	0	$+$		$+$	0	$-$

因为在$t=0$，有$m_2=\dfrac{U^2}{W}$为负，$\dfrac{W}{V}=\mathrm{e}^{x_2}-\mathrm{e}^{x_1}$为正，所以$W,V$必须是负的. 这表明了$\beta(0)$必须在表的最右边，$\beta(0)>(1+k)/k(k-1)>0$. β随时间推移减少到 0，因此 W 比 V 先消失. 这发生在$t=t_0>0$，其中，$\beta(t_0)=\beta(0)\mathrm{e}^{-(v_1+v_2)t_0}=\dfrac{1+k}{k(k-1)}$，在这种情况下证明了(5.3.14). 因为在$t$过$t_0$后$\mathrm{e}^{x_2}-\mathrm{e}^{x_1}=W/V$变为负数. 对$t>t_0$表达式(5.3.6)不能提供一个有效解.

下面研究当$t\to t_0^-$时，波形$u(x,t)$发生了什么变化. 因为

$$m_1(t)+m_2(t)=\lambda_1^{-1}+\lambda_2^{-1}=v_1-v_2,\quad x_1(t)-x_2(t)\to 0,$$

有

$$u(x_1(t),t)+u(x_2(t),t)=(m_1+m_2)(1+\mathrm{e}^{x_1-x_2})\to 2(v_1-v_2). \tag{5.3.24}$$

此外

$$\frac{1}{\lambda_1\lambda_2}=m_1m_2Q^2=\left(\frac{m_1+m_2}{2}Q\right)^2-\left(\frac{m_1-m_2}{2}Q\right)^2,$$

其中，第一项趋于 0，因为m_1+m_2是常数，$Q=1-\mathrm{e}^{x_1-x_2}\to 0$，所以

$$u(x_1(t),t)-u(x_2(t),t)=(m_1-m_2)Q\to 2\sqrt{\frac{-1}{\lambda_1\lambda_2}}=2\sqrt{v_1v_2}. \tag{5.3.25}$$

(因为$m_1>0>m_2$，所以根号的符号被决定.)因此$u(x,t)$收敛到一个简单的激波尖峰，$\tilde{x}_1=x_1(t_0)=x_2(t_0)$，动量$\tilde{m}_1=v_1-v_2$，激波长度$\tilde{s}_1=\sqrt{v_1v_2}>0$. 对$t\geqslant t_0$，解$u(x,t)$映到一个熵弱解的连续性由激波尖峰动力系统(5.2.6)给出，以这些值作为在$t=t_0$的初始值，因此有(5.3.15). 其他 3 种情况可由类似的方法分析得到，此处忽略不证.

注 5.3.4 定理 5.3.2 中若 $m_1(0) > 0 > m_2(0)$，向右运动的尖峰是比较强的一个 ($v_1 > v_2$)，得到一个向右运动的激波，由向左运动的反尖峰($v_1 < v_2$)得到向左运动的激波. 注意到在两种情况下，u 都是从左边的高处跳跃到右边的低处；在跳跃点处 u 的平均值决定了运动方向.

若激波长度比动量$\left(\sqrt{v_1 v_2} < |v_1 - v_2|\right)$小，那么在碰撞前比较弱的尖峰被推向 x 轴的相反方向，因此两个尖峰实质向相同的方向运动. 例如，若尖峰有效的控制反尖峰，那么反尖峰在碰撞前瞬时改变速度，$\dot{x}_2 = u(x_2)$ 由负变正，但它仍不能避免被左边追上的较快的尖峰"压倒".

注 5.3.5 在定理 5.3.2(或定理 5.3.1) $m_1(0) < 0 < m_2(0)$，解描述了漂移分开的左边的一个反尖峰和右边的尖峰. $t = t_{\min}$ 是若时间倒退，它们可能的碰撞时间，而 $t > t_{\min}$ 定义的解是初始值问题的稀疏波，其初值在 $t = t_{\min}$ 由具有负激波长度 $\overline{s_1} = -(-\lambda_1^{-1}\lambda_2^{-1})^{1/2}$ (或在定理 5.3.1 中对称情形的 $\overline{s_1} = -\dfrac{1}{|\lambda|}$)的一个激波尖峰组成.

对于一般尖峰常微分方程($n = 2$)，期望得到一个激波来形成一个尖峰和反尖峰的碰撞时刻，但不能立刻排除 Camassa-Holm 型 0 长度激波也是有可能的. 随着时间推移，更长的碰撞也是有可能的. 在每个碰撞时刻，波形的极限必须是片状的，是 e^x 和 e^{-x} 的线性组合，在无穷远处衰退，因此由拟设(5.2.1)的激波尖峰描述出. 每一个碰撞后随着碰撞(激波)尖峰的出现，n 减少，碰撞间的动力系统由常微分方程(5.2.3)合适的激波尖峰描述出.

由文献[7]中的描述，对任意 $T > 0$，DP 方程的弱解满足如下单边 Lipschitz 估计：

$$u_x(t,x) \leqslant \frac{1}{t} + KT, \quad \text{a.e.}(x,t) \in \mathbf{R} \times (0,T),$$

其中，K_T 是在 $u(x,0)$ 的 $L^2 \cap BV$ 范数下依赖于 T 的常数. 这暗示着 u_x 在有限时间不能趋于 $+\infty$，因此形成的任何激波必须向下跳跃，由左边的高处跳到右边的低处. 因此不管一个激波尖峰在碰撞中何时形成，它将自动满足弱熵条件 $s_k > 0$.

5.4 激波动力系统

本节研究激波尖峰常微分方程(5.2.3)解的特点. 为了方便，在这里重复式(5.2.3)

$$\begin{cases} \dot{x}_k = u(x_k), \\ \dot{m}_k = 2s_k u(x_k) - 2m_k\{u_x(x_k)\}, \\ \dot{s}_k = -s_k\{u_x(x_k)\}. \end{cases}$$

命题 5.4.1　$M=\sum_{k=1}^{n}m_k$ 是运动方程(5.2.3)的一个常数.

证明　这可以直接由(5.2.3)得到, 或者可以用 DP 方程(5.1.15)的以守恒律形式 $u_t+\left(\frac{1}{2}u^2+P\right)_x=0$, 其中, $P=\frac{1}{2}G*\frac{3}{2}u^2$. 因此 $\int_{\mathbf{R}}u\mathrm{d}x$ 是守恒的, 且对激波尖峰拟设(5.2.1), 发现 $\int_{\mathbf{R}}u\mathrm{d}x=\sum m_k$.

注 5.4.1　DP 方程的其他守恒律(无穷多个)[10]不能产生其他的运动常数, 因为它们的微分依赖于链式法则, 这对于不连续函数是不成立的. 例如, 利用定义 $P-P_{xx}=\frac{3}{2}u^2$, 得到 $\int_{\mathbf{R}}u^3\mathrm{d}x$ 的守恒律

$$-(u^3)_t=-3u^2u_t=3u^2\left(\left(\frac{1}{2}u^2\right)_x\right)+2(P-P_{xx})P_x$$

$$\Rightarrow(u^3)_t+\left(\frac{3u^4}{4}+P^2-P_x^2\right)_x=0.$$

但是对于激波尖峰可以发现

$$\frac{\partial}{\partial t}\left(\int_{\mathbf{R}}u^3\mathrm{d}x\right)=-4\sum_{k=1}^{n}u(x_k)s_k^3. \tag{5.4.1}$$

因此若存在激波, $\int_{\mathbf{R}}u^3\mathrm{d}x$ 不守恒.

注意到若激波尖峰被分开, 则 $u(x_k)\approx s_k,\{u_x(x_k)\}\approx s_k$, 因此每个激波尖峰的行为与 $n=1$ 情况几乎一样:

$$\dot{x}_k\approx m_k,\quad \dot{m}_k\approx 0,\quad \dot{s}_k\approx -s_k^2.$$

因此, 若在 $t=0$ 时, 分离足够大, 则在两个激波尖峰靠近的时候, 激波(像 $1/t$ 一样衰减)将会变得很小, 至少在所有 $m_k>0$ 以及所有激波足够小的情况下, 期望正常动力系统的相互作用是不明显的. 这用数值实验可以证实. 另一方面, 在 s_k 比 m_k 大时, 相互作用行为有很大不同. 例如, 由常微分方程, $m_k=0$ 不是守恒的, 因此不能阻止 m_k 变号. 换句话说, 当存在激波时, 尖波和反尖波的区别并不是很大.

还不能证关于一般尖峰激波常微分方程的很多问题, 即使在 $n=2$ (5.2.8)情况下. 研究数字碰撞不是一个平凡的问题因为解的行为可能不好, 因此将只讨论一些简单的情形, 这些方面可以有些进展.

1.2 尖峰激波, 对称情形

考虑 $n=2$ 尖峰激波常微分方程(5.2.8)的缩减, 该方程可由选择变量使得 $u(-x,t)=-u(x,t)$:

$$-x_1 = x_2 =: \xi > 0, \quad -m_1 = m_2 =: \mu, \quad s_1 = s_2 =: \sigma > 0. \tag{5.4.2}$$

将这些插到(5.2.8), 有

$$\begin{aligned} \dot{\xi} &= \mu(1-R) - \sigma R, \\ \dot{\mu} &= -2(\mu+\sigma)^2 R, \\ \dot{\sigma} &= -\sigma^2(1+R) - \mu\sigma R, \end{aligned} \tag{5.4.3}$$

其中,

$$R = \mathrm{e}^{x_1 - x_2} = \mathrm{e}^{-2\xi} \in (0,1). \tag{5.4.4}$$

因为弱熵条件要求$\sigma > 0$, 而且由方程它是守恒的.

如果激波长度σ足够小影响不大, 若$\mu(0) < 0$, 则激波尖峰会发生碰撞, 若$\mu(0) > 0$, 则以渐近常数速度分开到$\pm\infty$. 问题是若σ足够大时是不是会发生其他. 现在得出系统(5.4.3)满足运动常数

$$K = \mu(1-R) - 2\sigma R. \tag{5.4.5}$$

(还不能与找到非缩减系统(4.2.8)任何对应的运动常数)若$K > 0$, 可以将它想象为渐近速度, 因为若当$t \to \infty$时$\xi \to \infty$, 则$R \to 0, \mu \to K$, 假设σ是有界的. 在那种情况下, 对足够大的t, $\dot{\xi} \approx K$. 然而, 若$K < 0$, 当$\xi \to \infty$时这将导致矛盾, 这怀疑$K = 0$是在本质上改变动力系统的爆破点, 在此处σ足够大(对比μ).

为了进一步研究, 利用(5.4.5)从(5.4.3)消去μ. 因此有

$$\dot{\xi} = K + \sigma R, \quad \dot{\sigma} = -\frac{\sigma^2(1+R^2) + K\sigma R}{1-R}, \quad R = \mathrm{e}^{-2\xi}. \tag{5.4.6}$$

考虑 3 种情形:

(1) $K = 0$情形.

这种情况代表了$\mu(0)$和$\sigma(0)$之间复杂的平衡, 且只在$\mu(0) > 0$时才可能发生. 方程变成可分离,

$$\frac{\mathrm{d}\sigma}{\mathrm{d}\xi} = \frac{\dot{\sigma}}{\dot{\xi}} = -\sigma\frac{1+R^2}{R(1-R)},$$

给出了

$$\sigma = L\exp\left(-\frac{1}{2}\mathrm{e}^{2\xi}\right)\frac{\mathrm{e}^{-\xi}}{1-\mathrm{e}^{-2\xi}}, \tag{5.4.7}$$

其中, $L > 0$是一个积分常数. (不同的表述, 当$K = 0$时$L = \sigma\exp\left(\frac{1}{2}\mathrm{e}^{2\xi}\right)(\mathrm{e}^{\xi} - \mathrm{e}^{-\xi})$

是一个运动常数.)现在 $r=\mathrm{e}^{\xi}=R^{-1/2}$ 满足 $\dot{r}=r\,\dot{\xi}=r\sigma r^{-2}=L\exp\left(-\frac{r^2}{2}\right)(r^2-1)$，因此 $\xi(t)$ 可由

$$Lt=\int_{\mathrm{e}^{\xi(0)}}^{\mathrm{e}^{\xi(t)}}(r^2-1)\mathrm{e}^{r^2/2}\mathrm{d}r \tag{5.4.8}$$

含蓄表出. 这个结果说明了不能像没有激波的情形那样, 把精确解公式(或运动常数)简单地表达出来. 因此 $\xi(t)\to\infty$ (尽管因为 $\dot{\xi}\to K=0$，所以速度很慢), $\mu(t)\to 0$，$\sigma(t)\to 0$ (因为 $\left(\frac{1}{\sigma}\right)'=\frac{1+R^2}{1-R}\to 1^+$，所以至少像 $\frac{1}{t}$ 一样快).

(2) $K>0$ 情形.

对于 $K\neq 0$，还不能对(5.4.6)积分. 但是当 $K>0$ 时(这种情况只在 $\mu(0)>0$ 和 $\sigma(0)$ 相当小时发生), 可立刻看到 $\dot{\xi}>K>0, \dot{\sigma}<0$，因此 σ 是有界的, (5.4.5)后面列出的方案发生: 随着渐近常数速度 $\dot{x}\to K$，$\xi(t)\to\infty$，$\mu(t)\to K$，$\sigma(t)\to 0$ (至少像 $\frac{1}{t}$ 一样快).

(3) $K<0$ 情形.

这种情况发生在 $\mu(0)\leqslant 0$ 或(更有趣的)若 $\mu(0)>0$ 且 $\sigma(0)$ 相对较大. 因为方程沿 x 轴是奇异的, 因此首先考虑非奇异辅助系统, 该系统是将(5.4.6)的右边乘以 $1-R$ 得到的:

$$\dot{\xi}=(K+\sigma R)(1-R),\quad \dot{\sigma}=-\sigma^2(1+R^2)-K\sigma R,\quad R=\mathrm{e}^{-2\xi}. \tag{5.4.9}$$

(5.4.9)的相位图在图 5.7 中给出. 可以很清楚地看到: (5.4.9)的所有在第一象限开始的轨道是稳定平衡的, 当 $t\to\infty$ 时, $(\xi,\sigma)=\left(0,\frac{|k|}{2}\right)$. 因为在第一象限 $1-R>0$，原始系统(5.4.6)与(5.4.9)的轨道有相同的方向(但速度不同). 因此, (5.4.6)在第一象限开始的轨道也趋于 $(\xi,\sigma)=\left(0,\frac{|k|}{2}\right)$. 不同点在于: 在有限时间达到这个点. 事实上, 若 $\sigma\geqslant 3|K|/4, \xi>0$，则 $\dot{\sigma}=-\frac{1+R^2}{1-R}\left(\sigma-\frac{|K|R}{1+R^2}\right)$，$\sigma<-1\cdot\frac{|K|}{4}\cdot\frac{3|K|}{4}$，这暗示着最终 $\sigma<3|K|/4$，从此 $\dot{\xi}=\sigma R-|K|<-\frac{|K|}{4}$，促使 ξ 在有限时间趋于 0.

换句话说, 在有限时间后这两个激波尖峰在 $x=0$ 碰撞, 合并成一个激波尖峰, 此后熵弱解由 $n=1$ 激波尖峰方程(5.2.13)给出. 因为 $u(x_2)=\dot{x}_2=\dot{\xi}=K+\sigma R\to K/2$，有 $u(x_1^-)=-u(x_2^+)=-u(x_2)+\sigma\to -K$，因此形成的激波尖峰有

动量 $\tilde{m}_1=0$ 以及激波长度 $\tilde{s}_1=|K|$.

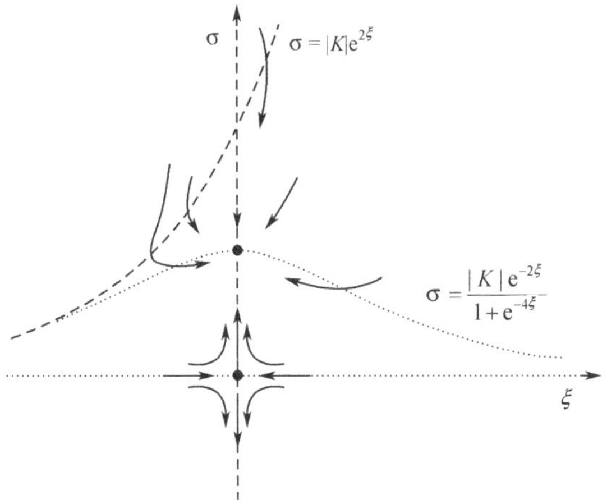

图5.7　$K<0$ 时辅助系统(5.4.9)的相位图

零渐变群 $\dot{\xi}=0$ 和 $\dot{\sigma}=0$ 分别以虚线和实线表示. 它们有两个平衡点: 一个是具有雅可比矩阵 $\boldsymbol{J}=\mathrm{diag}(2K,-K)$ 的鞍点, 另一个 $\left(0,\dfrac{|K|}{2}\right)$ 是具有 $\boldsymbol{J}=\mathrm{diag}(K,K)$ 的吸引星形结点. 它们在碰撞时具有有限极限. 第二项的极限等于轨道靠近星形结点 $(\xi,\sigma)=\left(0,\dfrac{|K|}{2}\right)$ 时的斜率, 因此以某些复杂方式依赖于初始条件, 单实际值并不影响激波尖峰的形状, 因此在这有一些有趣. 注意到 $\mu>0$ 对应相位图中曲线 $\sigma=\dfrac{1}{2}|K|\mathrm{e}^{2\xi}$ 上的区域, 但是在碰撞前 μ 由正变负是可能的. (当然不是由负变正, 因为由(5.4.3), 有 $\dot{\mu}\leqslant 0$.)

最后, 由(5.4.5), $\mu(t)$ 由下式给出:

$$\mu=\frac{K+2\sigma R}{1-R}=-2\sigma+\frac{K+2\sigma}{1-\mathrm{e}^{-2\xi}}=-2\sigma+\frac{\sigma-(-K/2)}{\xi+O(\xi^2)}.$$

注 5.4.2　从 $n=2$ 激波尖峰常微分方程(5.2.8)可看到: 与无激波情形相比, 正数 s_2 增加了速度 x_1, 而正数 s_1 减少了速度 x_2. 因此激波至少在短期内将尖峰拖在一起. 在更长时间过后, 激波对 m_1 和 m_2 的作用使得更难以预测整体效果. 尽管如此, 这个简单的讨论提供了以上现象的一些解释, 这些现象发生在假如激波足够大, 开始分开的激波尖峰被拉回来而且发生碰撞.

注 5.4.3　从第 3 部分知道, 在无激波情形, m_1 和 m_2 在碰撞时发生爆破. 在激波发生对称碰撞时($K<0$ 情形), $\mu=-m_1=m_2$ 和 $\sigma=s_1=s_2$ 有有限的极限, 所以从常微分方程角度来看, 这个碰撞不是很惹人注意. 尽管如此, 知道变量在接近碰撞时在某种情形下改变极其快, 所以必须小心地进行数值实验. 例如, 如果在图 5.7 的相空间的第一象限右下方开始, 当轨线作一个突然的转弯并且从下方

几乎直线运动很快的接近$\left(0,|K|/2\right)$, 那么σ将非常小直到最后时刻.

2. 三次碰撞

另一个有趣的版本是, Coclite 等[8]通过在一个尖峰和一个等强度反尖峰之间放置一个固定的激波尖峰

$$\begin{aligned} -x_1 = x_3 =: \xi > 0, &\qquad x_2 = 0, \\ -m_1 = m_3 =: \mu, &\qquad m_2 = 0, \\ s_1 = s_3 = 0, &\qquad s_2 =: \sigma > 0. \end{aligned}$$

从$n=3$的激波尖峰常微分方程组可以得到

$$\begin{cases} \dot{\xi} = \mu(1-R^2) - \sigma R, \\ \dot{\mu} = -2(\mu^2 R^2 + \mu\sigma R), \\ \dot{\sigma} = -\sigma^2 - 2\mu\sigma R, \end{cases} \tag{5.4.10}$$

其中,

$$R = \mathrm{e}^{x_1 - x_2} = \mathrm{e}^{x_2 - x_3} = \mathrm{e}^{-\xi} \in (0,1). \tag{5.4.11}$$

在文献[8]中$\xi(0)=5$, $\mu(0)=-1$, $\sigma(0)=1$时作为测试情形. 对这些初始值系统(5.4.10)很容易积分出来, 这说明了ξ以接近常数的速度减少且在$t=t_0\approx 5.32$是达到零, 在那时时间$\mu\approx -1.10$, $\sigma\approx 0.80$. 在这 3 次碰撞后, 熵弱解由在$x=0$处的单个衰退激波尖峰给出, 初始抗冲强度$\tilde{s}_1(t_0)=\sigma(t_0)\approx 0.80$. (既然$\mu(t_0)$有限, 尖峰与反尖峰相互抵消对最后激波尖峰的强度不影响.) 注意到碰撞在没有激波的情况下在$t=5$时发生. 这样尖峰需要花更多的时间才能与激波发生碰撞, 注 5.4.2 中描述了的激波吸引作用在没有预测出整体动力学基础的情况下提供了预告. 而且如果取$\mu(0)>0$且以足够大的$\sigma(0)$开始的话, 激波尖峰移动分开又撤回的现象可以在这里观察到.

5.5 概 括 说 明

对 Degasperis-Procesi 方程接下来的研究, 应当把兴趣放到完全可积与弱解守恒量理论的相互影响上来. 开始的工作采取非常基本的方法来建立简单情形激波的形成和动力学分析. 显然, 更一般性地理解这些现象需要通过更有效的方法.

例如, Camassa-Holm 的任意n尖峰-反尖峰解可以通过更改进正交多项式方法来分解, 因为 CH 方程的 Lax 对与离散链、Pade 近似、Stieltjes 连续分数相关、经典动量问题等[2]. 为了完全地分析 Degasperis-Procesi 方程解公式也需要相似的理论, 但是离散立体链和相关的类Pade近似问题出现在用反散射方法求解的过程

中，相应的理论还不成熟.

激波尖峰常微分方程组(5.2.1)在这篇文章中也需要更好地理解. DP 方程 Lax 对归于 Degasperis, Holm 和 Hone，这是解决一般 DP 尖峰常微分方程组的关键，包括 $m=u-u_{xx}$ 与 DP 方程形式(5.1.1)是兼容的. 因此理解激波尖峰似乎没有多大的作用，(5.1.1)没有意义必须用弱形式(5.1.15)来代替. 系统数字研究对尖峰常微分方程组是有用的，但是解决碰撞问题是非平凡的还没有尝试过，其中，变量运转恶劣且激波尖峰数量发生改变.

文献[8]中的几个实验说明了激波尖峰的稳定性，但还没有证明.

最后，当然研究其他弱解比激波尖峰更加有趣. 从 DP 方程大体上猜测出发生什么样的爆破现象，希望这里所举的例子能提供一些有用的直觉.

参 考 文 献

[1] Akhiezer N I. The classical moment problem and some related questions in analysis. New York: Translated by N. Kemmer. Hafner Publishing Co., 1965

[2] Beals R, Sattinger D, Szmigielski J. Multipeakons and the classical moment problem. Advances in Mathematics, 2000, 154: 229~257

[3] Beals R, Sattinger D H, Szmigielski J. Multi-peakons and a theorem of Stieltjes. Inverse Problems, 1999, 15(1): 1~L4

[4] Bressan A, Constantin A. Global conservative solutions of the Camassa-Holm equation. Preprintwww.math.ntnu.no/conservation/2005/016.html

[5] Camassa R, Darryl D H. An integrable shallow water equation with peaked solitons. Phys Rev Lett, 1993, 71(11): 1661~1664

[6] Giuseppe M C, Kenneth H K. On the uniqueness of discontinuous solutions to the Degasperis-Procesi equation. 2007, 234: 142~160

[7] Giuseppe M C, Kenneth H K. On the well-posedness of the Degasperis-Procesi equation. J Funct Anal, 2006, 233: 60~91

[8] Giuseppe M C, Kenneth H K, Risebro N H. Numerical schemes for computing discontinuous solutions of the Degasperis-Procesi equation. 2008, 28(1): 80~105

[9] Constantin A, McKean H P. A shallow water equation on the circle. Comm Pure Appl Math., 1999, 52(8): 949~982

[10] Degasperis A, Holm D D, Hone A N W. A new integrable equation with peakon solutions. Theoretical and Mathematical Physics, 2002, 133: 1463~1474, Preprint nlin.SI/0205023

[11] Degasperis A, Procesi M. Asymptotic integrability. *In*: Degasperis A, Gaeta G, Symmetry and perturbation theory (Rome, 1998), pages 23~37. World Scientifc Publishing, River Edge, NJ, 1999.28

[12] Holden H, Raynaud X. Global conservative solutions for the Camassa-Holm equation a Lagrangian point of view, 2007, 32: 1511~1549

[13] Holden H, Risebro N H. Front tracking for hyperbolic conservation laws, volume 152 of Applied Mathematical Sciences. New York: Springer-Verlag, 2002

[14] Darryl D H, Martin F S. Wave structure and nonlinear balances in a family of evolutionary PDEs. SIAM J Appl Dyn Syst, 2003, 2(3): 323~380

[15] John K H, Yu Xi Zheng. On a completely integrable nonlinear hyperbolic variational equation. Phys D, 1994, 79(2-4): 361~386

[16] Ablowitz M J, Clarkson P A. Solitons, Nonlinear Evolution Equations and Inverse Scattering. London Mathematical Society Lecture Note Series, 1991, 149

[17] Yue Liu, Zhaoyang Yin. Global existence and blow-up phenomena for the Degasperis-Procesi equation. 2006, 267: 801~820

[18] Lundmark H, Szmigielski J. Multi-peakon solutions of the Degasperis-Procesi equation. Inverse Problems, 2003, 19: 1241~1245

[19] Lundmark H, Szmigielski J. Degasperis-Procesi peakons and the discrete cubic string. IMRP Int Math Res Pap, 2005, 2: 3~116

[20] Matsuno Y. Multisoliton solutions of the Degasperis-Procesi equation and their peakon limit. Inverse Problems, 2005, 21(5): 1553~1570

[21] Matsuno Y. The N-soliton solution of the Degasperis-Procesi equation. Inverse Problems, 2005 21(6): 2085~2101

[22] Henry P M. Breakdown of the Camassa-Holm equation. Comm Pure Appl Math, 2004, 57(3): 416~418

[23] Zhijun Qiao, Shengtai Li. A new integrable hierarchy, parametric solutions and traveling wave solutions. Math Phys Anal Geom, 2004, 7(4): 289~308

[24] Zhaoyang Yin. On the Cauchy problem for an integrable equation with peakon solutions. Illinois J Math, 2003, 47(3): 649~666

[25] Zhaoyang Yin. Global solutions to a new integrable equation with peakons. Indiana Univ Math J, 2004, 53(4): 1189~1209

[26] Lundmark H. Formation and Dynamics of Shock Waves in the Degasperis-Procesi Equation. The Royal Swedish Academy of Sciences, 2007, 11: 169~198

第 6 章　b 族非线性浅水波方程的水波结构和非线性平衡

本章研究如下的 1+1 维偏微分方程:

$$m_t + \underbrace{um_x}_{\text{对流}} + \underbrace{bu_x m}_{\text{伸缩}} = 0, \quad u = g * m .$$

它描述了流体中一维非线性波的小黏性的拉伸与伸缩间的平衡，其中，$u = g * m$ 表示 $u(x) = \int_{-\infty}^{\infty} g(x-y)m(y)\mathrm{d}y$，此卷积通过对核 $g(x)$实数域上进行线积分将速度 u 与动量密度 m 联系起来. 取 $g(x)$为偶函数，则 u 和 m 在空间反射下具有相同的奇偶性. 当 $v=0$ 时，此方程是时间上可逆的和奇偶不变的. 研究了平衡参数 b 和核 $g(x)$ 对孤立波结构的影响，并定性分析 $v=0$ 时和数值分析 $v \neq 0$ 两种情形它们之间的相互作用.

这类方程具有典型的 Burgers"斜坡"和"悬壁"解，并且当 $-1<b<1$ 时它们对于小黏性是稳定的.

当 $b<-1$ 时，Burgers"斜坡"和"悬壁"解是不稳定的. 当 $b<-1$ 时，稳定解向左运动而不是向右，趋于一个固定的形状. 当 $m = u - \alpha^2 u_{xx}$ 和 $v=0$ 时，$b=-2$ 情形的图像可由 $u(x) \simeq \operatorname{sech}^2\left(\dfrac{x}{2\alpha}\right)$ 给出，$b=-3$ 情形的图像可由 $u(x) \simeq \operatorname{sech}\left(\dfrac{x}{\alpha}\right)$ 给出.

当 $b>1$ 时，Burgers"斜坡"和"悬壁"解是同样是不稳定的. 当 $b>1$ 和 $v=0$ 的稳定的孤立行波解是脉冲解 $u(x,t) = cg(x-ct)$，当 $m = u - \alpha^2 u_{xx}$ 时，在特例 $g(x) = \mathrm{e}^{-|x|/\alpha}$ 中，它为尖峰孤立子解. 如下的 $b>1$ 和 $v=0$ 时的解的叠加决定了尖峰孤立子和脉冲解之间的非线性作用:

$$u(x,t) = \sum_{i=1}^{N} p_i(t) g(x - q_i(t)) .$$

这些解满足一个关于速度 $p_i(t)$ (时间为变量)和位置 $q_i(t)$的有限维动力系统. 定性研究脉冲解和尖峰孤立子间的相互作用，并数值分析在小黏性下它们的本质.

6.1　引　　言

6.1.1　b 族流体方程

本章研究一维的 b 族流体方程的运动规律

$$m_t + \underbrace{um_x}_{\text{对流}} + \underbrace{bu_x m}_{\text{伸缩}} = 0, \quad u = g * m, \tag{6.1.1}$$

其中, t 和 x 分别是独立的时间和空间变量.

将求解流体的速度, 它要求定义在实直线上并在无穷远处为零, 或者定义在一维周期空间上, 其中, $u = g * m$ 表示卷积,

$$u(x) = \int_{-\infty}^{\infty} g(x-y)m(y)\mathrm{d}y. \tag{6.1.2}$$

它通过对核 $g(x)$ 实数域上进行线积分将速度 u 与动量密度 m 联系起来. 取 $g(x)$ 为偶函数, 则 u 和 m 具有相同的奇偶性. 方程(6.1.1)由核 g 和无量纲实常数 b 刻画, 该常数是伸缩与对流的比例. 正如所见, b 同时也是与动量密度 m 相关的协变元的数量. 函数 $g(x)$ 将决定方程(6.1.1)的行波解的形状和尺度范围,常数 b 是非线性解的行为成为一个平衡或分叉的参数. b 的特殊取值将包括正或负的整数.

方程(6.1.1)中的二次项表示由于 b 维伸缩的在非线性传播和振动面在流体对流中引起的竞争或平衡. 例如, 若 m 是一个流体动量一维时为密度, 则 $b=2$. 当 $b=2$, 方程(6.1.1)表示浅水波非线性动力系统, 见文献[2,6]. $b=2$ 和 $b=3$ 这两种情形出现在可积的偏微分方程理论中[2,4,6]. $b=2$ 时方程(6.1.1)的三维情形见文献[8,9]. 对 $b=2$ 情形方程(6.1.1)三维情况应用合适的黏性可以得到 Navier-Stokes-alpha 湍流模型[3]. 这个湍流模型的一维表示如下:

$$m_t + \underbrace{um_x}_{\text{对流}} + \underbrace{bu_x m}_{\text{伸缩}} = \underbrace{\nu m_{xx}}_{\text{黏性}}, \quad \text{其中,} \ u = g * m. \tag{6.1.3}$$

将把对方程(6.1.1)的分析与方程(6.1.3)小黏性情形的数值模拟进行比较.

6.1.2　概述

在简要总结前面的 b 族流动方程(6.1.1)的一些特例之后, 第 2 部分讨论它的对称性和其他一般的性质, 如奇偶性和可逆性. 第 2 部分讨论方程(6.1.1)的行波解和推导它们的脉冲解(pulson),它们有可能推广到 $b>1$ 的情形. 第 4 部分分析了对于任意的正 b 和任意的 g, 脉冲解的相互作用的动力学行为. 第 5 部分将脉冲解的分析用于尖峰孤立子(peakon),其中, $g(x) = \mathrm{e}^{-|x|/\alpha}$ 是一个宽度为 α 的尖峰脉冲解, b 是任意值. 在第 6 部分中, 对尖峰孤立波方程增加黏性, 在 $b>0, b=0$ 和 $b<-1$ 时尖峰孤立波方程的初值问题中来描述数值方法, 阐明不同的动力学行为. 第 7 部分利用数值方法来测定黏性是怎样影响尖峰孤立子的. 第 8 部分给出了部分数值结果. 第 9 部分简要介绍了本部分的主要结论.

6.2　b 方程的历史背景与一般性质

Camassa 和 Holm[2]推导了如下在特殊的 Galilean 框架下单向传播的浅水波

方程:

$$m_t + \underbrace{um_x}_{\text{对流}} + \underbrace{2u_x m}_{\text{伸缩}} = \underbrace{-c_0 u_x - \gamma u_{xxx}}_{\text{色散}}, \quad m = u - \alpha^2 u_{xx}, \tag{6.2.1}$$

其中，$m = u - \alpha^2 u_{xx}$ 是一个动量变量，下标表示偏导数，常数 α^2 和 $\frac{\gamma}{c_0}$ 表示长度的平方，$c_0 = \sqrt{g'h}$ 是线性波速，此时对应 u 和 m 被取为 0 时，深度 h，重力 g' 下，空间无穷时无分布水波的线性波速. 任意的常数值 $u = u_0$ 也是方程(6.2.1)的一个解.

文献[2]中用哈密顿方法推导出方程(6.2.1). 在文献[6]中，二阶水波方程(6.2.1)表示为一个带两个小参数项的浅水波方程的标准的渐近展开式. 著名的KdV方程出现在它的一阶渐近展开式中，可由方程(6.2.1)中令 $\alpha^2 \to 0$ 得到. 不论是一维的KdV 方程还是二阶水波方程(6.2.1)的展开式的非局部、非线性推广都具有良好的性质：谱变换方法(IST)下完全可积的 KdV 方程的 IST 性质是众所周知的，方程(6.2.1)的这些性质可见文献[2].

当在 Galilean 变换和速度平移中引入线性色散之后，方程(6.2.1)则退化成一个包含表示流动和伸缩竞争的二次的非线性项的流体方程

$$m_t + \underbrace{um_x}_{\text{对流}} + \underbrace{2u_x m}_{\text{伸缩}} = 0 \text{ 和 } m = u - \alpha^2 u_{xx}. \tag{6.2.2}$$

这是方程(6.1.1)的一个特例，其中，$b = 2$，$g(x) = \mathrm{e}^{-|x|/\alpha}$. (6.2.2)的行波解是一个尖峰孤立子，在文献[2]中，$u(x,t) = c\mathrm{e}^{-|x-ct|/\alpha}$，其中，$\mathrm{e}^{-|x|/\alpha}$ 是关于 m 和 u 的 Helmholz 算子的格林函数. N 个尖峰孤立子之间的相互作用由速度 $P_i(t)$ 和位移 $q_i(t), i = 1,2,\cdots,N$ 组成的 $2N$ 维动力系统决定，其中，$p_i(t)$ 和 $q_i(t), i = 1,2,\cdots,N$ 出现在下面的解中:

$$u(x,t) = \sum_{i=1}^{N} p_i(t)\mathrm{e}^{-|x-q_i(t)|}. \tag{6.2.3}$$

如 Camassa 和 Holm 在文献[2]中所说的，一个关于速度 $P_i(t)$ 和位移 $q_i(t)$ 的常微分方程可积 Hamiltonlian 系统将尖峰孤立子的叠加(6.2.3)代入方程(6.2.2). 这个可积系统决定了尖峰孤立子之间的动力学行为.

将 $b = 2$ 换成 $b = 3$，可得方程(6.2.2) 如下的一个新的形式:

$$m_t + \underbrace{um_x}_{\text{对流}} + \underbrace{3u_x m}_{\text{伸缩}} = 0 \text{ 和 } m = u - \alpha^2 u_{xx}. \tag{6.2.4}$$

首先给出 Degasperis 和 Procesi[5]作出的分析结果. Degasperis 等[4]指出，当方程(6.2.2)中系数由 2 变成 3 时，它具有叠加的尖峰孤立子(6.2.3)并且在 IST 意义下完全可积的. 因此，N 维脉冲解(6.2.3)对于(6.2.4)来说是一个完全可积的动力系统，

但同时又是关于尖峰孤立子的速度 $p_i(t)$和位移 $q_i(t)$的不同的动力系统.

Fringer 和 Holm[7]将尖峰孤立子的零色散方程推广到“脉冲”方程

$$m_t + \underbrace{um_x}_{\text{对流}} + \underbrace{2u_x m}_{\text{伸缩}} = 0, \tag{6.2.5}$$

其中, $u = g * m$ 表示卷积

$$u(x) = \int_{-\infty}^{\infty} g(x-y)m(y)\mathrm{d}y. \tag{6.2.6}$$

它通过对核 $g(x)$ 积分将速度 u 和动量密度 m 联系起来. Fringer 和 Holm[7]选取 $g(x)$ 为偶函数，则 u 和 m 具有相同的奇偶性. 研究了行波解 $u(x,t) = cg(x-ct)$ 与其他的叠加解

$$u(x,t) = \sum_{i=1}^{N} p_i(t) g\left(x - q_i(t)\right) \tag{6.2.7}$$

中的行波相互作用时波形的变化. 这个由时间为变量的速度 $p_i(t)$ 和位移 $q_i(t), i = 1,2,\cdots,N$ 组成的叠加行波解表明，尽管 Fringer-Holm 脉冲方程对于任意选取核 g 不是可积的，但这些脉冲解之间的非线性作用发生的是弹性散射. 当假设 $g(x) = \mathrm{e}^{-|x|/\alpha}$ 时, (6.2.5)中 $b = 2$ 时的脉冲方程成为(6.2.2)中 $b = 2$ 时的尖峰孤立子方程.

6.2.1　离散对称: 可逆性, 奇偶性, 记号

方程(6.1.1)对 m 来说是可逆的, 或者说在 $t \to -t, u \to -u$ 下是不变的. 后面表明 $m \to -m$. 这时变换 $u(x,t) \to -u(x,-t)$ 将解变换到解. 特别地，它变换了行波解 $u(x,t) = cg(x-ct)$ 的方向和振幅.

当选取 $g(x)$ 为一个偶函数时，m 和 $u = g * m$ 在镜面反射下皆具有单一的奇偶性. 因此, 在奇偶反射 $u(x,t) \to -u(-x,t)$ 下方程(6.1.1)是不变的, 那些奇和偶的解形成一个不变子空间.

方程(6.1.1)表明它是相似可逆的, 绝对值$|m|$的奇偶性不变方程是

$$|m|_t + u|m|_x + bu_x|m| = 0 \text{ 和 } u = g * m, \tag{6.2.8}$$

所以正负部分 $m_\pm = \frac{1}{2}\left(m \pm |m|\right)$ 都各自满足方程(6.1.1).同时, 若 m 初始是 0, 结论仍成立. 这是 m 的守恒性.

6.2.2　拉格朗日表示

若 $m^{1/b}$ 是明确定义的, 则方程(6.1.1)可以写成如下的守恒律:

$$\partial_t m^{1/b} + \partial_x \left(m^{1/b} u\right) = 0. \tag{6.2.9}$$

绝对值方程(6.2.8)表明

$$\partial_t |m|^{1/b} + \partial_x \left(|m|^{1/b} u\right) = 0. \tag{6.2.10}$$

方程(6.2.9)和(6.2.10)相加和相减，得到

$$\partial_t (m^{1/b})_{\pm} + \partial_x ((m^{1/b})_{\pm} u) = 0 \text{ 和 } (m^{1/b})_{\pm} = \frac{1}{2}\left(m^{1/b} \pm |m|^{1/b}\right). \tag{6.2.11}$$

最后，正负 m 的区域由上面相同的速度和它们边界的传播决定，以至各自保留如下的两个积分：

$$\int_{-\infty}^{\infty} (m^{1/b})_{\pm} \mathrm{d}x. \tag{6.2.12}$$

通常的传播速度有一个到拉格朗日坐标 $X_{\pm}$ 的变换，定义如下:

$$\mathrm{d}X_{\pm} = \left(m^{1/b}\right)_{\pm} (\mathrm{d}x - u\mathrm{d}t), \quad \text{使得 } \partial_t X_{\pm} + u\partial_x X_{\pm} = 0. \tag{6.2.13}$$

这个形式变换并非严格定义的，其中，$\left(m^{1/b}\right)_{\pm}$ 是变化的. 然而，由方程(6.2.11)，$\left(m^{1/b}\right)_{\pm}$ 的变化范围并不改变，同时也与积分值 $X_{\pm} = \int_{-\infty}^{x} \left(m^{1/b}\right)_{\pm} (y,0)\mathrm{d}y$ 无关. 因此，这些范围可能是不变的、不同于初始的和排除的. 在剩余区域的前式的逆是

$$\mathrm{d}x = \left(m^{1/b}\right)_{\pm}^{-1} \mathrm{d}X_{\pm} + u\mathrm{d}t, \tag{6.2.14}$$

可得到

$$\left.\frac{\mathrm{d}x}{\mathrm{d}t}\right|_{X_{\pm}} = u(x,t), \tag{6.2.15}$$

从而在 $X_{\pm} = \int_{-\infty}^{x} \left(m^{1/b}\right)_{\pm} (y,0)\mathrm{d}y$ 的正负积分初值的拉格朗日轨线 $x = x(X_{\pm},t)$ 以相同的速度 $u = g * m$ 传播.

6.2.3 范数 $\|m\|_{L^{1/b}}, 0 \leqslant b \leqslant 1$ 的保持

若 $|m|^{1/b}$ 是明确定义的，则由方程(6.1.1)的连续方程(6.2.10)可得如下方程守恒律:

$$\int_{-\infty}^{\infty} |m|^{1/b} \mathrm{d}x = \int_{-\infty}^{\infty} |m_0|^{1/b} \mathrm{d}x \text{，其中，} m_0(x) = m(x,0). \tag{6.2.16}$$

这个积分对所有的 b 都成立，仅需要在闭区间 $0 \leqslant b \leqslant 1$ 上定义一个范数(在 $L^{1/b}$ 上

定义范数 $\|m\|_{L^{1/b}}$). 取极限 $b \to 0$，它变为 L_∞ 上范数 $|m|_{\max}$. 因此，当 $b=0$ 时，方程(6.1.1)对 m 同时具有最大值原理和最小值原理. 这个原理当且仅当 $m^{1/b}$ 是一个常函数时成立. 例如，如果 m 不是一个通常的函数，如 δ 函数就将是下面要讨论的尖峰孤立子的情形.

因此，倘若 $|m|^{1/b}$ 在闭区间 $0 \leqslant b \leqslant 1$ 上是明确定义的，$L^{1/b}$ 上的范数 $\|m\|_{L^{1/b}}$ 对方程(6.1.1)是成立的. 倘若 $|m|^{1/b}$ 在闭区间 $-1 \leqslant b \leqslant 0$ 上是明确定义的，则可以在这个闭区间上对 $\dfrac{1}{m}$ 定义相关的范数.

6.2.4　整数 b 的拉格朗日表示

流体对流意味着流体运动中一定量的传播. 这样的例子可见欧拉方程的 Kelvin 定理中的循环和在 Helmholtz 方程中的旋涡状态的表面衍生现象. 对于拉格朗日轨线 $x(X,t)$ 来说，它满足 $x(X,0)=X$ 和

$$\mathrm{d}x = (m^{1/b})^{-1}\mathrm{d}X + u\mathrm{d}t. \tag{6.2.17}$$

可以发现，守恒律(6.2.9)推得若 $m^{1/b}$ 是一个明确定义的函数，则

$$m^{1/b}(x,t)\mathrm{d}x = m^{1/b}(X,0)\mathrm{d}X, \tag{6.2.18}$$

结果可以得到当 b 是整数时. 在一维情况中，高阶微分形式可以通过有向的张量得到，如 $\mathrm{d}x \otimes \mathrm{d}x = \mathrm{d}x^{\otimes 2}$，在方程(6.2.18)的两边作张量 b 次可得[①]

$$m(x,t)\mathrm{d}x^{\otimes b} = m(X,0)\mathrm{d}X^{\otimes b}. \tag{6.2.19}$$

对这个方程关于时间 t 取导数并取常拉格朗日坐标 X, 同时利用 $\left.\dfrac{\mathrm{d}x}{\mathrm{d}t}\right|_X = u$ 可得方程(6.1.1)如下形式:

$$\left.\frac{\mathrm{d}}{\mathrm{d}t}\right|_X (m(x,t)\mathrm{d}x^{\otimes b}) = (m_t + um_x + bu_x m)\mathrm{d}x^{\otimes b} = 0. \tag{6.2.20}$$

因此当方程(6.1.1)中的参数 b 是一个整数时，它在几何学上一般认为是维数，用于与 m 相关的 $m\mathrm{d}x^{\otimes b}$ 的坐标变换中. 方程(6.1.1)中 $b<0$ 的情形可被写成如下:

$$\left.\frac{\mathrm{d}}{\mathrm{d}t}\right|_X \left(m(\partial_x)^{\otimes(-b)}\right) = 0. \tag{6.2.21}$$

例如，$b=-1$ 情形可以写成如下形式:

① b 是整数情形, 将允许 m 是个广义函数, b 是非负整数情形, 将回到方程(6.2.18), 此时, m 要求是一个经典函数.

$$\left.\frac{\mathrm{d}}{\mathrm{d}t}\right|_X (m\partial_x) = (m_t + um_x - u_x m)(\partial_x) = 0, \tag{6.2.22}$$

其中，项之间的差 $(um_x - u_x m)\partial_x$ 表示向量场 $u\partial_x$ 和 $m\partial_x$ 在实线上的交换子. 本文接下来讨论欧拉表示.

6.2.5　可逆性和 Galilean 协方差

方程(6.1.1)是可逆的，即在离散变换 $u(x,t) \to -u(x,-t)$ 下是不变的. 方程(6.1.1)对所有的 b 同样是 Galilean 不变的. 事实上，对所有的 b，到任意的活动参考标架的变换下. 方程(6.1.1)都保持它的形式不变. 它包含变换到相同的 Galilean 活动参考标架的协方差. 然而，当假设 m 像 u 一样作 Galilean 变换，且仅在 $b=0$ 的情况下方程(6.1.1)是 Galilean 不变的.在这种情况下，方程(6.1.1)在变换

$$t \to t + t_0,\quad x \to x + x_0 + ct,\quad u \to u + c + u_0,\quad m \to m + c + u_0 \tag{6.2.23}$$

下成如下形式:

$$m_t + um_x + bu_x m + u_0 m_x + bu_x(c + u_0) = 0 \text{ 和 } u = g * m. \tag{6.2.24}$$

因此，方程(6.1.1)在时间和空间(包括 x_0, t_0)平移下是不变的，在 Galilean 变换(常数 c)下是共变的，在速度平移(常数 u_0)下得到线性色散项. 若 m 是 Galilean 不变的，则方程(6.1.1)保持 Galilean 不变. 然而，由常速度平移 $u_0 \neq 0$ 产生的色散项 $u_0 m_x$ 破坏了方程(6.1.1)的可逆性，尽管在这个平移下 m 是不变的.

6.2.6　局部动力守恒

当 $b=1$ 时，方程(6.2.9)表明 $M = \int_{-\infty}^{\infty} m\mathrm{d}x$ 对任意的 g 都是守恒的. 然而，当 $g(x)$ 为偶函数时，对方程(6.1.1)的族来说，全局动力积分 M 对任何的 g 仍然是守恒的. 这表明从(6.1.1)通过直接计算,

$$\frac{\mathrm{d}}{\mathrm{d}t}\int_{-\infty}^{\infty} m(x)\mathrm{d}x = (1-b)\int_{-\infty}^{\infty}\int_{-\infty}^{\infty} m(x)g'(x-y)m(y)\mathrm{d}x\mathrm{d}y = 0, \tag{6.2.25}$$

其中，当 $g'(-x) = -g'(x)$ 时，两重积分当偶函数和奇函数互换 x 和 y 时为零. 因此，对偶函数 $g(x)$，$M = \int_{-\infty}^{\infty} m\mathrm{d}x$ 对周期的或消没的边界条件和任意的 b 都是守恒的. 后面均假设 $g(x)$ 是偶函数，而且积分 $\int mg * m\mathrm{d}x$ 是符号定义的，从而它定义了一个范数

$$\|m\|_g^2 = \int_{-\infty}^{\infty} mg * m\mathrm{d}x = \int_{-\infty}^{\infty}\int_{-\infty}^{\infty} m(x)g(x-y)m(y)\mathrm{d}x\mathrm{d}y \geqslant 0, \tag{6.2.26}$$

这个范数对于方程(6.1.1)当 $b=2$ 时是守恒的.

6.3 行波和广义函数

在空间和时间平移下的不变性确保方程(6.1.1)对任何的 b 都具有行波解. 记行波解如下:

$$u=u(z) \text{ 和 } m=m(z), \text{ 其中, } z=x-ct. \tag{6.3.1}$$

记“$'$”表示 $\mathrm{d}/\mathrm{d}z$.

6.3.1　$b=0$ 的情形

1. 脉冲解(b=0)

对 $b=0$ 时, 方程(5.1.1)是 Galilean 不变的, 它的行波解满足

$$(u(z)-c)m'(z)=0, \quad z=x-ct, \tag{6.3.2}$$

其中, “$'$”表示 $\mathrm{d}/\mathrm{d}z$. 方程(6.3.2)容许广义函数 $m'(z)\simeq\delta(z)$, 同时在 $z=0$ 点 $u-c=0$. 对 m 和 $u=g*m$ 的格林函数积分可求解得速度 u

$$u-c\simeq c\left[\int g(y)\mathrm{d}y\right]_0^z. \tag{6.3.3}$$

2. 尖峰孤立子、悬壁子、斜坡子(b=0)

当 $g(x)=\mathrm{e}^{-|x|/\alpha}$ 时, 有 $m=u-\alpha^2u_{xx}$. 最后, 方程 $m'=u'-\alpha^2u'''=\pm2\delta(z)$ 且在 $z=0$ 点 $u-c=0$, 满足

$$u-c=\pm c\left[\int \mathrm{e}^{-|y|/\alpha}\mathrm{d}y\right]_0^z=\pm c\,\mathrm{sgn}(z)(1-\mathrm{e}^{-|z|/\alpha}). \tag{6.3.4}$$

这表明向右传播的行波将左边的点 $u-c=\pm c$ 与右边相同的两个点连接起来.

定义 6.3.1(尖峰孤立子)　若对称联络 $u=\pm c\mathrm{e}^{-|z|/\alpha}$ 在 $z=0$ 点的导数不存在, 则称它为尖峰孤立子, 其中, $m=u-\alpha^2u_{xx}$, $g(x)=\mathrm{e}^{-|x|/\alpha}$.

定义 6.3.2(悬壁子)　若对称联络 $u=\pm c\,\mathrm{sgn}(z)\left(1-\mathrm{e}^{-|z|/\alpha}\right)$($u-c=\pm c$ 连接到 $u-c=\mp c$)在 $z=0$ 点的导数存在, 则称它为正则的激波. 它们向右传播但可能面朝左或右, 因为方程(6.1.1)缺少黏性, 这使得丧失了可以辨别面朝向左或向右的能力的熵条件.

定义 6.3.3(斜坡子)　当 $g(x)=\mathrm{e}^{-|x|/\alpha}$ 时, 对任何的 b, 方程(6.1.1)存在类似斜坡相似解 $u\simeq x/t$, 它们可能出现在方程(5.1.1)的尖峰孤立子情形的初值问题和尖峰孤立子和斜坡子的相互作用中.

注 6.3.1(b=0 时行波的首次积分) 对 b=0, 行波方程(6.3.2)对 $m=u-\alpha^2u_{xx}$ 显然仅有首次积分

$$(u-c)(u-\alpha^2u'')-\frac{u^2}{2}+\frac{\alpha^2}{2}u'^2=K. \tag{6.3.5}$$

因此, 可能令人惊讶的是, 当 $b=0$ 时, 可能找不到行波方程尖峰孤立子情形的第二个首次积分.

注 6.3.2(可逆性) 可逆性意味着在变换 $u(x,t)\to -u(x,-t)$ 下方程(6.1.1)是不变的. 最终向右传播的行波在对称性 $c\to -c$ 下具有向左移动的相应部分. 常速度 $u=\pm c$ 也是一个解.

图 6.1 给出了斜坡子和悬壁子在尖峰孤立子方程(6.1.1)高斯初值问题.

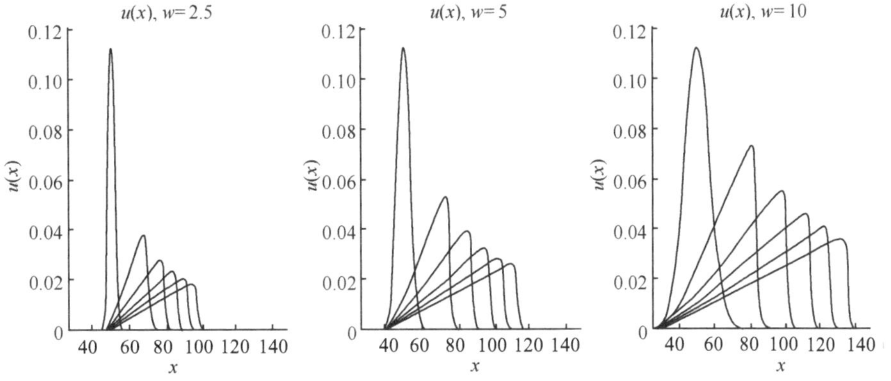

图6.1 b=0时的斜坡子和悬壁子

非黏滞性的b族, $b=0,\alpha=1$, 初始宽度 $\omega=2.5,5,10$

$\left(5\sqrt{\pi}\right)^{-1}\exp(-(x-50)^2/\omega)$ 的发展变化模型, 其中, 取 $g(x)=\mathrm{e}^{-|x|/\alpha}$ 时, 宽度取 $\omega=2.5,5,10,\alpha=1,b=0$. 显然, 斜坡子解是数值稳定的, 但共存的尖峰孤立子解在这个情形中是不稳定的, 对这个类型解的完整稳定性分析超出了本文的范围, 为此将通过选择一些例子进行数值积分来研究方程(6.1.1)的解.

6.3.2 $b\neq 0$ 的情形

当 $b\neq 0$ 时, 行波的守恒律(6.2.9)变为

$$((u-c)m^{1/b})'=0, \tag{6.3.6}$$

对它积分一次可得

$$(u-c)^b m=K. \tag{6.3.7}$$

其中, K 是首次积分. 因 $g(x)=\mathrm{e}^{-|x|/\alpha}$, 从而 $m=u-\alpha^2u_{xx}$, 这样变为

$$(u-c)^b(u-\alpha^2u'')=K. \tag{6.3.8}$$

因 $u-c\neq 0$，重新把它写成如下:

$$\alpha^2u''=u-K(u-c)^{-b}, \tag{6.3.9}$$

再积分一次得到下面第二个积分的两个特例:

$$\alpha^2u'^2=\begin{cases}u^2-\dfrac{2K}{1-b}(u-c)^{1-b}+2H, & b\neq 1,\\ u^2-2K\ln(u-c)+2H, & b=1.\end{cases}$$

重新安排来求积分

$$\pm\frac{\mathrm{d}z}{\alpha}=\frac{\mathrm{d}u}{\left[u^2-\dfrac{2K}{1-b}(u-c)^{1-b}+2H\right]^{\frac{1}{2}}},\quad b\neq 1, \tag{6.3.10}$$

$$\pm\frac{\mathrm{d}z}{\alpha}=\frac{\mathrm{d}u}{\left[u^2-2K\ln(u-c)+2H\right]^{\frac{1}{2}}},\quad b=1. \tag{6.3.11}$$

对于 $b=1$ 和 $K\neq 0$，积分(6.3.11)是超越的.

下面说明 $b\neq 0$ 时，行波解的特殊情况.

对于 $K=0$，(5.3.10),(5.3.11)两式的求积分是相等的，b 是独立的，因此产生了行波解

$$\mathrm{e}^{\frac{-|z|}{\alpha}}=\frac{u+\sqrt{u^2+2H}}{c+\sqrt{c^2+2H}}. \tag{6.3.12}$$

当 $z=0$ 时，$u-c=0$．当 $H=0$，方程(6.3.12)恢复为尖峰孤立波解；当 $H>0$，方程(6.3.12)得到一个向右移动的行波解，它是一个尖峰孤立波解的连续变形；当 $H>0$，$c=0$，方程(5.3.12)得到如下形式的固定解:

$$u+\sqrt{u^2+2H}\simeq \mathrm{e}^{\frac{-|z|}{\alpha}}. \tag{6.3.13}$$

6.3.3　$b>0$ 的情况

1. $b>0$ 时的脉冲解

当 $b>0$ 时,方程(6.1.1)有非平凡的解，当 $|z|\to\infty$ 时消失，使得方程(6.3.7)中 $K=0$ 有

$$(u-c)^b m=0, \tag{6.3.14}$$

也得到广义函数解

$$m=c\delta(z)\text{ 和 }u=g*m=cg(z), \tag{6.3.15}$$

对应于 $z=0$ 时 $u-c=0$. 这是 pulson 行波解, 它在 u 中的形状由核 g 给出. 常数速度情况 $u=c$ 是细小的行波解.

注 6.3.3(pulson 和尖峰孤立行波解) pulson 解(6.3.15)要求 $g(0)=1$ 和 $g'(0)=0$. 假设偶函数 $g(z)$ 在 $g(0)=1$ 达到它的最大值, 因此对称 pulson 行波解 $u(x,t)=cg(x-ct)$ 以它最大的速度运动, 存在于它的对称中心中. 例如, 尖峰孤立波解 $u(x,t)=ce^{-|x-ct|}$ 以它的波峰的速度运动.

2. $b>1$ 时的尖峰孤立波解

对于 $g(x)=e^{\frac{-|x|}{\alpha}}$, 方程(6.3.8)当 $K=0$ 时, 得到尖峰孤立行波解

$$u(z)=ce^{-|x-ct|} \text{ 和 } m(z)=u-\alpha^2u''=2c\delta\left(\frac{z}{\alpha}\right). \qquad (6.3.16)$$

图 6.2 和图 6.3 显示在周期范围内, 当 $\alpha=1$ 和 $b=2,3$ 时, 尖峰孤立波方程的高斯初值条件 $\left(5\sqrt{\pi}\right)^{-1}\exp\left(\frac{-(x-50)^2}{w}\right)$ 下, 波宽 w 的变化影响. 当初始高斯条件的波宽增加时, 图像显示很多的波宽 $\alpha=1$ 的尖峰孤立波消失. 对于 $b>1$, 尖峰孤立波是稳定的, 它们像孤立行波解一样传播, 它们的碰撞是弹性的. 将在 6.5 节和 6.8 节中详细讨论尖峰孤立波的相互作用.

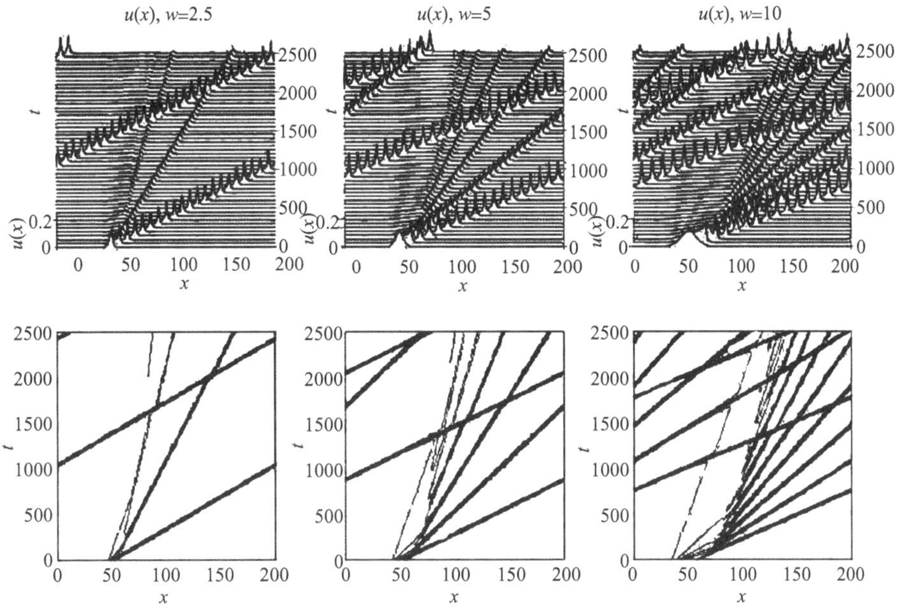

图6.2 b=2时的尖峰孤立波解

非黏滞性的b族, b=2, α=1, 初始波宽 $w=2.5,5,10$

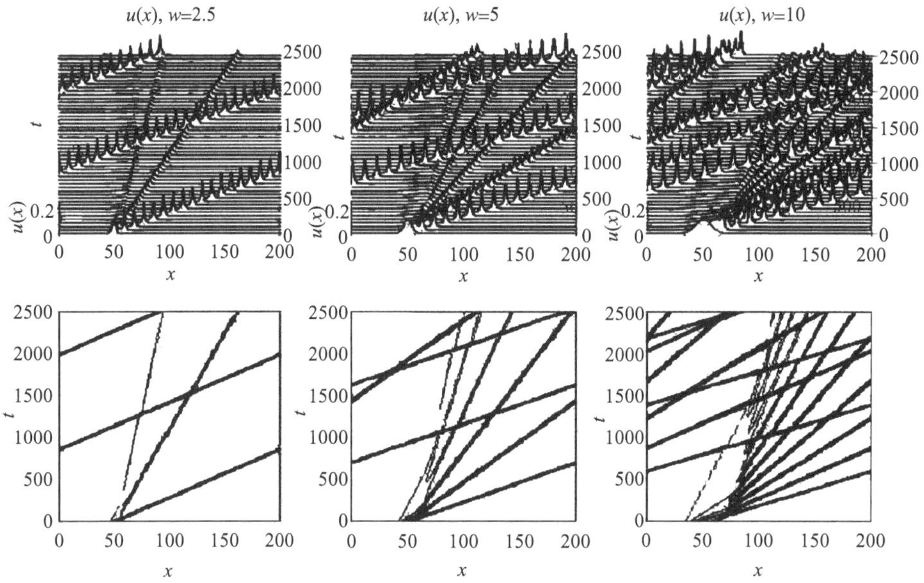

图6.3　b=3时的尖峰孤立波解

非黏滞性的b族，$b=3,\alpha=1$，初始波宽 $w=2.5,5,10$

6.3.4　$b<0$ 的情况

测试 $b=-0.5,-1,-2,-3,-4$ 时的情况. $b=-2$ 和 $b=-3$ 的数值结果在 6.3.4 小节的情况 6.中给出描述. 对于 $b<0$ 的其他值的分析是相似的, 但包含的考虑的因素变得少了, 如超越和超椭圆函数. 后面给出的数值将显示这里讨论的基础解, 它们中的许多是固定的, 在 $b\leqslant -1$ 时方程(6.11)的初值问题的数值积分中出现.

1. $b=-1/2$ 的情况

图 6.4 显示当 $b=-1/2,\alpha=1$ 时, 随着波宽的增加 $w=10,15,20$, 对于高斯初始条件在 $g(x)=\mathrm{e}^{-|x|/\alpha}$ 下方程(6.1.1)速度图像产生的斜坡和峭壁模式.

2. $b=-1$ 的情况

对于 $b=-1$, 方程(6.3.10)成为

$$\pm\frac{\mathrm{d}z}{\alpha}=\frac{\mathrm{d}u}{\left[u^2-K(u-c)^2+2H\right]^{1/2}},\tag{6.3.17}$$

积分得到

$$e^{-|z|/\alpha}=\frac{u+\sqrt{u^2-K(u-c)^2+2H}+Kc}{c+\sqrt{c^2+2H}+Kc}, \tag{6.3.18}$$

其中，$z=0$ 时 $u-c=0$.

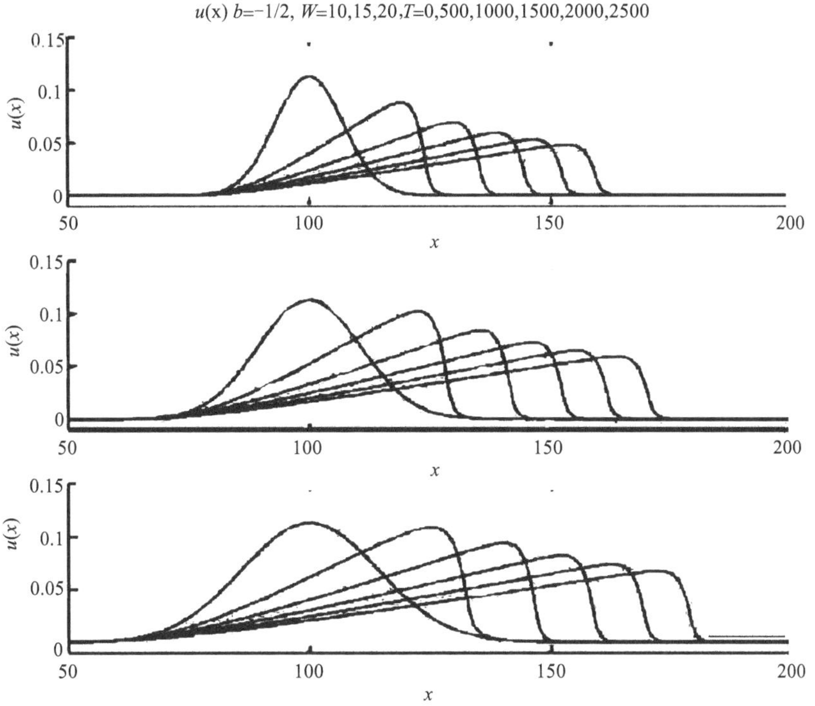

图6.4　$b=-1/2$ 时的斜坡和峭壁

非黏滞性的b族，$b=-1/2,\alpha=1$，初始波宽 $w=10,15,20$

注 6.3.4（$b=-1$ 时，固定平面波解）　对于 $b=-1$ 方程(6.1.1)对于任意波数 k 满足

$$m=\cos(k(x-ct)+\phi_0) \text{ 和 } u=\hat{g}(k)\cos(k(x-ct)+\phi_0), \tag{6.3.19}$$

其中，$\hat{g}(k)$ 是核 $g(x)$ 的傅里叶变换，ϕ_0 是相位变换常数. 缺少线性色散，$c=0$ 时这些解是固定的. 当线性色散项加到方程(6.1.1)，这些解二维准自转方程罗斯比波的一维类似物.

图 6.5 显示当 $b=-1,\alpha=1$ 时，随着波宽的增加 $w=10,15,20$，对于高斯初始条件尖峰孤立波方程(6.1.1)在 $g(x)=e^{-|x|/\alpha}$ 下速度图像. 由于初值条件 $K\neq 0$ 和 $H\neq 0$，对于 $b=-1$ 尖峰孤立波解不能共存. 代替的是，稳定解是固定的，略微向右移动并向右倾斜. 当写出 b 族方程的速度项 $u(x,t)$ 时，这种传播的原因也就变得明显了.

$$u_t+(b+1)uu_x=\alpha^2(u_{xxt}+uu_{xxx}+bu_xu_{xx})$$
$$=\alpha^2\partial_x\left(u_{xt}+uu_{xx}+\frac{b-1}{2}u_x^2\right)$$
$$=\alpha^2\partial_x^2\left(u_t+uu_x+\frac{b-3}{2}u_x^2\right). \tag{6.3.20}$$

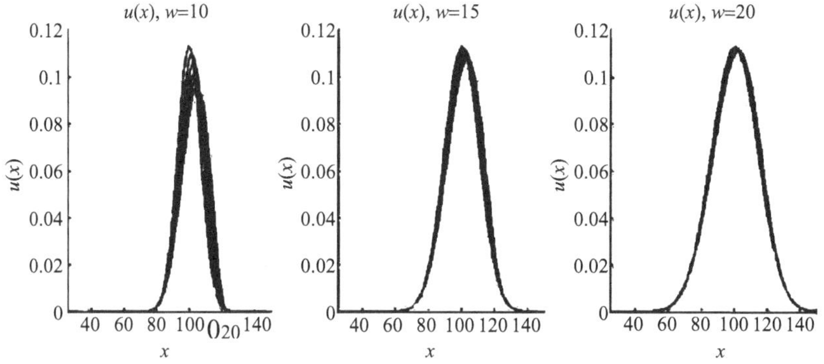

图6.5　$b=-1$ 时的稳定解

非黏滞性的b族，$b=-1,\alpha=1$，初始波宽 $w=10,15,20$

注 6.3.5（$b=-1$ 是拐点）　当 $b=-1$ 时，方程(6.3.20)中非线性陡峭项 $(b+1)uu_x$ 消失，剩余的传播是由于它的非线性弯曲项有高阶导数. 在参数区间 $b>-1$ (或 $b<-1$)，方程(6.1.1)或方程(6.3.20)的解向右移动(或向左移动)，使得方程(6.3.20)右手边的曲线项或者为负或者充分小.

注 6.3.6（短水波极限方程）　方程(6.3.20)的高波数或短水波对于 $b=2$ 和 $\lim\limits_{x\to\infty}u_x=0$ 的极限是

$$\partial_x^2\left(u_t+uu_x+\frac{b-3}{2}u_x^2\right)=0, \tag{6.3.21}$$

这个积分称为 Hunter-Saxton 方程. 对于 $b=3$，这是 Burgers 方程的二阶导数.

3. $b=-2$ 时的固定解

对于 $b=-2$，行波解的求积分(6.3.10)变为椭圆积分

$$\pm\frac{\mathrm{d}z}{\alpha}=\frac{\mathrm{d}(u-c)}{\left[u^2-\frac{2K}{3}(u-c)^3+2H\right]^{1/2}}. \tag{6.3.22}$$

由于 $H=0$ 对于固定解($c=0$)在无限远处消失，这个方程的双曲极限为

$$u(z)=\frac{3}{2K}\operatorname{sech}^2\frac{z}{2\alpha}. \tag{6.3.23}$$

4. $b=-3$ 时的固定解

对于 $b=-3$，方程(6.3.10)的双曲极限为

$$\pm\frac{\mathrm{d}z}{\alpha}=\frac{\mathrm{d}u}{\left[u^2-\dfrac{K}{2}(u-c)^4\right]^{1/2}}, \tag{6.3.24}$$

对于 $c=0$ 为

$$\pm\frac{\mathrm{d}z}{\alpha}=\frac{\mathrm{d}u}{u\left[1-\dfrac{K}{2}u^2\right]^{1/2}}. \tag{6.3.25}$$

当 $b=-3,c=0,H=0$，可以积分得到尖峰孤立波的连续变形

$$\frac{\mathrm{e}^{-|z|/\alpha}}{1+\sqrt{1-K/2}}=\frac{u}{1+\sqrt{1-Ku^2/2}}, \tag{6.3.26}$$

重新安排方程(6.3.26)，用 u_0 代替 u 得到

$$u(z)=\frac{u_0}{\dfrac{A}{2}\mathrm{e}^{|z|/\alpha}+\left(1-\dfrac{A}{2}\right)\mathrm{e}^{-|z|/\alpha}}, \tag{6.3.27}$$

其中，$A=1+\sqrt{1-K/2}$，对于 $K\in[0,2]$ 有 $A\in[1,2]$．当 $A=1$，有 $u(z)=u_0\operatorname{sech}^2(z/\alpha)$，当 $A=2$，得到尖峰孤立波解 $u(z)=u_0\mathrm{e}^{-|z|/\alpha}$．

5. $b=-4$ 时的固定解

对于 $b\leqslant-4$，由于方程(6.3.10)的积分是超椭圆的，因此它的解析表达式变得更不基本．然而，数值显示当 $b=-4$ 时它的动力学行为相似于 $b=-2,b=-3$，即一系列向左方传播的脉冲，波宽 α 趋于稳定状态．结合动量守恒量和波宽 α 趋于脉冲(leftons)，出现这种脉冲的数量随着高斯初值的波宽而增加．在一个长时间范围内，这一系列的脉冲趋于一个稳定态($c\to0$)．

6. $b=-2$ 和 $b=-3$ 的数值结果

图 6.6 和图 6.7 对于 $\alpha=1,b=-2,-3$，随着高斯初值条件波宽的增加 $w=10,15,20$，在波速图像中给出了尖峰孤立波方程的一系列的 leftons．明显的这些不是尖峰孤立波解，因为移动的波速不等于它们的高度．Leftons 从高斯初值中随高度依次出现，并逐渐趋于一个稳定的状态．出现脉冲的数量随着高斯初始波宽的增加，

守恒量及脉冲波宽 α 而增加, 脉冲左侧的速度随着 b 的数量增加. 当 b 变为负数, 后者与非线性方程(6.3.20)的系数$(b+1)$保持一致.

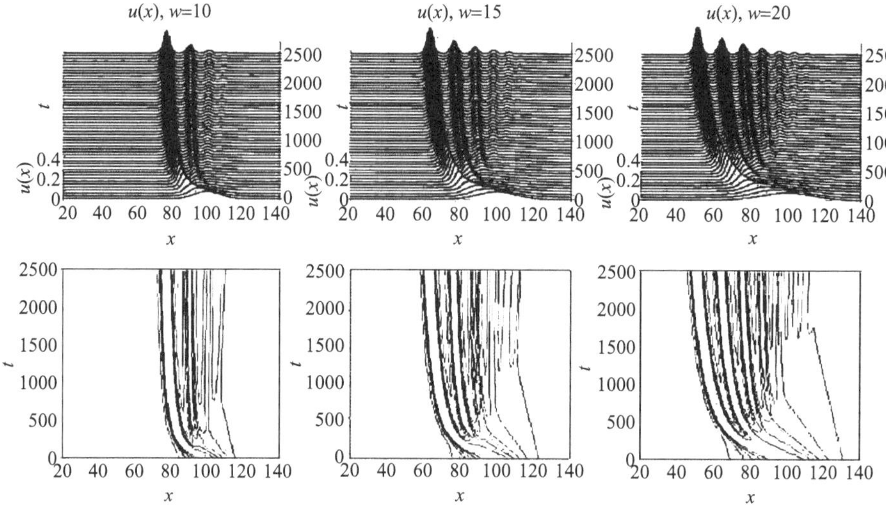

图6.6　$b=-2$ 时的固定解

非黏滞性的b族, $b=-2, \alpha=1$, 初始波宽 $w=10,15,20$

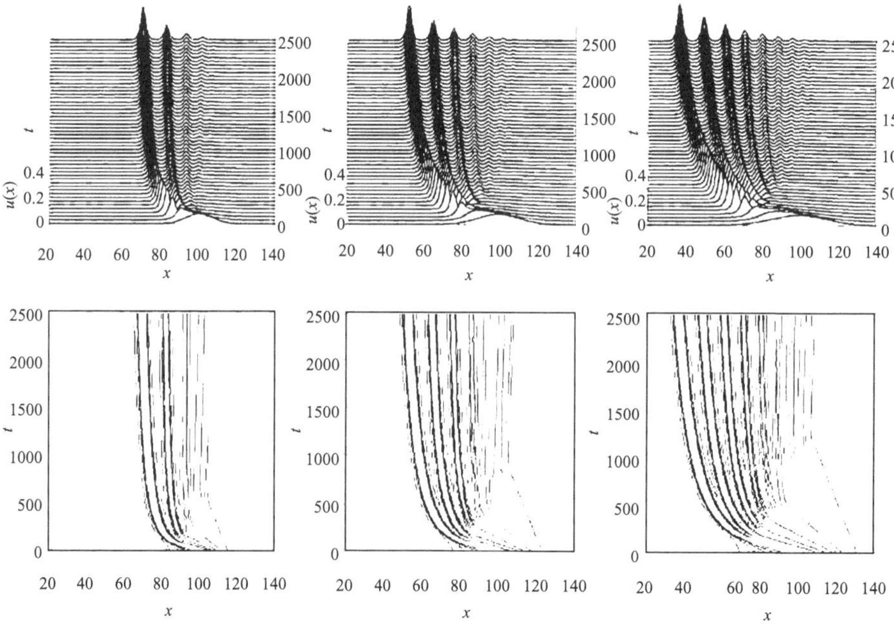

图6.7

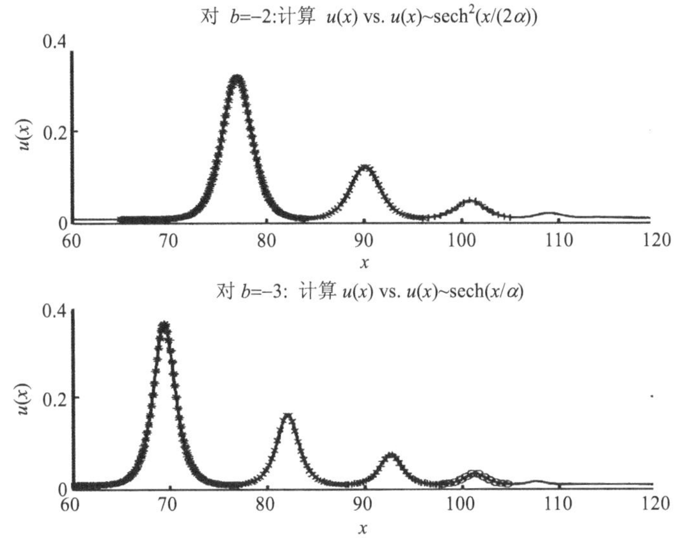

图6.8 $b=-2$，$u(x)\simeq \mathrm{sech}^2\left(\dfrac{x}{2\alpha}\right)$ 和 $b=-3$，$u(x)\simeq \mathrm{sech}\left(\dfrac{x}{\alpha}\right)$ 时的固定解

非黏滞性的b族，$b=-2,-3,\alpha=1$，初始波宽 $w=10$

图 6.8 显示 leftons 当 $b=-2$ 时，在时间 $T=2500$，有 $u(x)\simeq \mathrm{sech}^2(x/2\alpha)$，当 $b=-3$，在有 $u(x)\simeq \mathrm{sech}\left(\dfrac{x}{\alpha}\right)$. 同时, leftons 当 $b=-2, b=-3$，$c=0$ 变成固定解.

6.4 $b>0$ 时 pulson 的相互作用

如 6.3.3 小节的情况 1 中, b 族方程(6.1.1)当 $b>0$ 时有 pulson 行波解(6.3.15). N 个 pulson 解的动力学行为通过重叠行波解 $u(x,t)=cg(x-ct)$ 为下列形式而得到:

$$u(x,t)=\sum_{i=1}^{N}p_i(t)g(x-q_i(t)) \text{ 和 } m(x,t)=\sum_{i=1}^{N}p_i(t)\delta(x-q_i(t)) . \qquad (6.4.1)$$

对于任意的 $b>0$ 和 $u=g*m$，其中，函数 g 是偶函数，$g'(0)=0$ 有界并且设 $g(0)=1$. 这些 pulson 解重叠后是精确解, 时间依赖参数 $p_i(t),q_i(t)$ 满足下面的 N 维偏微分方程, 这个方程通过代(6.4.1)到方程(6.1.1)得到

$$\dot{p}_i=(1-b)p_i\sum_{j=1}^{N}p_j g'(q_i-q_j)=(1-b)\frac{\partial G_N}{\partial q_i}, \qquad (6.4.2)$$

$$q_i(t)=\sum_{j=1}^{N}p_j g(q_i-q_j)=\frac{\partial G_N}{\partial p_i}, \qquad (6.4.3)$$

其中, 广义函数 G_N 通过限制(6.2.26)中模 $\|g\|_g^2$ 到重叠的行波解(6.4.1)得到

$$G_N = \frac{1}{2}\sum_{i,j=1}^{N} p_i p_j g(q_i - q_j). \tag{6.4.4}$$

因此, 对称核 $g(x)$ 决定行波解(6.4.1)的形状, 对于 $b>0$ 方程(6.4.2), 方程(6.4.3)中, 这些行波解通过 pulson 动力行为 $p_i(t)$ 和 $q_i(t)$ 相互作用. 将看到这些相互作用依赖于 b 的值.

6.4.1　$b=2$ 时 pulson 的相互作用

当 b=2, 方程(6.4.2), 方程(6.4.3)描述了带有 N 自由度的哈密顿量系统的动力学行为. 这些是 Fringer 和 Holm 研究的测量 pulson 方程, 得到下面的结果:

(1) 方程(6.1.1)的动量 $\frac{1}{2}\|m\|_g^2 = \frac{1}{2}\int_{-\infty}^{\infty} mg * m\mathrm{d}x$ 是守恒的;

(2) 方程(6.4.2), 方程(6.4.3)在 N 维结构空间($g^{ij}(q)=g(q_i-q_j)$)描述了规范测量运动;

(3) 广义函数 G_N 是规范测量运动动力学哈密顿能量;

(4) 方程(6.4.1)的解有粒子状的脉冲, 它们成对的相互作用, 通过包含非线性的方程(6.4.2), 方程(6.4.3)决定, 但是碰撞是有散射的;

(5) pulson 的成对相互作用对于对称函数 $g(x)$ 是解析的.

注 6.4.1　最后两个陈述对于 $b>1$ 同样成立.

6.4.2　当 $b=2$ 和 $b=3$ 时尖峰孤立波解的相互作用: 数值结果

图 6.9 显示当 $b=2$ 时, 2 尖峰孤立波和 3 尖峰孤立波相互作用在一个周期范围内的速度图像, 其中, $g(x)=\mathrm{e}^{-|x|/\alpha}$. 3 尖峰孤立波相互作用分解为一系列的 2 尖峰孤立波的相互作用. 这些模拟使得 2 尖峰孤立波的相互作用的解析结果变为三个重要的图形, 它们的传播距离有 60 个尖峰孤立波的波宽.

图 6.10 显示当 $b=3$ 时, 2 尖峰孤立波和 3 尖峰孤立波相互作用在一个周期范围内的速度图像, 其中, $g(x)=\mathrm{e}^{-|x|/\alpha}$.

图 6.11 显示在一个周期内尖峰孤立波方程在固定值 $\alpha=1, b=2,3$ 下的演化, 尖峰孤立波的初始波宽变得比 α 更大, 打破了波宽为 α 的尖峰孤立波. 这些发出的尖峰孤立波是稳定的, 以孤立行波解传播, 它们的作用是弹性的. 相反, 一个尖峰孤立波和其他比 α 窄的初始条件将分解为两个相对运动的一列尖峰孤立波和反尖峰孤立波, 它们的波宽都是 α.

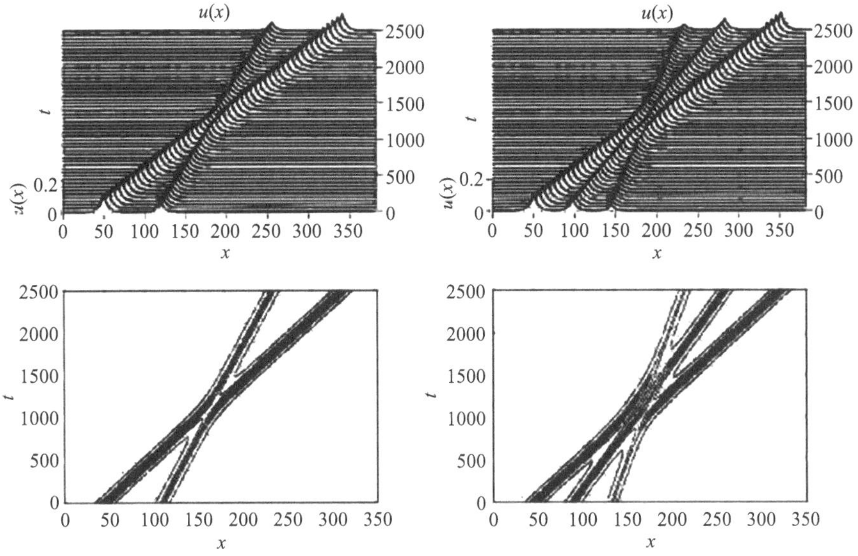

图6.9　$b=2$ 时，尖峰孤立波的波宽 α ：碰撞

非黏滞性的 b 族，$b=2,\alpha=5$ ，初始波宽 $w=5$

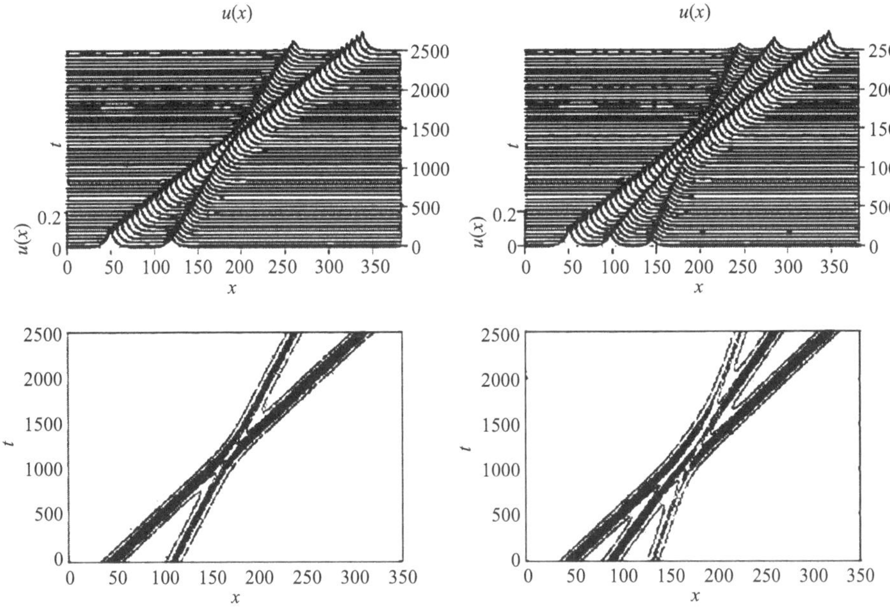

图6.10　$b=3$ 时，尖峰孤立波的波宽 α ：碰撞

非黏滞性的 b 族，$b=3,\alpha=5$ ，初始波宽 $w=5$

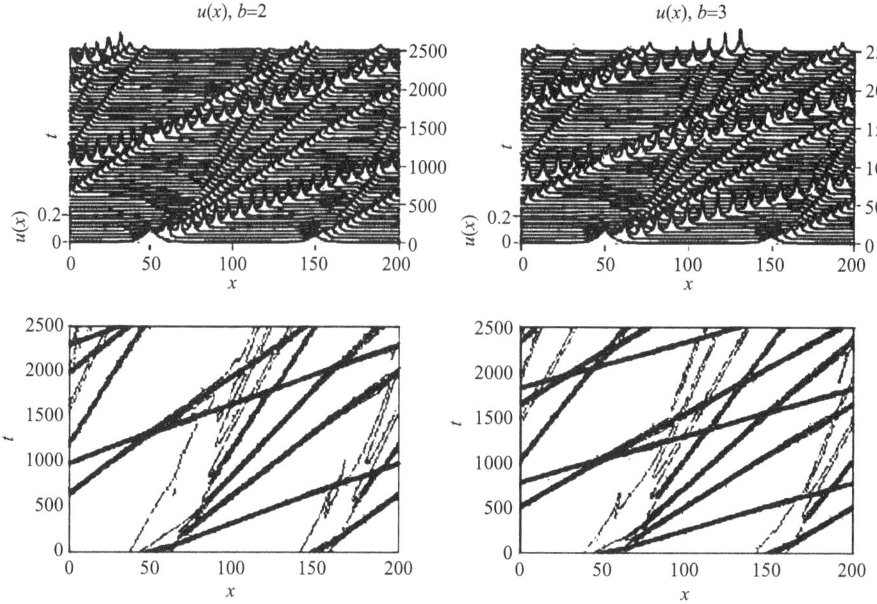

图6.11　$b=2,3$ 时，尖峰孤立波的波宽 $>\alpha$ ：出现波宽为 α 的尖峰孤立波解

非黏滞性的 b 族，$b=2,3,\alpha=1$，初始波宽 $w=5$

6.4.3　$b>0$ 时 pulson-pulson 相互作用和对称的 g

对于 $N=2$，$b>0$ 方程(6.4.2)，方程(6.4.3)中的 pulson 行为化简为

$$\frac{\mathrm{d}p_1}{\mathrm{d}t}=(1-b)\frac{\partial G}{\partial q_1},\quad \frac{\mathrm{d}p_2}{\mathrm{d}t}=(1-b)\frac{\partial G}{\partial q_2}, \tag{6.4.5}$$

$$\frac{\mathrm{d}q_1}{\mathrm{d}t}=\frac{\partial G}{\partial p_1},\quad \frac{\mathrm{d}q_2}{\mathrm{d}t}=\frac{\partial G}{\partial p_2}. \tag{6.4.6}$$

(6.4.4)中的广义函数为

$$G=\frac{1}{2}\left(p_1^2+p_2^2\right)+p_1p_2g\left(q_1-q_2\right). \tag{6.4.7}$$

守恒律和求积分的化简

总动量为

$$P=p_1+p_2. \tag{6.4.8}$$

$b>0$ 时两个 pulson 系统和对称的 g 在 p_1 和 p_2 求积分中也守恒，即

$$H=p_1p_2\left(1-g\left(q_1-q_2\right)\right)^{b-1}. \tag{6.4.9}$$

对于有两阶自由度的哈密顿系统第二个守恒律通过 Liouville 定理能保证可积性. 即使在 $b>0$ 时, 没有一个哈密顿结构, 这也能满足把 2-pulson 系统化为求积分.

由 Fringer 和 Holm 中 $b=2$ 时的分析和任意的 g, 引进和及不同的变量

$$P=p_1+p_2,\quad Q=q_1+q_2,\quad p=p_1-p_2,\quad q=q_1-q_2. \tag{6.4.10}$$

在这些变量中, 广义函数(6.4.7)变为

$$G=\frac{1}{4}P^2\left(1+g(q)\right)+\frac{1}{4}p^2\left(1-g(q)\right), \tag{6.4.11}$$

运动(6.4.9)的第二个常量变为

$$H=\frac{1}{4}\left(P^2-p^2\right)\left(1-g(q)\right)^{b-1}. \tag{6.4.12}$$

同样, 2-pulson 运动方程转化和及变量为

$$\begin{aligned}
&\frac{\mathrm{d}P}{\mathrm{d}t}=2(1-b)\frac{\partial G}{\partial Q}=0,\\
&\frac{\mathrm{d}Q}{\mathrm{d}t}=2\frac{\partial G}{\partial P}=P(1+g(q)),\\
&\frac{\mathrm{d}p}{\mathrm{d}t}=2(1-b)\frac{\partial G}{\partial q}=\frac{1}{2}(1-b)\left(P^2-p^2\right)g'(q),\\
&\frac{\mathrm{d}q}{\mathrm{d}t}=2\frac{\partial G}{\partial p}=p(1-g(q)).
\end{aligned}$$

在 H 和运动方程 q 中消去 p^2, 得到

$$\left(\frac{\mathrm{d}q}{\mathrm{d}t}\right)^2=P^2(1-g(q))^2-4H(1-g(q))^{3-b}. \tag{6.4.13}$$

经简单运算和整理后, 得到下述积分表达式

$$\mathrm{d}t=\frac{\mathrm{d}g(q)}{g'(q)\sqrt{Z}},\quad Z=P^2(1-g(q))^2-4H(1-g(q))^{3-b}. \tag{6.4.14}$$

当 $b=3$ 时, 这些化简为积分 $Z=P^2(1-g(q))^2-4H$, 对于尖峰孤立波的情况, 有 $g(q)=\mathrm{e}^q$ 使得 $g'(q)=g(q)$, 积分(6.4.14)化简为 $b=-1,0,1,2,3$ 时的积分. 从积分中得到 $q(t)$, $p(t)$ 从(6.4.12)中通过如下的代数表达式得到在 q 的项中和常数动量 P 和 H,

$$p^2=P^2-\frac{4H}{(1-g(q))^{b-1}}. \tag{6.4.15}$$

最后, 和 $Q(t)$ 通过进一步的积分找到. 对任意的 b 和 g, 剩下的解与 Fringer

和 Holm 文章中的 $b=2$ 的情况相同.

将 H,P,G 写成

$$H=c_1c_2,\quad P=c_1+c_2,\quad G=\frac{1}{2}c_1^2+\frac{1}{2}c_2^2=\frac{1}{2}P^2-H. \tag{6.4.16}$$

由压力的渐近速度 c_1 和 c_2 找到相关的动量关系

$$p^2=(c_1+c_2)^2-\frac{4c_1c_2}{(1-g(q))^{b-1}}, \tag{6.4.17}$$

这个等式对 2 压力碰撞的数量特性有一些暗示.

定义 6.4.1 压倒,后方-端点压力碰撞满足 $c_1c_2>0$，而压力碰撞满足 $c_1c_2<0$.

当 $b>1$ 时, 在压倒,后方-端点碰撞中, 压力次序 $q_1<q_2$ 被保持. 因此有

命题 6.4.1(压力次序的守恒) 对 $b>1$ 时, 压倒,后方-端点, 2 压力动力系统保持着符号条件 $q=q_1-q_2<0$.

证明 假设尖峰解在 $b>1$ 时的碰撞中交迭, 则由于这个碰撞可得到 $q=0$. 当交迭发生时, 对 $b>1$, 条件 $g(0)=1$ 推得(6.4.17)中的第二项收敛. 但是, 该收敛与 $p^2\geqslant 0$ 矛盾.

因此, 作为两个初始时分离的“微粒”(其初速度为 c_1,c_2)的碰撞, 在一次碰撞中, 分离 $q(t)$ 达到一个最近距离 $q_{\min}$ 的非零距离或者压倒碰撞可由压力形状表达出来.

推论 6.4.1(最小分离距离) 最小分离距离在一个 2 压力碰撞中是可达的, 其中, $c_1c_2>0$,

$$(1-g(q_{\min}))^{b-1}=\frac{4c_1c_2}{(c_1+c_2)^2}. \tag{6.4.18}$$

证明 在方程(6.4.17)中另 $p^2=0$.

注 6.4.2 可以利用(6.4.18)的结果来检查这些 2 压力相互作用的数值模拟的正确性.

命题 6.4.2(迎面碰撞 $q\to 0$) 2 压力动力系统允许在迎面碰撞中, 当 $b>1$ 时 $q\to 0$.

证明 因为 $p^2\geqslant 0$, $q\to 0$ 暗示 $g\to 1$ 在方程(6.4.17)中, 在 $b>1$ 时, 仅对 $c_1c_2>0$ 时是可能的, 即对迎面碰撞.

注 6.4.3 对 $b>1$ 方程(6.4.17)暗示着在迎面碰撞中当 $q\to 0$ 时, $p^2\to\infty$ 收敛, $b=1$ 的情况是正常的, 方程(6.4.17)减少到常数关系 $p^2=(c_1-c_2)^2$. 对 $0<b<1$, 当 $q\to 0$ 时, p^2 不再收敛, 而且在迎面碰撞中相关的动量的解又是正规的.

6.4.4　对 $b>1$ 时压力-反压力相互作用及对称 g

迎面压力-反压力碰撞

考虑完全对称的压力-反压力碰撞的空间情形，其中，$p_1=-p_2=\dfrac{p}{2}$ 及 $q_1=-q_2=\dfrac{q}{2}$ (因此 $P=0,Q=0$). 在这种情况下，求积分公式(6.4.14)缩减到

$$\pm(t-t_0)=\frac{1}{\sqrt{-4H}}\int_{q(t_0)}^{q(t)}\frac{\mathrm{d}q'}{(1-g(q'))^{(3-b)/2}}, \tag{6.4.19}$$

而且在(6.4.12)中，运动的第二个常量满足

$$-4H=p^2(1-g(q))^{b-1}. \tag{6.4.20}$$

碰撞后，压力和反压力分离，而且向不同的方向运动，因此渐近的在时间 $g(q)\to 0, p\to 2c$ 和 $H\to -c^2$，其中，c 或($-c^2$)是压力(或反压力)的渐近速度(和辐角). 在方程(6.4.20)中，令 $H=-c^2$，则对任意核，给出了压力反压力 (p,q) 相轨道的一个关系

$$p=\pm\frac{2c}{(1-g(q))^{(b-1)/2}}. \tag{6.4.21}$$

注意到当 $q\to 0^+$，因为 $g(0)=1$，所以对 $b>1$，p 收敛(平方根转换分支). 相反地，当 $q\to 0^+$ 时，对 $b=1$，p 仍是常数，对 $b<1$ 它消失(平方根又转换分支). 注意到对平方根转换分支的规定允许保持 $q>0$，因此微粒保持着它们的次序.

注 6.4.4　碰撞-反碰撞中，相互分离距离 $q(t)$ 由沿着相空间(其坐标为(q,p))中运动 H 的第二个常量的一层表面运动的一个相点所决定. 因为 H 是二次的,相关动量 p 在这个表层上有两个分支，这由方程(6.4.21)中的符号 $\pm$ 所决定. 在压力-反压力碰撞点，$q\to 0^+$ 或者 $\dfrac{1}{p}\to 0^+$　或者 $p\to 0^+$，因此由碰撞中的一个相点要求选择一个规定,它的表层分支在碰撞后可得到.取 p 改变符号的规定(对应着“跳跃”)，但是 q 不改变符号是一个规定(因此“微粒”保持它们的性质)因为它允许通过三次碰撞，相点更容易跟随. 这个选择同时也由压力-压力，反压力-反压力碰撞组成. 在这些其他的“rear end”碰撞，此由方程(6.4.17)暗示，分离距离经常保持正值，而且微粒保持着它们的性质.

定理 6.4.1(压力-反压力精确解)　对于任意 b 和任何对称 g，压力-反压力碰撞的严格分析解可以写为 x 的一个函数，而且对于任意压力形状或核 $g(x)$，压力 q 间的分离

$$u(x,q)=\frac{c}{(1-g(q))^{(b-1)/2}}\left[g\left(x+\frac{q}{2}\right)-g\left(x-\frac{q}{2}\right)\right], \tag{6.4.22}$$

其中, c 是在足够大分离和分离 $q(t)$ 的动力系统的压力速度, 由求积分公式(6.4.19)给出 $\sqrt{-4H}=2c$.

证明　方程(6.4.1)的解(在迎面, 压力-反压力碰撞速度为 $u(x,t)$)可以用下面的式子表示:

$$u(x,t)=\frac{p}{2}g\left(x+\frac{q}{2}\right)-\frac{p}{2}g\left(x-\frac{q}{2}\right). \tag{6.4.23}$$

利用方程(6.4.21)来估计 p 这个解就成为方程(6.4.22).

图 6.12 表明: 在 $b=1,2,3$ 的情况下, 尖峰-反尖峰碰撞中的精确解. 正尖峰和负尖峰接近彼此, 直到解在有限时间产生一个负的 vertical 斜率. 因为 $q\to 0$ 正负尖峰发生“跳跃”. 因此旋转极坐标, 此后它们将沿相反方向分离.

6.4.5　$b=2$, $b=3$ 时特殊压力下的尖峰

定义 $g(x)=\mathrm{e}^{-|x|}$, 一组 Helmholtz 算子的格林函数满足

$$\left(1-\frac{\mathrm{d}^2}{\mathrm{d}x^2}\right)\mathrm{e}^{-|x|}=2\delta(x). \tag{6.4.24}$$

在这种情况下, $m=u-\alpha^2u_{xx}$, 压力行波解由 $u(x,t)=cg(x-ct)=c\mathrm{e}^{-|x-ct|}$, 在它的尖峰处其微分有一个不连续点, 被称作 Peakon. 在 Peakon 处对于 $b=2$, $b=3$ 的情形主要结果如下:

对于 $b=2, g(x)=\mathrm{e}^{-|x|}$, 方程(6.1.1)变为可积的CH方程的0色散极限, CH方程是 Camassa 和 Holm[2]发现的浅水波方程. 抑制它的色散, 这个方程最近在 Dullin 等的文献[6]中被证明是一个正确的对浅水波的渐近描述.

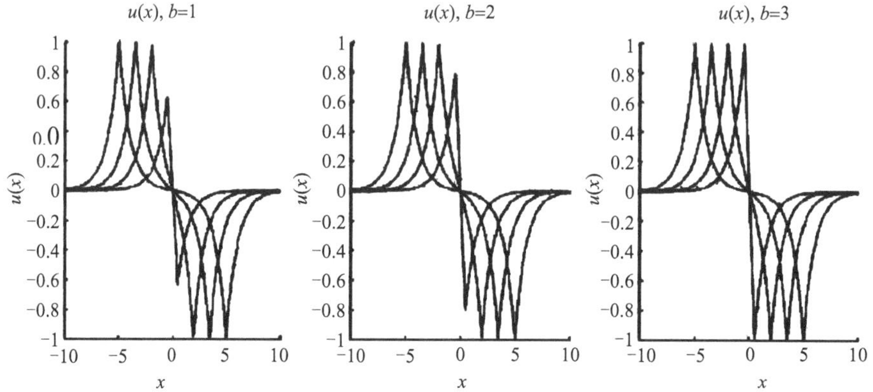

图6.12　尖峰-反尖峰碰撞(对 $b=1,2,3$)b族, $b=1,2,3$　$\alpha=1$, 初始宽度w=1

对 $b=3, g(x)=\mathrm{e}^{-|x|}$，方程(6.1.1)变为可积的偏微分方程，该方程被 Degasperis 等研究[4].

当 $g(x)=\mathrm{e}^{-|x|}$ 时，$b=2$，$b=3$ 的 N 尖峰动力系统变为原始 PDE(6.1.1)的动力系统. 此时(6.1.1)的初值问题的解可由 IST 方法找到.

$b=2$，$b=3$ 的情形具有不同的谱本征值问题. 对 $b=2$，这些由 Camassa 和 Holm 以及 Dullin 等所研究. $b=3$ 的情形被 Degasperis,Holm 和 Hone 所研究. Beals 等利用经典的方法解决了 $b=2$ 的逆谱问题.

6.5 对任意 b 宽度α的尖峰

当 $g=\mathrm{e}^{-|x|/\alpha}$ 时，利用 Green 函数表达式(6.4.24)及 Helmholtz 算子将速度-动量关系 $u=g*m$ 逆转为 $m=u-\alpha^2u_{xx}$. 因此，方程(6.1.1)可写为动量守恒律

$$m_t=-\frac{\partial}{\partial x}\left(mu+\frac{b-1}{2}u^2\frac{b-1}{2}\alpha^2u_x^2\right). \tag{6.5.1}$$

这个尖峰的守恒律可重新写为对流形式

$$u_t+uu_x=-\tau_x,$$

其中，
$$(1-\alpha^2\partial_x^2)\tau=\frac{b}{2}u^2+\frac{3-b}{2}\alpha^2u_x^2. \tag{6.5.2}$$

b 族方程(6.5.1), (6.5.2)两种形式表明 $b=0,1,3$ 是特殊值. b 的这些值是边界的自然坐标，或是解行为发生变化的分歧点. 方程(6.5.2)描述了形状为 $g(x)=\mathrm{e}^{-|x|/\alpha}$ 的尖峰. 这个尖峰方程将形成下一步研究的基础.

6.5.1 尖峰的斜率动力系统：变形点及当 $1<b\leqslant 3$ 时变陡原理

下面将考虑在满足(6.3.16)的尖峰情形下方程(6.5.2)的解的动力系统，或等价地，令 $g(x)=\mathrm{e}^{-|x|/\alpha}$，方程(6.1.1)满足

$$(1-\alpha^2\partial_x^2)\mathrm{e}^{\frac{-|x|}{\alpha}}=2\alpha\delta(x). \tag{6.5.3}$$

对这种情形，以及在无穷大空间的消失的边界条件，方程(6.5.2)，方程(6.5.3)暗示在实数轴的尖峰方程

$$u_t+uu_x=-\frac{1}{2\alpha}\int_{-\infty}^{\infty}\mathrm{e}^{\frac{-|x-y|}{\alpha}}(buu_y+(3-b)\alpha^2u_yu_{yy})\mathrm{d}y. \tag{6.5.4}$$

取 x 微分给出了斜率 $u_x(x,t)$ 的方程

$$u_{xt}+uu_{xx}+u_x^2=-\frac{1}{2\alpha}\frac{\partial}{\partial x}\int_{-\infty}^{\infty}\mathrm{e}^{\frac{-|x-y|}{\alpha}}(buu_y+(3-b)\alpha^2u_yu_{yy})\mathrm{d}y$$

$$=\frac{1}{2\alpha^2}\int_{-\infty}^{\infty}\mathrm{e}^{\frac{-|x-y|}{\alpha}}\operatorname{sgn}(x-y)(buu_y+(3-b)\alpha^2u_yu_{yy})\mathrm{d}y. \tag{6.5.5}$$

将利用这些表达式来证明下面的命题.

命题 6.5.1 (尖峰变陡引理)　对 $b\ (1<b\leqslant 3)$ 在 u 的一个变形点, 一个足够大的负斜率将在尖峰方程(6.5.4)的动力系统下在有限时间变垂直.

证明　由 Camassa 和 Holm 的文献[2], 下面将考虑在一个变形点 $x=\bar{x}(t)$ 斜率 u_x 的演变. 定义在变形点的斜率为 $s(t)=u_x(\bar{x}(t),t)$, 注意到 $u_{xx}(\bar{x}(t),t)=0$. 因此方程(6.5.5)产生了 $s(t)$ 的如下演化方程:

$$\frac{\mathrm{d}s}{\mathrm{d}t}+s^2=\frac{1}{2\alpha^2}\int_{-\infty}^{\infty}\mathrm{e}^{\frac{-|\bar{x}(t)-y|}{\alpha}}\operatorname{sgn}(\bar{x}(t)-y)\frac{1}{2}\frac{\partial}{\partial y}(bu^2+(3-b)\alpha^2u_y^2)\mathrm{d}y. \tag{6.5.6}$$

利用定义 $|y|=y\operatorname{sgn}(y)$, 由分部积分, 有 $\frac{\mathrm{d}|y|}{\mathrm{d}y}=\operatorname{sgn}(y)+2y\delta(y)$, 再由 $y\delta(y)=0$, 有

$$\frac{\mathrm{d}s}{\mathrm{d}t}=-\left(\frac{b-1}{2}\right)s^2+\frac{b}{2\alpha^2}u^2-\frac{1}{2\alpha^2}\int_{-\infty}^{\infty}\mathrm{e}^{\frac{-|\bar{x}(t)-y|}{\alpha}}\frac{1}{2\alpha}(bu^2+(3-b)\alpha^2u_y^2)\mathrm{d}y.$$

因此, 当 $0\leqslant b\leqslant 3$ 时, 最后一项是负的, 而且有斜率不等式

$$\frac{\mathrm{d}s}{\mathrm{d}t}\leqslant-\left(\frac{b-1}{2}\right)s^2+\frac{b}{2\alpha^2}u^2,\quad 0\leqslant b\leqslant 3. \tag{6.5.7}$$

假定对某些常数 M 解满足 $\left(\frac{bu^2}{\alpha^2}\right)<M$, 则

$$\frac{\mathrm{d}s}{\mathrm{d}t}\leqslant-\left(\frac{b-1}{2}\right)s^2+\frac{M}{2},\quad 0\leqslant b\leqslant 3. \tag{6.5.8}$$

因此, 若 $b>1$, 则

$$\frac{\mathrm{d}X}{1-X^2}=\mathrm{d}\operatorname{ar}\coth(X)\leqslant\sqrt{M},\quad X=\sqrt{\frac{b-1}{M}}s. \tag{6.5.9}$$

这暗示着: 对初始值为负 $s\leqslant-\sqrt{M}$, 有

$$s\leqslant\sqrt{M}\coth\left(\sigma+\sqrt{\frac{b-1}{M}}\frac{M}{2}t\right),\quad 1<b\leqslant 3, \tag{6.5.10}$$

其中, 无维数积分常量 $\sigma<0$ 决定初始斜率. 在这些情况下, 在变形点处的斜率在时间 $t=\dfrac{-2\sigma}{\sqrt{M(b-1)}}$ 时一定变成垂直的.

注 6.5.1 若初值条件对 $1<b\leqslant 3$ 是反对称的, 则变形点在 $u=0$ 是固定的, 且 $\dfrac{\mathrm{d}\overline{x}}{\mathrm{d}t}=0$, 由镜反射的对称性 $(u,x)\to(-u,-x)$ (此由方程(6.5.4)得到). 在这种情况下, $M=0$ 且方程(6.5.8)暗示着

$$\frac{\mathrm{d}s}{\mathrm{d}t}\leqslant-\left(\frac{b-1}{2}\right)s^2\Rightarrow s(t)\leqslant\frac{-2}{b-1}\left(\frac{1}{t_0-t}\right). \tag{6.5.11}$$

因此垂直状态 $s=-\infty$ 将在有限时间产生, 不管初始斜率 $s|(0)|$ 多么小, 只要它如图 6.12 所示是负的, $s(0)<0$, 若初始斜率是正的, 则在这种变化下将从上面减到 0.

因此, (6.5.4)的行波解对于孤立子不能具有常规的双曲正割型的形状, 因为有足够负斜率的变形点可能在解的形状产生不稳定变化.

6.5.2 $0\leqslant b\leqslant 1$ 的情形

当 $0\leqslant b\leqslant 1$ 时, 从(6.2.16)中得到

$$\int_{-\infty}^{\infty}|m|^{\frac{1}{b}}\mathrm{d}x=\int_{-\infty}^{\infty}|m_0|^{\frac{1}{b}}\mathrm{d}x,\quad 其中,\ m_0(x)=m(x,0). \tag{6.5.12}$$

这个守恒暗示一个椭圆正规估计表明斜率 $s=u_x$ 在尖峰方程(6.5.4)的动力系统下经常是有界的. Holm 和 Titi 的文献[11]中有这个结果的证明和它的更多的描述.

6.6 将尖峰动力系统加入黏性项

在本章的最后部分, 将注意力集中到尖峰情形 $g(x)=\mathrm{e}^{\frac{-|x|}{\alpha}}$, 其长度为 α, 并对给定的值 b,α, 当引入黏性项时考察尖峰解的状况. 为了与文章的前一部分作对比, 将方程(6.1.1)拓展成一族新的方程, 其中, 在引入两个另外的实数参量时包括 Burgers 方程. 这些是黏性项 ν 以及压力或压力梯度的乘数 β.

首先, 对尖峰情形 $g(x)=\mathrm{e}^{\frac{-|x|}{\alpha}}$, 在(6.1.1)中引入常数黏性项 $\nu>0$, 形成黏性 b 族方程如下:

$$m_t+\underbrace{um_x}_{对流项}+\underbrace{bu_xm}_{伸缩项}=\underbrace{\nu m_{xx}}_{黏性项},\quad 其中,\ m=u-\alpha^2u_{xx}. \tag{6.6.1}$$

正如在方程(6.3.20)中, 此带黏性项的方程可由速度 $u(x,t)$ 单独表达出来

$$u_t+(b+1)uu_x-\nu u_{xx}=\alpha^2(u_{xxt}+uu_{xxx}+bu_xu_{xx}-\nu u_{xxxx})$$
$$=\alpha^2\partial_x\left(u_{xt}+uu_{xx}-\nu u_{xxx}+\frac{b-1}{2}u_x^2\right)$$
$$=\alpha^2\partial_x^2\left(u_t+uu_x-\nu u_{xx}+\frac{b-3}{2}u_x^2\right). \tag{6.6.2}$$

因此, 非线性变陡项随 b 的变化而增加为 $(b+1)uu_x$. 当 $\alpha\to 0$ 时, 上述方程变为

$$u_t+(b+1)uu_x-\nu u_{xx}=0. \tag{6.6.3}$$

可以利用尺度维数, 或者令 $b=0$ 来覆盖通常的Burgers方程. 当 $b=2$ 时方程(6.6.1)是三维扰动 Navier-Stokes-alpha 模型的一维形式.

尖峰方程(6.6.1)的黏性 b 族可被变为两个其他等价形式, 这时可使一个压力的第二个伸缩项成为一个乘子. 它们是等价的守恒形式

$$m_t=-\frac{\partial}{\partial x}\left(mu+\frac{b-1}{2}u^2-\frac{b-1}{2}\alpha^2u_x^2\right)+\nu m_{xx}, \tag{6.6.4}$$

或者它的等价对流形式

$$(1-\alpha^2\partial_x^2)(u_t+uu_x-\nu u_{xx})=-\partial_x\left(\frac{b}{2}u^2+\frac{3-b}{2}\alpha^2u_x^2\right). \tag{6.6.5}$$

压力乘子β

下面将引入一个压力乘子β作为一个第二个参量, 使得对 $\beta\neq 1$时, 黏性 b 族方程(6.6.5)的对流形式变形为下面带 4 个参数b,α,ν,β 的类似 Burgers 方程的族:

$$u_t+uu_x-\nu u_{xx}=-\beta\tau_x,\quad 其中,\ (1-\alpha^2\partial_x^2)\tau=\frac{b}{2}u^2+\frac{3-b}{2}\alpha^2u_x^2. \tag{6.6.6}$$

当 $\beta=0$, Burgers-$\alpha\beta$ 方程(6.6.6)覆盖了常规 Burgers 方程. 当 $\beta=1$时, 方程(6.6.6)覆盖了尖峰方程(6.6.1)的黏性 b 族.

下面找Burgers-$\alpha\beta$方程(6.6.6)的解, 这个解或是在实数轴上无穷远处为零, 或是在一个周期的区域, 对它的 4 个参数b,α,ν,β 的任意值. 在这些边界条件下, 当 $\beta\to 1$时, 方程(6.6.6)覆盖了黏性b 族方程(6.6.5), 其尖峰为 $g(x)=\mathrm{e}^{-|x|/\alpha}$. 因此, 当 $\beta\neq 1$时, 黏性b族方程(6.6.1)~方程(6.6.5)变形为 Burgers-$\alpha\beta$方程(6.6.6), 而且当 $\beta=0$ 时, Burgers-$\alpha\beta$方程(6.6.6)成为常见的 Burgers 方程. 将对 4 个参数b,α,ν,β 对 Burgers-$\alpha\beta$方程(6.6.6)的影响感兴趣. 将对引入参量ν,β 后尖峰解的状态十分感兴趣, 以便保持速度的 H_α^1 控制. 将看到这个控制要求参量b,β 的一个特殊关系, 即$(3-b)\beta=1$.

6.6.1 Burgers-$\alpha\beta$方程：分析估计

命题 6.6.1（速度的 H_α^1 控制） Burgers-$\alpha\beta$方程(6.6.6)控制速度的α权 H^1 范数

$$\|u\|_{H_\alpha^1}^2 = \int_{-\infty}^{\infty}(u^2+\alpha^2u_x^2)\mathrm{d}x,$$

对 $\alpha^2 \neq 0$，需要 $(3-b)\beta = 1$.

证明 Burgers-$\alpha\beta$方程(6.6.6)的空间导数推得对斜率 $s=u_x$ 产生的动力系统

$$u_t + uu_x - \nu u_{xx} = -\beta\tau_x,$$

$$s_t + us_x + s^2 - \nu s_{xx} = -\beta\tau_{xx}, \quad 其中，s = u_x,$$

$$-\alpha^2\tau_{xx} = \frac{b}{2}u^2 + \frac{3-b}{2}\alpha^2u_x^2 - \tau.$$

由这些斜率动力系统推得如下α-权 H^1 稠密，即方程(6.5.6)

$$\frac{\partial}{\partial t}\left(\frac{1}{2}u^2+\frac{\alpha^2}{2}s^2\right) = \frac{\partial}{\partial x}\left(\frac{1}{3}\left(1-\frac{b\beta}{2}\right)u^3+\beta u\tau+\frac{\alpha^2}{2}us^2+\nu uu_x+\nu\alpha^2ss_x\right)$$

$$-\nu u_x^2 - \nu\alpha^2s_x^2 + \frac{\alpha^2}{2}((3-b)\beta-1)s^3.$$

因此，只要 $(3-b)\beta=1$，最后一项将消失，在这种情况下，对周期或消失边界条件 α 权 H^1 范数 $\|u\|_{H_\alpha^1}^2 = \int_{-\infty}^{\infty}(u^2+\alpha^2u_x^2)\mathrm{d}x$ 对 $\alpha \neq 0$，在 Burgers-$\alpha\beta$ 动力系统下将单调减少.

注 6.6.1 在 Burgers-$\alpha\beta$方程中，当 $\nu \to 0$ 时，对 $(3-b)\beta=1$，α 权 H^1 范数将守恒. 这个关系对 $b=3$ 不成立. 在 Burgers-$\alpha\beta$动力系统下，当 $b=3$ 时，对 $\nu \neq 0$，α 权 H^1 范数衰减的证明是非决定的. 尽管如此，若 ν 足够大，可在物理背景下期待这个范数对 $b=3$ 将衰减.

将考虑 b,β 这些值，对这些值α权 H^1 范数是有界的，或单调减少. 在一维情况下，α权 H^1 范数控制导出速度的解将是连续的，即将讨论如下的情形，当 $(3-b)\beta=1$ 时，$\left(b=0,\beta=\dfrac{1}{3}\right),\left(b=1,\beta=\dfrac{1}{2}\right),(b=2,\beta=1)$.

命题 6.6.2(Burgers-$\alpha\beta$ 变陡引理) 当 $(3-b)\beta \leqslant 2$ 时，对于 b,β，速度 u 一个变形点处足够负的斜率在动力系统 Burgers-$\alpha\beta$方程(6.6.6) $(\nu=0)$ 下将在有限的时间内变成垂直的.

证明 这个证明是由尖峰变陡引理 6.5.1，并利用 Burgers-$\alpha\beta$方程(6.6.6) $\nu=0$ 时的斜率方程，得到该方程对应着方程带尖峰的(6.5.5)，这时修正后包β,

$$u_{xt}+uu_{xx}+u_x^2=-\frac{\beta}{2\alpha}\frac{\partial}{\partial x}\int_{-\infty}^{\infty}\mathrm{e}^{\frac{-|x-y|}{\alpha}}(buu_y+(3-b)\alpha^2u_yu_{yy})\mathrm{d}y$$

$$=\frac{\beta}{2\alpha^2}\int_{-\infty}^{\infty}\mathrm{e}^{\frac{-|x-y|}{\alpha}}\operatorname{sgn}(x-y)(buu_y+(3-b)\alpha^2u_yu_{yy})\mathrm{d}y. \quad (6.6.7)$$

方程(6.6.7)在一个变形点 $x=\overline{x}(t)$ 产生非黏性 Burgers-$\alpha\beta$方程其斜率为 $s(t)=u_x(\overline{x}(t),t)$ 如下:

$$\frac{\mathrm{d}s}{\mathrm{d}t}\leqslant-(2-(3-b)\beta)\frac{s^2}{2}+\frac{\beta M}{2},\quad 对\ 0\leqslant b\leqslant 3. \quad (6.6.8)$$

只要假定对某些常数 M 解满足 $\frac{bu^2}{\alpha^2}<M$ 这个式子就成立. 因此, 若 $2-(3-b)\beta>0$, 有

$$\frac{\mathrm{d}X}{1-X^2}=\mathrm{dar}\coth(X)\leqslant\sqrt{M},\quad 对\ X=\sqrt{\frac{2-(3-b)\beta}{M\beta}}s, \quad (6.6.9)$$

对 $s\leqslant-\sqrt{M}$ 初始值为负且 $\beta>0$, 这就推得

$$s\leqslant\sqrt{M}\coth\left(\sigma+\sqrt{\frac{2-(3-b)\beta}{M\beta}}\frac{M}{2}t\right),\quad 对\ 0\leqslant 3-\frac{2}{\beta}<b\leqslant 3, \quad (6.6.10)$$

其中, 无维数积分常数 $\sigma<0$ 决定着初始斜率, 其值为负. 在这种情况下, 只要变形点继续存在, 它的非负斜率在时间 $t=\frac{-2\sigma}{M}\sqrt{\frac{M\beta}{2-(3-b)\beta}}$ 将变成垂直的.

推论 6.6.1(非黏性 Burgers-$\alpha\beta$ 激波)　在有限时间内 $v=0$ 的非黏性 Burgers-$\alpha\beta$方程(6.6.6)的解在垂直于斜面的速度变为负数时仍然连续.

证明　根据命题 6.6.1, 速度的连续性, 因此控制在 H^1 上的范数 $\|u\|_{H_\alpha^1}$ 时需要 $(3-b)\beta=1$. 这就是命题 6.6.2 用到的参数范围. 因此, 在对 $(3-b)\beta\leqslant 2$, $v=0$ 的非黏性 Burgers-$\alpha\beta$方程(6.6.6)的动力学分析下垂直状态将在一负斜率的拐点处形成.

注 6.6.2　因此, 在无黏性的情况下为了保持连续性, 非黏性 Burgers-$\alpha\beta$ 方程的解必须不是在一负斜率的拐点处变成垂直状态, 就是在整个这些点处变为零.

6.6.2　对于 $\beta(3-b)=1$ 且 $v=0$ 的 Burgers-$\alpha\beta$ 方程的行波解

对 $v=0$, Burgers-$\alpha\beta$方程(6.6.6)有下面的行波解:

$$(u-c)u'+\beta\tau'=0\ 和\ \tau-\alpha^2\tau''=\frac{b}{2}u^2+\frac{3-b}{2}\alpha^2(u')^2. \quad (6.6.11)$$

经过一次积分后,

$$\frac{u^2}{2}-cu+\beta\tau=K, \tag{6.6.12}$$

其中, K 是一个整数. 因此, 有

$$\tau-\alpha^2\tau''=\frac{1}{\beta}\left(K+cu-\frac{u^2}{2}+\alpha^2((u-c)u''+(u')^2)\right). \tag{6.6.13}$$

第二个方程在(6.6.11)对 $\beta(3-b)=1$ 特殊情形积分

$$2Ku+cu^2-\beta u^3+\alpha^2(u-c)(u')^2=2H, \tag{6.6.14}$$

对特殊的 $K=0=H$，对 $\beta(3-b)=1$ 变成

$$\alpha^2(u-c)(u')^2=(\beta u-c)u^2, \tag{6.6.15}$$

且发现 $\beta=1$ 时的尖峰解 $u(z)=ce^{-|z|/\alpha}$.在一般的情形 $K\neq 0$ 且 $H\neq 0$，将方程(6.6.14)重排成下面非黏性 Burgers-$\alpha\beta$ 行波解求积分:

$$\pm\frac{\mathrm{d}z}{\alpha}=\frac{(u-c)^{1/2}\mathrm{d}u}{\left[2H-2Ku-cu^2+\beta u^3\right]^{1/2}}，\quad 其中\ \beta(3-b)=1，\ v=0. \tag{6.6.16}$$

下面考虑当 $v\neq 0$ 时, $\left(b=0,\beta=\frac{1}{3}\right)$, $\left(b=1,\beta=\frac{1}{2}\right)$ 还有 $(b=2,\beta=1)$ 情形.

6.7 式(6.1.1)加了黏性和式(6.1.2)Burgers-$\alpha\beta$演化的尖峰

6.7.1 加黏性尖峰的性态

下面的图 6.13~图 6.16 展示了对黏性 b 方程(6.6.1)初值问题的影响, 其中, 对由尖峰宽度 $w=5$ 和初始高度 $U\simeq 0.1$ 给定的初始速度, α 和 b 在固定的速度周围变化. 参数 b 取值 $b=0,1,2,3$. 在这 4 幅图中, 速度 $v=0.005$, 在 200 的邻域内, 解为 2^{13} 个点. 这对应于一个格栅-刻度(grid-scale)Reynold 数 $Re_{\Delta x}=U\dfrac{\Delta x}{v}=O(1)$, 其中, 速度 $U\simeq 0.1$. 这 4 幅图中两对图展示了固定 α 对 $b=2$ 和 $b=3$ 增加速度 v 相同问题的影响.

图 6.13 展示了在初始宽度为 5 的黏性 b 方程(6.6.1)下 3 个速度侧面的演变状态, 当方程增加 $\alpha=\frac{1}{4},1,4$ 对 $b=0$ 固定速度 $v=0.005$. 尖峰向右倾斜且形成类似 Burgers 的三角激波, 或者斜面、绝壁, 它们的宽度增加且当 α 增加的时候尖峰高度增大. 这 3 方面说明了对 $b=0$ 速度增加到 $v=10^{-6}$ 没有明显的区别. 因此, $b=0$

时在斜面上绝壁的宽度和绝壁的结构是由在这个范围内参数α值所确定的.

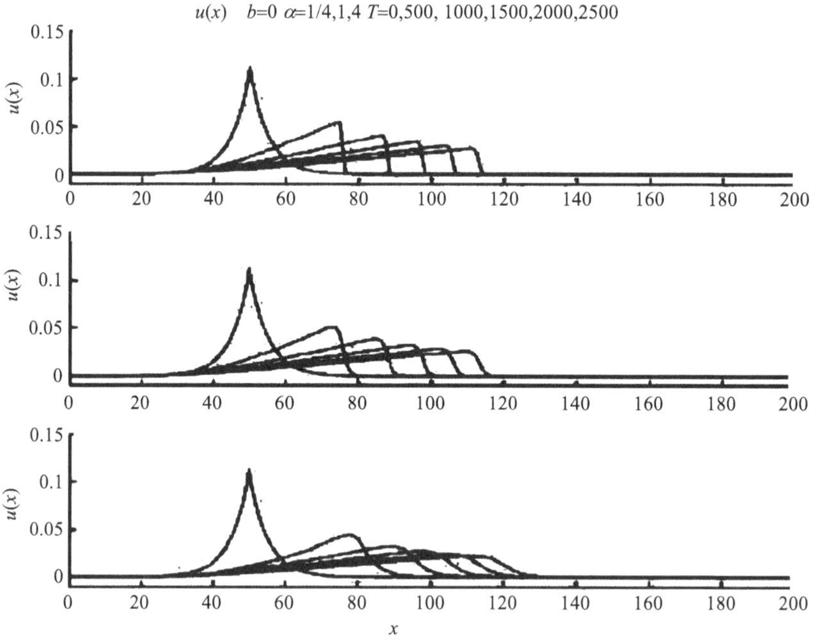

图6.13　$b=0$ 当α增加时的影响

黏性b族, $b=0$, $\alpha=\frac{1}{4},1,4$, $\nu=0.005$, 初始宽度 $w=5$

图 6.14 展示了从宽 $w=5$ 的尖峰初始条件, 对 $b=1$ 当α 变化时相同类型问题演化的 3 个情况. 前面的为: 当 $\alpha=\frac{1}{4}$ 和 $\alpha=1$ 时, 斜面和绝壁结构传播更快且 $b=1$ 比 $b=0$ 更陡峭. 速度的增加显然是因为方程(6.6.2)中变陡峭项 $(b+1)uu_x$ 系数增加. 一个诞生中的尖峰与前一个斜面的顶峰靠得很近, 然后最终吸收成为斜面和绝壁. 然而对 $\alpha=4$, 图 6.15 也展示了从宽 $w=5$ 的尖峰初始条件, 对 $b=2$ 当α 变化时演化的 3 方面. 斜面和绝壁的结构形成更加完全. 斜面和绝壁的结构当 $\alpha=\frac{1}{4}$ 时 $b=2$ 比 $b=1$ 更快. 当 $\alpha=1$ 时, 一系列诞生中的尖峰靠近形成, 在下面尖峰的后面.

前面, 在最终被吸收之前超出斜面和绝壁的结构且影响它的传播速度. 然而对 $\alpha=4$, 尽管稍微在顶峰处变化, 初始尖峰在黏性下慢慢地传播和消失.

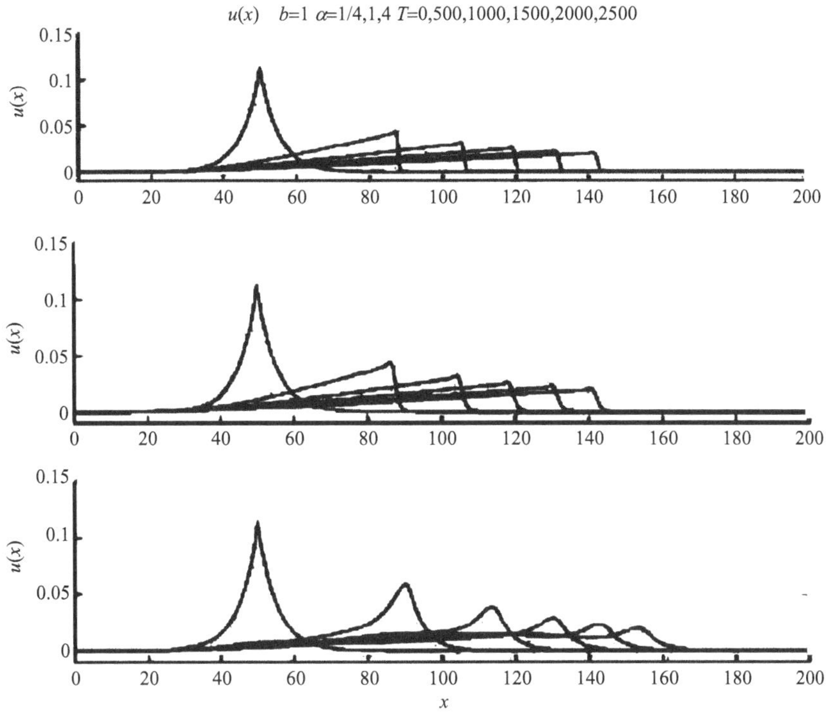

图6.14 $b=1$当α增加时的影响

黏性b族，$b=1$，$\alpha=\frac{1}{4},1,4$，$\nu=0.005$，初始宽度$w=5$

图6.16也展示了从宽$w=5$的尖峰初始条件，对$b=3$当α变化时演化的3方面．斜面和绝壁的结构移动更快，且对$\alpha=\dfrac{1}{4}$孤立的诞生中的尖峰就在前一个的后面．当$\alpha=1$时，一系列诞生中的尖峰靠近形成且在黏性减慢之前几乎逃离.斜尖峰几乎消失且由于黏性变慢．那么下面这个呈现了当斜面和绝壁的结构形成时与前面的相碰撞．$b=3$时的碰撞比$b=2$时相对速度更高，在相当大的程度上影响它们的速度最终形成斜面和绝壁．相对地，对$\alpha=4$，初始尖峰保持它的整体性和向右传播且在黏性下消失．对$\alpha=4$传播中的尖峰消失地更慢且在顶峰$b=3$比$b=2$时要陡峭得多.

注 6.7.1(稳定性的交换) 为了看清斜面和绝壁之间结构稳定性的交换和当b变化时的尖峰，用下列数字做实验．首先，对黏性 b 方程(6.6.1)令$b=0$，$\alpha=1,\nu=10^{-5}$且初始宽度为$w=5$．就像图 6.17 和图 6.18 一样，甚至对几乎为零的黏性也演化为斜面和绝壁．一旦最后的斜面/绝壁形成，利用它作为方程(6.6.1)无论$b=2$或$b=3$时新的初始条件．新的演化冲破斜面/绝壁结构变为尖峰且新的最后状态是由高排序的向右移动的尖峰列.

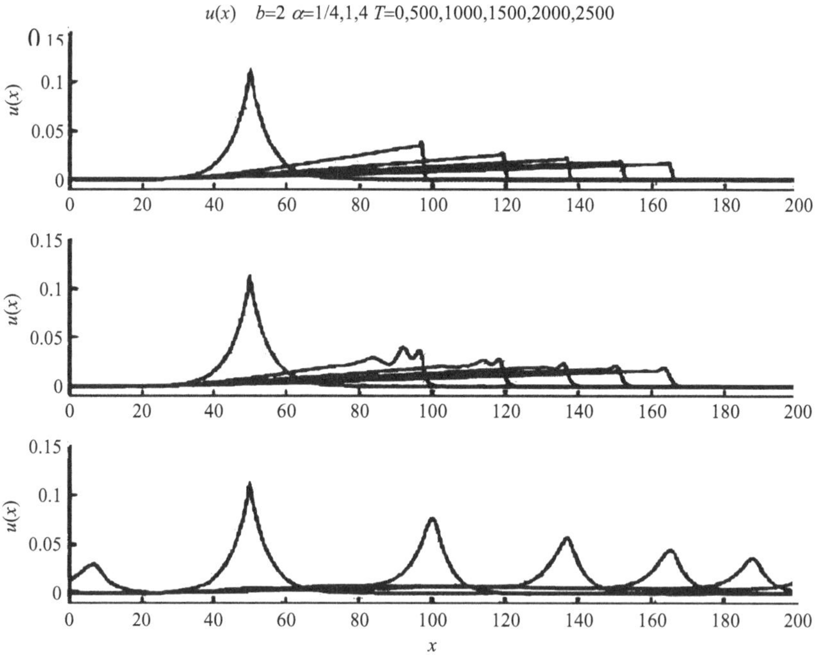

图6.15　$b=2$ 当α增加时的影响

黏性b族，$b=2$，$\alpha=\dfrac{1}{4},1,4$，$v=0.005$，初始宽度 $w=5$

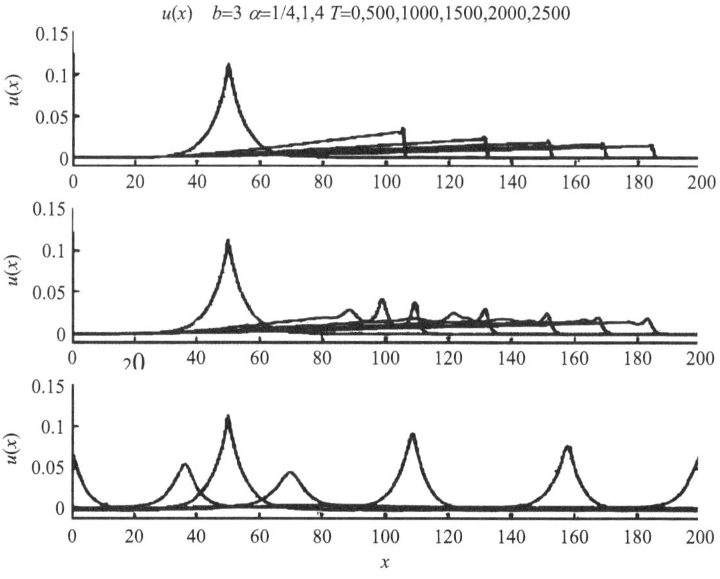

图6.16　$b=3$ 当α增加时的影响

黏性b族，$b=3$，$\alpha=\dfrac{1}{4},1,4$，$v=0.005$，初始宽度 $w=5$

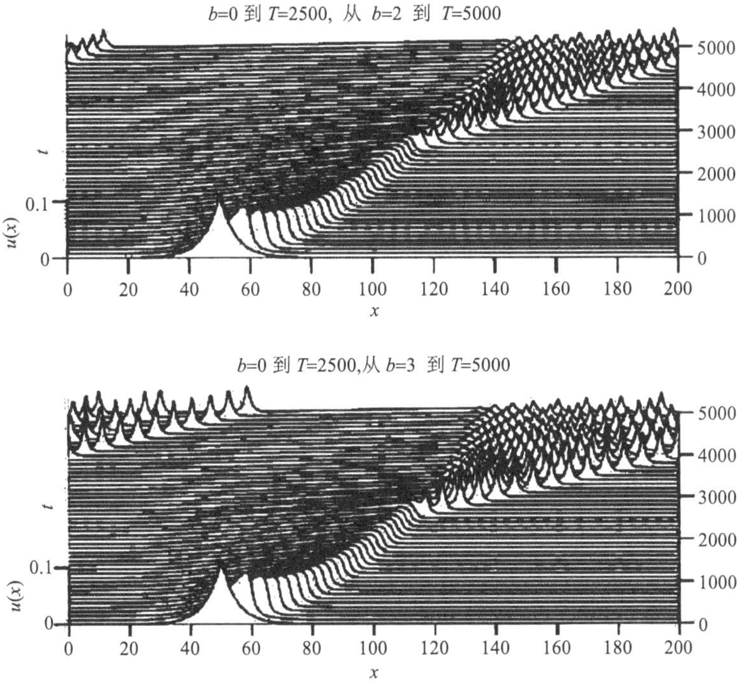

图6.17 当宽度 $>\alpha$ ，$b=0,2,3$ 时斜面和尖峰间稳定性的交换

黏性b族 $b=0\rightarrow 2,3,\alpha=1,\nu=10^{-5}$ ，初始宽度 $w=5$

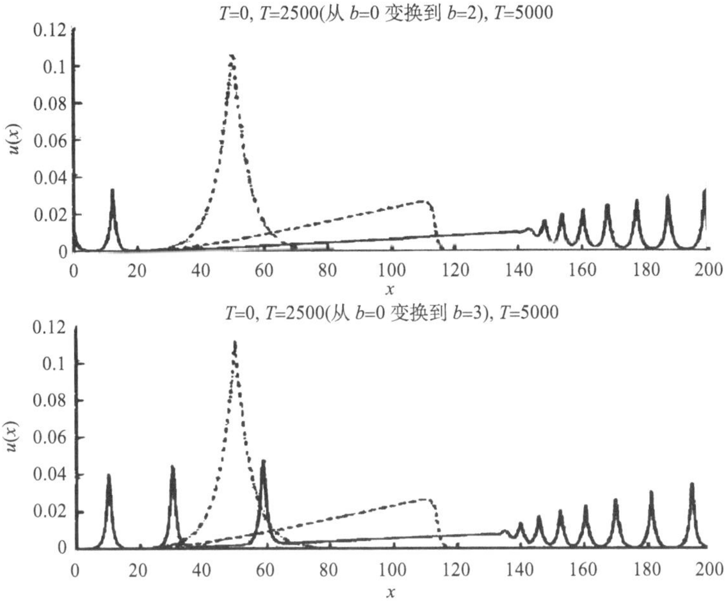

图6.18 当宽度 $>\alpha$ ，$b=0,2,3$ 时斜面和尖峰间稳定性的交换侧面图

黏性b族 $b=0\rightarrow 2,3,\alpha=1,\nu=10^{-5}$ ，初始宽度 $w=5$.

对图 6.19 和图 6.20, 做相同的实验, 这一次取值$\alpha=5$等于初始尖峰的宽度. 初始尖峰“从负数借用”形成一个斜面, 这并不是十分反对称的, 因为初始尖峰的总面积必须被保留. 在时刻$T=150$, 换成$b=2$或$b=3$, 再观察稳定的尖峰列从现在不稳定斜面涌现.

最后对图 6.21 和图 6.22, 再一次做$\alpha=1$初始尖峰宽度$w=5$的数字实验, 但是这次在斜面形成后换到$b=-2$或$b=-3$情形. 新演变打破斜面/绝壁结构像图 6.6 和图 6.7 那样向左运动.

注 6.7.2(增加黏性)　增加黏度作用的尖峰最初情况的演变可能估计从由

$$\mathrm{Re}_\alpha=\frac{U\alpha}{\nu}=\left(\frac{\alpha}{\Delta x}\right)\mathrm{Re}_{\Delta x}$$

所定义的α标度 Reynolds 数.

对$\alpha/\Delta x=40$, $U=0.1$和增加的速度ν, Reynolds 数$\mathrm{Re}_{\Delta x}$和Re_α降低为

$$\mathrm{Re}_{\Delta x}\simeq 2,0.2,0.02,\ \mathrm{Re}_\alpha==\simeq 80,8,0.8,\ \text{其中},\ \nu=0.01,0.1,1.0.$$

或许毫不奇怪, 当$\mathrm{Re}_\alpha=O(1)$黏度将在还没有完全形成之前随着初始尖峰散开. 图 6.23 和图 6.24 展示了随着Re_α减少影响的增大.

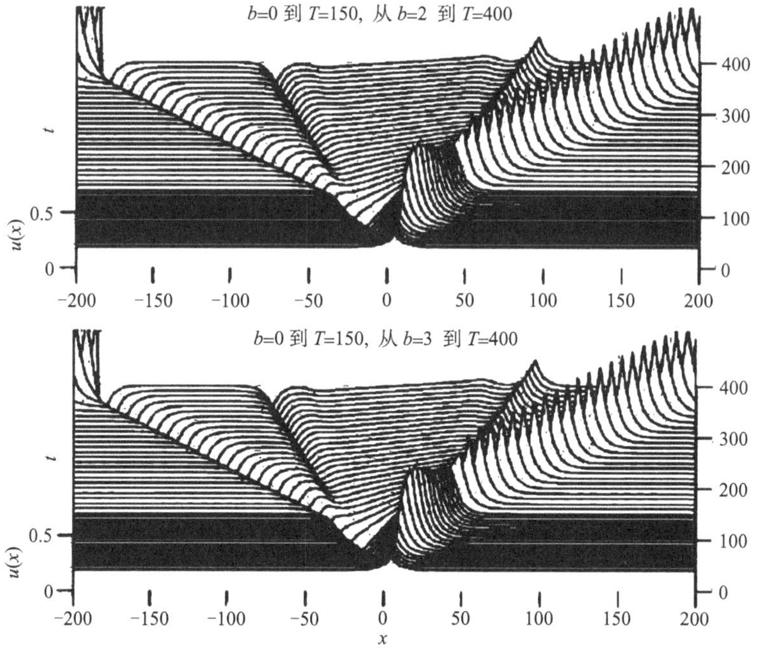

图6.19　当宽度$=\alpha$, $b=0,2,3$时斜面和尖峰间稳定性的交换

黏性b族, $b=0\to 2,3,\alpha=5,\nu=10^{-5}$, 初始宽度$w=5$

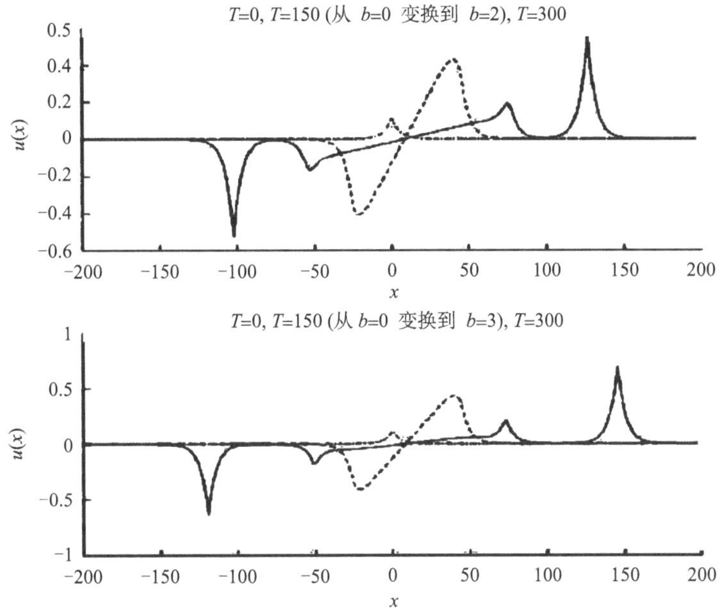

图6.20　当宽度$=\alpha$，$b=0,2,3$时斜面和尖峰间稳定性的交换侧面图

黏性b族，$b=0\to 2,3,\alpha=5,\nu=10^{-5}$，初始宽度$w=5$

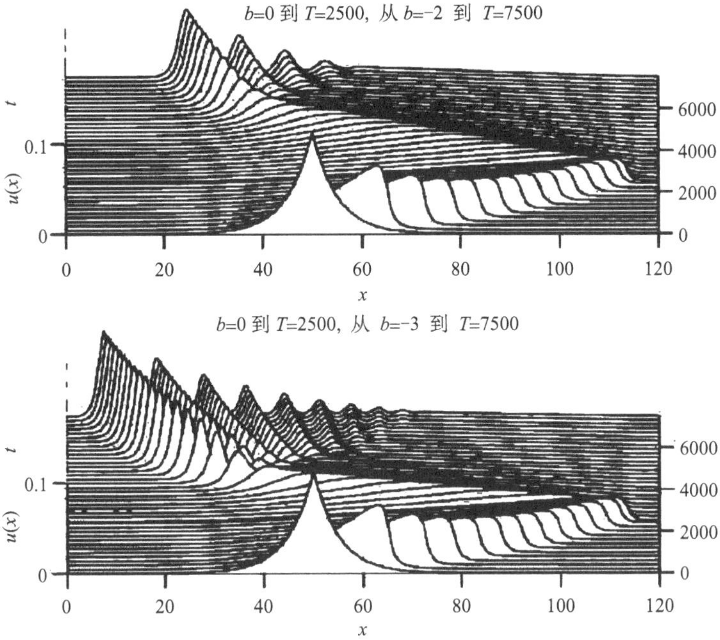

图6.21　当宽度$>\alpha$，$b=0,-2,-3$时斜面和左侧峰间稳定性的交换

黏性b族，$b=0\to -2,-3,\alpha=1,\nu=10^{-5}$，初始宽度$w=5$

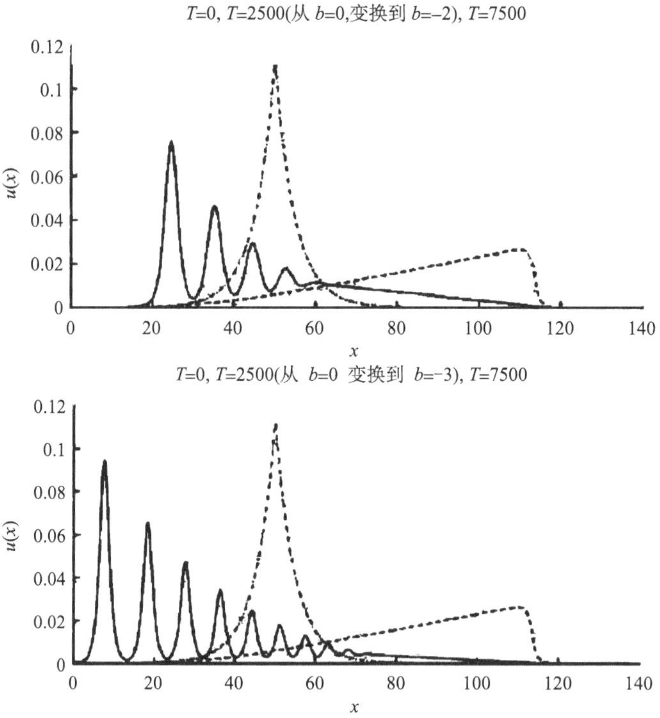

图6.22　当宽度 $>\alpha$ ，$b=0,-2,-3$ 时斜面和左侧峰间稳定性的交换侧面图

黏性b族，$b=0\to-2,-3,\alpha=1,v=10^{-5}$，初始宽度 $w=5$

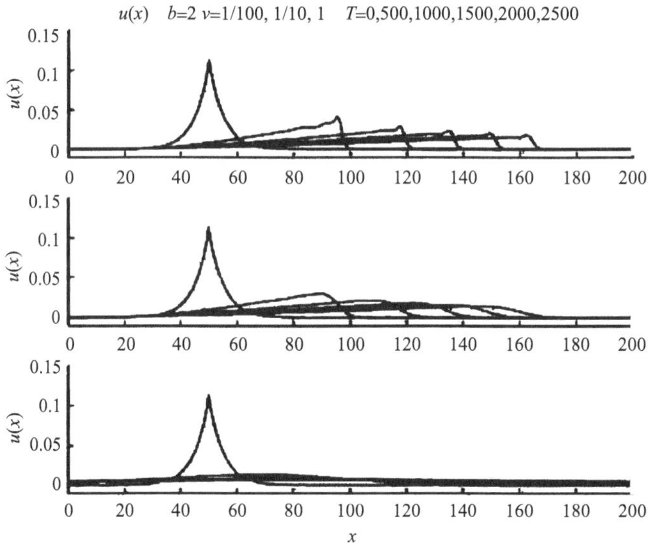

图6.23　$b=2$ 时增加黏性的效果

黏性b族，$b=2,\alpha=1,v=\dfrac{1}{100},\dfrac{1}{10},1$，初始宽度 $w=5$

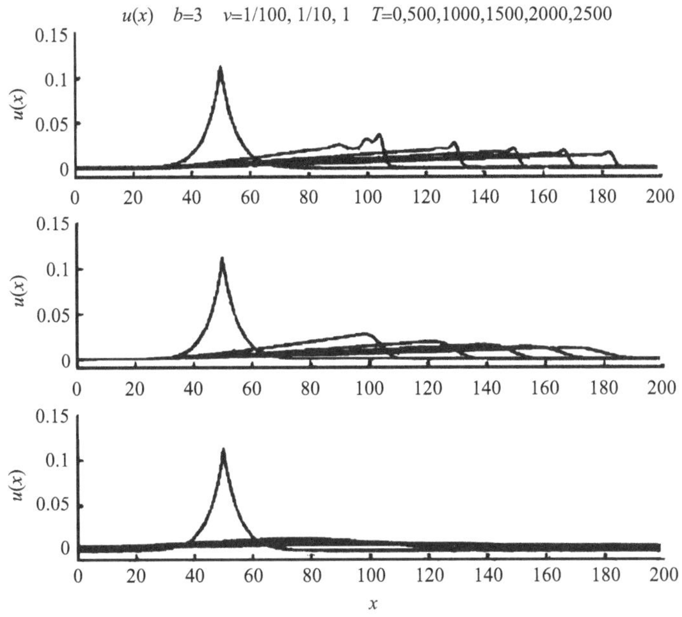

图6.24 $b=3$ 时增加黏性的效果

黏性b族，$b=3, \alpha=1, \nu=\frac{1}{100}, \frac{1}{10}, 1$，初始宽度 $w=5$. $b=0, \beta=\frac{1}{3}, \nu=0.005, \alpha=\frac{1}{4}, 1, 4$,

和 $b=1, \beta=\frac{1}{2}, \nu=0.005, \alpha=\frac{1}{4}, 1, 4$

6.7.2 Burgers-$\alpha\beta$发展方程尖峰性态

图 6.25 和图 6.26 展示了对尖峰初始值问题的作用为变化α和 b 的 Burgers-$\alpha\beta$

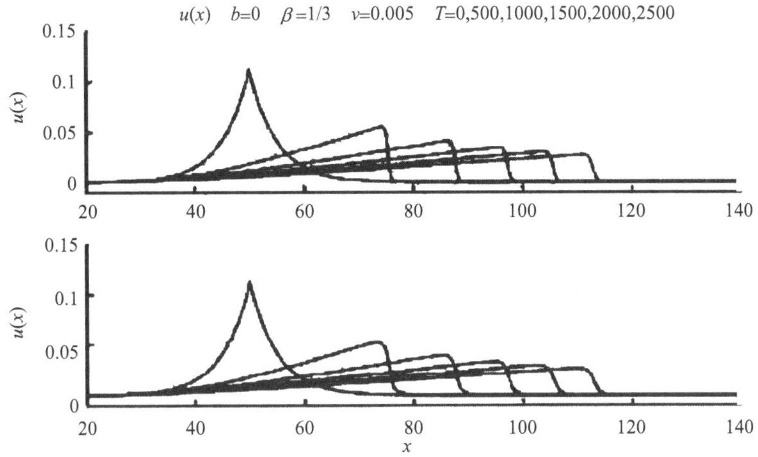

图6.25 当 $(3-b)\beta=1$ 时，$b=0$，$\beta=1/3$ 增大α的效果

Burgers-$\alpha\beta$, $b=0$，$\alpha=\frac{1}{4}, 1, 4$，$\beta=\frac{1}{3}$，$\nu=0.005$，初始宽度 $w=5$

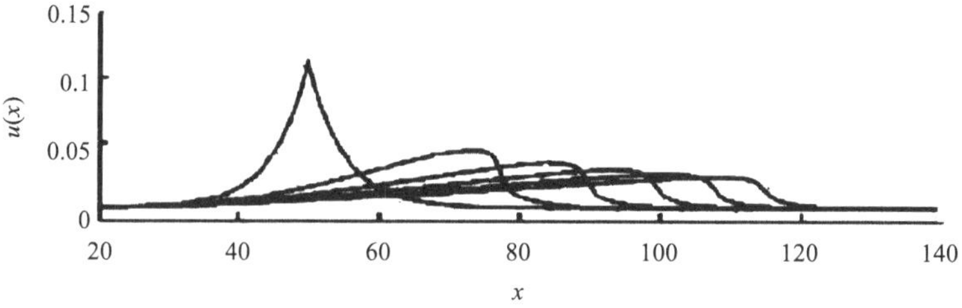

续图6.25

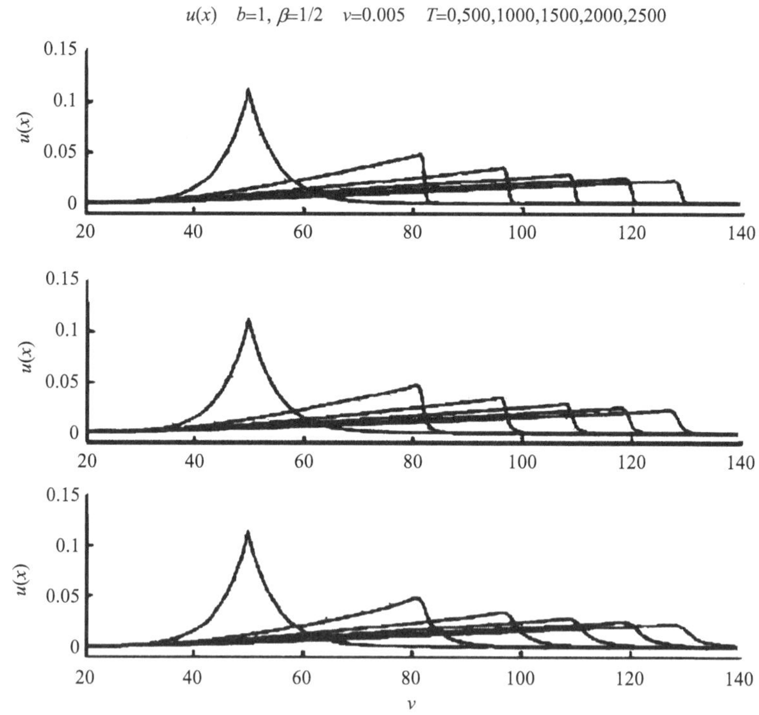

图6.26　当 $(3-b)\beta=1$ 时对 $b=1$，$\beta=1/2$ 增大α的效果

Burgers-$\alpha\beta$，$b=1$，$\alpha=\frac{1}{4},1,4$，$\beta=\frac{1}{2}$，$v=0.005$，初始宽度 $w=5$

发展方程, 其中, $(3-b)\beta=1$ 常数黏度. 考虑下面的 $(3-b)\beta=1$ 情形.

注 6.7.3(正在减小的β对斜面/绝壁的小影响)　对 $b=0$ 和 $b=1$，降低β使得 $(3-b)\beta=1$ 仍成立比保持 $\beta=1$ 对斜面/绝壁解的影响小. 这些情形使β对 $\left(b=0,\beta=\frac{1}{3}\right)$ 和 $\left(b=1,\beta=\frac{1}{2}\right)$ 比图 6.13 和图 6.14 相应情形 $b=0$，$b=1$ 及 $\beta=1$ 稍微不活泼. 这使β在最大值 $\alpha=4$ 的解中更低. 剩下的情形 $(b=2,\beta=1)$ 恢复了图

6.15 中 $b=2$ 的黏性 b 方程(6.6.1), 更大的 b 导致斜面更加陡峭, 因此前面向右移动的更加活泼.

6.8 尖峰散射和初始值问题的数值结果

本节将总结前面给出的图形解的结果, 描述导出它们的数值方法, 讨论证明得到结果的一些途径.

6.8.1 尖峰初值问题

1. 非黏性 b 族方程组

$b=0$ 的斜面和绝壁. 图 6.1 展示了 $b=0$, $\alpha=1$ 斜面和绝壁的形成和增大宽度 $w=2.5,5,10$ 的 Gaussian 初始条件集;

$b=2,3$ 的尖峰. 图 6.2 和图 6.3 展示了 $\alpha=1$ 时 $b=2$ 和 $b=3$ 尖峰的形成和增大宽度 $w=2.5,5,10$ 的 Gaussian 初始条件集;

$b=-\frac{1}{2}$ 的斜面和绝壁. 图 6.4 展示了 $b=-\frac{1}{2}$, $\alpha=1$ 斜面和绝壁的形成和增大宽度 $w=10,15,20$ 的 Gaussian 初始条件集;

$b\leqslant-1$ 解的固定式. 图 6.5 展示了一个根本上固定解, 它带有轻微右移趋势且由于在方程(6.3.20)中较高阶的微分非线性曲度相而向右倾斜, 对 $\alpha=1$ 增加宽度 $w=10,15,20$ 的一个 Gaussian 初始条件. 对同样的α和相同的初始条件集, 图 6.6 和图 6.7 展示了左移波的发生.

图 6.8 展示了 $b=-2$ 情形在时间 $T=2500$ 左移波, 从方程(6.3.23)对分析 $u(x)\simeq \operatorname{sech}^2\left(\dfrac{x}{2\alpha}\right)$, 且对 $b=-3$ 情形, 对比分析 $u(x)\simeq \operatorname{sech}\left(\dfrac{x}{\alpha}\right)$.

$b=2,3$ 时宽度为α的尖峰. 图 6.9 和图 6.10 展示了对 $b=2$ 和 $b=3$ 时 2 尖峰和 3 尖峰的相互作用, 以初始尖峰宽度 $w=\alpha=5$ 开始.

$b=2,3$ 时宽度>α的尖峰. 图 6.11 展示了对 $b=2$ 和 $b=3$ 时以尖峰宽度 $w=5$ 大于α开始, 宽度 $\alpha=1$ 的尖峰的发生.

$b=1,2,3$ 时尖峰-反尖峰的碰撞. 图 6.12 展示了 $b=1$, $b=2$, $b=3$ 且 $\alpha=1$ 时尖峰-反尖峰 4 次连续碰撞的动力学分析.

2. 黏性 b 族方程

$b=0,1,2,3$ 时α的影响. 图 6.13~图 6.16 展示了对 $b=0$, $b=1$, $b=2$, $b=3$ 时增大 $\alpha=\frac{1}{4},1,4$ 固定 $\nu=0.005$, 初始尖峰宽度 $w=5$ 的演化.

斜面和尖峰间稳定性的交换

图 6.17 和图 6.18 展示了斜面和尖峰间稳定性的交换, 在前面 4 幅图中体现了,

其中，$\alpha=1$ 初始尖峰宽度 $w=5$，但是这次仅带有非常小的黏性 $\nu=10^{-5}$.因此当尖峰稳定时并没有明显的消退. 当从 $b=0$ 变化到 $b=2$ 或 $b=3$ 稳定性的交换发生了. 图 6.19 和图 6.20 再一次展示了稳定性的交换，这一次利用 $\alpha=5$ 使得初始尖峰宽为 α.

斜面和左移峰间稳定性的交换

图 6.21 和图 6.22 就像图 6.17 和图 6.18 一样展示了稳定性的交换，但是转换到 $b=-2$ 或 $b=-3$，看到从斜面变到稳定的左侧峰.

$b=2,3$ 时黏性的影响. 图 6.23 和图 6.24 展示了对初始尖峰宽度 $w=5$，$\alpha=1$ 且 $b=2$ 或 $b=3$ 增加黏性 $\nu=0.01,0.1,1$ 的演化效果.

3. Burgers-$\alpha\beta$方程

当 $(3-b)\beta=1$ 时 α 的影响.图 6.25 和图 6.26 展示了增加 $\alpha=\frac{1}{4},1,4$ 的效果，对初始尖峰宽度 $w=5$，固定 $\nu=0.005$ 和 b 与 β 的两个取值范围，其中，第一个图是 $(3-b)\beta=1$：$b=0$，$\beta=\frac{1}{3}$，第二个图是 $b=1$，$\beta=\frac{1}{2}$.

6.8.2　数值方法的描述

为了下面应用，进一步化简方程(6.5.2), (6.6.5)和(6.6.6)，变化时间段第 4/第 5 次 Runge-Kutta-Fehlberg 预报因子/纠正因子. 通过实验和纠错，对几个稳定性挑选了时间段，而选择代码的准确性根据由数值分析得到的著名公式

$$h_i=\Upsilon h_{i-1}\left(\frac{\varepsilon\left|h_{i-1}\right|}{\left\|\bar{u}_i-\hat{u}_i\right\|}\right)^{1/p}. \tag{6.8.1}$$

这个是按照下面的方法来使用的. 在计算的第 i 部，知道精确解 $\bar{u}_i$，正确解 $\hat{u}_i$ 和前面的时间点 h_{i-1}. 预报因子序准确性 $p=4$，而纠正因子序的准确性 $p+1$. 一个新的时间点 h_i 基于旧的时间点 h_{i-1}，且当前的估计和正确解之间范数有着不同. 每一个时间点取一个非常严格相对小的误差 $\varepsilon=10^{-8}$，一个安全因子 $\Upsilon=0.9$ 和 L_2 范数 $\|\cdot\|_2$.

用第 4 阶有限区别来计算空间微分. 一般地，在 $2^{13}=8192$ 或 $2^{14}=16384$ 领域内. 在变换 $m(x,t)$ 和 $u(x,t)$ 之间时倒置 Helmholtz 算子，在 Fourier 空间将 $m(x,t)$ 与 Green 函数作卷积. 当非线性项的数字估计在高波数产生误差时，应用下面的高通量过滤器人为黏度：

$$\nu(k)=\begin{cases}0, & 0\leqslant k\leqslant \dfrac{N}{3},\\ \dfrac{3\delta}{N}\left(k-\dfrac{N}{3}\right), & \dfrac{N}{3}<k<\dfrac{2N}{3},\\ \delta, & \dfrac{2N}{3}\leqslant k\leqslant N,\end{cases} \tag{6.8.2}$$

其中 $\delta=0.01$ 作数值模拟. 由于对每个零点我们有 Fourier 正弦系数和 Fourier 余弦系数. 因此 N 是零点个数的一半.

在后面 2 个脉冲碰撞情况, 数值收敛性可以获得, 由推论 6.4.4 中的方程(6.4.18)推得

$$g(q_{\min})=g(q)\,|_{p=0}=1-\left(\frac{4c_1c_2}{(c_1+c_2)^2}\right)^{1/(b-1)}. \tag{6.8.3}$$

对 $b=2$ 和 $g(x)=\mathrm{e}^{-|x|/\alpha}$ 的尖峰, 这个公式给出了最小分离

$$q_{\min}=-2\alpha\ln\left(\frac{c_1-c_2}{c_1+c_2}\right)>0. \tag{6.8.4}$$

当 $c_1=1$, $c_2=\dfrac{1}{2}$ 且 $\alpha=5$ 时, 如图 6.9 所示. 这个公式说明 $q_{\min}=10\ln 3=10.9861$. 2^{14} 领域解决的几个结果得到 $q_{\min}=11.0049$. 只发生非常小的误差小于 0.2%, 因为通过在每个时间段内检测尖峰的位置可以得到 $q_{\min}$ 的几个测量, 然而有效离散化意味着不可能在准确时间登陆, 此时最小分离产生. 这样代码的准确性比上面的测量要高, 因为中间步骤包括把解从一个分散的时间发展到下一个, 这里运用了 RKF45 方法抵消较高离散化的误差.

同样, 对 $b=3$ 且 $g(x)=\mathrm{e}^{-|x|/\alpha}$ 的尖峰, 公式(6.8.3)给出了下面的最小分离:

$$q_{\min}=-\alpha\ln\left(1-\frac{\sqrt{c_1c_2}}{(c_1+c_2)/2}\right)>0, \tag{6.8.5}$$

其中,$c_1=1$,$c_2=\dfrac{1}{2}$ 且 $\alpha=5$, 就像图 6.10 一样,这个公式说明 $q_{\min}=5\ln\left(3\big/\left(3-\sqrt{8}\right)\right)=14.3068$. 这一次得到结果 $q_{\min}=14.2924$, 误差仅有 0.1%.

当然, 两个波的碰撞要比其他复合型波动力学分析简单得多. 正是由于这个原因, 通过证明在栅格提炼下黏性尖峰仍然不变来检验数字算法的收敛. 此外, 在图中波碰撞形成整体性后测试数字算法的收敛, 每种情形通过 Green 函数给出尖峰形成都是相当好地保留了. 除非数收敛,在这样多的碰撞发生之后,孤立子波有的保护这些发生.

6.9　结　　论

方程(6.1.1)引出了一个新的可逆族, 相同不变式演化的 1+1 偏微分方程

$$m_t + \underbrace{um_x}_{\text{对流}} + \underbrace{bu_x m}_{\text{伸缩}} = 0, \quad \text{其中,}\ u = g * m. \tag{6.9.1}$$

分析这个方程族的转移性和守恒量, 这使得选择 g 为偶函数. 然后将行波进行分类, 确认行波解的分叉, 讨论平衡参数 b 对卷积核 $g(x)$ 的选择. 研究它的部分解和它们当 $b>1$ 时的相互作用. 通过研究 N 得到行波解 $u(x,t)=cg(x-ct)$. 当

$$u(x,t) = \sum_{i=1}^{N} p_i(t) g(x - q_i(t)) \text{ 以及 } m(x,t) = \sum_{i=1}^{N} p_i(t) \delta(x - q_i(t)) \tag{6.9.2}$$

时，对任意常数 b 且 $u = g * m$，这个函数 g 为偶，即 $g(-x) = g(x)$，因此 $g'(0) = 0$ 且有界, 因此得到 $g(0)=1$.

由文献[7], 称这些解为“pulsons”. 已经得到对任意的 $b>1$，一旦在它们不变流形(可能是有限维的)内为初始值, 这些解根据模型变量 $p_i(t)$ 和 $q_i(t)$ 的分析研究解动力学, 其中, $i=1,\cdots,N$. 这些解的动力学, 对 $b>1$ 研究有限维不变流形上所有古典解相互作用. 在文献[7]中有 $b=2$ 情形. 这行为包括弹性散射, 根据高度需要完全可积来限制初始值范围问题. 这样, $b>1$ 时在由右移波列方程(6.1.1)所控制的非线性发展方程中的“紧急模式”, 由高度来排序. 这样, 变量 $p_i(t)$ 和 $q_i(t)$ 为方程(6.1.1)所确定的偏微分方程不变量的共同坐标. 对 $b>1$，这些共同自由程度作为稳定的脉冲列,按照高度来排序, 经历部分碰撞.

对比参数 $0 \leqslant b < 1$, Burgers 紧急模式为图 6.13 中的斜面/绝壁结构. 这个行为必须依赖于 b, 显然是方程(6.1.1)在(6.6.2)中速度, 得到

$$\begin{aligned} u_t + (b+1)uu_x - \nu u_{xx} &= \alpha^2 (u_{xxt} + uu_{xxx} + bu_x u_{xx} - \nu u_{xxxx}) \\ &= \alpha^2 \partial_x \left(u_{xt} + uu_{xx} - \nu u_{xxx} + \frac{b-1}{2} u_x^2 \right) \\ &= \alpha^2 \partial_x^2 \left(u_t + uu_x - \nu u_{xx} + \frac{b-3}{2} u_x^2 \right). \end{aligned} \tag{6.9.3}$$

这样, 这个方程中的非线性项在参数 b 的 4 个整数值改变符号. 当 $b=0,1,3$ 时非线性 α^2 项改变符号. 同样, 非线性降低项随着 b 增加, 如 $(b+1)uu_x$. 因此当 $b=-1$ 时改变符号. 参数 $b>-1$ ($b<-1$)时方程(6.1.1)的解向右(左)移, 把这项移到方程(6.9.3)的右边是充分小的.

b 的三个范围

发现方程(6.1.1)解的行为在平衡参数 b 的下面 3 个领域边界处发生改变.

(1) 在$b>1$的稳定pulson邻域, 在命题5. 5.1下对$1<b\leqslant 3$ 的尖峰Steepening引理允许通过在一行波解的高峰产生一空间跳跃来完全消退拐点, 使得拐点偏离垂直状态负斜坡. Pulson 行为控制这个领域, 虽然正坡度斜面也存在 pulson. 当$b\leqslant 1$时发现活跃的转移方程(6.1.1)解行为改变了其特征包括整个pulson.

(2) 在$0\leqslant b\leqslant 1$的 Burgers 邻域, 变量 m 的$L^{1/b}$范数被控制且解被斜面和绝壁所决定, 就像对一般的 Burgers 方程一样. 同样对$-1\leqslant b\leqslant 0$斜面/绝壁解的性质都成立, 变量$1/|m|$的$L^{1/b}$范数被控制. 对$b=-1$在后一领域的边界, 活跃转移方程(6.1.1)允许非线性解的稳定平面波.

(3) $b<-1$的稳定脉冲领域, 脉冲列从正的初始速度向左移动形成($b>-1$时向右移动). 脉冲列几乎可以达到一个稳定状态.

黏性的影响

几乎任何数字研究都会引进一些黏性和其他的消耗. 因此, 研究添加了黏性的b族方程(6.6.1)的尖峰性态. 对尖峰$g(x)=\mathrm{e}^{-|x|/\alpha}$, 其中, $\alpha=1$的情形方程(6.6.1)的解在 3 个解领域(1)~(3)中都被研究了. 在 Burgers 领域(2)$b=0$附近, 注意到方程(6.1.1)的激波性质, 并且$\beta\neq 1$的 Burgers-$\alpha\beta$方程(6.6.6)延伸到这族方程组

$$u_t+uu_x-\nu u_{xx}=-\beta\tau_x,\quad \text{其中,}\ (1-\alpha^2\partial_x^2)\tau=\frac{b}{2}u^2+\frac{3-b}{2}\alpha^2u_x^2. \tag{6.9.4}$$

根据命题 6.6.1, Burgers-$\alpha\beta$方程(6.9.4)控制了对$\alpha^2\neq 0$速度的α-H^1范数, 满足$(3-b)\beta=1$. 这个分析性质保证了对新方程的研究, 最优估计保证解$u(x,t)$的连续性来确定一组方程的解.

参 考 文 献

[1] Beals R, Sattinger D H, Szmigielski J. Multipeakons and the classical moment problem. Adv in Math, 2000, 154: 229~257

[2] Camassa R, Holm D D. An integrable shallow water equation with peaked solitons. Phys Rev Lett, 1993, 71: 1661~1664

[3] Chen S, Foias C, Holm D D, et al. The Camassa-Holm equations as a closure model for turbulent channel and pipe flows. Phys Rev Lett, 1998, 81: 5338~5341

[4] Degasperis A, Holm D D, Hone A N W. A new integrable equation with peakon solutions. Submitted to NEEDS Proceedings, 2002, 133: 1463~1474

[5] Degasperis A, Procesi M. Asymptotic integrability, in Symmetry and Perturbation Theory, Degasperis A, Gaeta G. World Scientific, 1999, 23~37

[6] Dullin H, Gottwald G, Holm D D. An integrable shallow water equation with linear and nonlinear dispersion. Phys Rev Lett, 2001, 87: 194501~04

[7] Fringer O, Holm D D. Integrable vs. nonintegrable geodesic soliton behavior. Physica D, 2001, 150: 237-263.

[8] Holm D D, Marsden J E, Ratiu T S. The Euler–Poincaré equations and semidirect products with applications to continuum theories. Adv In Math, 1998, 137: 1~81

[9] Holm D D, Marsden J E, Ratiu T S. Euler–Poincaré models of ideal fluids with nonlinear dispersion. Phys Rev Lett, 1998, 80: 4173~4177

[10] Hunter J K, Saxton R H. Dynamics of director fields. SIAM J Appl Math, 1991, 51: 1498~1521

[11] Darryl D H, Martin F S. Wave Structures and Nonlinear Balances in a Family of 1+1 Evolutionary PDEs. SIAM J Applied Dynamsyst, 2003, 2(3): 323~380

第 7 章 Degasperis-Procesi 方程

7.1 引　　言

最近, Degasperis 和 Procesi[22]研究了如下一族三阶非线性色散偏微分方程

$$u_t - \alpha^2 u_{txx} + c_0 u_x + \gamma u_{xxx} = (c_1 u^2 + c_2 u_x^2 + c_3 u u_{xxx})_x, \tag{7.1.1}$$

其中, α, c_0, c_1, c_2 和 c_3 为任意的实常数. 在这一族微分方程里, 他们发现仅有 3 个方程满足渐进可积条件: Korteweg-de Vries 方程, Camassa-Holm 方程和 Degasperis-Procesi 方程.

如果在方程(7.1.1)中取 $\alpha = c_2 = c_3 = 0$, 可以得到著名的 Korteweg-de Vries 方程. 它描述在引力作用下的浅水的自由表面上的波的单向传播: 其中 $u(t; x)$表示高于水平底面的波的高度, x 表示和传播方向上的距离成比例的变量, t 表示和逝去的时间成比例的变量. KdV 方程是完全可积的, 它的孤立波是孤立子[23, 46]. KdV 方程的 Cauchy 问题已经被广泛地研究[2, 34, 35], 并且只要 $u_0 \in H^1(R)$, KdV 方程的解将整体存在[36]. 因而 KdV 方程不能描述波的破裂现象[52], 即: 波本身有界, 但它的斜率在有限时间内无界.

若取 $c_1 = -\dfrac{3}{2} c_3 / \alpha^2$ 和 $c_2 = c_3 / 2$, 方程(7.1.1) 将变为 Camassa-Holm 方程, 它描述在引力作用下的浅水的自由表面上的波的单向传播, 其中 $u(t; x)$表示在时间 t, 0 时的空间 x 方向的流速, c_0 是一个和临界波速有关的非负参数[4, 24, 33]. 另外, Camassa-Holm 方程也可以被看作为一个超弹性杆模型[18, 20]. Camassa-Holm 方程有双哈密顿结构[28], 且是完全可积的[15]. 如果 $c_0 > 0$, 它的孤立波是光滑的; 如果 $c_0 = 0$, 它的孤立波是尖峰孤立子[5]; 并且这些尖峰孤立子是轨道稳定的[17]. 此外, Camassa-Holm 方程也有几何解释[47, 14].

Camassa-Holm 方程的 Cauchy 问题已经被广泛的讨论. 如果初始值 $u_0 \in H^r(R), r > \dfrac{3}{2}$, 方程被证明是局部适定的[11, 39, 50]. 该方程有整体强解[11, 15], 而且也存在有限时间爆破的强解[11, 12, 15]. 另外, 当初始值 $u_0 \in H^1(R)$ 时, Camassa-Holm 方程存在整体弱解, 并且它在一定条件下是唯一的[3, 13, 16, 53]. 如果初始值 $u_0 \in H^1(\mathbf{R})$, 那么相应的解对所有的 $t > 0$ 成立有

$$\|u(t,\cdot)\|_{L^\infty(R)} \leqslant \sqrt{2}\|u(t,\cdot)\|_{H^1(R)} \leqslant \sqrt{2}\|u_0(\cdot)\|_{H^1(R)}$$

由此可知, 和 KdV 方程相比较, Camassa-Holm 方程的优点在于: 它有尖峰孤立子, 并且能描述波的破裂[5].

若在方程(7.1.1)中取 $c_1 = -2c_3/\alpha^2$ 和 $c_2 = c_3$, 再通过平移所依赖的变量和应用一个 Galilean 放大变换[21], 可得到 Degasperis-Procesi 方程:

$$\begin{cases} u_t - u_{txx} + 4uu_x = 3u_x u_{xx} + uu_{xxx}, & t > 0, x \in \mathbf{R}, \\ u(0,x) = u_0(x), & x \in \mathbf{R}. \end{cases} \tag{7.1.2}$$

通过构造 Lax 对, Degasperis, Holm 和 Hone 证明了方程(7.1.2)是可积的, 它有双哈密顿结构和无穷多个守恒量, 并且它还有和 Camassa-Holm 方程一样的尖峰孤立子解(参见[21]).

Dullin 等[25]证明了 Degasperis-Procesi 方程可以通过对浅水波提高方程作一个恰当的 Kodama 变换来得到. 这样, Degasperis-Procesi 方程也可被看作为一个浅水波模型, 并且它和 Camassa-Holm 浅水波方程一样有同阶的渐进精度. Lundmark 和 Szmigielski[43] 利用反散射方法研究了方程(7.1.2)的 n-peako$n$ 解. Vakhnenko 和 Parkes[51]研究了方程(7.1.2)的行波解. Holm 和 Staley[32] 研究了方程(7.1.2)的尖波孤立子的稳定性和其数值模拟.

在 Degasperis-Procesi 方程被导出之后, 关于它的研究已发表了不少文章, 具体可见文献[6], [14], [30], [31], [37], [42], [45], [54], [55], [58], [59] 及其引用的文献. 例如, Yin[54, 55] 证明方程(7.1.2)在初始值 $u_0 \in H^r(\Omega), r > \dfrac{3}{2}$, 这里 $\Omega = \mathbf{R}$ 或 $\Omega = S = \mathbf{R}\setminus\mathbf{Z}$ 的情形下的局部适定性, 并给出了相应强解的爆破机制和爆破结果. 他还研究了[56, 57]方程(7.1.2)在周期和非周期情形下的强解的整体存在性和整体弱解的存在性的唯一性. Lenells[37]对方程的所有的行波解进行了分类. Matsuno[45]研究了方程的多孤子解和相关的尖峰极限.Henry[31]和 Mustafa[48]证明了方程(7.1.2)的光滑解有无限的传播波速.

最近, Coclite 和 Karlsen[8]在初始值满足一定熵条件下证明了相应的弱解在 $L^1(\mathbf{R})\cap BV(\mathbf{R})$ 和 $L^2(\mathbf{R})\cap L^4(\mathbf{R})$ 中的整体存在性和唯一性. 这给研究方程(7.1.2)的激波解提供了合适的数学框架. Lundmark[42]给出了方程(7.1.2)的激波解的具体列子, 并证明了一类尖峰孤立子和反尖峰孤立子相互作用可产生激波. Liu 和 Yin[40, 41]对方程(7.1.2)进行了进一步的研究, 给出了几个新的强解的爆破结果和整体存在性结果, 同时证明了方程(7.1.2)的光滑解在第一次爆破时只可演变为尖峰解, 之后尖峰解才有可能演变为激波解. Escher 等[26]研究了方程(7.1.2)强解的爆破集和爆破率, 并给出了弱解的整体存在性和唯一性的新结果. 此外, Escher 等[27]

还研究了方程(7.1.2)在周期情形下强解的爆破现象, 给出具体列子并证明了它们是方程(7.1.2)的一类周期激波解.

尽管 Degasperis-Procesi 方程与 Camassa-Holm 方程有相似的形式, 但这两个方程却有本质差别的. 第一个重要的差别是 Degasperis-Procesi 方程不仅有尖峰孤立子解[21] $u(t,x)=ce^{-|x-ct|}, c>0$ 和周期尖峰孤立子解[56]

$$u_c(t,x)=c\frac{\cosh\left(x-ct-|x-ct|-\frac{1}{2}\right)}{\sinh\left(\frac{1}{2}\right)}, x\in R, t\geqslant 0, c>0,$$

而且也有激波解[8, 42] $u(t,x)=-\frac{1}{t+k}\mathrm{sgn}(x)e^{-|x|}, k>0$, 和周期激波解[27]

$$u_c(t,x)=\begin{cases}\left(\frac{\cosh\left(\frac{1}{2}\right)}{\sinh\left(\frac{1}{2}\right)}t+c\right)^{-1}\frac{\sinh\left(x-|x|-\frac{1}{2}\right)}{\sinh\left(\frac{1}{2}\right)}, & x\in \mathbf{R}\setminus\mathbf{Z}, c>0\\ 0, & x\in\mathbf{Z}\end{cases}$$

可是 Cammass-Holm 方程有尖峰孤立子解[4] $u(t,x)=ce^{-|x-ct|}, c>0$ 和周期尖峰孤立子解[15]

$$u_c(t,x)=c\frac{\cosh\left(x-ct-|x-ct|-\frac{1}{2}\right)}{\sinh\left(\frac{1}{2}\right)}, \quad x\in R, t\geqslant 0, c>0,$$

但它却没有激波解和周期激波解.

第二个重要的差别是 Degasperis-Procesi 方程的谱问题[21]为,

$$\psi_x-\psi_{xxx}-\lambda y\psi=0$$

而 Camassa-Holm 方程的谱问题[4]是

$$\psi_{xx}-\frac{1}{4}\psi-\lambda y\psi=0$$

(其中 $y=u-u_{xx}$).

第三个重要的差别是 Camassa-Holm 方程是不仅可表示为微分群上的测地流[14], 而且也可表示为 Bott-Virasoro 群上的测地流[47]. 但到目前为止, 人们还不知道 Degasperis-Procesi equation 的几何解释. 最后一个重要的差别是这两个方程有完全不同的守恒律[4,21], 不存在简单的变换把 Degasperis-Procesi 方程变为

Camassa-Holm 方程. 例如, Degasperis-Procesi 方程的三个重要的守恒律为:

$$E_1(u)=\int_R y\mathrm{d}x,\qquad E_2(u)=\int_R yv\mathrm{d}x,\qquad E_3(u)=\int_R u^3\mathrm{d}x,$$

这里 $y=(1-\partial_x^2)u$ 和 $v=(4-\partial_x^2)^{-1}u$，而相应与 Camassa-Holm 方程的 3 个重要的守恒律为

$$F_1(u)=\int_R y\mathrm{d}x,\qquad F_2(u)=\int_R (u^2+u_x^2)\mathrm{d}x,\qquad F_3(u)=\int_R (u^3+uu_x^2)\mathrm{d}x$$

简单比较上述两个方程的守恒律, 不难发现 Degasperis-Procesi 方程的守恒律比相应的 Camassa-Holm 方程的守恒律要弱很多. 在关于 Camassa-Holm 方程解的大时间性态的研究上, 因为可确保解的 H^1 范有界, 守恒律 $F_2(u)$ 扮演着重要的角色. 尽管 Degasperis-Procesi 方程有无穷多个守恒律, 但是没有一个守恒律能确保解的 H^1 范有界, 因而在关于Degasperis-Procesi方程的强解的爆破机制和爆破结果, 强解的爆破率和爆破集, 强解的整体存在性, 以及弱解的整体存在和唯一性等问题的研究上, 所使用的研究方法和估计技巧将会有很大的改进和不同.

本章的安排如下: 7.2 节主要介绍方程(7.1.2)的 Cauchy 问题的局部适定性的结果. 7.3 节主要介绍方程(7.1.2)的强解的一个爆破标准和两个爆破结果. 7.4 节主要介绍方程(7.1.2)的强解的整体存在性的结果. 7.5 节介绍主要方程(7.1.2)的整体弱解的存在性和唯一性的结果. 最后一节, 主要介绍一些新的结果和相关的一些问题.

下面的主要内容主要选自于文献[26], [27], [40], [41], [54] ~ [57], 其中有一些结论我们仅给出了证明的概要, 详细的证明内容读者可参见上述文献.

7.2　局部适定性

本节主要介绍当初始值 $u_0\in H^r(\mathbf{R}), r>\dfrac{3}{2}$ 时方程(7.1.2)的局部适定性.

首先给出一些记号. X 和 Y 表示两个给定的 Hilbert 空间, 空间 Y 是连续稠密地嵌入到空间 X，$Q:Y\to X$ 是一个拓扑同胚. $L(Y,X)$ 表示从空间 Y 到空间 X 的所有有界线性算子所组成的空间(如果 $X=Y$，那么用 $L(X)$ 表示), $[A,B]=AB-BA$ 表示线性算子 A 和 B 的交换子, $\|\cdot\|_X$ 表示 Banach 空间 X 的范数, $*$ 表示卷积运算.

若 $y:=u-u_{xx}$，方程(7.1.2) 可化为如下双曲类型的拟线性发展方程:

$$\begin{cases}y_t+uy_x+3u_xy=0, & t>0.x\in\mathbf{R},\\ y(0,x)=u_0(x)-\partial_x^2u_0(x), & x\in\mathbf{R}.\end{cases}\tag{7.2.1}$$

若令 $p(x):=\frac{1}{2}\mathrm{e}^{-|x|}$, 则对所有 $f\in L^2(\mathbf{R})$, 成立有 $(1-\partial_x^2)^{-1}f=p*f$. 从而有 $p*y=u$. 利用这个恒等关系, 方程(7.2.1)可变为

$$\begin{cases}u_t+uu_x=-\partial_x p*\left(\frac{3}{2}u^2\right), & t>0,x\in\mathbf{R},\\ u(0,x)=u_0(x), & x\in\mathbf{R}\end{cases}\tag{7.2.2}$$

或其等价形式:

$$\begin{cases}u_t+uu_x=-\partial_x\left(1-\partial_x^2\right)^{-1}\left(\frac{3}{2}u^2\right), & t>0,x\in\mathbf{R},\\ u(0,x)=u_0(x), & x\in\mathbf{R}.\end{cases}\tag{7.2.3}$$

定理 7.2.1 假设 $u_0\in H^r(R),r>\frac{3}{2}$, 那么方程(7.2.3) (或方程(7.1.2))存在唯一的解 u, 其最大存在时间 $T=T(u_0)>0$, 并满足

$$u=u(\cdot,u_0)\in C([0,T);H^r(\mathbf{R}))\cap C^1([0,T);H^{r-1}(\mathbf{R}))$$

且解 u 连续的依赖于初始值 u_0, 即映射

$$u_0\to u(\cdot,u_0):H^r(\mathbf{R})\to C([0,T);H^r(\mathbf{R}))\cap C^1([0,T);H^{r-1}(\mathbf{R}))$$

是连续的, 此外, 最大存在时间 T 是独立于 r 的, 即如果

$$u=u(\cdot,u_0)\in C([0,T);H^r(\mathbf{R}))\cap C^1([0,T);H^{r-1}(\mathbf{R}))$$

是方程(7.2.3)的解, 并且若对某个 $r'\neq r,r'>\frac{3}{2}$ 有 $u_0\in H^{r'}(\mathbf{R})$, 那么 $u\in C([0,T);H^{r'}(\mathbf{R}))\cap C^1([0,T);H^{r'-1}(\mathbf{R}))$ 且有相同的最大存在时间 T. 特别是如果 $u_0\in H^\infty(\mathbf{R})=\bigcap_{r\geqslant 0}H^r(\mathbf{R})$, 那么 $u\in C([0,T);H^\infty(\mathbf{R}))$.

证明 假设 $u_0\in H^r(\mathbf{R}),r>\frac{3}{2}$, 则可定义算子 $A(u):=u\partial_x$. 由文献[54]的引理 2.3, 我们可知 $A(u)$ 在 $L^2(\mathbf{R})$ 的任意有界集上是一致拟 $m-$增生的. 再由文献[54]的引理 2.2, 我们可得 $A(u)\in L(H^r(\mathbf{R}),L^2(\mathbf{R}))$ 和

$$\|(A(u)-A(z))\omega\|_{L^2(R)}\leqslant\mu_1\|u-z\|_{L^2(R)}\|\omega\|_{H^r(R)},\forall u,z,\omega\in H^r(\mathbf{R}).$$

令 $B(u):=[(1-\partial_x^2)^{\frac{r}{2}},u\partial_x]\left(1-\partial_x^2\right)^{-\frac{r}{2}}$, 这里 $u\in H^r(\mathbf{R})$. 由文献[54]的引理 2.3, 可以 $B(u)\in L(L^2(\mathbf{R}))$ 和

$$\|(B(u)-B(z))\omega\|_{L^2(R)}\leqslant \mu_2\|u-z\|_{H^r(R)}\|\omega\|_{L^2(R)},\quad \forall u,z\in H^r(\mathbf{R}),\forall \omega\in L^2(\mathbf{R})$$

取 $f(u)=-\partial_x(1-\partial_x^2)^{-1}\left(\frac{3}{2}u^2\right)$. 那么由文献[54]的引理 2.4 可知 f 在 $H^r(\mathbf{R})$ 的任意有界集上有界, 并且成立有

(a)　$\|f(u)-f(z)\|_{H^r(R)}\leqslant \mu_3\|u-z\|_{H^r(R)}$,　　$\forall u,z\in H^r(\mathbf{R})$,

(b)　$\|f(u)-f(z)\|_{L^2(R)}\leqslant \mu_4\|u-z\|_{L^2(R)}$,　　$\forall u,z\in H^r(\mathbf{R})$

再令 $Y=H^r(\mathbf{R}),X=L^2(\mathbf{R})$, 和 $Q=(1-\partial_x^2)^{\frac{r}{2}}$. 显然, Q 是 Y 到 X 上的拓扑同胚. 应用针对抽象双曲类型的拟线性发展方程 kato 算子半群理论[34, 35], 在初始值 $u_0\in H^r(\mathbf{R}),r>\frac{3}{2}$ 时, 方程(7.2.3)的局部适定性和 $u\in C([0,T);H^r(\mathbf{R}))\cap C^1([0,T);L^2(\mathbf{R}))$. 再利用所得解 u 满足方程(7.2.3)的等式关系, 可知 $\frac{\mathrm{d}u}{\mathrm{d}t}\in H^{r-1}(\mathbf{R})$. 从而有

$$u\in C([0,T);H^s(\mathbf{R}))\cap C^1([0,T);H^{r-1}(\mathbf{R})).$$

此外, 由文献[54]的定理 2.3 可得最大存在时间 T 是独立于 r 的. 证毕.

7.3　强解的爆破

本节首先给出方程(7.1.2)的强解爆破的一个标准, 然后给出两个爆破结果.

定理 7.3.1　假设 $u_0\in H^r(\mathbf{R}),r>\frac{3}{2}$, 那么方程(7.1.2)的解 $u=u(\cdot,u_0)$ 在有限时间 $T<+\infty$ 发生爆破当且仅当

$$\liminf_{t\to T}\left\{\inf_{x\in R}[u_x(t,x)]\right\}=-\infty .$$

证明　先假设 $u_0\in H^r(\mathbf{R}),r\in N$ 且 $r\geqslant 4$. 由定理 7.2.1 可知, 方程(7.1.2)存在唯一解

$$u=u(\cdot,u_0)\in C([0,T);H^r(\mathbf{R}))\cap C^1([0,T);H^{r-1}(\mathbf{R})),\quad r\geqslant 4 .$$

首先, 用 $y=u-u_{xx}$ 乘以方程的两边, 并在 $\mathbf{R}$ 上关于空间变量 x 积分, 然后利用 y 和 u 的周期性, 再进行分部积分可得

$$\frac{\mathrm{d}}{\mathrm{d}t}\int_{\mathbf{R}} y^2 \mathrm{d}x = -3\int_{\mathbf{R}} y^2 u_x \mathrm{d}x - \int_{\mathbf{R}} u y y_x \mathrm{d}x = -\frac{5}{2}\int_{\mathbf{R}} y^2 u_x \mathrm{d}x . \tag{7.3.1}$$

其次，先对方程(7.2.3)的两边关于空间变量 x 进行微分，然后用 y_x 乘以方程(7.2.3)的两边，并在 $\mathbf{R}$ 上关于空间变量 x 积分，再利用 y 和 u 的周期性，并进行分部积分，可得

$$\begin{aligned}\frac{\mathrm{d}}{\mathrm{d}t}\int_{\mathbf{R}} y_x^2 \mathrm{d}x &= -\int_{\mathbf{R}} y_x y_{xx} u \mathrm{d}x - 4\int_{\mathbf{R}} y_x^2 u_x \mathrm{d}x - 3\int_{\mathbf{R}} y y_x u_{xx} \mathrm{d}x \\ &= -\frac{7}{2}\int_{\mathbf{R}} y_x^2 u_x \mathrm{d}x - \frac{3}{2}\int_{\mathbf{R}} y^2 u_x \mathrm{d}x.\end{aligned} \tag{7.3.2}$$

最后，将方程(7.3.1)和方程(7.3.2)相加，可知

$$\frac{\mathrm{d}}{\mathrm{d}t}\left(\int_{\mathbf{R}} y^2 \mathrm{d}x + \int_{\mathbf{R}} y_x^2 \mathrm{d}x\right) = -\frac{7}{2}\int_{\mathbf{R}} y_x^2 u_x \mathrm{d}x - \int_{\mathbf{R}} y^2 u_x \mathrm{d}x. \tag{7.3.3}$$

如果 u_x 在 $[0,T)\times\mathbf{R}$ 是下有界的，即存在 $M>0$ 成立有

$$-u_x(t,x) \leqslant M, \quad 在 [0,T]\times\mathbf{R} 上,$$

则方程(7.3.3)可得

$$\frac{\mathrm{d}}{\mathrm{d}t}\left(\int_{\mathbf{R}} y^2 \mathrm{d}x + \int_{\mathbf{R}} y_x^2 \mathrm{d}x\right) \leqslant \frac{7}{2}M\left(\int_{\mathbf{R}} y^2 \mathrm{d}x + \int_{\mathbf{R}} y_x^2 \mathrm{d}x\right).$$

利用 Gronwall 不等式，可以推知方程(7.2.3)的解的 $H^3(\mathbf{R})$ 范数将不会在有限时间爆破. 此外，再利用递推关系，类似可证得，对所有的 $k\in\mathbf{N}$，$4\leqslant k\leqslant r$，解的 $H^k(\mathbf{R})$ 范数将不会在有限时间内爆破.

另外，由简单的稠密性定理和解对初始值的连续依赖性可知，对所有的 $\frac{3}{2}<r<4$，解的 $H^r(\mathbf{R})$ 范数也不会在有限时间爆破.

另一方面，如果

$$\liminf_{t\uparrow T}\left\{\inf_{x\in\mathbf{R}}[u_x(t,x)]\right\} = -\infty,$$

那么方程(7.2.3)的解 u 的 $H^r(\mathbf{R})\partial$ 范数，$r>\frac{3}{2}$，将在有限时间内爆破. 证毕.

定理 7.3.2 假设 $u_0\in H^r(R)$，$r>\frac{3}{2}$. 如果 u_0 是奇的且 $u_0'(0)<0$，那么方程(7.1.2)的解 $u(\cdot,u_0)$ 将在有限时间内爆破，并且其最大存在时间将不超过 $-\frac{1}{u_0'(0)}$.

证明 由假设和定理 7.2.1 可知，方程(7.1.2)存在唯一解

$$u(\cdot,u_0)\in C([0,T];H^r(\mathbf{R}))\bigcap C^1([0,T);H^{r-1}(\mathbf{R})),r>\frac{3}{2},$$

这里 $T>0$ 是解 $u(\cdot,u_0)$ 的最大存在时间.

先假设 $r\geqslant 3$. 由方程(7.1.2)保持解的对称性 $(u,x)\to(-u,-x)$ 可知，如果 $u_0(x)$ 是奇的，那么对任意固定的 $t\in[0,T)$ 解 $u(t,\cdot)$ 也是奇的. 再由 u 和 u_{xx} 关于 x 的连续性和齐性，有

$$u(t,0)=u_{xx}(t,0)=0,\ \forall t\in[0,T). \tag{7.3.4}$$

对方程(7.2.3)的两边关于 x 求导，再利用关系式 $\partial_x^2 p*f=p*f-f$，可得

$$u_{tx}=-u_x^2-uu_{xx}+\frac{3}{2}u^2-p*\left(\frac{3}{2}u^2\right).$$

令 $h(t):=u_x(t,0),\forall t\in[0,T)$. 由上式和上述关系可得

$$\frac{\mathrm{d}h}{\mathrm{d}t}(t)=-h^2(t)-p*\left(\frac{3}{2}u^2\right)(t,x),\quad \forall t\in[0,T). \tag{7.3.5}$$

既然 $p*\left(\frac{3}{2}u^2\right)(t,x)\geqslant 0$，这样可得

$$\frac{\mathrm{d}h}{\mathrm{d}t}(t)\leqslant -h^2(t),\qquad \forall t\in[0,T).$$

从而有

$$0>\frac{1}{h(t)}\geqslant\frac{1}{h(0)}+t,\qquad \forall t\in[0,T).$$

由此可以得到 $T\leqslant-\frac{1}{h(0)}$.

对于 $u_0\in H^r(\mathbf{R}),\frac{3}{2}<r<3$，可以应用一个简单的稠密性论证来证明定理 7.3.2.

令 $u_0^n:=\mathrm{e}^{\frac{1}{n}\partial_x^2}u_0$. 如果 $u_0(x)$ 是奇的，那么 $u_0^n(x)$ 也是奇的. 由于 $u_0^n(x)\in H^3(\mathbf{R})$, 重复以上关于 $u_0\in H^r(\mathbf{R}),r\geqslant 3$ 情形的证明，有

$$T\left(u_0^n\right)\leqslant-\frac{1}{h^n(0)},$$

这里 $h^n(n)=\mathrm{e}^{\frac{1}{n}\partial_x^2}u_0'$. 让 $n\to\infty$ 和应用定理 7.2.1，可得 $T(u_0^n)\leqslant-\frac{1}{h^n(0)}$, 这完成了定理 7.3.2 的证明.

定理 7.3.3 假设$u_0 \in H^r(\mathbf{R})$, $r>\dfrac{3}{2}$. 如果u_0是奇的, $u_0'(0)=0$ 且$u_0(x)0$, 那么方程(7.1.2)相应的强解在有限时间内爆破.

证明 先考虑$u_0 \in H^r(\mathbf{R})$, $r>3$的情况. 让T是解u的最大存在时间(其由定理 7.2.1 给出). 既然u_0是奇的, 重复定理 7.3.2 的证明过程也可得式(7.3.5). 由于$-h^2(t)\leqslant 0$, 有

$$\frac{\mathrm{d}h}{\mathrm{d}t}(t)\leqslant -\int_{\mathbf{R}} p(x)\left(\frac{3}{2}u^2(t,x)\right)\mathrm{d}x, \quad \forall t\in[0,T). \tag{7.3.6}$$

如果存在某一$t'\in(0,T)$使得$\int_{\mathrm{R}} p(x)\left(\dfrac{3}{2}u^2(t',x)\right)\mathrm{d}x=0$, 那么必有$u(t',x)\equiv 0$利用由定理 7.2.1 所确保的强解的唯一性可得$u_0(x)=0$. 这与假设$u_0(x)$不恒为 0 矛盾. 这样, 利用$p$和$u^2$的非负性, 再由(7.3.6), 有$\dfrac{\mathrm{d}h}{\mathrm{d}t}(t)<0$, 即$h(t)$在$[0,T)$上来格递减的. 既然$h(0)=0$, 从而存在某个$t_0\in(0,T)$使得$h(t_0)<0$. 通过求解不等式(7.3.6), 可得

$$0>\frac{1}{h(t)}\geqslant\frac{1}{h(t_0)}+t-t_0, \quad \forall t\in[t_0,T).$$

由此可知, $T<t_0-\dfrac{1}{h(t_0)}$.

如定理 7.3.2 的证明一样, 应用简单的稠密性论证和定理 7.2.1, 我们可证明定理 7.3.3 的结论, 对$\dfrac{3}{2}<r<3$, 也是成立的. 证毕.

推论 7.3.1 假定$u_0\in H^r(R)$, $r>\dfrac{3}{2}$. 如果u_0是点对称的, 那么定理 7.3.2 与定理 7.3.3 的结论也成立.

这是因为方程(7.1.2)的解在变换$(x,t)\mapsto(x+k,t), \forall k\in\mathbf{R}$下也保持不变的.

推论 7.3.2 零解是方程(7.1.2)在$H^s(\mathbf{R})$, $s>\dfrac{3}{2}$中唯一平衡点. 但它是不稳定的.

证明 注意到方程(7.2.2)可以写成如下形式:

$$u_t=-\left(\frac{u^2}{2}+p*\left(\frac{3}{2}u^2\right)\right)_x \tag{7.3.7}$$

既然$H^s(\mathbf{R})\subset C_0^1(\mathbf{R})$, $s>\dfrac{3}{2}$, 那么方程(7.2.2)任一平衡解$u\in H^s(\mathbf{R})$, $s>\dfrac{3}{2}$一定满足

$$\frac{u^2}{2}+p*\left(\frac{3}{2}u^2\right)=0,\quad x\in\mathbf{R}.$$

由于 $p*\left(\frac{3}{2}u^2\right)\geqslant 0$，这样我们可得 $u\equiv 0$. 因为在 $H^r(\mathbf{R})$，$r>\frac{3}{2}$ 中，0 的每一邻域内都存在有奇函数 u_0 满足 $u_0'(0)<0$，由定理 7.3.2 可推知零解是不稳定的.

7.4　强解的整体存在性

本节将证明在初始值 u_0 满足一定的符号条件下方程(7.1.2)的相应强解将整体存在.

由定理 7.2.1 可知如果 $u_0\in H^r(\mathbf{R})$，$r>\frac{3}{2}$，那么方程(7.1.2)存在唯一的解

$$u\in C([0,T];H^r(\mathbf{R}))\cap C^1([0,T];H^{r-1}(\mathbf{R})),\quad r>\frac{3}{2},$$

这里 $T>0$ 是解 u 的最大存在时间. 考虑如下的微分方程:

$$\begin{cases}q_t=u(t,q), & t\in[0,T),\\ q(0,x)=x, & x\in\mathbf{R},\end{cases}\tag{7.4.1}$$

则有

引理 7.4.1　假设 $u_0\in H^r(\mathbf{R})$，$r>\frac{3}{2}$. 让 $T>0$ 表示方程(7.1.2)相应的解 u 的最大存在时间. 那么方程(7.4.1)存在唯一解 $q\in C^1([0,T]\times\mathbf{R},\ \mathbf{R})$. 此外，映射 $q(t,.)$ 在 $\mathbf{R}$ 上有一个单调增加的微分同胚，并且对所有 $(t,x)\in[0,T)\times\mathbf{R}$，成立 $q_x(t,x)>0$.

证明　由于 $u(t,x)\in C'\left([0,T]\times\mathbf{R},\ H^{r-1}(\mathbf{R})\right)$ 和 $H^{r-1}(\mathbf{R})\in C(\mathbf{R})$，可有 $u(t,x)$ 和 $u_x(t,x)$ 关于空间变量 x 都是 Lipschitz 的，关于时间变量 t 都是 C^1 的. 这样，对固定的 $x\in\mathbf{R}$，方程(7.4.1)是一个关于时间变量 t 的常微分方程. 利用常微分方程的经典结果可得方程(7.4.1)存在唯一解 $q\in C^1([0,T]\times\mathbf{R},\ \mathbf{R})$.

对方程(7.4.1)的两边关于变量 t 求导，有

$$\begin{cases}\dfrac{\mathrm{d}}{\mathrm{d}t}q_x=u_x(t,q)q_x, & t\in[0,T],\\ q_x(0,x)=1, & x\in\mathbf{R}.\end{cases}\tag{7.4.2}$$

求解方程(7.4.2)可得

$$q_x(t,x)=\exp\left(\int_0^t u_x(s,q(s,x))\mathrm{d}s\right),\quad (t,x)\in[0,T)\times\mathbf{R}. \tag{7.4.3}$$

对任意固定的$T'<T$，由 Sobolev 嵌入定理可得

$$\sup_{(s,x)\in[0,T')\times\mathbf{R}}|u_x(s,x)|<\infty.$$

再利用关系式(7.4.3), 可以推知存在一个常数$K>0$使得

$$q_x(t,x)\geqslant \mathrm{e}^{-tK}>0,\quad \forall(t,x)\in[0,T')\times\mathbf{R}.$$

这证明了引理 7.4.1.

引理 7.4.2 假设$u_0\in H^r(\mathbf{R})$, $r\geqslant 3$. 让$T>0$表示方程(7.1.2)相应的解u的最大存在时间, 则有

$$y(t,q(t,x))q_x^3(t,x)=y_0(x),\quad \forall(t,x)\in[0,T)\times\mathbf{R},$$

这里$y:=u-u_{xx}$.

证明 对上述方程的左边关于时间变量t求导, 再应用关系式(7.2.1), (7.4.2), (7.4.3)可得

$$\begin{aligned}
[y(t,q(t,x))q_x^2(t,x)]_t &= y_t q_x^2+2yq_xq_{xt}+y_xq_tq_x^2\\
&= y_tq_x^2+2yu_xq_x^2+y_xuq_x^2\\
&=(y_t+3yu_x+y_xu)q_x^2-y_xuq_x^2\\
&=-u_xyq_x^2.
\end{aligned} \tag{7.4.4}$$

既然$q_x(0,x)=1$, 通过求解方程(7.4.4)可得引理 7.4.2 的结论.

引理 7.4.3 假设$u_0\in H^r(\mathbf{R})\cap L^3(\mathbf{R})$, $r\geqslant 3$ 且 $y_0:=(u_0-u_{0,xx})\in L^1(\mathbf{R})$. 只要定理 7.2.1 给出的解$u(t,x)$存在, 则成立有

$$\int_{\mathbf{R}}u(t,x)\mathrm{d}x=\int_{\mathbf{R}}u_0\mathrm{d}x=\int_{\mathbf{R}}y(t,x)\mathrm{d}x=\int_{\mathbf{R}}y_0(t,x)\mathrm{d}x$$

和

$$\int_{\mathbf{R}}u^3(t,x)\mathrm{d}x=\int_{\mathbf{R}}u_0^3\mathrm{d}x.$$

证明 注意到$u_0=p*y_0$和$y_0=(u_0-u_{0,xx})\in L^1(\mathbf{R})$. 再利用 Young 不等式可有

$$\|u_0\|_{L^r(\mathbf{R})}=\|p*y_0\|_{L^r(\mathbf{R})}\leqslant\|p\|_{L^r(\mathbf{R})}\|y_0\|_{L^r(\mathbf{R})}\leqslant\|y_0\|_{L^r(\mathbf{R})}.$$

对方程(7.2.3)的两边在 $\mathbf{R}$ 上关于空间变量 x 积分可得

$$\frac{\mathrm{d}}{\mathrm{d}t}\int_{\mathbf{R}} u\mathrm{d}x=-\int_{\mathbf{R}} uu_x\mathrm{d}x-\int_{\mathbf{R}}\partial_x\left(p*\frac{3}{2}u^2\right)\mathrm{d}x=0.$$

由此可知

$$\int_{\mathbf{R}} u\mathrm{d}x=\int_{\mathbf{R}} u_0\mathrm{d}x.$$

再利用 $y=u-u_{xx}$ 也可得

$$\begin{aligned}\int_{\mathbf{R}} y\mathrm{d}x&=\int_{\mathbf{R}} u\mathrm{d}x-\int_{\mathbf{R}} u_{xx}\mathrm{d}x=\int_{\mathbf{R}} u\mathrm{d}x\\&=\int_{\mathbf{R}} u_0\mathrm{d}x=\int_{\mathbf{R}} u_0\mathrm{d}x-\int_{\mathbf{R}} u_{0,xx}\mathrm{d}x=\int_{\mathbf{R}} y_0\mathrm{d}x.\end{aligned}$$

用 u^2 乘以方程(7.2.3)的两边，再在 $\mathbf{R}$ 上关于空间变量 x 积分，并进行分部积分，我们可得,

$$\begin{aligned}\frac{1}{3}\frac{\mathrm{d}}{\mathrm{d}t}\int_{\mathbf{R}} u^3\mathrm{d}x&=-\int_{\mathbf{R}} u^2u_x\mathrm{d}x-\int_{\mathbf{R}} u^2\partial_x(p*\frac{3}{2}u^2)\mathrm{d}x\\&=\int_{\mathbf{R}} p*\frac{3}{2}u^2\partial_x(u^2)\mathrm{d}x=0.\end{aligned}$$

这就完成了引理 7.4.3 的证明.

下面给出方程(7.1.2)的强解整体存在性的结果.

定理 7.4.1　给定 $u_0\in H^r(\mathbf{R})$, $r\geqslant 3$，假设 $y_0=(u_0-u_{0,xx})\in L^1(\mathbf{R})$ 是非负的. 那么方程(7.1.2)的强解整体存在，且有

$$u=u(\cdot,u_0)\in C([0,\infty];H^r(\mathbf{R}))\cap C^1([0,\infty];H^{r-1}(\mathbf{R})).$$

进一步假设 $u_0\in L^3(\mathbf{R})$，则有 $E_1(u)=\int_{\mathbf{R}} u\mathrm{d}x$ 和 $E_3(u)=\int_{\mathbf{R}} u^3\mathrm{d}x$ 是方程(7.1.2)的两个守恒律. 如果令 $y(t,\cdot);=u(t,\cdot)-u_{xx}(t,\cdot)$，那么对 $t\in\mathbf{R}_+$ 成立有

(i) $y(t,\cdot)\geqslant 0$, $u(t,\cdot)\geqslant 0$, $|u_x(t,\cdot)|\leqslant u(t,\cdot)$ 在 $\mathbf{R}$ 上，

(ii) $\|y_0\|_{L^1(\mathbf{R})}=\|y(t,\cdot)\|_{L^1(\mathbf{R})}=\|u(t,\cdot)\|_{L^1(\mathbf{R})}$ 和 $\|u_x(t,\cdot)\|_{L^\infty(\mathbf{R})}\leqslant\|u_0\|_{L^1(\mathbf{R})}$，

(iii) $\|u(t,\cdot)\|^2_{H^1(\mathbf{R})}\leqslant\|u_0\|^2_{H^1(\mathbf{R})}+t\|u_0\|^3_{L^1(\mathbf{R})}$.

证明 由假设 $u_0 \in H^r(R), r \geqslant 3$ 和定理 7.2.1 可知方程(7.1.2)存在唯一强解

$$u = u(\cdot, u_0) \in C([0,T); H^r(\mathbf{R})) \cap C^1([0,T); H^{r-1}(\mathbf{R})), \quad r \geqslant 3,$$

这里 $T > 0$ 是解 u 相应于初始值 u_0 的最大存在时间. 如果 $y_0 = (u_0 - u_{0,xx}) \geqslant 0$，那么引理 7.4.2 确保

$$y(t,x) = u(t,x) - u_{xx}(t,x) \geqslant 0, \ \forall (t,x) \in [0,T) \times \mathbf{R}.$$

对固定的 $t \in [0,T)$，应用 $y(t,x) \geqslant 0$ 和引理 7.4.3 可得

$$\begin{aligned} -u_x(t,x) + \int_{-\infty}^{x} u\mathrm{d}x &= \int_{-\infty}^{x} (u - u_x)\mathrm{d}x = \int_{-\infty}^{x} y\mathrm{d}x \\ &\leqslant \int_{-\infty}^{\infty} y\mathrm{d}x = \int_R y_0\mathrm{d}x = \int_R u_0\mathrm{d}x. \end{aligned} \tag{7.4.5}$$

由 $u = p * y$ 和 $y(t,x) \geqslant 0$ 可知 $u(t,x) \geqslant 0$. 令 $K = \int_{\mathbf{R}} u_0\mathrm{d}x$，由式(7.4.5)可得

$$u_x(t,x) \geqslant -\int_{\mathbf{R}} u_0\mathrm{d}x = -K, \quad \forall (t,x) \in [0,T) \times \mathbf{R}. \tag{7.4.6}$$

利用不等式(7.4.6)和定理 7.3.1 可推得 $T = \infty$. 这证明了方程(7.1.2)有唯一的解

$$u = u(\cdot, u_0) \in C([0,\infty); H^r(\mathbf{R})) \cap C^1([0,\infty); H^{r-1}(\mathbf{R})), \quad r \geqslant 3.$$

由假设 $u_0 \in L^3(\mathbf{R})$ 和引理 7.4.3 可知, $E_1(U)$ 和 $E_3(U)$ 是方程(7.1.2)的两个守恒律, 注意到 $u = p * y$，有

$$u_x(t,x) = -\frac{\mathrm{e}^{-x}}{2}\int_{-\infty}^{x} \mathrm{e}^{\xi} y(\xi)\mathrm{d}\xi + \frac{\mathrm{e}^{x}}{2}\int_{x}^{\infty} \mathrm{e}^{-\xi} y(\xi)\mathrm{d}\xi \tag{7.4.7}$$

和

$$u(t,x) = \frac{\mathrm{e}^{-x}}{2}\int_{-\infty}^{x} \mathrm{e}^{\xi} y(\xi)\mathrm{d}\xi + \frac{\mathrm{e}^{x}}{2}\int_{x}^{\infty} \mathrm{e}^{-\xi} y(\xi)\mathrm{d}\xi. \tag{7.4.8}$$

由关系(7.4.7)和(7.4.8)以及 $y(t,x) \geqslant 0$，可以推断出对所有的 $t \geqslant 0$，在 $\mathbf{R}$ 上成立 $|u(t,x)| \leqslant u(t,\cdot)$. 这证明了(i).

既然 $y(t,x) \geqslant 0$，有

$$u_x(t,x) - \int_{-\infty}^{x} u\mathrm{d}x = -\int_{-\infty}^{x} (u - u_{xx})\mathrm{d}x = -\int_{-\infty}^{x} y\mathrm{d}x \leqslant 0.$$

再由$u(t,x)\geqslant 0$和上述不等式可得

$$u_x(t,x)\leqslant\int_{-\infty}^{x}u\mathrm{d}x\leqslant\int_{\mathbf{R}}u\mathrm{d}x=\int_{\mathbf{R}}u_0\mathrm{d}x=\|u_o\|_{L^1(\mathbf{R})}.\tag{7.4.9}$$

另一方面，由式(7.4.6)，也有$u_X(t,\cdot)\geqslant-\|u_0\|_{L^1(\mathbf{R})}$. 再由引理 7.4.3 可知(ii)用 u 乘以方程(7.1.2)的两边，再在 $\mathbf{R}$ 上关于空间变量 x 积分，同时应用(i)和引理 7.4.3，我们可得

$$\begin{aligned}\frac{1}{2}\frac{\mathrm{d}}{\mathrm{d}t}\int_{\mathbf{R}}(u^2+u_x^2)\mathrm{d}x&=-4\int_{\mathbf{R}}u^2u_x\mathrm{d}x+3\int_{\mathbf{R}}uu_xu_{xxx}\mathrm{d}x+\int_{\mathbf{R}}u^2u_{xxx}\mathrm{d}x\\&=\frac{1}{2}\int_{\mathbf{R}}u_x^3\mathrm{d}x\leqslant\frac{1}{2}\int_{\mathbf{R}}u^3\mathrm{d}x=\frac{1}{2}\|u_0\|_{L^3(\mathbf{R})}^3.\end{aligned}$$

由上述不等式，可得

$$\|u(t,\cdot)\|_{H^1(\mathbf{R})}^2\leqslant\|u_0\|_{H^1(\mathbf{R})}^2+t\|u_0\|_{L^3(\mathbf{R})}^3.$$

这证明了(iii)并完成了定理 7.4.1 的证明.

类似于定理 7.4.1 的证明，我们可有

定理 7.4.2　给定$u_0\in H^r(R),r\geqslant 3.3$. 假设$y_0=(u_0-u_{0,xx})\in L^1(\mathbf{R})$是非正的. 那么方程(7.1.2)的强解整体存在，且有

$$u=u(\cdot,u_0)\in C([0.\infty);H^r(\mathbf{R}))\cap C^1([0,\infty);H^{r-1}(\mathbf{R})).$$

进一步假设$u_0\in L^3(\mathbf{R})$，则有$E_1(U)=\int_{\mathbf{R}}u\mathrm{d}x$和$E_3(U)=\int_{\mathbf{R}}u^3\mathrm{d}x$是方程(7.1.2)的两个守恒律. 如果令$y(t,\cdot):=u(t,\cdot)-u_{xx}(t,\cdot)$，那么对$t\in\mathbf{R}_+$成立有

(i) $y(t,\cdot)\leqslant 0,u(t,\cdot)\leqslant 0,|u_x(t,\cdot)|\leqslant-u(t,\cdot)$ 在 $\mathbf{R}$ 上;

(ii) $\|y_0\|_{L^1(\mathbf{R})}=\|y(t,\cdot)\|_{L^1(\mathbf{R})}=\|u(t,\cdot)\|_{L^1(\mathbf{R})}$和$\|u_x(t,\cdot)\|_{L^\infty(\mathbf{R})}\leqslant\|u_0\|_{L^1(\mathbf{R})}$;

(iii) $\|u(t,\cdot)\|_{H^1(\mathbf{R})}^2\leqslant\|u_0\|_{H^1(\mathbf{R})}^2+t\|u_0\|_{L^3(\mathbf{R})}^3$.

7.5　弱解的整体存在性和唯一性

首先，给出方程(7.1.2)的强解和弱解的定义以及它们相关的性质，然后回忆有关 Bochner 空间中的一些与积分有关的结果[44]和一些逼近结果[16]. 最后将证明在初始值$u_0\in H^1(\mathbf{R})$满足一定的符号条件下，方程(7.1.2)的相应弱解是整体存在且唯一的.

本节用 $\langle\cdot,\cdot\rangle$ 表示 $H^1(\mathbf{R})$ 和 $H^{-1}(\mathbf{R})$ 的对偶运算. 用 $M(\mathbf{R})$ 表示 $\mathbf{R}$ 上具有有界变差的Radon测度空间和用 $M^+(\mathbf{R})$ 表示具有正测度的Radon测度空间的子集. 最后用 $BV(\mathbf{R})$ 表示有界变差函数空间, $V(f)$ 表示 $f\in BV(\mathbf{R})$ 的有界总变差.

下面给出方程(7.1.2)的强解和弱解的定义.

定义 7.5.1 如果 $u\in C([0,T);H^S(\mathbf{R}))\cap C^1([0,T);H^{s-1}(\mathbf{R})), s>\dfrac{3}{2}$, 满足方程(7.1.2), 那么 u 称为方程(7.1.2)的强解. 如果对任意 $T>0, u$ 是方程(7.1.2)的一个强解, 那么它称为方程(7.1.2)的一个整体强解.

注意到方程(7.1.2)有尖峰孤立子解[21,22]. 显然, 这样的解不是方程(7.1.2)的强解. 为了提供一个合适的数学框架来研究尖峰孤立子及其相互作用, 下面介绍方程(7.1.2)的一种合适的弱解.

回到方程(7.2.2). 若令 $F(u)=\left(\dfrac{u^2}{2}+G*\left(\dfrac{3}{2}u^2\right)\right)$, 则方程(7.2.2)可被改写为如下守恒律:

$$u_t+F(u)_x=0,\quad u(0,x)=u_0,\quad t>0,\quad x\in\mathbf{R}. \tag{7.5.1}$$

定义 7.5.2 假设 $u_0\in H^1(R)$. 如果对所有的 $\psi\in C_0^\infty([0,T)\times\mathbf{R}, u$ 属于 $L^\infty_{\mathrm{loc}}([0,T);H^1(\mathbf{R}))$ 且满足下列恒等式:

$$\int_0^T\int_{\mathbf{R}}(u\psi_t+F(u)\psi_x)\mathrm{d}x\mathrm{d}t+\int_{\mathbf{R}}u_0(x)\psi(0,x)\mathrm{d}x=0,$$

其中, $\psi\in C_0^\infty([0,T)\times\mathbf{R}$ 表示在 $\mathbf{R}^2$ 上的具有任意阶导数的连续可微函数在 $[0,T)\times\mathbf{R}$ 上的限制且它的紧支集包含在 $(-T,T)\times\mathbf{R}$ 中, 那么 u 被称为方程(7.1.2)的弱解. 如果任意 $T>0$, u 是方程(7.1.2)的一个弱解, 那么它被称为方程(7.1.2)的一个整体弱解.

性质 7.5.1 (i) 方程(7.1.2)的每个强解是一个弱解.

(ii) 如果 u 是方程(7.1.2)的一个弱解并且

$$u\in C([0,T);H^S(\mathbf{R}))\cap C^1([0,T);H^{s-1}(\mathbf{R})),\quad s>\frac{3}{2},$$

那么它是方程(7.1.2)的一个强解.

(iii) 方程(7.1.2)的所有非平凡的行波解不是强解.

(iv) 方程(7.1.2)的尖峰孤立子解是整体弱解.

证明 (i) 设 $u\in C([0,T);H^S(\mathbf{R}))\cap C^1([0,T);H^{s-1}(\mathbf{R})), s>\dfrac{3}{2}$ 是方程(7.5.1)的

一个强解. 显然 $u \in L^{\infty}_{\text{loc}}([0,T);H^1(\mathbf{R})), u_0 \in H^1(\mathbf{R})$, 并且 $F(U) \in H^S(\mathbf{R}), s > \dfrac{3}{2}$ 因此, 方程 $u_t + F(u)_x = 0$ 在 $C([0,T);H^{s-1}(\mathbf{R})), s > \dfrac{3}{2}$ 中成立. 在 $C([0,T);L^2(\mathbf{R}))$ 中进行分部积分, 可得 u 是方程(7.5.1)的一个弱解.

(ii) 设 u 是方程(7.1.2)的一个弱解并且

$$u \in C([0,T);H^S(\mathbf{R})) \cap C^1([0,T);H^{s-1}(\mathbf{R})), \quad s > \frac{3}{2}.$$

这样, 有 $u_0 \in H^S(\mathbf{R}), s > \dfrac{3}{2}$. 由定理 7.2.1 可知, 存在唯一的强解 v 具有初始值 u_0. 再由(i)可推知, v 也是方程(7.1.2)的一个弱解. 这样可得

$$\int_0^T \int_{\mathbf{R}} (u\psi_t + F(u)\psi_x) \mathrm{d}x\mathrm{d}t = \int_0^T \int_{\mathbf{R}} (v\psi_t + F(v)\psi_x) \mathrm{d}x\mathrm{d}t$$

然后分部积分可得

$$\int_0^T \int_{\mathbf{R}} (u_t + F(u)_x)\psi \mathrm{d}x\mathrm{d}t = \int_0^T \int_{\mathbf{R}} (v_t + F(v)_x)\psi \mathrm{d}x\mathrm{d}t$$

因为 $C_0^{\infty}([0,T) \times \mathbf{R})$ 在 $L^2([0,T) \times \mathbf{R})$ 中稠密, 所以有

$$u_t + F(u)_x = v_t + F(v)_x \quad \text{在 } L^2([0,T) \times \mathbf{R}) \text{ 中}. \tag{7.5.2}$$

由于 $u \in C([0,T);H^S(\mathbf{R})) \cap C^1([0,T);H^{s-1}(\mathbf{R})), s > \dfrac{3}{2}$, 可以推知方程(7.5.2)在 $C([0,T);H^{s-1}(\mathbf{R})), s > \dfrac{3}{2}$ 中成立. 注意到 v 是方程(7.1.2)的一个强解, 可推得

$$u_t + F(u)_x = 0 \quad \text{在 } L^2([0,T) \times \mathbf{R}) \text{ 中}.$$

由此可知, u 是方程(7.1.2)的一个强解.

(iii) 假设一个非平凡的行波解 $u(t,x) = \varphi_c(x - ct) \in H^3(\mathbf{R})$ 是方程(7.1.2)的一个强解, 则成立有

$$-c\varphi_c' + c\varphi_c''' + 4\varphi_c'\varphi_c - 3\varphi_c'\varphi_c'' - \varphi_c\varphi_c''' = 0 \text{ 在 } L^2(\mathbf{R}) \text{ 中}.$$

这样可得

$$-c\varphi_c + c\varphi_c'' + 2\varphi_c^2 - (\varphi_c')^2 - \varphi_c\varphi_c'' = 0 \text{ 在 } L^2(\mathbf{R}) \text{ 中}.$$

因此, 有

$$((\varphi_c-c)^2)''-4\varphi_c^2+2c\varphi_c=0 \text{ 在 } H^1(\mathbf{R}) \text{ 中}. \tag{7.5.3}$$

显然方程(7.5.3)有有界解 $\varphi_c=0$ 和 $\varphi_c=\dfrac{c}{2}$ 注意到 $H^3(\mathbf{R})\subset C_0^2(\mathbf{R})$. 这样, 方程(7.5.3)的解在 $C^2(\mathbf{R})$ 中都是有界的且 有界解只可为 $\varphi_c=0$. 例如, 当 $c=0$ 时, 方程(7.5.3)的所有解为

$$u^2=k_1\mathrm{e}^{-2x}+k_2\mathrm{e}^{2x},$$

其中, $k_{1,}k_2$ 是两个任意的非负常数. 既然 $u\subset C_0^2(\mathbf{R})$, 这样可知 $u=0$.

对 $u(t,x)=\varphi_c(x-ct)\in H^3(\mathbf{R})$, 应用简单的稠密证明和解对初始值的连续依赖性, 可推知方程(7.1.2)的所有非平凡的行波解不是强解.

(iv) 取初始值 $u_0(x)=c\mathrm{e}^{-|x|}$ 简单的计算可知对任何 $c\in\mathbf{R}$, $u(x,t)=c\mathrm{e}^{-|x|}$ 是方程(7.1.2)的一个整体弱解. 此外, 还是方程(7.1.2)的尖峰孤立子解[21].

下面介绍有关 Bochner 空间中的一些与积分有关的结果.

引理 7.5.1[44] 给定 $T>0$. 如果

$$f,g\in L^2\quad((0,T);H^1(\mathbf{R})),\qquad \frac{\mathrm{d}f}{\mathrm{d}t},\frac{\mathrm{d}g}{\mathrm{d}t}\in L^2((0,T);H^{-1}(\mathbf{R})),$$

那么 f,g 几乎处处等价于一个从 $[0,T]$ 到 $L^2(\mathbf{R})$ 的连续函数且对所有的 $s,t\in[0,T]$ 成立有

$$\langle f(t),g(t)\rangle-\langle f(s),g(s)\rangle=\int_s^t\left\langle\frac{\mathrm{d}f(\tau)}{\mathrm{d}\tau},g(\tau)\right\rangle\mathrm{d}\tau+\int_s^t\left\langle\frac{\mathrm{d}g(\tau)}{\mathrm{d}\tau},f(\tau)\right\rangle\mathrm{d}\tau.$$

然后介绍两个重要的逼近结果和两个恒等式. 以下, 用 $\{\rho_n\}_{n\geqslant1}$ 表示光滑子

$$\rho_n(x):=\left(\int_{\mathbf{R}}\rho(\xi)\mathrm{d}\xi\right)^{-1}n\rho(nx),x\in\mathbf{R},n>1,$$

这里 $\rho\in C_c^\infty(\mathbf{R})$ 定义如下:当 $|x|<1$ 时, $\rho(x)=\mathrm{e}^{\frac{1}{x^2-1}}$, 当 $|x|\geqslant1$ 时, $\rho(x):=0$.

引理 7.5.2 假设 $f:\mathbf{R}\to\mathbf{R}$ 是一致连续有界函数, 如果 $\mu\in M(\mathbf{R})$, 那么

$$[\rho_n*(f\mu)-(\rho_n*f)(\rho_n*\mu)]\to0,\ \text{as}\quad n\to\infty\qquad \text{在 } L^1(\mathbf{R}) \text{ 中}.$$

引理 7.5.3 假设 $f:\mathbf{R}\to\mathbf{R}$ 是一致连续有界函数, 如果 $g\in L^\infty(\mathbf{R})$, 那么

$$[\rho_n * (fg) - (\rho_n * f)(\rho_n * g)] \to 0, \text{ as } \ n \to \infty \qquad 在 L^\infty(\mathbf{R}) 中.$$

引理 7.5.4　假设 $u(t,\cdot) \in W^{1,1}(\mathbf{R})$. 如果对所有的 $t \in \mathbf{R}_+, u(t,\cdot)$ 在 $W^{1,1}(\mathbf{R})$ 中是一致有界的, 那么对几乎处处的 $t \in \mathbf{R}_+$ 成立有

$$\frac{\mathrm{d}}{\mathrm{d}t}\int_{\mathbf{R}} |\rho_n * u| \mathrm{d}x = \int_{\mathbf{R}} (\rho_n * u_t) \operatorname{sgn}(\rho_n * u) \mathrm{d}x$$

和

$$\frac{\mathrm{d}}{\mathrm{d}t}\int_{\mathbf{R}} |\rho_n * u_x| \mathrm{d}x = \int_{\mathbf{R}} (\rho_n * u_{xt}) \operatorname{sgn}(\rho_n * u_x) \mathrm{d}x.$$

下面给出方程(7.1.2)的整体弱解的存在结果.

定理7.5.1　给定 $u_0 \in H^1(\mathbf{R}) \cap L^3(\mathbf{R})$. 如果 $(u_0, u_{0,xx}) \in M^+(\mathbf{R})$, 那么相应于初始值 u_0 方程(7.1.2)存在一个整体弱解

$$u \in W^{1,\infty}(\mathbf{R}_+ \times \mathbf{R}) \cap L^\infty_{\mathrm{loc}}(\mathbf{R}_+; H^1(\mathbf{R}))$$

并使得

$$(u(t,\cdot) - u_{xx}(t,\cdot)) \in M^+(\mathbf{R}), \quad \text{a.e.} \quad t \in \mathbf{R}_+,$$

是一致有界的, 此外, $E_1(u)$ 和 $E_3(u)$ 是方程(7.1.2)的两个守恒律.

证明　假设 $u_0 \in H^1(\mathbf{R})$ 使得 $y_0 := u_0 - u_{0,xx} \in M^+(\mathbf{R})$. 注意到 $u_0 = p * y_0$. 这样对 $f \in L^\infty(\mathbf{R})$, 有

$$\begin{aligned}
\|u_0\|_{L^1(\mathbf{R})} &= \|p * y_0\|_{L^1(\mathbf{R})} = \sup_{\|f\|_{L^\infty(\mathbf{R})} \leqslant 1} \int_{\mathbf{R}} f(x)(p * y_0)(x) \mathrm{d}x \\
&= \sup_{\|f\|_{L^\infty(\mathbf{R})} \leqslant 1} \int_{\mathbf{R}} f(x) \int_{\mathbf{R}} p(x-\xi) \mathrm{d}y_0(\xi) \mathrm{d}x \\
&= \sup_{\|f\|_{L^\infty(\mathbf{R})} \leqslant 1} \int_{\mathbf{R}} (p * f)(\xi) \mathrm{d}y_0(\xi) \\
&= \sup_{\|f\|_{L^\infty(\mathbf{R})} \leqslant 1} \|p * f\|_{L^\infty(\mathbf{R})} \|y_0\|_{M(\mathbf{R})} \\
&\leqslant \sup_{\|f\|_{L^\infty(\mathbf{R})} \leqslant 1} \|p\|_{L^1(\mathbf{R})} \|f\|_{L^\infty(\mathbf{R})} \|y_0\|_{M(\mathbf{R})} = \|y_0\|_{M(\mathbf{R})}.
\end{aligned} \tag{7.5.4}$$

首先证明相应与初始值 u_0，存在一个解 u 属于

$$H^1_{\mathrm{loc}}(\mathbf{R}_+\times\mathbf{R})\bigcap L^\infty_{\mathrm{loc}}(\mathbf{R}_+;H^1(\mathbf{R})),$$

在分布意义下满足方程(7.5.1).

对 $n\geqslant 1$, 定义 $u_0^n:=\rho_n * u_0\in H^\infty(\mathbf{R})$. 利用 Young 不等式, 有

$$u_0^n\to u_0 \quad 在 H^1(\mathbf{R}) 上, \ n\to\infty \tag{7.5.5}$$

和对所有的 $n\geqslant 1$,

$$\begin{cases}\left\|u_0^n\right\|_{H^1(\mathbf{R})}=\left\|\rho_n * u_0\right\|_{H^1(\mathbf{R})}\leqslant\left\|u_0\right\|_{H^1(\mathbf{R})},\\ \left\|u_0^n\right\|_{L^1(\mathbf{R})}=\left\|\rho_n * u_0\right\|_{L^1(\mathbf{R})}\leqslant\left\|u_0\right\|_{L^1(\mathbf{R})}.\end{cases} \tag{7.5.6}$$

注意到对所有的 $n\geqslant 1$.

$$y_0^n:=u_0^n-u_{0,xx}^n=\rho_n * (y_0)\geqslant 0.$$

对照关系(7.5.4)的证明, 可得

$$\left\|y_0^n\right\|_{L^1(\mathbf{R})}\leqslant\left\|y_0\right\|_{M(\mathbf{R})}, \quad n\geqslant 1. \tag{7.5.7}$$

由定理 7.4.1 可得, 方程(7.1.2)存在整体强解

$$u^n=u^n(\cdot,u_0^n)\in C([0,\infty);H^r(\mathbf{R}))\bigcap C^1([0,\infty);H^{r-1}(\mathbf{R})), \quad \forall r\geqslant 3,$$

并成立 $u^n(t,x)-u^n_{xx}(t,x)\geqslant 0, \ \forall (t,x)\in\mathbf{R}_+\times\mathbf{R}$.

注意到对所有的 $n\geqslant 1$ 和 $t\geqslant 0$,

$$\begin{aligned}[u^n(t,x)]^2&=\int_{-\infty}^x 2[u^n(t,\xi)]u_x^n(t,\xi)\mathrm{d}\xi\\ &\leqslant\int_{\mathbf{R}}([u^n(t,\xi)]^2+[u_n^x(t,\xi)]^2)\mathrm{d}\xi=\left\|u^n(t,\cdot)\right\|^2_{H^1(\mathbf{R})}.\end{aligned} \tag{7.5.8}$$

利用定理 7.4.1(i)~(iii)和式(7.5.6), 可得

$$\begin{aligned}\left\|u_x^n(t,\cdot)\right\|^2_{L^\infty(\mathbf{R})}&\leqslant\left\|u^n(t,\cdot)\right\|^2_{L^\infty(\mathbf{R})}\leqslant\left\|u^n(t,\cdot)\right\|^2_{H^1(\mathbf{R})}\\ &\leqslant\left\|u_0^n\right\|^2_{H^1(\mathbf{R})}+t\left\|u_0^n\right\|^3_{L^3(\mathbf{R})}\\ &\leqslant\left\|u_0\right\|^2_{H^1(\mathbf{R})}+t\left\|u_0\right\|^3_{L^3(\mathbf{R})}.\end{aligned} \tag{7.5.9}$$

由上述不等式, 对所有的 $t\geqslant 0$ 和 $n\geqslant 1$, 有

$$
\begin{aligned}
\left\|\left(u^n(t)\right)u_x^n(t)\right\|_{L^2(\mathbf{R})} &\leqslant \left\|u^n(t)\right\|_{L^\infty(\mathbf{R})}\left\|u_x^n(t)\right\|_{L^2(\mathbf{R})} \\
&\leqslant \left\|u^n(t)\right\|_{H^1(\mathbf{R})}^2 \leqslant \left\|u_0\right\|_{H^1(\mathbf{R})}^2+\left\|u_0\right\|_{L^3(\mathbf{R})}^3 .
\end{aligned}
\tag{7.5.10}
$$

利用 Young 不等式和式(7.5.9), 对所有的 $t \geqslant 0$ 和 $n \geqslant 1$, 可得

$$
\begin{aligned}
\left\|\partial_x p * \left\{\frac{3}{2}\left[u^n(t)\right]^2\right\}\right\|_{L^2(\mathbf{R})} &\leqslant \frac{3}{2}\left\|p_x\right\|_{L^2(\mathbf{R})}\left\|\left[u^n(t)\right]^2\right\|_{L^1(\mathbf{R})} \\
&\leqslant \frac{3}{2}\left\|p_x\right\|_{L^2(\mathbf{R})}\left\|u^n(t)\right\|_{H^1(\mathbf{R})}^2 \\
&\leqslant \frac{3}{2}\left\|p_x\right\|_{L^2(\mathbf{R})}\left(\left\|u_0\right\|_{H^1(\mathbf{R})}^2+t\left\|u_0\right\|_{L^3(\mathbf{R})}^3\right).
\end{aligned}
\tag{7.5.11}
$$

利用式(7.5.10)、式(7.5.11)和方程(7.2.2), 对所有的 $t \geqslant 0$ 和 $n \geqslant 1$, 可以发现

$$
\left\|\frac{\mathrm{d}}{\mathrm{d}t}u^n(t)\right\|_{L^2(\mathbf{R})} \leqslant \left(\frac{3}{2}\left\|p_x\right\|_{L^2(\mathbf{R})}+1\right)\left(\left\|u_0\right\|_{L^1(\mathbf{R})}^2+t\left\|u_0\right\|_{L^3(\mathbf{R})}^3\right).
\tag{7.5.12}
$$

对固定的 $T>0$, 由式(7.5.9)和式(7.5.12), 有

$$
\int_0^T\int_{\mathbf{R}}\left(\left[u^n(t)\right]^2+\left[u_x^n(t,x)\right]^2+\left[u_t^n(t,x)\right]^2\right)\mathrm{d}x\mathrm{d}t \leqslant K,
\tag{7.5.13}
$$

其中 K 是一个仅依赖于 $\left\|p_x\right\|_{L^2(\mathbf{R})}, \left\|u_0\right\|_{H^1(\mathbf{R})}, \left\|u_0\right\|_{L^3(\mathbf{R})}$ 和 T 的正常数. 这样, 由式(7.5.13)可知序列 $\left\{u^n\right\}_{n\geqslant 1}$ 在 $H^1\left((0,T)\times\mathbf{R}\right)$ 中是一致有界的. 从而可抽取一个子序列使得

$$
u^{n_k} \to u \quad \text{在 } H^1\left((0,T)\times\mathbf{R}\right) \text{中}, \quad n_k \to \infty
\tag{7.5.14}
$$

和

$$
u^{n_k} \to u \quad \text{a.e.} \quad \text{在}\left(0,T\right)\times\mathbf{R}\ \text{中}, \quad n_k \to \infty,
\tag{7.5.15}
$$

对某一个 $u \in H^1\left((0,T)\times\mathbf{R}\right)$. 利用定理 7.4.1(ii), (iii), 式(7.5.4)和式(7.5.6), 有对固定的 $t \in (0,T)$ 序列 $u_x^{n_k}(t,\cdot) \in BV(\mathbf{R})$ 满足

$$
\begin{aligned}
V\left[u_x^{n_k}(t,\cdot)\right] = \left\|u_{xx}^{n_k}(t,\cdot)\right\|_{L^1(\mathbf{R})} &\leqslant \left\|u^{n_k}(t,\cdot)\right\|_{L^1(\mathbf{R})}+\left\|y^{n_k}(t,\cdot)\right\|_{L^1(\mathbf{R})} \\
&\leqslant 2\left\|u_0^{n_k}\right\|_{L^1(\mathbf{R})} \leqslant 2\left\|u_0\right\|_{L^1(\mathbf{R})} \leqslant 2\left\|y_0\right\|_{M(\mathbf{R})}
\end{aligned}
$$

和

$$\left\|u_x^{n_k}(t,\cdot)\right\|_{L^\infty(\mathbf{R})} \leqslant \left\|u_0^{n_k}\right\|_{L^1(\mathbf{R})} \leqslant \|y_0\|_{M(\mathbf{R})}.$$

应用 Helly 定理[49]可得, 存在一个子序列, 仍记为$\left\{u_x^{n_k}(t,\cdot)\right\}$, 点点收敛到某一函数$v(t,\cdot)$, 并且它具有有限的有界变差

$$V\left(v(t,\cdot)\right) \leqslant 2\|y_0\|_{M(\mathbf{R})}.$$

利用式(7.5.5), 既然对几乎处处的$t\in(0,T)$, 在$D'(\mathbf{R})$中有$u_x^{n_k}(t,\cdot)\to u_x(t,\cdot)$, 则对几乎处处的$t\in(0,T)$有$v(t,\cdot)=u_x(t,\cdot)$. 因此, 有

$$u_x^{n_k}(t,\cdot)\to u_x(t,\cdot) \quad \text{a.e.} \quad 在(0,T)\times\mathbf{R}上, \quad n_k\to\infty \tag{7.5.16}$$

和对几乎处处的$t\in(0,T)$, 成立有

$$V\left[u_x(t,\cdot)\right] = \left\|u_{xx}(t,\cdot)\right\|_{M(\mathbf{R})} \leqslant 2\|y_0\|_{M(\mathbf{R})}. \tag{7.5.17}$$

利用定理 4.1(ii), (iii)和式(7.5.9), 有

$$\begin{aligned}\left\|\frac{3}{2}\left[u^n(t)\right]^2\right\|_{L^2(\mathbf{R})} &\leqslant \frac{3}{2}\left\|u^n(t)\right\|_{L^\infty(\mathbf{R})}\left\|u^n(t)\right\|_{L^2(\mathbf{R})} \\ &\leqslant \frac{3}{2}\|u_0\|_{H^1(\mathbf{R})}^2 + \frac{3}{2}t\|u_0\|_{L^3(\mathbf{R})}^3,\end{aligned}$$

从而得出对固定的$t\in(0,T)$, 序列$\left\{\frac{3}{2}\left[u^n(t)\right]^2\right\}_{n\geqslant1}$在$L^2(\mathbf{R})$中是一致有界的. 因此, 它有一个子序列$\left\{\frac{3}{2}\left[u^n(t)\right]^2\right\}_{n\geqslant1}$在$L^2(R)$中弱收敛. 由式(7.5.15), 可以推出它的$L^2(\mathbf{R})$弱极限是$\frac{3}{2}\left[u(t,\cdot)\right]^2$. 注意到$p_x\in L^2(\mathbf{R})$. 从而得出

$$\partial_x p * \left\{\frac{3}{2}\left[u^{n_k}(t)\right]^2\right\} \to \partial_x p * \left(\frac{3}{2}u^2\right), \qquad n_k\to\infty. \tag{7.5.18}$$

由式(7.5.15), (7.5.16)和(7.5.18), 可得u在$D'\left((0,T)\times T\right)$中满足方程(7.5.1).

固定$T>0$, 既然当$t\in(0,T)$时$u_t^{n_k}(t,\cdot)$在$L^2(\mathbf{R})$中是一致有界的和$\left\|u^{n_k}(t,\cdot)\right\|_{H^1(\mathbf{R})}$对所有的$t\in(0,T)$和所有的$n\geqslant1$有一个一致的界, 有族

$t \to u^{n_k}(t,\cdot) \in H^1(\mathbf{R})$ 在 $[0,T]$ 上是弱连续的. 应用 Arzela-Ascoli 定理, 可得 $\{u^{n_k}\}$ 有一个子序列, 仍用 $\{u^{n_k}\}$ 表示, 对一致的 $t \in (0,T)$ 在 $H^1(R)$ 中弱收敛. 极限函数是 u 由 T 的任意性, 有 u 是从 $[0,\infty)$ 到 $H^1(\mathbf{R})$ 局部弱连续的, 即

$$u \in C_{w,\mathrm{loc}}\left(R_+; H^1(\mathbf{R})\right).$$

既然对几乎处处的 $t \in \mathbf{R}_+$, $u^{n_k}(t,\cdot) \to u(t,\cdot)$ 在 $H^1(\mathbf{R})$中, 由式(7.5.8)和定理 7.4.1(ii), (iii), 对几乎处处的 $t \in \mathbf{R}_+$, 有

$$\begin{aligned}\|u(t,\cdot)\|_{L^\infty(\mathbf{R})} &\leqslant \|u(t,\cdot)\|_{H^1(\mathbf{R})} \leqslant \liminf_{n_k\to\infty} \left\|u^{n_k}(t,\cdot)\right\|_{H^1(\mathbf{R})} \\ &\leqslant \left(\|u_0\|_{H^1(\mathbf{R})}^2 + t\|u_0\|_{L^3(\mathbf{R})}^3\right)^{\frac{1}{2}},\end{aligned}$$

上述不等式蕴涵

$$u \in L_{\mathrm{loc}}^\infty(\mathbf{R}_+ \times \mathbf{R}) \cap L_{\mathrm{loc}}^\infty\left(\mathbf{R}_+; H^1(\mathbf{R})\right).$$

利用定理 7.4.1(i), (iii), 式(7.5.4)和(7.5.6), 对 $t \in \mathbf{R}_+$, 有

$$\left\|u_x^n(t,\cdot)\right\|_{L^\infty(\mathbf{R})} \leqslant \left\|u_0^n\right\|_{L^1(\mathbf{R})} = \|u_0\|_{L^1(\mathbf{R})} \leqslant \|y_0\|_{M(\mathbf{R})}.$$

将它与式(7.5.16)合并, 可得

$$u_x \in L^\infty(\mathbf{R}_+ \times \mathbf{R}). \tag{7.5.19}$$

下面证明 $E_1(u)$ 是一个守恒律,

$$\left(u(t,\cdot) - u_{xx}(t,\cdot)\right) \in M^+(\mathbf{R})$$

一致有界, 和 $u(t,x) \in M^{1,\infty}(\mathbf{R}_+ \times \mathbf{R})$.

既然 u 是方程(7.1.2)在分布意义下的解, 对几乎处处的 $t \in \mathbf{R}_+$, 有

$$\rho_n * u_t + \rho_n * (uu_x) + \rho_n * \partial_x p * \left(\frac{3}{2}u^2\right) = 0. \tag{7.5.20}$$

对上述方程关于 x 变量在 $\mathbf{R}$ 上积分可得

$$\frac{\mathrm{d}}{\mathrm{d}t}\int_{\mathbf{R}}\rho_n * u\mathrm{d}x+\int_{\mathbf{R}}\rho_n *(uu_x)\mathrm{d}x+\int_{\mathbf{R}}\rho_n *\partial_x p*\left(\frac{3}{2}u^2\right)\mathrm{d}x=0,$$

分部积分可产生

$$\frac{\mathrm{d}}{\mathrm{d}t}\int_{\mathbf{R}}\rho_n * u\mathrm{d}x=0,\quad t\in\mathbf{R}_+, n\geqslant 1.$$

应用引理 7.4.3 得

$$\int_{\mathbf{R}}\rho_n * u(t,\cdot)\mathrm{d}x=\int_{\mathbf{R}}\rho_n * u_0\mathrm{d}x,$$

注意到

$$\lim_{n\to\infty}\left\|\rho_n * u(t,\cdot)-u(t,\cdot)\right\|_{L^1(\mathbf{R})}=\lim_{n\to\infty}\left\|\rho_n * u_0-u_0\right\|_{L^1(\mathbf{R})}=0,$$

从而对几乎处处的 $t\in\mathbf{R}_+$ 可得

$$\int_{\mathbf{R}}u(t,\cdot)\mathrm{d}x=\lim_{n\to\infty}\int_{\mathbf{R}}\rho_n * u(t,\cdot)\mathrm{d}x=\lim_{n\to\infty}\int_{\mathbf{R}}\rho_n * u_0\mathrm{d}x=\int_{\mathbf{R}}u_0\mathrm{d}x.$$

这证明了 $E_1(u(t))=\int_{\mathbf{R}}u\mathrm{d}x$ 是一个守恒律.

注意到 $L^1(\mathbf{R})\subset\left(L^\infty(\mathbf{R})\right)^*\subset\left(C_0(\mathbf{R})\right)^*=M(\mathbf{R})$. 由式(7.5.17)和守恒律 $E_1(u)$, 对几乎处处的 $t\in\mathbf{R}_+$ 可得

$$\begin{aligned}\left\|u(t,\cdot)-u_{xx}(t,\cdot)\right\|_{M(\mathbf{R})}&\leqslant\left\|u(t,\cdot)\right\|_{L^1(\mathbf{R})}+\left\|u_{xx}(t,\cdot)\right\|_{M(\mathbf{R})}\\&\leqslant\left\|u_0\right\|_{L^1(\mathbf{R})}+2\left\|y_0\right\|_{M(\mathbf{R})}\leqslant 3\left\|y_0\right\|_{M(\mathbf{R})}.\end{aligned}$$

上述不等式蕴涵对几乎处处的 $t\in\mathbf{R}_+$,

$$\left(u(t,\cdot)-u_{xx}(t,\cdot)\right)\in M(\mathbf{R})$$

是一致有界的. 对固定的 $T>0$, 由式(7.5.15)和(7.5.16), 对几乎处处的 $t\in[0,T)$, 有

$$\left[u^{n_k}(t,\cdot)-u^{n_k}_{xx}(t,\cdot)\right]\to\left[u(t,\cdot)-u_{xx}(t,\cdot)\right],\quad 在\ D'(R)中,\quad n\to\infty.$$

由于对所有的 $(t,x)\in\mathbf{R}_+\times\mathbf{R}$, $u^{n_k}(t,x)-u^{n_k}_{xx}(t,x)\geqslant 0$, 从而对几乎处处的 $t\in\mathbf{R}_+$, 可得 $\left(u(t,\cdot)-u_{xx}(t,\cdot)\right)\in M^+(\mathbf{R})$.

注意到 $u(t,x)=p*\left(u(t,\cdot)-u_{xx}(t,\cdot)\right)$, 那么有

$$
\begin{aligned}
|u(t,x)| &= |p*(u(t,\cdot)-u_{xx}(t,\cdot))| \\
&\leqslant \|p\|_{L^\infty(\mathbf{R})}\|u(t,\cdot)-u_{xx}(t,\cdot)\|_{M(\mathbf{R})} \leqslant 3\|y_0\|_{M(\mathbf{R})}.
\end{aligned}
$$

由式(7.5.19)知，这证明了 $u(t,x)\in W^{1,\infty}(\mathbf{R}_+\times\mathbf{R})$.

最后证明 $E_3(u)$ 是一个守恒律.

用 $(\rho_n*u)^2$ 乘以方程(7.5.20)的两边，再关于变量 x 在 $\mathbf{R}$ 上积分，对几乎处处的 $t\in\mathbf{R}$ 和 $n\geqslant 1$，可得

$$
\begin{aligned}
&\frac{1}{3}\frac{\mathrm{d}}{\mathrm{d}t}\int_{\mathbf{R}}(\rho_n*u)^3\,\mathrm{d}x+\int_{\mathbf{R}}(\rho_n*u)^2\rho_n*(uu_{xx})\mathrm{d}x \\
&+\int_{\mathbf{R}}(\rho_n*u)^2\rho_n*\partial_x p*\left(\frac{3}{2}u^2\right)\mathrm{d}x=0.
\end{aligned}
\tag{7.5.21}
$$

注意到 $u,u_x\in L^\infty(\mathbf{R}_+\times\mathbf{R})$. 从而得

$$
\begin{aligned}
&\int_{\mathbf{R}}(\rho_n*u)^2\rho_n*\partial_x p*\left(\frac{3}{2}u^2\right)\mathrm{d}x \\
&=\int_{\mathbf{R}}\left[(\rho_n*u)^2-u^2\right]\rho_n*\partial_x p*\left(\frac{3}{2}u^2\right)\mathrm{d}x+\int_{\mathbf{R}}u^2\rho_n*\partial_x p*\left(\frac{3}{2}u^2\right)\mathrm{d}x \\
&\to\int_{\mathbf{R}}u^2\partial_x p*\left(\frac{3}{2}u^2\right)\mathrm{d}x=0(n\to\infty).
\end{aligned}
\tag{7.5.22}
$$

利用引理 7.5.3，有

$$
\begin{aligned}
&\int_{\mathbf{R}}(\rho_n*u)^2\rho_n*(uu_{xx})\mathrm{d}x=-\int_{\mathbf{R}}(\rho_n*u)^3(\rho_n*u_x)\mathrm{d}x \\
&+\int_{\mathbf{R}}(\rho_n*u)^2\left[\rho_n*(uu_{xx})-(\rho_n*u)(\rho_n*u_x)\right]\mathrm{d}x \\
&=\int_{\mathbf{R}}(\rho_n*u)^2\left[\rho_n*(uu_{xx})-(\rho_n*u)(\rho_n*u_x)\right]\mathrm{d}x \\
&\to 0(n\to\infty).
\end{aligned}
\tag{7.5.23}
$$

对 $t\in\mathbf{R}_+$ 和 $n\geqslant 1$，定义

$$
E_3^n(t):=\int_{\mathbf{R}}(\rho_n*u)^3\,\mathrm{d}x
$$

和

$$
H_n(t):=-\int_{\mathbf{R}}(\rho_n*u)^2\rho_n*(uu_{xx})\mathrm{d}x-\int_{\mathbf{R}}(\rho_n*u)^2\rho_n*\partial_x p*\left(\frac{3}{2}u^2\right)\mathrm{d}x.
$$

合并式(7.5.21)~(7.5.23)，对几乎处处的 $t\in\mathbf{R}_+$ 和 $n\geqslant 1$，有

$$\frac{\mathrm{d}}{\mathrm{d}t}E_3^n(t)=3H_n(t), \qquad \lim_{n\to\infty}H_n(t)=0. \tag{7.5.24}$$

这样，由引理 7.5.1，有

$$E_3^n(t)-E_3^n(0)=3\int_0^t H_n(s)\mathrm{d}s, \quad t\in\mathbf{R}^+, n\geqslant 1. \tag{7.5.25}$$

注意到$u,u_x\in L^\infty(\mathbf{R}_+\times\mathbf{R})$和$u\in L^\infty([0,T));H^1(\mathbf{R})$，对所有的$T>0$. 利用 Young 不等式和 Hölder 不等式，能够得到存在一个$K(T)>0$使得

$$|H_n(t)|\leqslant K(T), \quad t\in[0,T), n\geqslant 1.$$

利用(7.5.24), (7.5.25)和 Lebesgue 控制收敛定理，对固定的$t\in\mathbf{R}_+$，有

$$\lim_{n\to\infty}\left(E_3^n(t)-E_3^n(0)\right)=0.$$

由式(7.5.15)可以发现，对固定的$t\in\mathbf{R}_+$，

$$E_3(u(t))=\lim_{n\to\infty}\left(E_3^n(t)\right)=\lim_{n\to\infty}\left(E_3^n(0)\right)=E_3(u_0). \tag{7.5.26}$$

这证明了$E_3(u(t))=\int_{\mathbf{R}}u^3\mathrm{d}x$是一个守恒律并完成了定理的证明.

下面给出整体弱解的唯一性结果.

定理 7.5.2 给定$u_0\in H^1(\mathbf{R})\cap L^3(\mathbf{R})$. 假设

$$u,v\in W^{1,\infty}(\mathbf{R}_+\times\mathbf{R})\cap L^\infty_{\mathrm{loc}}\left(\mathbf{R}_+;H^1(\mathbf{R})\right)$$

是方程(7.1.2)的相应于u_0的两个整体弱解. 进一步假设$\left(u(t,\cdot)-u_{xx}(t,\cdot)\right)\in M^+(\mathbf{R})$和$\left(v(t,\cdot)-v_{xx}(t,\cdot)\right)\in M^+(\mathbf{R})$一致有界. 那么对几乎处处的$(t,x)\in\mathbf{R}_+\times\mathbf{R}$成立有$u=v$.

证明 令

$$N:=\sup_{t\in R_+}\left\{\left\|u(t,\cdot)-u_{xx}(t,\cdot)\right\|_{M(\mathbf{R})}+\left\|v(t,\cdot)-v_{xx}(t,\cdot)\right\|_{M(\mathbf{R})}\right\},$$

由假设可知$N<\infty$. 那么对所有的$(t,x)\in\mathbf{R}_+\times\mathbf{R}$，

$$\begin{aligned}|u(t,x)|&=\left|p*u(t,\cdot)-u_{xx}(t,\cdot)\right|\\&\leqslant\|p\|_{L^\infty(\mathbf{R})}\left\|u(t,\cdot)-u_{xx}(t,\cdot)\right\|_{M(\mathbf{R})}\leqslant\frac{N}{2}\end{aligned} \tag{7.5.27}$$

和

$$\begin{aligned}\left|u_x(t,x)\right| &= \left|p_x * u(t,\cdot) - u_{xx}(t,\cdot)\right| \\ &\leqslant \|p_x\|_{L^\infty(\mathbf{R})}\|u(t,\cdot)-u_{xx}(t,\cdot)\|_{M(\mathbf{R})} \leqslant \frac{N}{2}.\end{aligned} \tag{7.5.28}$$

同理可得

$$|u(t,x)| \leqslant \frac{N}{2}, \quad |u_x(t,x)| \leqslant \frac{N}{2}, \quad (t,x)\in \mathbf{R}_+\times\mathbf{R}. \tag{7.5.29}$$

由式(7.5.4)也可得到

$$\begin{aligned}\|u(t,\cdot)\|_{L^1(\mathbf{R})} &= \|p*[u(t,\cdot)-u_{xx}(t,\cdot)]\|_{L^1(\mathbf{R})} \\ &\leqslant \|p\|_{L^1(\mathbf{R})} N = N, \\ \|u_x(t,\cdot)\|_{L^1(\mathbf{R})} &= \|p_x*[u(t,\cdot)-u_{xx}(t,\cdot)]\|_{L^1(\mathbf{R})} \\ &\leqslant \|p_x\|_{L^1(\mathbf{R})} N = N,\end{aligned}$$

$$\|u(t,\cdot)\|_{L^1(\mathbf{R})} \leqslant N, \quad \|u_x(t,\cdot)\|_{L^1(\mathbf{R})} \leqslant N, \quad t\geqslant 0. \tag{7.5.30}$$

令

$$w(t,\cdot) = u(t,\cdot) - v(t,\cdot), \quad (t,x)\in\mathbf{R}_+\times\mathbf{R},$$

用 ρ_n 卷积 u 和 v 满足的方程(7.1.2)，再用引理 7.5.4，对几乎处处的 $t\in\mathbf{R}_+$ 和所有的 $n\geqslant 1$，我们可得

$$\begin{aligned}&\frac{\mathrm{d}}{\mathrm{d}t}\int_{\mathbf{R}}|\rho_n*\omega|\mathrm{d}x = \int_{\mathbf{R}}(\rho_n*\omega_t)\operatorname{sgn}(\rho_n*\omega)\mathrm{d}x \\ &= -\int_{\mathbf{R}}[\rho_n*(\omega u_x)\operatorname{sgn}(\rho_n*\omega)\mathrm{d}x - \int_{\mathbf{R}}[\rho_n*(v\omega_x)\operatorname{sgn}(\rho_n*\omega)\mathrm{d}x \\ &\quad -\frac{3}{2}\int_{\mathbf{R}}[\rho_n*p_x*[\omega(u+v)]])\operatorname{sgn}(\rho_n*\omega)\mathrm{d}x.\end{aligned} \tag{7.5.31}$$

利用式(7.5.27) ~ (7.5.30), Young 不等式，引理 7.5.2, 7.2.3 以及采用文献[16]中 56, 57 页的证明模式，对几乎处处的 $t\in\mathbf{R}_+$ 和所有的 $n\geqslant 1$，能够推出

$$\frac{\mathrm{d}}{\mathrm{d}t}\int_{\mathbf{R}}|\rho_n*\omega|\mathrm{d}x = C\int_{\mathbf{R}}|\rho_n*\omega|\mathrm{d}x + C\int_{\mathbf{R}}|\rho_n*\omega_x|\mathrm{d}x + R_n(t), \tag{7.5.32}$$

这里 C 是一个仅依赖于 N 的一般常数，并且 $R_n(t)$ 满足

$$\lim_{n\to\infty} R_n(t) = 0, \quad |R_n(t)| \leqslant K, n\geqslant 1, t\in\mathbf{R}_+, \tag{7.5.33}$$

这里和以下 K 表示一个仅依赖于 N 和 $u(0)$ 与 $v(0)$ 的 $H^1(\mathbf{R})$ 范数的正常数.
同理，用 $\rho_{n,x}$ 卷积 u 和 v 满足的方程(7.1.2)，再用引理 7.5.4，对几乎处处的 $t\in\mathbf{R}_+$ 和所有的 $n\geqslant 1$，可得

$$\begin{aligned}\frac{\mathrm{d}}{\mathrm{d}t}\int_{\mathbf{R}}|\rho_n*\omega_x|\mathrm{d}x&=\int_{\mathbf{R}}(\rho_n*\omega_{xt})\operatorname{sgn}(\rho_{n,x}*\omega)\mathrm{d}x\\&=-\int_{\mathbf{R}}\rho_n*(\omega_x(u_x+v_x))\operatorname{sgn}(\rho_{n,x}*\omega)\mathrm{d}x\\&\quad-\int_{\mathbf{R}}[\rho_n*(\omega v_{xx})]\operatorname{sgn}(\rho_{n,x}*\omega)\mathrm{d}x\\&\quad-\int_{\mathbf{R}}[\rho_n*(u\omega_{xx})]\operatorname{sgn}(\rho_{n,x}*\omega)\mathrm{d}x\\&\quad-\frac{3}{2}\int_{\mathbf{R}}\rho_n*p_{xx}*[(u^2-v^2)]\operatorname{sgn}(\rho_{n,x}*\omega)\mathrm{d}x.\end{aligned}\tag{7.5.34}$$

用式(7.5.27) ~ (7.5.30)，Young 不等式，引理 7.5.2, 7.2.4，恒等式 $\alpha^2\partial_x^2(p*f)=p*f-f$ 以及采用文献[16]中 57~59 页的证明模式，对几乎处处的 $t\in\mathbf{R}_+$ 和所有的 $n\geqslant 1$，能够推出

$$\frac{\mathrm{d}}{\mathrm{d}t}\int_{\mathbf{R}}|\rho_n*\omega_x|\mathrm{d}x=C\int_{\mathbf{R}}|\rho_n*\omega|\mathrm{d}x+C\int_{\mathbf{R}}|\rho_n*\omega_x|\mathrm{d}x+R_n(t),\tag{7.5.35}$$

这里 C 是一个仅依赖于 N 的一般常数，并且 $R_n(t)$ 满足(7.5.33).

合并式(7.5.32)和(7.5.35)，然后利用 Cronwall 不等式，对所有的 $t\in\mathbf{R}_+$ 和所有的 $n\geqslant 1$，可以推出

$$\begin{aligned}&\int_{\mathbf{R}}(|\rho_n*\omega|+|\rho_n*\omega_x|)(t,x)\mathrm{d}x\\&\leqslant\int_0^t \mathrm{e}^{2C(t-s)}R_n(s)\mathrm{d}s+\mathrm{e}^{2Ct}\int_{\mathbf{R}}(|\rho_n*\omega|+|\rho_n*\omega_x|)(0,x)\mathrm{d}x,\quad t\in\mathbf{R}_+.\end{aligned}$$

注意到 $\omega=u-v\in W^{1,1}(\mathbf{R})$. 由式(7.5.33)知，对所有的 $t\in\mathbf{R}_+$，应用 Lebesgue 控制收敛定理可得

$$\int_{\mathbf{R}}(|\omega|+|\omega_x|)(t,x)\mathrm{d}x\leqslant\mathrm{e}^{2Ct}\int_{\mathbf{R}}(|\omega|+|\omega_x|)(0,x)\mathrm{d}x.$$

既然 $\omega(0)=w_x(0)=0$，从而由上述不等式可得对几乎处处的 $(t,x)\in\mathbf{R}_+\times\mathbf{R}$，$u(t,x)=v(t,x)$. 这完成了定理 7.5.2 的证明.

例 7.5.1(尖峰孤立子) 给定初始值 $u_0(x)=c\mathrm{e}^{-|x|},x\in\mathbf{R}$. 通过简单的计算可验证 $u_0-u_0,xx\in M_+(R)$. 可容易核验

$$u(t,x)=c\mathrm{e}^{-|x-ct|}.$$

在分布意义下满足方程(7.1.2). 这样，由定理 7.5.1、定理 7.5.2 可知，u 是方

程(7.1.2)相应与初始值 u_0 的唯一的整体弱解. 这个解是一个比传统所研究的弱解-激波在更强意义下的弱解. 这种类型的弱解被称作尖峰孤立波.

例 7.5.2 (两个尖峰孤立子的相互作用) Degasperis 等在文献[21]中发现方程(7.1.2)的尖峰孤立波是孤立子. 在两个尖峰孤立子的相互作用中, 2 孤立子解有下列表达式[21]:

$$u(t,x)=p_1(t)e^{-|x-q_1(t)|}+p_2(t)e^{-|x-q_2(t)|},(t,x)\in\mathbf{R}_+\times\mathbf{R},$$

其中 $p_1,p_2,q_1,q_2\in W^{1,\infty}(\mathbf{R})$. 由定义 7.5.2 和定理 7.5.1, 7.5.2 可知, 上述解 $u(t,x)$ 可以被看作在分布意义下满足方程(7.1.2), 且相应于初始值 $u(0,x)$ 的唯一的整体弱解. 假设两个孤立波在初始时是分离的, 分别具有渐进波速 c_1 和 c_2 满足 $c_1>c_2>0$ (即: 振幅长的波位于振幅短的波的左边)

$$p_1(t)\to c_1,p_1(t)\to c_2,(q_1(t)-c_1t)\to 0,(q_1(t)-c_2t)\to 0,\text{as}\ t\to-\infty.$$

之后, 人们将看到[21, 54]振幅长的波将赶上振幅短的波, 并发生碰撞. 尖峰没有交叠发生. 碰撞发生后, 振幅长的波将重新出现在振幅短的波的右边, 最后两个波保持它们原有的形状和速度. 这证明了尖峰孤立波是孤立子, 相互左右之后, 仍保持它们原有的特征.

类似于定理 7.5.1 和定理 7.5.2 的证明, 应用定理 7.4.2, 能够证明

定理 7.5.3 给定 $u_0\in H^1(\mathbf{R})\cap L^3(\mathbf{R})$. 假设

$$(u_{0,xx}-u_0)\in M^+(\mathbf{R}).$$

那么相应与初始值 $u(0)=u_0$ 方程(7.1.2)存在唯一的整体弱解

$$u\in W^{1,\infty}(\mathbf{R}_+\times\mathbf{R})\cap L^\infty_{\text{loc}}(\mathbf{R}_+;H^1(\mathbf{R})),$$

并使得

$$(u_{xx}(t,\cdot)-u(t,\cdot))\in M^+(\mathbf{R}),\text{a.e.}\ t\in\mathbf{R}_+$$

在是一致有界的. 此外, $E_1(u)$ 和 $E_3(u)$ 是方程(7.1.2)的两个守恒律.

7.6 新的结果和问题

本节主要介绍关于 Degasperis-Procesi 方程的一些新结果. 首先介绍方程(7.1.2)的一个新守恒律.

引理 7.6.1[40] 如果$u_0\in H^r(\mathbf{R}), r>\frac{3}{2}$, 那么只要由定理 7.2.1 所确保的解$u(t,x)$存在，就有

$$\int_{\mathbf{R}} y(t,x)v(t,x)\mathrm{d}x=\int_{\mathbf{R}} y_0(x)v_0(x)\mathrm{d}x,$$

其中， $y(t,x)=u(t,x)-u_{xx}(t,x)$和$v(t,x)=(4-\partial_x^2)^{-1}u$. 此外还有

$$\|u(t)\|_{L^2(\mathbf{R})}^2\leqslant 4\|u_0\|_{L^2(\mathbf{R})}^2.$$

利用上述新的守恒律，可获得如下重要的估计.

引理 7.6.2[40] 如果$u_0\in H^r(\mathbf{R}), r>\frac{3}{2}$, T表示由定理 7.2.1 所确保的解u的最大存在时间. 那么有$\|u(t,x)\|_{L^\infty(\mathbf{R})}\leqslant 3\|u_0(x)\|_{L^2(\mathbf{R})}^2 t+\|u_0(x)\|_{L^\infty(\mathbf{R})}, \forall t\in[0,T]$.

注 7.6.1 尽管 Degasperis-Procesi 方程强解的H^1范数一般来讲不守恒, 然而, 定理 7.3.1 和引理 7.6.2 确保在强解的斜率在有限时间趋于无穷时, 而它的振幅在最大存在时刻保持有界, 即强解在最大存在时刻的爆破点都是尖峰点.

利用上述两个引理, 可以证明如下两个新的强解整体存在的结果.

定理 7.6.1[40] 假设$u_0\in H^r(\mathbf{R}), r>\frac{3}{2}$, 如果$y_0=u_0-u_{0,xx}$在$\mathbf{R}$上不变号, 那么方程(7.1.2)有一个整体强解

$$u=u(\cdot,u_0)\in C((0,\infty);H^r(\mathbf{R}))\bigcap C^1((0,\infty);H^{r-1}(\mathbf{R})).$$

进而， $E_2(u)=\int_{\mathbf{R}} yv\mathrm{d}x$是一个守恒律，这里$y=(1-\partial_x^2)u$和$v=(4-\partial_x^2)^{-1}u$，并对所有的$t\in\mathbf{R}_+$有

(i) $u_x(t,\cdot)\geqslant -|u(t,\cdot)|$在$\mathbf{R}$上,

(ii) $\|u\|_{H^1(\mathbf{R})}^2\leqslant 6\|u_0(x)\|_{L^2(\mathbf{R})}^4 t^2+4\|u_0(x)\|_{L^2(\mathbf{R})}^2\|u_0(x)\|_{L^\infty(\mathbf{R})} t+\|u_0(x)\|_{H^1(\mathbf{R})}^2$.

注 7.6.2 定理改进了以前的强解的整体存在结果和相关的估计(见定理 7.3.4), 在定理 7.3.4 中需要另外的假设$u_0\in L^3(\mathbf{R})$和$y_0=(u_0-u_{0,xx})\in L^1(\mathbf{R})$. 既然用了新的守恒律和方程(7.1.2)强解的$L^\infty$范数估计, 参见引理 7.6.1 和引理 7.6.2, 这使我们可以消除假设$u_0\in L^3(\mathbf{R})$和$y_0=(u_0-u_{0,xx})\in L^1(\mathbf{R})$.

定理 7.6.2[40] 假设$u_0\in H^s(\mathbf{R})$, $s>\frac{3}{2}$. 如果存在某一$x_0\in\mathbf{R}$使得

$$\begin{cases} y_0(x)\leqslant 0, & x\leqslant x_0,\\ y_0(x)\geqslant 0, & x\geqslant x_0, \end{cases}$$

那么方程(7.1.2)有唯一的强解

$$u=u(\cdot,u_0)\in C([0,\infty);H^s(\mathbf{R}))\bigcap C^1([0,\infty);H^{s-1}(\mathbf{R})).$$

此外，$E_2(u)=\int_{\mathbf{R}} yv\mathrm{d}x$ 是方程(7.1.2)的一个守恒律，这里 $y=(1-\partial_x^2)u$ 和 $v=(4-\partial_x^2)^{-1}u$，并对所有的 $t\in\mathbf{R}_+$ 有

(i) $u_x(t,\cdot)\geqslant -|u(t,\cdot)|$ 在 $\mathbf{R}$ 上,

(ii) $\|u\|_{H^1(\mathbf{R})}^2\leqslant 6\|u_0\|_{L^2(\mathbf{R})}^4 t^2+4\|u_0\|_{L^2(\mathbf{R})}^2\|u_0\|_{L^\infty(\mathbf{R})}t+\|u_0\|_{H^1(\mathbf{R})}^2$.

注 7.6.3 注意到前面的爆破结果——定理 7.3.2 ~ 7.3.3 证明如果 $u_0\in H^s(\mathbf{R})$, $s>\dfrac{3}{2}$, u_0 不恒为 0, 是奇函数和 $u_0'(0)\leqslant 0$，那么相应于方程(7.1.2)的解将不会整体存在, 同时, 定理 7.6.2 表明如果 $u_0\in H^s(\mathbf{R}),s>\dfrac{3}{2}$,使得 $y_0=\left(u_0-u_{0,xx}\right)$ 不恒为 0, 是奇函数, $y_0\leqslant 0$ 在 R_- 上和 $y_0\geqslant 0$ 在 $\mathbf{R}_+$ 上, 那么相应于方程(7.1.2)的解将会整体存在. 既然 $u_0=p*y_0$，其中 $p=\dfrac{1}{2}\mathrm{e}^{-|x|},x\in\mathbf{R}$, 那么容易验证 u_0 也是奇函数并且 $u_0'(0)>0$.

下面介绍几个新的爆破结果.

定理 7.6.3[40] 给定 $\varepsilon>0$ 和 $\mu_0\in H^s(\mathbf{R}),s>\dfrac{3}{2}$. 如果存在某一 $x_0\in\mathbf{R}$ 使得 $\mu_0'(x_0)<-\dfrac{(1+\varepsilon)\sqrt{6}}{4}\left(\|\mu_0\|_{L^\infty(\mathbf{R})}+\left(2\sqrt{6}\|\mu_0\|^2_{L^2(\mathbf{R})}\ln\left(1+\dfrac{2}{\varepsilon}\right)+\|\mu_0\|^2_{L^\infty(\mathbf{R})}\right)^{\frac{1}{2}}\right)$，那么相应与方程(7.1.2)的强解将在有限时间内爆破. 此外, 解的最大存在时间有如下上界估计:

$$\frac{\left(2\sqrt{6}\|\mu_0\|^2_{L^2(\mathbf{R})}\ln\left(1+\dfrac{2}{\varepsilon}\right)+\|\mu_0\|^2_{L^\infty(\mathbf{R})}\right)^{\frac{1}{2}}-\|\mu_0\|_{L^\infty(\mathbf{R})}}{6\|\mu_0\|^2_{L^2(\mathbf{R})}}.$$

注 7.6.4 注意到如果 $\varepsilon>0$ 趋向正无穷大和定理 7.6.3 的假设仍然成立, 那么解的最大存在时间将趋于零. 这表明强解在某一点的斜率越陡, 其解爆破地也越快.

定理 7.6.4[40] 给定 $\mu_0\in H^s(\mathbf{R}),s>\dfrac{3}{2}$. 如果存在某一 $x_0\in\mathbf{R}$ 使得

$$y_0(x)=\mu_0(x)-\mu_{0,xx}(x)\geqslant 0,\quad x\leqslant x_0,$$

$$y_0(x)=\mu_0(x)-\mu_{0,xx}(x)\leqslant 0,\quad x\geqslant x_0,$$

并且 y_0 不变号, 那么相应于方程(7.1.2)的解将在有限时间内爆破.

定理 7.6.5[41] 给定 $\mu_0\in H^s(\mathbf{R}),s>\dfrac{3}{2}$. 如果 $y_0(x)=\mu_0(x)-\mu_{0,xx}(x)$ 是奇的, 并且存在某一 $x_0>0$ 使得

$$\begin{cases}y_0(x)>0, & x\in(-\infty,-x_0),\\ y_0(x)<0, & x\in(-x_0,0),\end{cases}$$

并且 $y_0(-x_0)=0$, 那么相应于方程(7.1.2)的解将在有限时间内爆破.

定理 7.6.6[41] 给定 $\mu_0\in H^s(\mathbf{R}),s>\dfrac{3}{2}$. 如果 $y_0(x)=\mu_0(x)-\mu_{0,xx}(x)$ 是奇的, 并且存在某一 $x_0>0$ 使得

$$\begin{cases}y_0(x)\leqslant 0, & x\in(-\infty,-x_0),\\ y_0(x)>0, & x\in(-x_0,0),\end{cases}$$

并且 $y_0(-x_0)=0$, 那么相应于方程(7.1.2)的解将在有限时间内爆破.

注 7.6.5 由前几节的定理和定理 7.6.1~定理 7.6.6, 可知 Degasperis-Procesi 方程强解的最大存在时间不受初始值的光滑性和大小影响, 而是受到初始值形状的影响.

下面我们介绍 Degasperis-Procesi 方程强解的爆破率和爆破集的一些结果.

定理 7.6.7[26] 设 $T<\infty$ 是相应于初始值 $\mu_0\in H^s(\mathbf{R}),\ s>\dfrac{3}{2}$ 的方程(7.1.2)强解 u 的爆破时间. 那么, 有

$$\lim_{t\to T}(\inf_{x\in R}\{\mu_x(t,x)\}(T-t))=-1,$$

同时相应的解本身保持有界.

定理 7.6.8[26] 设 T 是相应于初始值 $\mu_0\in H^s(\mathbf{R}),s>\dfrac{3}{2}$ 的方程(7.1.2)强解 u 的爆破时间. 如果存在某一 $x_0\in\mathbf{R}$ 使得 $y_0=\mu_0-\mu_{0,xx}$ 满足在 $(-\infty,x_0]$ 上 $y_0(x)\geqslant 0$, 在 $(x_0,\infty]$ 上 $y_0(x)\leqslant 0$, 且 y_0 没有定常符号, 那么

$$\lim_{t\to T}(\inf_{x\in\mathbf{R}}\{\mu_x(t,x)\}(T-t))=-1,\quad \lim_{t\to T}(\sup_{x\in\mathbf{R}}\{\mu_x(t,x)\}(T-t))=0,$$

同时相应的解本身保持有界.

定理 7.6.9[40]　给定 $\mu_0 \in H^s(\mathbf{R}), s > \frac{3}{2}$. 如果存在某一 $x_0 \in \mathbf{R}$ 使得

$$y_0(x) = \mu_0(x) - \mu_{0,xx}(x) \geqslant 0, \qquad x \leqslant x_0,$$

$$y_0(x) = \mu_0(x) - \mu_{0,xx}(x) \leqslant 0, \qquad x \geqslant x_0,$$

并且 y_0 不变号, 那么相应于方程(7.1.2)的强解将在有限时间 T 内爆破, 并成立有

$$\lim_{t\to T} \mu_x(t, q(t, x_0)) = -\infty.$$

定理 7.6.10[26]　给定 $\mu_0 \in H^s(\mathbf{R}), s > \frac{3}{2}$. 如果 μ_0 不恒为 0, 是奇函数, 并使得 $y_0 = \mu_0 - \mu_{0,xx}$ 在 $\mathbf{R}$ 上是非负的, 那么相应的方程(7.1.2)的强解将只在零点有限时间爆破, 即爆破集仅由零点构成.

定理 7.6.11[41]　给定 $\mu_0 \in H^s(\mathbf{R}), s > \frac{3}{2}$. 假设 $y_0(x) = \mu_0(x) - \mu_{0,xx}(x)$ 是奇函数, 且 T 是相应于初始值的方程(7.1.2)的强解的最大存在时间. 如果存在某一 $x_0 > 0$ 使得

$$\begin{cases} y_0(x) > 0, & x \in (-\infty, -x_0), \\ y_0(x) < 0, & x \in (-x_0, 0), \end{cases}$$

并且 $y_0(-x_0) = 0$, 那么 $T < \infty$. 此外,

$$\lim_{t\to T}(\inf_{x\in\mathbf{R}}\{\mu_x(t,x)\}(T-t)) = -1, \quad \lim_{t\to T}(\sup_{x\in\mathbf{R}}\{\mu_x(t,x)\}(T-t)) = 0,$$

同时解本身保持一致有界.

定理 7.6.12[41]　给定 $\mu_0 \in H^s(\mathbf{R}), s > \frac{3}{2}$. 假设 $y_0(x) = \mu_0(x) - \mu_{0,xx}(x)$ 是奇函数, 且 T 是相应于初始值的方程(7.1.2)的强解的最大存在时间. 如果存在某一 $-x_0 > 0$ 使得

$$\begin{cases} y_0(x) \leqslant 0, & x \in (-\infty, -x_0), \\ y_0(x) > 0, & x \in (-x_0, 0), \end{cases}$$

并且 $y_0(-x_0) = 0$, 那么相应的解 $\mu(t,x)$ 将只在零点有限时间爆破, 即爆破集仅由零点构成. 此外,

$$\lim_{t\to T}(\inf_{x\in\mathbf{R}}\{\mu_x(t,x)\}(T-t)) = \lim_{t\to T}(\{\mu_x(t,0)\}(T-t)) = -1$$

和

$$\lim_{t\to T}(\sup_{x\in\mathbf{R}}\{\mu_x(t,x)\}(T-t))=0,$$

同时解本身保持一致有界.

下面, 我们介绍一个新的弱解的整体存在性和唯一性的结果.

定理 7.6.13[26] 给定 $\mu_0\in H^1(\mathbf{R})$. 如果 $y_0:=(\mu_0-\mu_{0,xx})\in M(\mathbf{R})$, 并且对某一 $x_0\in\mathbf{R}$ 成立 $\sup py_0^-\subset(-\infty,x_0)$ 和 $\sup py_0^+\subset(x_0,\infty)$, 那么相应于初始值 μ_0, 方程(7.1.2)存在唯一的整体弱解

$$\mu\in W_{\mathrm{loc}}^{1,\infty}(\mathbf{R}_+\times\mathbf{R}_-)\cap L_{\mathrm{loc}}^{\infty}(\mathbf{R}_+;H^1(\mathbf{R}))$$

并使得

$$y(t,\cdot)=(\mu(t,\cdot)-\mu_{xx}(t,\cdot))\in L_{\mathrm{loc}}^{\infty}(\mathbf{R}_+,M(\mathbf{R})).$$

此外, $E_1(\mu)$ 和 $E_2(\mu)$ 是方程(7.1.2)的两个守恒律.

例 7.6.1 给定初始值

$$\mu_0(x)=c_1\mathrm{e}^{-|x-x_1|}+c_2\mathrm{e}^{-|x-x_2|},$$

这里 $c_1<0$, $c_2>0$ 和 $x_1<x_2$. 注意到

$$y_0=\mu_0-\mu_{0,xx}=2c_1\delta(x-x_1)+2c_2\delta(x-x_2).$$

由定理 7.6.13 可知, 相应于初始值 μ_0 方程(7.1.2)有唯一的整体弱解 u. 它有清晰的表示形式[21]:

$$\mu(t,x)=p_1(t)\mathrm{e}^{-|x-q_1(t)|}+p_2(t)\mathrm{e}^{-|x-q_2(t)|},\quad (t,x)\in\mathbf{R}_+\times\mathbf{R},$$

其中 $p_1,p_2,q_1,q_2\in W^{1,\infty}(\mathbf{R})$. 事实上, u 是一个尖峰孤立子和一个反尖峰孤立子的和, 反尖峰孤立子向左传播, 而尖峰孤立子向右传播, 从而没有碰撞发生.

注 7.6.6 注意到 Degasperis-Procesi 方程有激波. 为了研究激波, Coclite 和 Karlsen[14] 最近给出了 Degasperis-Procesi 方程在 $L^\infty(\mathbf{R}_+,L^1\cap BV)$ 和 $L^\infty(\mathbf{R}_+,L^2\cap L^4)$ 空间中的另外一种弱解——熵解. 他们在上述两类 Banach 空间中证明了熵解的存在性和唯一性.

他们给出的弱解的定义比我们给出的弱解定义更弱. 他们弱解的框架对研究 Degasperis-Procesi 方程的激波解是适合的, 可是, 例 7.6.1 表明我们的弱解框架对研究 Degasperis-Procesi 方程的尖峰弱解更适合.

注 7.6.7 关于周期 Degasperis-Procesi 方程的局部适定性, 强解的爆破机制

和爆破结果, 强解的爆破率和爆破集, 强解的整体存在性, 弱解的整体存在性和唯一性, 以及 Degasperis-Procesi 方程周期激波解等问题的研究, 目前也有不少结果, 读者有兴趣可参阅文献[27], [55], [56].

问题: 前言中介绍了 Degasperis-Procesi 方程和 Camassa-Holm 方程的相同点和不同点. 本章主要介绍了 Degasperis-Procesi 方程的局部适定性, 强解的爆破机制和爆破结果, 强解的爆破率和爆破集, 强解的整体存在性, 弱解的整体存在和唯一性的研究结果. 但和 Camassa-Holm 方程的研究相比较, 关于 Degasperis-Procesi 方程, 我们还有很多问题有待进一步的研究: 例如, Degasperis-Procesi 方程的解的几何解释; Degasperis-Procesi 方程的尖峰弱解和激波解的轨道稳定性; 尖峰弱解是如何演变为激波解的内在机制; 尖峰弱解和激波解的相互作用的数值模拟等问题.

参 考 文 献

[1] Beals R, Sattinger D, Szmigielski J. Acoustic scattering and the ex-tended Korteweg-de Vries hierarchy. Adv Math, 1998, 140: 190~206

[2] Bona J L, Smith R. The initial-value problem for the Korteweg-de Vries equation. Phil Trans R Soc (London) 1975, 278: 555~601

[3] Bressan A, Constantin A. Global conservative solutions of the Camassa-Holm equation, preprint. www.math.ntnu.no/conservation/2005/016.html

[4] Camassa R, Holm D. An integrable shallow water equation with peaked solitons. Phys Rev Letters, 1993, 71: 1661~1664

[5] Camassa R, Holm D, Hyman J. A new integrable shallow water equa-tion. Adv Appl Mech, 1994, 31: 1~33

[6] Chen C, Tang M. A new type of bounded waves for Degasperis-Procesi equation. Chaos Solitons Fractals, 2006, 27: 698~704

[7] Coclite G M, Karlsen K H. On the well-posedness of the Degasperis-Procesi equation. J Funct Anal, 2006, 233: 60~91

[8] Coclite G M, Karlsen K H , Risebro N H. Numerical schemes for computing discontinuous solutions of the Degasperis-Procesi equation. HA Journal of Numercal Ananlysis., 2008, 28: 80~105

[9] Constantin A. Global existence of solutions and breaking waves for a shallow water equation: a geometric approach. Ann Inst Fourier (Grenoble), 2000, 50: 321~362

[10] Constantin A. On the scattering problem for the Camassa-Holm equation. Proc Roy Soc London A, 2001, 457: 953~970

[11] Constantin A, Escher J. Global existence and blow-up for a shallow water equation. Annali Sc Norm Sup Pisa, 1998, 26: 303~328

[12] Constantin A, Escher J. Wave breaking for nonlinear nonlocal shallow water equations. Acta Mathematica, 1998, 181: 229~243

[13] Constantin A, Escher J. Global weak solutions for a shallow water equa-tion. Indiana Univ Math J. 1998, 47: 1527~1545

[14] Constantin A, Kolev B. Geodesic °ow on the di®eomorphism group ofthe circle. Comment Math Helv, 2003, 78: 787~804

[15] Constantin A, McKean H P. A shallow water equation on the circle. Comm Pure Appl Math, 1999, 52: 949~982

[16] Constantin A, Molinet L. Global weak solutions for a shallow water equation. Comm Math Phys, 2000, 211: 45~61

[17] Constantin A, Strauss W A. Stability of peakons. Comm Pure Appl Math. 2000, 53: 603~610

[18] Constantin A, Strauss W. Stability of a class of solitary waves in com-pressible elastic rods. Phys Lett A, 2000, 270: 140~148

[19] Constantin A, Strauss W A. Stability of the Camassa-Holm solitons. J Nonlinear Science, 2002, 12: 415~422

[20] Dai H H. Model equations for nonlinear dispersive waves in a compressible Mooney-Rivlin rod. Acta Mechanica, 1998, 127: 193~207

[21] Degasperis A, Holm D D, Hone A N W. A New Integral Equation with Peakon Solutions. Theoretical and Mathematical Physics, 2002, 133: 1463~1474

[22] Degasperis A, Procesi M. Asymptotic integrability, in Symmetry and Per-turbation Theory, Degasperis A, Gaeta G. World Scientic, 1999, 23~37

[23] Drazin P G, Johnson R S. Solitons: an Introduction. Cambridge-New York: Cambridge University Press, 1989

[24] Dullin H R, Gottwald G A, Holm D D. An integrable shallow water equation with linear and nonlinear dispersion. Phys Rev Letters, 2001, 87: 4501~4504

[25] Dullin H R, Gottwald G A, Holm D D. Camassa-Holm, Kortewegde Veris-5 and other asymptotically equivalent equations for shallow water waves. Fluid Dynamics Research, 2003, 33: 73~79

[26] Escher J, Liu Y, Yin Z. Global weak solutions and blow-up structure for the Degasperis-Procesi equation. J Funct Anal, 2006, 241: 457~485

[27] Escher J, Liu Y, Zhaoyang Yin. Shock waves and blow-up phenomena for the periodic Degasperis-Procesi equation, Indiana Univ. Math J, 2007, 56(1): 87~117

[28] Fokas A, Fuchssteiner B. Symplectic structures, their BÄacklund transformation and hereditary symmetries. Physica D, 1981, 4: 47~66

[29] Gesztesy F, Holden H. Soliton Equations and their Algebro-Geometric Solutions. Cambridge: Cambridge University Press, 2003

[30] Guo B, Liu Z. Periodic cusp wave solutions and single-solitons for the b-equation. Chaos Solitons Fractals, 2005, 23: 1451~1463

[31] Henry D. In nite propagation speed for the Degasperis-Procesi equation. J Math Anal Appl, 2005, 311: 755~759

[32] Holm D D, Staley M F. Wave structure and nonlinear balances in a family of evolutionary PDEs. SIAM J Appl Dyn Syst (electronic), 2003, 2: 323~380

[33] Johnson R S. Camassa-Holm, Korteweg-de Vries and related models for water waves. J Fluid Mech, 2002, 455: 63~82

[34] Kato T. Quasi-linear equations of evolution, with applications to partial di®erential equations. *In*: Spectral Theory and Di®erential Equations, Lecture Notes in Math. Berlin: Springer Verlag, 1975, 448: 25~70

[35] Kato T. On the Korteweg-de Vries equation. Manuscripta Math, 1979, 28: 89~99

[36] Kenig C, Ponce G, Vega L. Well-posedness and scattering results for the generalized Korteweg-de Veris equation via the contraction principle. Comm Pure Appl Math, 1993, 46: 527~620

[37] Lenells J. Traveling wave solutions of the Degasperis-Procesi equation. J Math Anal Appl, 2005, 306: 72~82

[38] Lenells J. Conservation laws of the Camassa-Holm equation. J Phys A, 2005, 38: 869~880

[39] Li Y, Olver P. Well-posedness and blow-up solutions for an integrable nonlinearly dispersive model wave equation. J Differential Equations, 2000, 162: 27~63

[40] Liu Y, Yin Z. Global existence and blow-up phenomena for the Degasperis-Procesi equation. Communications in Mathematical Physics Springer Berling Heidelberg. 2006, 267(3): 801~820

[41] Lundmark H. Formation and dynamics of shock waves in the Degasperis-Procesi equation, to appear in. J Nonlinear Science, 2007, 17(3): 169~198

[42] Lundmark H, Szmigielski J. Multi-peakon solutions of the Degasperis-Procesi equation. Inverse Problems, 2003, 19: 1241~1245

[43] Malek J, Necas J, Rokyta M et al. Weak and Measure-valued Solutions to Evolutionary PDEs. London: Chapman

& Hall, 1996

[44] Matsuno Y. Multisoliton solutions of the Degasperis-Procesi equation and their peakon limit. Inverse Problems, 2005, 21: 1553~1570

[45] Mckean H P. Integrable systems and algebraic curves. Global Analysis Springer Lecture Notes in Mathematics, 1979, 755: 83~200

[46] Misiolek G. A shallow water equation as a geodesic °ow on the Bott-Virasoro group. J Geom Phys, 1998, 24: 203~208

[47] Mustafa O G. A note on the Degasperis-Procesi equation. J NonlinearMath Phys, 2005, 12: 10~14

[48] Natanson I P. Theory of Functions of a Real Variable. New York: F. Ungar Publ. Co, 1998

[49] Rodriguez-Blanco G. On the Cauchy problem for the Camassa-Holm equation. Nonlinear Anal, 2001, 46: 309~327

[50] Vakhnenko V O, Parkes E J. Periodic and solitary-wave solutions of the Degasperis-Procesi equation. Chaos Solitons Fractals, 2004, 20: 1059~1073

[51] Whitham G B. Linear and Nonlinear Waves. New York: J Wiley & Sons, 1980

[52] Xin Z, Zhang P. On the weak solutions to a shallow water equation. Comm Pure Appl Math, 2000, 53: 1411~1433

[53] Yin Z. On the Cauchy problem for an integrable equation with peakon solutions. Illinois J. Math., 2003, 47: 649~666

[54] Yin Z. Global existence for a new periodic integrable equation. J Math Anal Appl, 2003, 283: 129~139

[55] Yin Z. Global weak solutions to a new periodic integrable equation with peakon solutions. J Funct Ana, 2004, 212: 182~194

[56] Yin Z. Global solutions to a new integrable equation with peakons. Indiana Univ Math J, 2004, 53: 1189~1210

[57] Yu L, Tian L. New traveling wave solutions for the Degasperis-Procesi equation. (Chinese) J Jiangsu Univ Nat Sci, 2005, 26: 231~234

[58] Zhou Y. Blow-up phenomena for the integrable Degasperis-Procesi equation. Physics Letter A, 2004, 328: 157~162

《现代数学基础丛书》已出版书目

1 数理逻辑基础(上册) 1981.1 胡世华 陆钟万 著
2 数理逻辑基础(下册) 1982.8 胡世华 陆钟万 著
3 紧黎曼曲面引论 1981.3 伍鸿熙 吕以辇 陈志华 著
4 组合论(上册) 1981.10 柯 召 魏万迪 著
5 组合论(下册) 1987.12 魏万迪 著
6 数理统计引论 1981.11 陈希孺 著
7 多元统计分析引论 1982.6 张尧庭 方开泰 著
8 有限群构造(上册) 1982.11 张远达 著
9 有限群构造(下册) 1982.12 张远达 著
10 测度论基础 1983.9 朱成熹 著
11 分析概率论 1984.4 胡迪鹤 著
12 微分方程定性理论 1985.5 张芷芬 丁同仁 黄文灶 董镇喜 著
13 傅里叶积分算子理论及其应用 1985.9 仇庆久 陈恕行 是嘉鸿 刘景麟 蒋鲁敏 编
14 辛几何引论 1986.3 J.柯歇尔 邹异明 著
15 概率论基础和随机过程 1986.6 王寿仁 编著
16 算子代数 1986.6 李炳仁 著
17 线性偏微分算子引论(上册) 1986.8 齐民友 编著
18 线性偏微分算子引论(下册) 1992.1 齐民友 徐超江 编著
19 实用微分几何引论 1986.11 苏步青 华宣积 忻元龙 著
20 微分动力系统原理 1987.2 张筑生 著
21 线性代数群表示导论(上册) 1987.2 曹锡华 王建磐 著
22 模型论基础 1987.8 王世强 著
23 递归论 1987.11 莫绍揆 著
24 拟共形映射及其在黎曼曲面论中的应用 1988.1 李 忠 著
25 代数体函数与常微分方程 1988.2 何育赞 萧修治 著
26 同调代数 1988.2 周伯壎 著
27 近代调和分析方法及其应用 1988.6 韩永生 著
28 带有时滞的动力系统的稳定性 1989.10 秦元勋 刘永清 王 联 郑祖庥 著
29 代数拓扑与示性类 1989.11 [丹麦] I.马德森 著
30 非线性发展方程 1989.12 李大潜 陈韵梅 著

31 仿微分算子引论 1990.2 陈恕行 仇庆久 李成章 编
32 公理集合论导引 1991.1 张锦文 著
33 解析数论基础 1991.2 潘承洞 潘承彪 著
34 二阶椭圆型方程与椭圆型方程组 1991.4 陈亚浙 吴兰成 著
35 黎曼曲面 1991.4 吕以辇 张学莲 著
36 复变函数逼近论 1992.3 沈燮昌 著
37 Banach 代数 1992.11 李炳仁 著
38 随机点过程及其应用 1992.12 邓永录 梁之舜 著
39 丢番图逼近引论 1993.4 朱尧辰 王连祥 著
40 线性整数规划的数学基础 1995.2 马仲蕃 著
41 单复变函数论中的几个论题 1995.8 庄圻泰 杨重骏 何育赞 闻国椿 著
42 复解析动力系统 1995.10 吕以辇 著
43 组合矩阵论(第二版) 2005.1 柳柏濂 著
44 Banach 空间中的非线性逼近理论 1997.5 徐士英 李 冲 杨文善 著
45 实分析导论 1998.2 丁传松 李秉彝 布 伦 著
46 对称性分岔理论基础 1998.3 唐 云 著
47 Gel'fond-Baker 方法在丢番图方程中的应用 1998.10 乐茂华 著
48 随机模型的密度演化方法 1999.6 史定华 著
49 非线性偏微分复方程 1999.6 闻国椿 著
50 复合算子理论 1999.8 徐宪民 著
51 离散鞅及其应用 1999.9 史及民 编著
52 惯性流形与近似惯性流形 2000.1 戴正德 郭柏灵 著
53 数学规划导论 2000.6 徐增堃 著
54 拓扑空间中的反例 2000.6 汪 林 杨富春 编著
55 序半群引论 2001.1 谢祥云 著
56 动力系统的定性与分支理论 2001.2 罗定军 张 祥 董梅芳 著
57 随机分析学基础(第二版) 2001.3 黄志远 著
58 非线性动力系统分析引论 2001.9 盛昭瀚 马军海 著
59 高斯过程的样本轨道性质 2001.11 林正炎 陆传荣 张立新 著
60 光滑映射的奇点理论 2002.1 李养成 著
61 动力系统的周期解与分支理论 2002.4 韩茂安 著
62 神经动力学模型方法和应用 2002.4 阮 炯 顾凡及 蔡志杰 编著
63 同调论——代数拓扑之一 2002.7 沈信耀 著
64 金兹堡-朗道方程 2002.8 郭柏灵 黄海洋 蒋慕容 著

65　排队论基础　2002.10　孙荣恒　李建平　著
66　算子代数上线性映射引论　2002.12　侯晋川　崔建莲　著
67　微分方法中的变分方法　2003.2　陆文端　著
68　周期小波及其应用　2003.3　彭思龙　李登峰　谌秋辉　著
69　集值分析　2003.8　李　雷　吴从炘　著
70　强偏差定理与分析方法　2003.8　刘　文　著
71　椭圆与抛物型方程引论　2003.9　伍卓群　尹景学　王春朋　著
72　有限典型群子空间轨道生成的格(第二版)　2003.10　万哲先　霍元极　著
73　调和分析及其在偏微分方程中的应用(第二版)　2004.3　苗长兴　著
74　稳定性和单纯性理论　2004.6　史念东　著
75　发展方程数值计算方法　2004.6　黄明游　编著
76　传染病动力学的数学建模与研究　2004.8　马知恩　周义仓　王稳地　靳　祯　著
77　模李超代数　2004.9　张永正　刘文德　著
78　巴拿赫空间中算子广义逆理论及其应用　2005.1　王玉文　著
79　巴拿赫空间结构和算子理想　2005.3　钟怀杰　著
80　脉冲微分系统引论　2005.3　傅希林　闫宝强　刘衍胜　著
81　代数学中的 Frobenius 结构　2005.7　汪明义　著
82　生存数据统计分析　2005.12　王启华　著
83　数理逻辑引论与归结原理(第二版)　2006.3　王国俊　著
84　数据包络分析　2006.3　魏权龄　著
85　代数群引论　2006.9　黎景辉　陈志杰　赵春来　著
86　矩阵结合方案　2006.9　王仰贤　霍元极　麻常利　著
87　椭圆曲线公钥密码导引　2006.10　祝跃飞　张亚娟　著
88　椭圆与超椭圆曲线公钥密码的理论与实现　2006.12　王学理　裴定一　著
89　散乱数据拟合的模型、方法和理论　2007.1　吴宗敏　著
90　非线性演化方程的稳定性与分歧　2007.4　马　天　汪宁宏　著
91　正规族理论及其应用　2007.4　顾永兴　庞学诚　方明亮　著
92　组合网络理论　2007.5　徐俊明　著
93　矩阵的半张量积:理论与应用　2007.5　程代展　齐洪胜　著
94　鞅与 Banach 空间几何学　2007.5　刘培德　著
95　非线性常微分方程边值问题　2007.6　葛渭高　著
96　戴维-斯特瓦尔松方程　2007.5　戴正德　蒋慕蓉　李栋龙　著
97　广义哈密顿系统理论及其应用　2007.7　李继彬　赵晓华　刘正荣　著
98　Adams 谱序列和球面稳定同伦群　2007.7　林金坤　著

99 矩阵理论及其应用 2007.8 陈公宁 编著
100 集值随机过程引论 2007.8 张文修 李寿梅 汪振鹏 高 勇 著
101 偏微分方程的调和分析方法 2008.1 苗长兴 张 波 著
102 拓扑动力系统概论 2008.1 叶向东 黄 文 邵 松 著
103 线性微分方程的非线性扰动(第二版) 2008.3 徐登洲 马如云 著
104 数组合地图论(第二版) 2008.3 刘彦佩 著
105 半群的 S-系理论(第二版) 2008.3 刘仲奎 乔虎生 著
106 巴拿赫空间引论(第二版) 2008.4 定光桂 著
107 拓扑空间论(第二版) 2008.4 高国士 著
108 非经典数理逻辑与近似推理(第二版) 2008.5 王国俊 著
109 非参数蒙特卡罗检验及其应用 2008.8 朱力行 许王莉 著
110 Camassa-Holm 方程 2008.8 郭柏灵 田立新 杨灵娥 殷朝阳 著
111 环与代数(第二版) 2009.1 刘绍学 郭晋云 朱 彬 韩 阳 著
112 泛函微分方程的相空间理论及应用 2009.4 王 克 范 猛 著
113 概率论基础(第二版) 2009.8 严士健 王隽骧 刘秀芳 著
114 自相似集的结构 2010.1 周作领 瞿成勤 朱智伟 著
115 现代统计研究基础 2010.3 王启华 史宁中 耿 直 主编
116 图的可嵌入性理论(第二版) 2010.3 刘彦佩 著
117 非线性波动方程的现代方法(第二版) 2010.4 苗长兴 著
118 算子代数与非交换 L_p 空间引论 2010.5 许全华 吐尔德别克 陈泽乾 著
119 非线性椭圆型方程 2010.7 王明新 著
120 流形拓扑学 2010.8 马 天 著
121 局部域上的调和分析与分形分析及其应用 2011.4 苏维宜 著
122 Zakharov 方程及其孤立波解 2011.6 郭柏灵 甘在会 张景军 著
123 反应扩散方程引论(第二版) 2011.9 叶其孝 李正元 王明新 吴雅萍 著
124 代数模型论引论 2011.10 史念东 著
125 拓扑动力系统——从拓扑方法到遍历理论方法 2011.12 周作领 尹建东 许绍元 著
126 Littlewood-Paley 理论及其在流体动力学方程中的应用 2012.3 苗长兴 吴家宏 章志飞 著
127 有约束条件的统计推断及其应用 2012.3 王金德 著
128 混沌、Mel'nikov 方法及新发展 2012.6 李继彬 陈凤娟 著
129 现代统计模型 2012.6 薛留根 著
130 金融数学引论 2012.7 严加安 著
131 零过多数据的统计分析及其应用 2013.1 解锋昌 韦博成 林金官 著

132　分形分析引论　2013.6　胡家信　著
133　索伯列夫空间导论　2013.8　陈国旺　编著
134　广义估计方程估计方程　2013.8　周　勇　著
135　统计质量控制图理论与方法　2013.8　王兆军　邹长亮　李忠华　著
136　有限群初步　2014.1　徐明曜　著
137　拓扑群引论(第二版)　2014.3　黎景辉　冯绪宁　著
138　现代非参数统计　2015.1　薛留根　著